U0272403

教育部高等学校信息安全专业教学指导委员会
中国计算机学会教育专业委员会
共同指导

网络空间安全重点规划丛书

密码学中的可证明安全性

杨 波 著

清华大学出版社
北京

内容简介

本书全面介绍可证明安全性的发展历史及研究成果。全书共5章，第1章介绍可证明安全性涉及的数学知识和基本工具，第2章介绍语义安全的公钥密码体制的定义，第3章介绍几类常用的语义安全的公钥机密体制，第4章介绍基于身份的密码体制，第5章介绍基于属性的密码体制。

本书取材新颖，结构合理，不仅包括可证明安全性的基础理论和实用算法，同时也涵盖了可证明安全性的密码学的最新研究成果，力求使读者通过本书的学习了解本学科最新的发展方向。

本书适合作为高等院校信息安全、网络空间安全、计算机工程、密码学和信息对抗等相关专业的本科生高年级和研究生教材，也可作为通信工程师和计算机网络工程师的参考读物。

图书在版编目(CIP)数据

密码学中的可证明安全性/杨波著. —北京：清华大学出版社，2017(2022.6重印)
(网络空间安全重点规划丛书)
ISBN 978-7-302-46722-9

Ⅰ. ①密… Ⅱ. ①杨… Ⅲ. ①密码学—研究 Ⅳ. ①TN918.1

中国版本图书馆 CIP 数据核字(2017)第 040288 号

责任编辑：张 民 战晓雷
封面设计：常雪影
责任校对：焦丽丽
责任印制：杨 艳

出版发行：清华大学出版社
网 址：http://www.tup.com.cn，http://www.wqbook.com
地 址：北京清华大学学研大厦A座 **邮 编**：100084
社 总 机：010-83470000 **邮 购**：010-62786544
投稿与读者服务：010-62776969，c-service@tup.tsinghua.edu.cn
质量反馈：010-62772015，zhiliang@tup.tsinghua.edu.cn
课件下载：http://www.tup.com.cn，010-83470236

印 装 者：北京富博印刷有限公司
经 销：全国新华书店
开 本：185mm×260mm **印 张**：14.25 **字 数**：331千字
版 次：2017年5月第1版 **印 次**：2022年6月第4次印刷
定 价：39.00元

产品编号：073285-01

网络空间安全重点规划丛书

编审委员会

出版说明

21世纪是信息时代，信息已成为社会发展的重要战略资源，社会的信息化已成为当今世界发展的潮流和核心，而信息安全在信息社会中将扮演极为重要的角色，它会直接关系到国家安全、企业经营和人们的日常生活。随着信息安全产业的快速发展，全球对信息安全人才的需求量不断增加，但我国目前信息安全人才极度匮乏，远远不能满足金融、商业、公安、军事和政府等部门的需求。要解决供需矛盾，必须加快信息安全人才的培养，以满足社会对信息安全人才的需求。为此，教育部继2001年批准在武汉大学开设信息安全本科专业之后，又批准了多所高等院校设立信息安全本科专业，而且许多高校和科研院所已设立了信息安全方向的具有硕士和博士学位授予权的学科点。

信息安全是计算机、通信、物理、数学等领域的交叉学科，对于这一新兴学科的培养模式和课程设置，各高校普遍缺乏经验，因此中国计算机学会教育专业委员会和清华大学出版社联合主办了“信息安全专业教育教学研讨会”等一系列研讨活动，并成立了“高等院校信息安全专业系列教材”编审委员会，由我国信息安全领域著名专家肖国镇教授担任编委会主任，指导“高等院校信息安全专业系列教材”的编写工作。编委会本着研究先行的指导原则，认真研讨国内外高等院校信息安全专业的教学体系和课程设置，进行了大量前瞻性的研究工作，而且这种研究工作将随着我国信息安全专业的发展不断深入。系列教材的作者都是既在本专业领域有深厚的学术造诣、又在教学第一线有丰富的教学经验的学者、专家。

该系列教材是我国第一套专门针对信息安全专业的教材，其特点是：

① 体系完整、结构合理、内容先进。

② 适应面广：能够满足信息安全、计算机、通信工程等相关专业对信息安全领域课程的教材要求。

③ 立体配套：除主教材外，还配有多媒体电子教案、习题与实验指导等。

④ 版本更新及时，紧跟科学技术的新发展。

在全力做好本版教材，满足学生用书的基础上，还经由专家的推荐和审定，遴选了一批国外信息安全领域优秀的教材加入到系列教材中，以进一步满足大家对外版书的需求。“高等院校信息安全专业系列教材”已于2006年年初正式列入普通高等教育“十一五”国家级教材规划。

2007年6月，教育部高等学校信息安全类专业教学指导委员会成立大会暨第一次会议在北京胜利召开。本次会议由教育部高等学校信息安全类专业教学指导委员会主任单位北京工业大学和北京电子科技学院主办，清华大学出版社协办。教育部高等学校信息安全类专业教学指导委员会的成立对我国信息安全专业的发展起到重要的指导和推动作用。2006 年教育部给武汉大学下达了“信息安全专业指导性专业规范研制”的教学科研项目。2007 年起该项目由教育部高等学校信息安全类专业教学指导委员会组织实施。在高教司和教指委的指导下，项目组团结一致，努力工作，克服困难，历时 5 年，制定出我国第一个信息安全专业指导性专业规范，于 2012 年年底通过经教育部高等教育司理工科教育处授权组织的专家组评审，并且已经得到武汉大学等许多高校的实际使用。2013 年，新一届“教育部高等学校信息安全专业教学指导委员会”成立。经组织审查和研究决定，2014 年以“教育部高等学校信息安全专业教学指导委员会”的名义正式发布《高等学校信息安全专业指导性专业规范》(由清华大学出版社正式出版)。

2015 年 6 月，国务院学位委员会、教育部出台增设“网络空间安全”为一级学科的决定，将高校培养网络空间安全人才提到新的高度。2016 年 6 月，中央网络安全和信息化领导小组办公室(下文简称中央网信办)、国家发展和改革委员会、教育部、科学技术部、工业和信息化部及人力资源和社会保障部六大部门联合发布《关于加强网络安全学科建设和人才培养的意见》(中网办发文[2016]4 号)。为贯彻落实《关于加强网络安全学科建设和人才培养的意见》，进一步深化高等教育教学改革，促进网络安全学科专业建设和人才培养，促进网络空间安全相关核心课程和教材建设，在教育部高等学校信息安全专业教学指导委员会和中央网信办资助的网络空间安全教材建设课题组的指导下，启动了“网络空间安全重点规划丛书”的工作，由教育部高等学校信息安全专业教学指导委员会秘书长封化民校长担任编委会主任。本规划丛书基于“高等院校信息安全专业系列教材”坚实的工作基础和成果、阵容强大的编审委员会和优秀的作者队伍，目前已经有多本图书获得教育部和中央网信办等机构评选的“普通高等教育本科国家级规划教材”“普通高等教育精品教材”“中国大学出版社图书奖”和“国家网络安全优秀教材奖”等多个奖项。

“网络空间安全重点规划丛书”将根据《高等学校信息安全专业指导性专业规范》(及后续版本)和相关教材建设课题组的研究成果不断更新和扩展，进一步体现科学性、系统性和新颖性，及时反映教学改革和课程建设的新成果，并随着我国网络空间安全学科的发展不断完善，力争为我国网络空间安全相关学科专业的本科和研究生教材建设、学术出版与人才培养做出更大的贡献。

我们的 E-mail 地址是：zhangm@tup.tsinghua.edu.cn，联系人：张民。

“网络空间安全重点规划丛书”编审委员会

前言

信息安全是一个综合、交叉的学科领域，涉及数学、电子、信息、通信、计算机等诸多学科的长期知识积累和最新发展成果，密码学是信息安全的核心技术，密码技术中的加密方法包括单钥密码体制和公钥密码体制。刻画公钥密码体制的安全性包括两部分：首先是刻画敌手的模型，说明敌手访问系统的方式和计算能力；其次是刻画安全性概念，说明敌手攻破了方案的安全性意味着什么。公钥加密方案语义安全的概念由 Goldwasser 和 Micali 于 1984 年提出，它以一种思维实验的模型刻画了敌手通过密文得不到明文的任何部分信息，即使是 1 比特的信息。这一概念的提出开创了可证明安全性领域的先河，将密码学建立在了计算复杂性理论之上，奠定了现代密码学理论的数学基础，从而将密码学从一门艺术变为一门科学。所以说可证明安全性是密码学和计算复杂性理论的天作之合。

本书全面介绍可证明安全性的发展历史及研究成果，共 5 章。第 1 章介绍可证明安全性用到的一些数学知识和基本工具，包括密码学中一些常用的数论知识和代数知识、计算复杂性、陷门置换、零知识证明、张成方案与秘密分割方案、归约。第 2 章介绍语义安全的公钥密码体制的定义，包括公钥加密方案在选择明文攻击下的不可区分性，公钥加密方案在选择密文攻击下的不可区分性，公钥加密方案在适应性选择密文攻击下的不可区分性。第 3 章介绍几类常用的语义安全的公钥机密体制，包括语义安全的 RSA 加密方案、Paillier 公钥密码系统、Cramer-Shoup 密码系统、RSA-FDH 签名方案、BLS 短签名方案、抗密钥泄露的公钥加密系统。第 4 章介绍基于身份的密码体制，包括基于身份的密码体制定义和安全模型，随机谕言机模型下的基于身份的密码体制，无随机谕言机模型的选定身份安全的 IBE，无随机谕言机模型下的完全安全的 IBE，密文长度固定的分层次 IBE，基于对偶系统加密的完全安全的 IBE 和 HIBE、从选择明文安全到选择密文安全。第 5 章介绍基于属性的密码体制，包括基于属性的密码体制的一般概念，基于模糊身份的加密方案，基于密钥策略的属性加密方案，基于密文策略的属性加密方案，基于对偶系统加密的完全安全的属性加密，非单调访问结构的属性加密方案，函数加密。

本书在编写过程中得到了课题组成员的大力支持和帮助，他们是4位博士后：王涛博士、王鑫博士、来齐齐博士、张丽娜博士，5位博士生：程灏、乜国雷、侯红霞、周彦伟、赵一，5位硕士生：武朵朵、马晓敏、李士强、孟茹、赵艳琪，在此一并表示感谢。另外，本书的编写得到国家自然科学基金项目(批准号：61272436，61572303)的资助，还得到陕西师范大学优秀著作出版基金和陕西师范大学重点学科建设项目的资助，在此表示感谢。

由于作者水平有限，书中不足在所难免，恳请读者批评指正。

作　者

2017年1月

目录

第1章 一些基本概念和工具

本章介绍可证明安全的密码学中常用的一些数学知识和基本工具。

1.1 密码学中一些常用的数学知识

1.1.1 群、环、域

群、环、域都是代数系统(也称代数结构)。代数系统是对要研究的现象或过程建立的一种数学模型,模型中包括要处理的数学对象的集合以及集合上的关系或运算,运算可以是一元的也可以是多元的,可以有一个也可以有多个。

设$*$是集合S上的运算,若对$\forall a,b\in S$,有$a*b\in S$,则称S对运算$*$是封闭的。若$*$是一元运算,对$\forall a\in S$,有$*a\in S$,则称S对运算$*$是封闭的。

若对$\forall a,b,c\in S$,有$(a*b)*c=a*(b*c)$,则称$*$满足结合律。

定义 1-1 设$\langle\mathbb{G},*\rangle$是一个代数系统,$*$满足

(1) 封闭性。

(2) 结合律。

则称$\langle\mathbb{G},*\rangle$是半群。

定义 1-2 设$\langle\mathbb{G},*\rangle$是一个代数系统,$*$满足

(1) 封闭性。

(2) 结合律。

(3) 存在元素e,对$\forall a\in\mathbb{G}$,有$a*e=e*a=a$,e称为$\langle\mathbb{G},*\rangle$的单位元。

(4) 对$\forall a\in\mathbb{G}$,存在元素a^{-1},使得$a*a^{-1}=a^{-1}*a=e$,称a^{-1}为元素a的逆元。

则称$\langle\mathbb{G},*\rangle$是群。若其中的运算$*$已明确,有时将$\langle\mathbb{G},*\rangle$简记为$\mathbb{G}$。

如果$\mathbb{G}$是有限集合,则称$\langle\mathbb{G},*\rangle$是有限群,否则是无限群。有限群中,$\mathbb{G}$的元素个数称为群的阶数。

如果群$\langle\mathbb{G},*\rangle$中的运算$*$还满足交换律,即对$\forall a,b\in\mathbb{G}$,有$a*b=b*a$,则称$\langle\mathbb{G},*\rangle$为交换群或Abel群。

群中运算$*$一般称为乘法,称该群为乘法群。若运算$*$改为$+$,则称为加法群,此时逆元a^{-1}写成$-a$。

【例 1-1】

(1) $\langle\mathbf{I},+\rangle$是Abel群,其中$\mathbf{I}$是整数集合。

(2) $\langle\mathbf{Q},\cdot\rangle$是Abel群,其中$\mathbf{Q}$是有理数集合。

(3) 设 A 是任一集合，P 表示 A 上的双射函数集合，$\langle P,\circ\rangle$ 是群，这里 $\circ$ 表示函数的合成，通常这个群不是 Abel 群。

(4) $\langle \mathbb{Z}_n,+_n\rangle$ 是 Abel 群，其中 $\mathbb{Z}_n=\{0,1,\cdots,n-1\}$，$+_n$ 是模加，$a+_n b$ 等于 $(a+b)\bmod n$，$x^{-1}=n-x$。$\langle \mathbb{Z}_n,\times_n\rangle$ 不是群，因为 0 没有逆元，这里 $\times_n$ 是模乘，$a\times_n b$ 等于 $(a\times b)\bmod n$。

定义 1-3 设 $\langle \mathbb{G},*\rangle$ 是一个群，$\mathbf{I}$ 是整数集合。如果存在一个元素 $g\in\mathbb{G}$，对于每一个元素 $a\in\mathbb{G}$，都有一个相应的 $i\in\mathbf{I}$，能把 a 表示成 g^i，则称 $\langle \mathbb{G},*\rangle$ 是循环群，g 称为循环群的生成元，记 $\mathbb{G}=\langle g\rangle=\{g^i\mid i\in\mathbf{I}\}$。称满足方程 $a^m=e$ 的最小正整数 m 为 a 的阶，记为 $|a|$。

密码学中使用的群大多为循环群，循环群的性质在 1.1.10 节和 1.1.11 节专门介绍。

定义 1-4 若代数系统 $\langle \mathbb{R},+,\cdot\rangle$ 的二元运算 $+$ 和 $\cdot$ 满足

(1) $\langle \mathbb{R},+\rangle$ 是 Abel 群。

(2) $\langle \mathbb{R},\cdot\rangle$ 是半群。

(3) 乘法 $\cdot$ 在加法 $+$ 上可分配，即对 $\forall a,b,c\in\mathbb{R}$，有

$$a\cdot(b+c)=a\cdot b+a\cdot c \text{ 和 } (b+c)\cdot a=b\cdot a+c\cdot a$$

则称 $\langle \mathbb{R},+,\cdot\rangle$ 是环。

【例 1-2】

(1) $\langle \mathbf{I},+,\cdot\rangle$ 是环，因为 $\langle \mathbf{I},+\rangle$ 是 Abel 群，$\langle \mathbf{I},\cdot\rangle$ 是半群，乘法 $\cdot$ 在加法 $+$ 上可分配。

(2) $\langle \mathbb{Z}_n,+_n,\times_n\rangle$ 是环，因为 $\langle \mathbb{Z}_n,+_n\rangle$ 是 Abel 群，$\langle \mathbb{Z}_n\times_n\rangle$ 是半群，$\times_n$ 对 $+_n$ 可分配。

(3) $\langle M_n,+,\cdot\rangle$ 是环，这里 M_n 是 $\mathbf{I}$ 上 $n\times n$ 方阵集合，$+$ 是矩阵加法，$\cdot$ 是矩阵乘法。

(4) $\langle R(x),+,\cdot\rangle$ 是环，这里 $R(x)$ 是所有实系数的多项式集合，$+$ 和 $\cdot$ 分别是多项式加法和乘法。

定义 1-5 若代数系统 $\langle \mathbb{F},+,\cdot\rangle$ 的二元运算 $+$ 和 $\cdot$ 满足

(1) $\langle \mathbb{F},+\rangle$ 是 Abel 群。

(2) $\langle \mathbb{F}-\{0\},\cdot\rangle$ 是 Abel 群，其中 0 是 $+$ 的单位元。

(3) 乘法 $\cdot$ 在加法 $+$ 上可分配，即对 $\forall a,b,c\in\mathbb{F}$，有

$$a\cdot(b+c)=a\cdot b+a\cdot c \text{ 和 } (b+c)\cdot a=b\cdot a+c\cdot a$$

则称 $\langle \mathbb{F},+,\cdot\rangle$ 是域。

$\langle \mathbf{Q},+,\cdot\rangle$、$\langle \mathbf{R},+,\cdot\rangle$、$\langle \mathbf{C},+,\cdot\rangle$ 都是域，其中 $\mathbf{Q}$、$\mathbf{R}$、$\mathbf{C}$ 分别是有理数集合、实数集合和复数集合。

有限域是指域中元素个数有限的域，元素个数称为域的阶。若 q 是素数的幂，即 $q=p^r$，其中 p 是素数，r 是自然数，则阶为 q 的域称为 Galois 域，记为 $GF(q)$ 或 $\mathbb{F}_q$。

已知所有实系数的多项式集合 $R(x)$ 在多项式加法和乘法运算下构成环。类似地，任意域 $\mathbb{F}$ 上的多项式(即系数取自 $\mathbb{F}$)集合 $F(x)$ 在多项式的加法和乘法运算下也构成环。

$F(x)$ 中不可约多项式的概念与整数中的素数概念类似，是指在 $\mathbb{F}$ 上仅能被非 0 常数或自身的常数倍除尽，但不能被其他多项式除尽的多项式。

两个多项式的最高公因式为1时,称它们互素。

多项式的系数取自以素数 p 为模的域$\mathbb{F}$时,这样的多项式集合记为 $F_p[x]$。若 $m(x)$是 $F_p[x]$上的 n 次不可约多项式,$F_p[x]$上多项式加法和乘法改为以 $m(x)$为模的加法和乘法,此时的多项式集合记为 $F_p[x]/m(x)$,集合中元素个数为 p^n,$F_p[x]/m(x)$是一个有限域 $GF(p^n)$。

1.1.2 素数和互素数

1. 因子

设 a、$b(b\neq 0)$是两个整数,如果存在另一整数 m,使得 $a=mb$,则称 b 整除 a,记为 $b|a$,且称 b 是 a 的因子。否则称 b 不整除 a,记为 $b\nmid a$。

整除具有以下性质:

(1) $a|1$,那么 $a=\pm 1$。

(2) $a|b$且 $b|a$,则 $a=\pm b$。

(3) 对任一 $b(b\neq 0)$,$b|0$。

(4) $b|g$,$b|h$,则对任意整数 m、n,有 $b|(mg+nh)$。

这里只给出(4)的证明,其他3个性质的证明都很简单。

证明:

(4) 由 $b|g$,$b|h$知,存在整数 g_1、h_1,使得

$$g=bg_1,\quad h=bh_1$$

所以

$$mg+nh=mbg_1+nbh_1=b(mg_1+nh_1)$$

因此

$$b\mid(mg+nh)$$

2. 素数

称整数 $p(p>1)$是素数,如果 p 的因子只有± 1、$\pm p$。

若 p 不是素数,则称为合数。

任一整数 $a(a>1)$都能唯一地分解为以下形式:

$$a=p_1^{\alpha_1}p_2^{\alpha_2}\cdots p_t^{\alpha_t}$$

其中,$p_1<p_2<\cdots<p_t$ 是素数,$\alpha_i>0(i=1,2,\cdots,t)$。例如:

$$91=7\times 13,\quad 11011=7\times 11^2\times 13$$

这一性质称为整数分解的唯一性,也可如下陈述:

设 P 是所有素数集合,则任意整数 $a(a>1)$都能唯一地写成以下形式:

$$a=\prod_{p\in P}p^{a_p}$$

其中 $a_p\geqslant 0$。

等号右边的乘积项取所有的素数,然而大多指数项 a_p 为0。

相应地,任一正整数也可由非0指数列表表示。例如,11011可表示为$\{a_7=1,a_{11}=2,a_{13}=1\}$。

两数相乘等价于对应的指数相加,即,由 $k=mn$ 可得:对每一素数 p,$k_p=m_p+n_p$。

而由 $a|b$ 可得:对每一素数 p,$a_p\leqslant b_p$。这是因为 p^k 只能被 $p^j(j\leqslant k)$ 整除。

3. 互素数

称 c 是两个整数 a、b 的最大公因子,如果

(1) c 是 a 的因子也是 b 的因子,即 c 是 a、b 的公因子。

(2) a 和 b 的任一公因子,也是 c 的因子。

表示为 $c=(a,b)$。

由于要求最大公因子为正,所以 $(a,b)=(a,-b)=(-a,b)=(-a,-b)$。一般 $(a,b)=(|a|,|b|)$。由任一非 0 整数能整除 0,可得 $(a,0)=a$。如果将 a、b 都表示为素数的乘积,则 (a,b) 极易确定。

【例 1-3】

$$300=2^2\times3^1\times5^2$$
$$18=2^1\times3^2$$
$$(18,300)=2^1\times3^1\times5^0=6$$

一般由 $c=(a,b)$ 可得:对每一素数 p,$c_p=\min\{a_p,b_p\}$。

如果 $(a,b)=1$,则称 a 和 b 互素。

称 d 是两个整数 a、b 的最小公倍数,如果

(1) d 是 a 的倍数也是 b 的倍数,即 d 是 a、b 的公倍数。

(2) a 和 b 的任一公倍数,也是 d 的倍数。

表示为 $c=[a,b]$。

若 a、b 是两个互素的正整数,则 $[a,b]=ab$。

1.1.3 模运算

设 n 是正整数,a 是整数,如果用 n 除 a,得商为 q,余数为 r,则

$$a=qn+r,\quad 0\leqslant r<n,\quad q=\left\lfloor\frac{a}{n}\right\rfloor$$

其中 $\lfloor x\rfloor$ 为小于或等于 x 的最大整数。

用 $a \bmod n$ 表示余数 r,则

$$a=\left\lfloor\frac{a}{n}\right\rfloor n+a \bmod n$$

如果 $a \bmod n=b \bmod n$,则称两个整数 a 和 b 模 n 同余,记为 $a\equiv b \bmod n$。称与 a 模 n 同余的数的全体为 a 的同余类,记为 $[a]$,称 a 为这个同余类的表示元素。

注意:如果 $a\equiv 0 \bmod n$,则 $n|a$。

同余有以下性质:

(1) $n|(a-b)$ 与 $a\equiv b \bmod n$ 等价。

(2) $a \bmod n=b \bmod n$,则 $a\equiv b \bmod n$。

(3) $a\equiv b \bmod n$,则 $b\equiv a \bmod n$。

(4) $a\equiv b \bmod n$,$b\equiv c \bmod n$,则 $a\equiv c \bmod n$。

(5) 如果 $a \equiv b \bmod n, d \mid n$，则 $a \equiv b \bmod d$。

(6) 如果 $a \equiv b \bmod n_i\ (i=1,2,\cdots,k)$，$d=[n_1,n_2,\cdots,n_k]$，则 $a \equiv b \bmod d$。

证明：

(5) 由 $a \equiv b \bmod n$ 及 $d \mid n$，得 $n \mid (a-b)$，$d \mid (a-b)$。

(6) 由 $a \equiv b \bmod n_i$ 得，$n_i \mid (a-b)$，即 $a-b$ 是 $n_1,n_2,\cdots,n_k$ 的公倍数，所以 $d \mid (a-b)$。

从以上性质易知，同余类中的每一元素都可作为这个同余类的表示元素。

求余数运算(简称求余运算) $a \bmod n$ 将整数 a 映射到集合 $\{0,1,\cdots,n-1\}$，称求余运算在这个集合上的算术运算为模运算，模运算有以下性质：

(1) $[(a \bmod n)+(b \bmod n)] \bmod n=(a+b) \bmod n$。

(2) $[(a \bmod n)-(b \bmod n)] \bmod n=(a-b) \bmod n$。

(3) $[(a \bmod n)\times(b \bmod n)] \bmod n=(a\times b) \bmod n$。

证明：

(1) 设 $a \bmod n=r_a$，$(b \bmod n)=r_b$，则存在整数 j、k 使得 $a=jn+r_a$，$b=kn+r_b$。因此

$$(a+b) \bmod n=[(j+k)n+r_a+r_b] \bmod n=(r_a+r_b) \bmod n$$
$$=[(a \bmod n)+(b \bmod n)] \bmod n$$

(2)、(3)的证明类似。

【例 1-4】 设 $\mathbb{Z}_8=\{0,1,\cdots,7\}$，考虑 $\mathbb{Z}_8$ 上的模加法和模乘法，结果如表 1-1 所示。

表 1-1　模 8 运算

+	0	1	2	3	4	5	6	7	×	0	1	2	3	4	5	6	7
0	0	1	2	3	4	5	6	7	0	0	0	0	0	0	0	0	0
1	1	2	3	4	5	6	7	0	1	0	1	2	3	4	5	6	7
2	2	3	4	5	6	7	0	1	2	0	2	4	6	0	2	4	6
3	3	4	5	6	7	0	1	2	3	0	3	6	1	4	7	2	5
4	4	5	6	7	0	1	2	3	4	0	4	0	4	0	4	0	4
5	5	6	7	0	1	2	3	4	5	0	5	2	7	4	1	6	3
6	6	7	0	1	2	3	4	5	6	0	6	4	2	0	6	4	2
7	7	0	1	2	3	4	5	6	7	0	7	6	5	4	3	2	1

从加法结果可见，对每一 x，都有一个 y，使得 $x+y\equiv 0 \bmod 8$。如对 2，有 6，使得 $2+6\equiv 0 \bmod 8$，称 y 为 x 的负数，也称为加法逆元。

对 x，若有 y，使得 $x\times y\equiv 1 \bmod 8$，如 $3\times 3\equiv 1 \bmod 8$，则称 y 为 x 的倒数，也称为乘法逆元。本例可见并非每一 x 都有乘法逆元。

一般，定义 $\mathbb{Z}_n$ 为小于 n 的所有非负整数集合，即

$$\mathbb{Z}_n=\{0,1,\cdots,n-1\}$$

称 $\mathbb{Z}_n$ 为模 n 的同余类集合。其上的模运算有以下性质：

(1) 交换律：

$$(w+x) \bmod n=(x+w) \bmod n$$
$$(w\times x) \bmod n=(x\times w) \bmod n$$

(2) 结合律：

$$[(w+x)+y] \bmod n = [w+(x+y)] \bmod n$$
$$[(w\times x)\times y] \bmod n = [w\times(x\times y)] \bmod n$$

(3) 分配律：

$$[w\times(x+y)] \bmod n=[(w\times x)+(w\times y)] \bmod n$$

(4) 单位元：

$$(0+w) \bmod n = w \bmod n$$
$$(1\times w) \bmod n = w \bmod n$$

(5) 加法逆元：对 $w\in\mathbb{Z}_n$，存在 $z\in\mathbb{Z}_n$，使得 $w+z\equiv 0 \bmod n$，记 $z=-w$。

此外还有以下性质：

如果 $a+b\equiv a+c \bmod n$，则 $b\equiv c \bmod n$，称为加法的可约律。

该性质可由 $a+b\equiv a+c \bmod n$ 的两边同加上 a 的加法逆元得到。

然而类似性质对乘法却不一定成立。例如，$6\times 3\equiv 6\times 7\equiv 2 \bmod 8$，但 $3\not\equiv 7 \bmod 8$。原因是 6 乘 0 到 7 得到的 8 个数仅为$\mathbb{Z}_8$的一部分，看上例。如果将对$\mathbb{Z}_8$作 6 的乘法 $6\times\mathbb{Z}_8$（即用 6 乘$\mathbb{Z}_8$中每一数）看作$\mathbb{Z}_8$到$\mathbb{Z}_8$的映射的话，$\mathbb{Z}_8$中至少有两个数映射到同一数，因此该映射为多到一的，所以对 6 来说，没有唯一的乘法逆元。但对 5 来说，$5\times 5\equiv 1 \bmod 8$，因此 5 有乘法逆元 5。仔细观察可见，与 8 互素的几个数 1、3、5、7 都有乘法逆元。

记$\mathbb{Z}_n^*=\{a\,|\,0<a<n,(a,n)=1\}$。

定理 1-1　$\mathbb{Z}_n^*$中每一元素有乘法逆元。

证明：首先证明$\mathbb{Z}_n^*$中任一元素 a 与$\mathbb{Z}_n^*$中任意两个不同元素 b、c（不妨设 $c<b$）相乘，其结果必然不同。否则设 $a\times b\equiv a\times c \bmod n$，则存在两个整数 k_1、k_2，使得 $ab=k_1n+r$，$ac=k_2n+r$，可得 $a(b-c)=(k_1-k_2)n$，所以 a 是$(k_1-k_2)n$ 的一个因子。又由$(a,n)=1$，得 a 是 k_1-k_2 的一个因子，设 $k_1-k_2=k_3a$，所以 $a(b-c)=k_3an$，即 $b-c=k_3n$，与 $0<c<b<n$ 矛盾。所以$|a\times\mathbb{Z}_n^*|=|\mathbb{Z}_n^*|$。

对 $a\times\mathbb{Z}_n^*$中任一元素 ac，由$(a,n)=1$，$(c,n)=1$，得$(ac,n)=1$，$ac\in\mathbb{Z}_n^*$，所以 $a\times\mathbb{Z}_n^*\subseteq\mathbb{Z}_n^*$。

由以上两条得 $a\times\mathbb{Z}_n^*=\mathbb{Z}_n^*$。因此对 $1\in\mathbb{Z}_n^*$，存在 $x\in\mathbb{Z}_n^*$，使得 $a\times x\equiv 1 \bmod n$，即 x 是 a 的乘法逆元。记为 $x=a^{-1}$。

（定理 1-1 证毕）

证明中用到如下结论：设 A、B 是两个集合，满足 $A\subseteq B$ 且$|A|=|B|$，则 $A=B$。

设 p 为一素数，则$\mathbb{Z}_p$中每一非 0 元素都与 p 互素，因此有乘法逆元。类似于加法可约律，可有以下乘法可约律：

如果 $a\times b\equiv(a\times c) \bmod n$ 且 a 有乘法逆元，那么对 $a\times b\equiv(a\times c) \bmod n$ 两边同乘以 a^{-1}，即得 $b\equiv c \bmod n$。

1.1.4　模指数运算

模指数运算是指对给定的正整数 m、n，计算 $a^m \bmod n$。

【例 1-5】　$a=7$，$n=19$，则易求出 $7^1\equiv 7 \bmod 19$，$7^2\equiv 11 \bmod 19$，$7^3\equiv 1 \bmod 19$。

由于 $7^{3+j}=7^3\times7^j\equiv7^j \bmod 19$，所以 $7^4\equiv7 \bmod 19$，$7^5\equiv7^2 \bmod 19$，…，即从 $7^4 \bmod 19$ 开始所求的幂出现循环，循环周期为 3。

可见在模指数运算中，若能找出循环周期，则会使得计算简单。

称满足方程 $a^m\equiv1 \bmod n$ 的最小正整数 m 为模 n 下 a 的阶，记为 $\mathrm{ord}_n(a)$。

定理 1-2　设 $\mathrm{ord}_n(a)=m$，则 $a^k\equiv1 \bmod n$ 的充要条件是 k 为 m 的倍数。

证明：设存在整数 q，使得 $k=qm$，则 $a^k\equiv(a^m)^q\equiv1 \bmod n$。

反之，假定 $a^k\equiv1 \bmod n$，令 $k=qm+r$，其中 $0<r\leqslant m-1$，那么

$$a^k\equiv(a^m)^q a^r\equiv a^r\equiv1 \bmod n$$

与 m 是阶矛盾。

（定理 1-2 证毕）

1.1.5　费马定理、欧拉定理和卡米歇尔定理

这 3 个定理在公钥密码体制中起着重要作用。

1. 费马定理

定理 1-3（费马定理）　若 p 是素数，a 是正整数且 $(a,p)=1$，则 $a^{p-1}\equiv1 \bmod p$。

证明：在定理 1-1 的证明中知，当 $(a,p)=1$ 时，$a\times\mathbb{Z}_p=\mathbb{Z}_p$，其中 $a\times\mathbb{Z}_p$ 表示 a 与 $\mathbb{Z}_p$ 中每一元素作模 p 乘法。又知 $a\times0\equiv0 \bmod p$，所以 $a\times\mathbb{Z}_p-\{0\}=\mathbb{Z}_p-\{0\}$，$a\times(\mathbb{Z}_p-\{0\})=\mathbb{Z}_p-\{0\}$。即

$$\{a \bmod p, 2a \bmod p, \cdots, (p-1)a \bmod p\}=\{1,2,\cdots,p-1\}$$

分别将两个集合中的元素连乘，得

$$\begin{aligned}a\times2a\times\cdots(p-1)a &\equiv[(a \bmod p)\times(2a \bmod p)\times\cdots\times((p-1)a \bmod p)] \bmod p\\ &\equiv(p-1)! \bmod p\end{aligned}$$

另一方面：

$$a\times2a\times\cdots(p-1)a=(p-1)!a^{p-1}$$

因此

$$(p-1)!a^{p-1}\equiv(p-1)! \bmod p$$

由于 $(p-1)!$ 与 p 互素，因此 $(p-1)!$ 有乘法逆元，由乘法可约律得 $a^{p-1}\equiv1 \bmod p$。

（定理 1-3 证毕）

费马定理也可写成如下形式：

设 p 是素数，a 是任一正整数，则 $a^p\equiv a \bmod p$。

2. 欧拉函数

设 n 是正整数，小于 n 且与 n 互素的正整数的个数称为 n 的欧拉函数，记为 $\varphi(n)$。

【例 1-6】　$\varphi(6)=2$，$\varphi(7)=6$，$\varphi(8)=4$。

定理 1-4

(1) 若 n 是素数，则 $\varphi(n)=n-1$。

(2) 若 n 是两个素数 p 和 q 的乘积，则 $\varphi(n)=\varphi(p)\times\varphi(q)=(p-1)\times(q-1)$。

(3) 若 n 有标准分解式 $n=p_1^{\alpha_1}p_2^{\alpha_2}\cdots p_t^{\alpha_t}$，则 $\varphi(n)=n\left(1-\dfrac{1}{p_1}\right)\cdots\left(1-\dfrac{1}{p_t}\right)$。

证明：

(1) 显然。

(2) 考虑$\mathbb{Z}_n=\{0,1,\cdots,pq-1\}$,其中不与 n 互素的数有 3 类：$A=\{p,2p,\cdots,(q-1)p\}$, $B=\{q,2q,\cdots,(p-1)q\}$, $C=\{0\}$,且 $A\cap B=\varnothing$,否则如果 $ip=jq$,其中 $1\leqslant i\leqslant q-1$, $1\leqslant j\leqslant p-1$,则 p 是 jq 的因子,因此是 j 的因子,设 $j=kp,k\geqslant 1$。则 $ip=kpq,i=kq$,与 $1\leqslant i\leqslant q-1$ 矛盾。所以

$$\begin{aligned}\varphi(n)&=|\mathbb{Z}_n|-[|A|+|B|+|C|]=pq-[(q-1)+(p-1)+1]\\&=(p-1)\times(q-1)=\varphi(p)\times\varphi(q)\end{aligned}$$

(3) 当 $n=p^{\alpha}$ 时,1 到 n 之间与 n 不互素的数有 $1p,2p,\cdots,p^{\alpha-1}p$,共 $p^{\alpha-1}$ 个,所以 $\varphi(p^{\alpha})=p^{\alpha}-p^{\alpha-1}$。

当 $n=p_1^{\alpha_1}p_2^{\alpha_2}\cdots p_t^{\alpha_t}$ 时,由(2)得

$$\begin{aligned}\varphi(n)&=\varphi(p_1^{\alpha_1})\varphi(p_2^{\alpha_2})\cdots\varphi(p_t^{\alpha_t})\\&=(p_1^{\alpha_1}-p_1^{\alpha_1-1})(p_2^{\alpha_2}-p_2^{\alpha_2-1})\cdots(p_t^{\alpha_t}-p_t^{\alpha_t-1})\\&=n\left(1-\frac{1}{p_1}\right)\cdots\left(1-\frac{1}{p_t}\right)\end{aligned}$$

(定理 1-4 证毕)

【例 1-7】 $\varphi(21)=\varphi(3\times7)=\varphi(3)\times\varphi(7)=2\times6=12$

$$\varphi(72)=\varphi(2^3 3^2)=72\left(1-\frac{1}{2}\right)\left(1-\frac{1}{3}\right)=24$$

3. 欧拉定理

定理 1-5(欧拉定理) 若 a 和 n 互素,则 $a^{\varphi(n)}\equiv 1 \bmod n$。

证明：设 $R=\{x_1,x_2,\cdots,x_{\varphi(n)}\}$是由小于 n 且与 n 互素的全体数构成的集合,$a\times R=\{ax_1 \bmod n,ax_2 \bmod n,\cdots,ax_{\varphi(n)} \bmod n\}$,考虑 $a\times R$ 中任一元素 $ax_i \bmod n$,因 a 与 n 互素,x_i 与 n 互素,所以 ax_i 与 n 互素,且 $ax_i \bmod n<n$,因此 $ax_i \bmod n\in R$,所以 $a\times R\subseteq R$。

又因 $a\times R$ 中任意两个元素都不相同,否则 $ax_i \bmod n=ax_j \bmod n$,由 a 与 n 互素可知 a 在模 n 下有乘法逆元,得 $x_i=x_j$。所以$|a\times R|=|R|$,得 $a\times R=R$,所以

$$\prod_{i=1}^{\varphi(n)}(ax_i \bmod n)=\prod_{i=1}^{\varphi(n)}x_i,\quad \prod_{i=1}^{\varphi(n)}ax_i\equiv\prod_{i=1}^{\varphi(n)}x_i(\bmod n),\quad a^{\varphi(n)}\cdot\prod_{i=1}^{\varphi(n)}x_i\equiv\prod_{i=1}^{\varphi(n)}x_i \bmod n$$

由每一 x_i 与 n 互素,知$\prod_{i=1}^{\varphi(n)}x_i$ 与 n 互素,$\prod_{i=1}^{\varphi(n)}x_i$ 在 mod n 下有乘法逆元。所以

$$a^{\varphi(n)}\equiv 1 \bmod n$$

(定理 1-5 证毕)

推论 $\mathrm{ord}_n(a)\,|\,\varphi(n)$。

推论说明,$\mathrm{ord}_n(a)$一定是 $\varphi(n)$的因子。如果$\mathrm{ord}_n(a)=\varphi(n)$,则称 a 为 n 的本原根。如果 a 是 n 的本原根,则

$$a,a^2,\cdots,a^{\varphi(n)}$$

在模 n 下互不相同且都与 n 互素。

特别地,如果 a 是素数 p 的本原根,则

$$a, a^2, \cdots, a^{p-1}$$

在模 p 下都不相同。

【例 1-8】 $n=9$，则 $\varphi(n)=6$。考虑 2 在 mod 9 下的幂：

$$2^1 \bmod 9 \equiv 2 \quad 2^2 \bmod 9 \equiv 4 \quad 2^3 \bmod 9 \equiv 8$$
$$2^4 \bmod 9 \equiv 7 \quad 2^5 \bmod 9 \equiv 5 \quad 2^6 \bmod 9 \equiv 1$$

即 $\mathrm{ord}_9(2)=\varphi(9)$，所以 2 为 9 的本原根。

【例 1-9】 $n=19, a=3$ 在模 19 下的幂分别为

$$3,9,8,5,15,7,2,6,18,16,10,11,14,4,12,17,13,1$$

即 $\mathrm{ord}_{19}(3)=18=\varphi(19)$，所以 3 为 19 的本原根。

本原根不唯一。可验证除 3 外，19 的本原根还有 2,10,13,14,15。

注意，并非所有的整数都有本原根，只有以下形式的整数才有本原根：

$$2,\quad 4,\quad p^{\alpha},\quad 2p^{\alpha}$$

其中 p 为奇素数。

4. 卡米歇尔定理

对满足 $(a,n)=1$ 的所有 a，使得 $a^m \equiv 1 \bmod n$ 同时成立的最小正整数 m，称为 n 的卡米歇尔(Carmichael)函数，记为 $\lambda(n)$。

【例 1-10】 $n=8$，与 8 互素的数有 1,3,5,7，即 $\varphi(8)=4$。

$$1^2 \equiv 1 \bmod 8 \quad 3^2 \equiv 1 \bmod 8 \quad 5^2 \equiv 1 \bmod 8 \quad 7^2 \equiv 1 \bmod 8$$

所以 $\lambda(8)=2$。

从该例看出，$\lambda(n) \leqslant \varphi(n)$。

定理 1-6

(1) 如果 $a|b$，则 $\lambda(a)|\lambda(b)$。

(2) 对任意互素的正整数 a、b，有 $\lambda(ab)=[\lambda(a),\lambda(b)]$。

(3) $$\lambda(n)=\begin{cases} \varphi(n)=1, & n=1 \\ \varphi(n)=1, & n=2 \\ \varphi(n)=2, & n=4 \\ \dfrac{1}{2}\varphi(n)=2^{\alpha-2}, & n=2^{\alpha}, \alpha>2 \\ \varphi(n)=p-1, & n=p, p \text{ 为奇素数} \\ \varphi(n)=p^{\alpha}-p^{\alpha-1}, & n=p^{\alpha}, p \text{ 为奇素数} \alpha>1 \\ [\lambda(p_1^{\alpha_1}),\cdots,\lambda(p_t^{\alpha_t})], & n=\prod_{i=1}^{t} p_i^{\alpha_i} \end{cases}$$

证明：

(1) 对满足 $(x,b)=1$ 的所有 x，$x^{\lambda(b)} \equiv 1 \bmod b$，由 $a|b$ 得，$x^{\lambda(b)} \equiv 1 \bmod a$。设 $\lambda(b)=k\lambda(a)+r$，其中 $0 \leqslant r < \lambda(a)$，则 $x^{\lambda(b)} \equiv (x^{\lambda(a)})^k x^r \equiv x^r \equiv 1 \bmod a$，所以 $r=0$，即 $\lambda(a)|\lambda(b)$。

(2) 由(1)得，$\lambda(a)|\lambda(ab)$，$\lambda(b)|\lambda(ab)$，即 $\lambda(ab)$ 是 $\lambda(a)$ 和 $\lambda(b)$ 的公倍数。又设 d 是 $\lambda(a)$ 和 $\lambda(b)$ 的任一公倍数，由 $\lambda(a)|d$，$\lambda(b)|d$ 得 $x^d \equiv 1 \bmod a$，$x^d \equiv 1 \bmod b$，其中

$(x,a)=1,(x,b)=1$，所以 $x^d\equiv 1 \bmod ab$，其中 $(x,ab)=1,\lambda(ab)|d$。所以 $\lambda(ab)$ 是 $\lambda(a)$ 和 $\lambda(b)$ 的最小公倍数。

(3) 可由(2)得到。

（定理 1-6 证毕）

定理 1-7（卡米歇尔定理） 若 a 和 n 互素，则 $a^{\lambda(n)}\equiv 1 \bmod n$。

证明：设 $n=p_1^{\alpha_1}p_2^{\alpha_2}\cdots p_t^{\alpha_t}$，下面证明 $a^{\lambda(n)}\equiv 1 \bmod p_i^{\alpha_i}$ $(i=1,2,\cdots,t)$。

如果 $p_i^{\alpha_i}=2,4$ 或奇素数的幂，由定理 1-6(3)，$\lambda(p_i^{\alpha_i})=\varphi(p_i^{\alpha_i})$，所以 $a^{\lambda(p_i^{\alpha_i})}=a^{\varphi(p_i^{\alpha_i})}\equiv 1 \bmod p_i^{\alpha_i}$。又因 $\lambda(p_i^{\alpha_i})|\lambda(n)$，所以 $a^{\lambda(n)}\equiv 1 \bmod p_i^{\alpha_i}$。

当 $p_i^{\alpha_i}=2^{\alpha_i}$ $(\alpha_i>2)$ 时，$\lambda(p_i^{\alpha_i})=\dfrac{1}{2}\varphi(2^{\alpha_i})=2^{\alpha_i-2}$，需要证明 $a^{2^{\alpha_i-2}}\equiv 1 \bmod 2^{\alpha_i}$，对 α_i 用归纳法。当 $\alpha_i=3$ 时，$a^2\equiv 1 \bmod 8$ 对每一奇整数 a 成立。设 $a^{2^{\alpha_i-2}}\equiv 1 \bmod 2^{\alpha_i}$ 对 α_i 成立，即 $a^{2^{\alpha_i-2}}=1+t2^{\alpha_i}$，$t$ 是一正整数。则当 α_i+1 时，$a^{2^{\alpha_i-1}}=(1+t2^{\alpha_i})^2=1+t2^{\alpha_i+1}+t^2 2^{2\alpha_i}\equiv 1 \bmod 2^{\alpha_i+1}$。由归纳法，$a^{2^{\alpha_i-2}}\equiv 1 \bmod 2^{\alpha_i}$ 对任意 $\alpha_i(\alpha_i>2)$ 成立。

由 $a^{\lambda(n)}\equiv 1 \bmod p_i^{\alpha_i}$ $(i=1,2,\cdots,t)$，得 $a^{\lambda(n)}\equiv 1 \bmod d$，其中 $d=[p_1^{\alpha_1},p_2^{\alpha_2},\cdots,p_t^{\alpha_t}]=p_1^{\alpha_1}p_2^{\alpha_2}\cdots p_t^{\alpha_t}=n$，所以 $a^{\lambda(n)}\equiv 1 \bmod n$。

（定理 1-7 证毕）

1.1.6 欧几里得算法

欧几里得(Euclid)算法是数论中的一个基本技术，是求两个正整数的最大公因子的简化过程。而推广的欧几里得算法不仅可求两个正整数的最大公因子，而且当两个正整数互素时，还可求出其中一个数关于另一个数的乘法逆元。

1. 求最大公因子

欧几里得算法是基于下面的基本结论。

设 a、b 是任意两个正整数，它们的最大公因子记为 (a,b)。有以下重要结论：

$$(a,b)=(b,a \bmod b)$$

证明：b 是正整数，因此可将 a 表示为 $a=kb+r$，$a \bmod b=r$，其中 k 为整数，所以 $a \bmod b=a-kb$。

设 d 是 a、b 的公因子，即 $d|a,d|b$，所以 $d|kb$。由 $d|a$ 和 $d|kb$ 得 $d|(a \bmod b)$，因此 d 是 b 和 $a \bmod b$ 的公因子。

所以得出 a、b 的公因子集合与 b、$a \bmod b$ 的公因子集合相等，两个集合的最大值也相等，得证。

在求两个数的最大公因子时，可重复使用以上结论。

【例 1-11】 $(55,22)=(22,55 \bmod 22)=(22,11)=(11,0)=11$。

【例 1-12】 $(18,12)=(12,6)=(6,0)=6$，$(11,10)=(10,1)=1$。

下面给出欧几里得算法。设 a、b 是任意两个正整数，记 $r_0=a,r_1=b$，反复用上述除法（称为辗转相除法），有

$$r_0 = r_1 q_1 + r_2, \qquad 0 \leqslant r_2 < r_1$$
$$r_1 = r_2 q_2 + r_3, \qquad 0 \leqslant r_3 < r_2$$
$$\vdots$$
$$r_{n-2} = r_{n-1} q_{n-1} + r_n, \quad 0 \leqslant r_n < r_{n-1}$$
$$r_{n-1} = r_n q_n + r_{n+1}, \qquad r_{n+1} = 0$$

由于 $r_1 = b > r_2 > \cdots > r_n > r_{n+1} \geqslant 0$，经过有限步后，必然存在 n 使得 $r_{n+1}=0$。可得 $(a,b)=r_n$，即辗转相除法中最后一个非 0 余数就是 a 和 b 的最大公因子。这是因为 $(a,b)=(b,r_2)=(r_2,r_3)=\cdots=(r_{n-1},r_n)=(r_n,0)=r_n$。

因 $(a,b)=(|a|,|b|)$，因此可假定算法的输入是两个正整数，并设 $a>b$。

欧几里德算法如下：

```
EUCLID(a,b)
1. X←a; Y←b;
2. if Y=0 then return X=(a,b);
3. if Y=1 then return Y=(a,b);
4. R=X mod Y;
5. X=Y;
6. Y=R;
7. goto 2.
```

【例 1-13】 求(1970,1066)。

$$1970 = 1\times1066 + 904 \qquad (1066, 904)$$
$$1066 = 1\times904 + 162 \qquad (904, 162)$$
$$904 = 5\times162 + 94 \qquad (162, 94)$$
$$162 = 1\times94 + 68 \qquad (94, 68)$$
$$94 = 1\times68 + 26 \qquad (68, 26)$$
$$68 = 2\times26 + 16 \qquad (26, 16)$$
$$26 = 1\times16 + 10 \qquad (16, 10)$$
$$16 = 1\times10 + 6 \qquad (10, 6)$$
$$10 = 1\times6 + 4 \qquad (6, 4)$$
$$6 = 1\times4 + 2 \qquad (4, 2)$$
$$4 = 2\times2 + 0 \qquad (2, 0)$$

因此 (1970, 1066)=2。

在辗转相除法中，有

$$r_0 = r_{n-2} - r_{n-1} q_{n-1}$$
$$r_{n-1} = r_{n-3} - r_{n-2} q_{n-2}$$
$$\vdots$$
$$r_3 = r_1 - r_2 q_2$$
$$r_2 = r_0 - r_1 q_1$$

依次将后一项带入前一项，可得 r_n 由 $r_0=a, r_1=b$ 的线性组合表示。因此有如下结论：

存在整数 s、t，使得 $sa+tb=(a,b)$，即两个数的最大公因子能由这两个数的线性组合表示。

2. 求乘法逆元

如果$(a,b)=1$，则 b 在模 a 下有乘法逆元（不妨设 $b<a$），即存在一 $x(x<a)$，使得 $bx\equiv 1 \bmod a$。推广的欧几里得算法先求出(a,b)，当$(a,b)=1$时，则返回 b 的逆元。

```
EXTENDED EUCLID(a,b) (设 b<a)
1. (X1,X2,X3) ← (1,0,a); (Y1,Y2,Y3) ← (0,1,b);
2. if Y3=0 then return X3=(a,b); no inverse;
3. if Y3=1 then return Y3=(a,b); Y2=b^-1 mod f;
4. Q=⌊X3/Y3⌋;
5. (T1,T2,T3) ← (X1-QY1,X2-QY2,X3-QY3);
6. (X1,X2,X3) ← (Y1,Y2,Y3);
7. (Y1,Y2,Y3) ← (T1,T2,T3);
8. goto 2.
```

算法中的变量有以下关系：

$$aT_1+bT_2=T_3 \quad aX_1+bX_2=X_3 \quad aY_1+bY_2=Y_3$$

这一关系可用归纳法证明：设前一轮的变量为(T'_1,T'_2,T'_3)、(X'_1,X'_2,X'_3)、(Y'_1,Y'_2,Y'_3)满足

$$aT'_1+bT'_2=T'_3 \quad aX'_1+bX'_2=X'_3 \quad aY'_1+bY'_2=Y'_3$$

则这一轮的变量(T_1,T_2,T_3)、(X_1,X_2,X_3)、(Y_1,Y_2,Y_3)和前一轮的变量有如下关系：

$$(T_1,T_2,T_3)=(X'_1-Q'Y'_1,X'_2-Q'Y'_2,X'_3-Q'Y'_3)$$
$$(X_1,X_2,X_3)=(Y'_1,Y'_2,Y'_3)$$
$$(Y_1,Y_2,Y_3)=(T_1,T_2,T_3)$$

所以

$$\begin{aligned}aT_1+bT_2&=a(X'_1-Q'Y'_1)+b(X'_2-Q'Y'_2)\\&=aX'_1+bX'_2-Q'(aY'_1+bY'_2)\\&=X'_3-Q'Y'_3=T_3\end{aligned}$$

$$aX_1+bX_2=aY'_1+bY'_2=Y'_3=X_3$$
$$aY_1+bY_2=aT_1+bT_2=T_3=Y_3$$

在算法 EUCLID(a,b)中，X 等于前一轮循环中的 Y，Y 等于前一轮循环中的 $X \bmod Y$。而在算法 EXTENDED EUCLID(a,b)中，X_3 等于前一轮循环中的 Y_3，Y_3 等于前一轮循环中的 X_3-QY_3，由于 Q 是 Y_3 除 X_3 的商，因此 Y_3 是前一轮循环中的 Y_3 除 X_3 的余数，即 $X_3 \bmod Y_3$，可见 EXTENDED EUCLID(a,b)中的 X_3、Y_3 与 EUCLID(a,b)中的 X、Y 作用相同，因此可正确产生(a,b)。

如果$(a,b)=1$，则在倒数第二轮循环中 $Y_3=1$。由 $Y_3=1$ 可得

$$aY_1+bY_2=Y_3 \quad aY_1+bY_2=1 \quad bY_2=1+(-Y_1)\times a \quad bY_2\equiv 1 \bmod a$$

所以

$$Y_2\equiv b^{-1} \bmod a$$

【例 1-14】 求(1769, 550)。

算法的运行结果及各变量的变化情况如表 1-2 所示。

表 1-2 求(1769,550)时推广欧几里得算法的运行结果

循环次数	Q	X_1	X_2	X_3	Y_1	Y_2	Y_3
初值	—	1	0	1769	0	1	550
1	3	0	1	550	1	−3	119
2	4	1	−3	119	−4	13	74
3	1	−4	13	74	5	−16	45
4	1	5	−16	45	−9	29	29
5	1	−9	29	29	14	−45	16
6	1	14	−45	16	−23	74	13
7	1	−23	74	13	37	−119	3
8	4	37	−119	3	−171	550	1

所以$(1769,550)=1, 550^{-1} \bmod 1769=550$。

1.1.7 中国剩余定理

中国剩余定理是数论中最有用的一个工具,它有两个用途,一是如果已知某个数关于一些两两互素的数的同余类集,就可重构这个数。二是可将大数用小数表示,大数的运算通过小数实现。

【例 1-15】 $\mathbb{Z}_{10}$中每个数都可从这个数关于 2 和 5(10 的两个互素的因子)的同余类重构。比如已知 x 关于 2 和 5 的同余类分别是[0]和[3],即 $x \bmod 2\equiv0, x \bmod 5\equiv3$。可知 x 是偶数且被 5 除后余数是 3,所以可得 8 是满足这一关系的唯一的 x。

【例 1-16】 假设只能处理 5 以内的数,则要考虑 15 以内的数,可将 15 分解为两个小素数的乘积,$15=3\times5$,将 1～15 的数列表表示,如表 1-3 所示,表的行号为 0～2,列号为 0～4,将 1～15 的数填入表中,使得其所在行号为该数除 3 得到的余数,列号为该数除 5 得到的余数。如 $12 \bmod 3=0, 12 \bmod 5=2$,所以 12 应填在第 0 行、第 2 列。

表 1-3 1～15 的数

行	列				
	0	1	2	3	4
0	0	6	12	3	9
1	10	1	7	13	4
2	5	11	2	8	14

现在就可处理 15 以内的数了。

例如求 $12\times13 \bmod 15$,因 12 和 13 所在的行号分别是 0 和 1,12 和 13 所在的列号分别是 2 和 3,由 $0\times1\equiv0 \bmod 3, 2\times3\equiv1 \bmod 5$ 得 $12\times13 \bmod 15$ 所在的列号和行号分别为 0 和 1,这个位置上的数是 6,所以得 $12\times13\equiv6 \bmod 15$。又因 $0+1\equiv1 \bmod 3, 2+3\equiv$

0 mod 5，第 1 行、第 0 列为 10，所以 12+13≡10 mod 15。

以上两例是中国剩余定理的直观应用，下面具体介绍定理的内容。

中国剩余定理最早见于《孙子算经》的“物不知数”问题：今有物不知其数，三三数之有二，五五数之有三，七七数之有二，问物有多少？

这一问题用方程组表示为

$$\begin{cases} x \equiv 2 \bmod 3 \\ x \equiv 3 \bmod 5 \\ x \equiv 2 \bmod 7 \end{cases}$$

下面给出解的构造过程。首先将 3 个余数写成和式的形式：

$$2+3+2$$

为满足第一个方程，即模 3 后，后两项消失，给后两项各乘以 3，得

$$2+3\times 3+2\times 3$$

为满足第二个方程，即模 5 后，第一、三项消失，给第一、三项各乘以 5，得

$$2\times 5+3\times 3+2\times 3\times 5$$

同理给前两项各乘以 7，得

$$2\times 5\times 7+3\times 3\times 7+2\times 3\times 5$$

然而，将结果带入第一个方程，得到 2×5×7，为消去 5×7，将结果的第一项再乘以 $(5\times 7)^{-1}$ mod 3，得 $2\times 5\times 7\times (5\times 7)^{-1} \bmod 3+3\times 3\times 7+2\times 3\times 5$。类似地，将第二项乘以 $(3\times 7)^{-1}$ mod 5，第三项乘以 $(3\times 5)^{-1}$ mod 7，得结果为

$$2\times 5\times 7\times (5\times 7)^{-1} \bmod 3+3\times 3\times 7\times (3\times 7)^{-1} \bmod 5+2\times 3\times 5\times (3\times 5)^{-1} \bmod 7=233$$

又因为 $233+k\times 3\times 5\times 7=233+105k$（$k$ 为任一整数）都满足方程组，可取 $k=-2$，得到小于 105（=3×5×7）的唯一解 23，所以方程组的唯一解构造如下：

$$[2\times 5\times 7\times (5\times 7)^{-1} \bmod 3+3\times 3\times 7\times (3\times 7)^{-1} \bmod 5+2\times 3\times 5\times (3\times 5)^{-1} \bmod 7] \bmod (3\times 5\times 7)$$

把这种构造法推广到一般形式，就是如下的中国剩余定理。

定理 1-8（中国剩余定理） 设 $m_1, m_2, \cdots, m_k$ 是两两互素的正整数，$M=\prod_{i=1}^{k} m_i$，则一次同余方程组

$$\begin{cases} a_1 \bmod m_1 \equiv x \\ a_2 \bmod m_2 \equiv x \\ \vdots \\ a_k \bmod m_k \equiv x \end{cases}$$

对模 M 有唯一解：

$$x \equiv \left(\frac{M}{m_1}e_1 a_1+\frac{M}{m_2}e_2 a_2+\cdots+\frac{M}{m_k}e_k a_k\right) \bmod M$$

其中 e_i 满足 $\frac{M}{m_i}e_i \equiv 1 \bmod m_i$（$i=1,2,\cdots,k$）。

证明　设$M_i=\frac{M}{m_i}=\prod_{\substack{l=1\\l\neq i}}^{k}m_l, i=1,2,\cdots,k$，由$M_i$的定义得$M_i$与$m_i$是互素的，可知$M_i$在模$m_i$下有唯一的乘法逆元，即满足$\frac{M}{m_i}e_i\equiv 1 \bmod m_i$的$e_i$是唯一的。

下面证明对$\forall i\in\{1,2,\cdots,k\}$，上述$x$满足$a_i \bmod m_i\equiv x$。注意到当$j\neq i$时，$m_i|M_j$，即$M_j\equiv 0 \bmod m_i$。所以

$$\begin{aligned}&(M_j\times e_j \bmod m_j) \bmod m_i\\ \equiv\ &((M_j \bmod m_i)\times((e_j \bmod m_j) \bmod m_i)) \bmod m_i\\ \equiv\ &0\end{aligned}$$

而

$$(M_i\times(e_i \bmod m_i)) \bmod m_i\equiv(M_i\times e_i) \bmod m_i\equiv 1$$

所以$x \bmod m_i\equiv a_i$，即$a_i \bmod m_j\equiv x$。

下面证明方程组的解是唯一的。设x'是方程组的另一解，即

$$x'\equiv a_i \bmod m_i\quad(i=1,2,\cdots,k)$$

由$x\equiv a_i \bmod m_i$得$x'-x\equiv 0 \bmod m_i$，即$m_i|(x'-x)$。再根据m_i两两互素，有$M|(x'-x)$，即$x'-x\equiv 0 \bmod M$，所以$x' \bmod M=x \bmod d$。

（定理 1-8 证毕）

中国剩余定理提供了一个非常有用的特性，即在模$M\left(M=\prod_{i=1}^{k}m_i\right)$下可将大数$A$由一组小数$(a_1,a_2,\cdots,a_k)$表达，且大数的运算可通过小数实现。表示为

$$A\leftrightarrow(a_1,a_2,\cdots,a_k)$$

其中$a_i=A \bmod m_i(i=1,2,\cdots,k)$，则有以下推论。

推论　如果

$$A\leftrightarrow(a_1,a_2,\cdots,a_k),\quad B\leftrightarrow(b_1,b_2,\cdots,b_k)$$

那么

$$\begin{aligned}&(A+B) \bmod M\leftrightarrow((a_1+b_1) \bmod m_1,\cdots,(a_k+b_k) \bmod m_k)\\&(A-B) \bmod M\leftrightarrow((a_1-b_1) \bmod m_1,\cdots,(a_k-b_k) \bmod m_k)\\&(A\times B) \bmod M\leftrightarrow((a_1\times b_1) \bmod m_1,\cdots,(a_k\times b_k) \bmod m_k)\end{aligned}$$

证明：可由模运算的性质直接得出。

【例 1-16 续】　表 1-3 的构造。

设$1\leqslant x\leqslant 15$，求$a\equiv x \bmod 3$，$b\equiv x \bmod 5$，将x填入表的a行、b列。表建立完成后，数x可由它的行号a和列号b按中国剩余定理恢复：

$$\begin{aligned}x&\equiv[a\times 5\times(5^{-1} \bmod 3)+b\times 3\times(3^{-1} \bmod 5)] \bmod 15\\&\equiv[a\times 5\times 2+b\times 3\times 2] \bmod 15\\&\equiv[10a+6b] \bmod 15\end{aligned}$$

例如，12 mod 3≡0，12 mod 5≡2；13 mod 3≡1，13 mod 5≡3。所以 12 位于表中第 0 行、第 2 列，13 位于表中第 1 行、第 3 列。反之，若求表中第 0 行、第 2 列的数，将$a=0$，$b=2$带入$x\equiv(10a+6b) \bmod 15$，得$x=12$。

已知数 x 的行号 a 和列号 b，可将 x 表示为 (a,b)。x 的运算用 (a,b) 实现。设 $x_1=(a_1,b_1)$，$x_2=(a_2,b_2)$，则 $x_1+x_2=(a_1+a_2,b_1+b_2)$，$x_1\times x_2=(a_1\times a_2,b_1\times b_2)$。例如 $12=(0,2)$，$13=(1,3)$，$12+13=(0,2)+(1,3)=(1,0)$，$12\times 13=(0,2)\times(1,3)=(0,1)$，所以 $12+13$ 为 10，12×13 为 6。

【例 1-17】 由以下方程组求 x：

$$\begin{cases} x\equiv 1 \bmod 2 \\ x\equiv 2 \bmod 3 \\ x\equiv 3 \bmod 5 \\ x\equiv 5 \bmod 7 \end{cases}$$

解：$M=2\times 3\times 5\times 7=210$，$M_1=105$，$M_2=70$，$M_3=42$，$M_4=30$，易求

$$e_1\equiv M_1^{-1} \bmod 2\equiv 1 \quad e_2\equiv M_2^{-1} \bmod 3\equiv 1$$

$$e_3\equiv M_3^{-1} \bmod 5\equiv 1 \quad e_4\equiv M_4^{-1} \bmod 7\equiv 4$$

所以

$$\begin{aligned} x \bmod 210 &\equiv (105\times 1\times 1+70\times 1\times 2+42\times 3\times 3+30\times 4\times 5) \bmod 210 \\ &\equiv 173 \end{aligned}$$

或写成

$$x\equiv 173 \bmod 210$$

【例 1-18】 为将 973 mod 1813 由模数分别为 37 和 49 的两个数表示，可取

$$x=973,\quad M=1813,\quad m_1=37,\quad m_2=49$$

由 $a_1\equiv 973 \bmod m_1\equiv 11$，$a_2\equiv 973 \bmod m_2\equiv 42$ 得 x 在模 37 和模 49 下的表达为(11,42)。

若要求 973 mod 1813+678 mod 1813，可先求出

$$678\leftrightarrow(678 \bmod 37,678 \bmod 49)=(12,41)$$

从而可将以上加法表达为 $((11+12) \bmod 37,(42+41) \bmod 49)=(23,34)$。

1.1.8 离散对数

1. 指标

首先回忆一下一般对数的概念，指数函数 $y=a^x(a>0,a\neq 1)$ 的逆函数称为以 a 为底 x 的对数，记为 $y=\log_a x$。对数函数有以下性质：

$$\log_a 1=0,\quad \log_a a=1,\quad \log_a xy=\log_a x+\log_a y,\quad \log_a x^y=y\log_a x$$

在模运算中也有类似的函数。设 p 是素数，a 是 p 的本原根，则 $a,a^2,\cdots,a^{p-1}$ 产生出 1 到 $p-1$ 之间的所有值，且每一值只出现一次。因此对任意 $b\in\{1,2,\cdots,p-1\}$，都存在唯一的 $i(1\leqslant i\leqslant p-1)$，使得 $b\equiv a^i \bmod p$。称 i 为模 p 下以 a 为底 b 的指标，记为 $i=\mathrm{ind}_{a,p}(b)$。指标有以下性质：

(1) $\mathrm{ind}_{a,p}(1)=0$。

(2) $\mathrm{ind}_{a,p}(a)=1$。

这两个性质分别由以下关系可得：$a^0 \bmod p=1 \bmod p=1$，$a^1 \bmod p=a$。

以上假定模数 p 是素数，对于非素数也有类似结论，看下例。

【例 1-19】 设 $p=9$，则 $\varphi(p)=6$，$a=2$ 是 p 的一个本原根，a 的不同的幂为(模 9 下)

$2^0\equiv 1,\quad 2^1\equiv 2,\quad 2^2\equiv 4,\quad 2^3\equiv 8,\quad 2^4\equiv 7,\quad 2^5\equiv 5,\quad 2^6\equiv 1$

由此可得 a 的指数表如表 1-4(a)所示。

表 1-4 指数和指标举例

(a) 模 9 下 2 的指数表						(b) 与 9 互素的数的指标						
指标	0	1	2	3	4	5	数	1	2	4	5	7	8
指数	1	2	4	8	7	5	指标	0	1	2	5	4	3

重新排列表 1-4(a),可求每一与 9 互素的数的指标如表 1-4(b)所示。

在讨论指标的另外两个性质时,需要如下定理。

定理 1-9 若 $a^z\equiv a^q \bmod p$,其中 p 为素数,a 是 p 的本原根,则有 $z\equiv q \bmod \varphi(p)$。

证明:因 a 和 p 互素,所以 a 在模 p 下存在逆元 a^{-1},在 $a^z\equiv a^q \bmod p$ 两边同乘以 $(a^{-1})^q$,得 $a^{z-q}\equiv 1 \bmod p$。因 a 是 p 的本原根,a 的阶为 $\varphi(p)$,所以存在一整数 k,使得 $z-q\equiv k\varphi(p)$,所以 $z\equiv q \bmod \varphi(p)$。

(定理 1-9 证毕)

由定理 1-9 可得指标的以下两个性质:

(3) $\mathrm{ind}_{a,p}(xy)=[\mathrm{ind}_{a,p}(x)+\mathrm{ind}_{a,p}(y)] \bmod \varphi(p)$。

(4) $\mathrm{ind}_{a,p}(y^r)=[r\times\mathrm{ind}_{a,p}(y)] \bmod \varphi(p)$。

证明:

(3) 设 $x\equiv a^{\mathrm{ind}_{a,p(x)}} \bmod p$,$y\equiv a^{\mathrm{ind}_{a,p}(y)} \bmod p$,$xy\equiv a^{\mathrm{ind}_{a,p}(xy)} \bmod p$,由模运算的性质得

$$a^{\mathrm{ind}_{a,p}(xy)} \bmod p=(a^{\mathrm{ind}_{a,p}(x)} \bmod p)(a^{\mathrm{ind}_{a,p}(y)} \bmod p)=(a^{\mathrm{ind}_{a,p}(x)+\mathrm{ind}_{a,p}(y)}) \bmod p$$

所以

$$\mathrm{ind}_{a,p}(xy)=[\mathrm{ind}_{a,p}(x)+\mathrm{ind}_{a,p}(y)] \bmod \varphi(p)$$

性质(4)是性质(3)的推广。

从指标的以上性质可见,指标与对数的概念极为相似,将指标称为离散对数,如下所述。

2. 离散对数

设 p 是素数,a 是 p 的本原根,即 $a^1,a^2,\cdots,a^{p-1}$ 在模 p 下产生 1 到 $p-1$ 的所有值,所以对 $\forall b\in\{1,2,\cdots,p-1\}$,有唯一的 $i\in\{1,2,\cdots,p-1\}$ 使得 $b\equiv a^i \bmod p$。称 i 为模 p 下以 a 为底 b 的离散对数,记为 $i\equiv\log_a b \bmod p$。

当 a、p、i 已知时,用快速指数算法可比较容易地求出 b,但如果已知 a、b 和 p,求 i 则非常困难。目前已知的最快的求离散对数算法其时间复杂度为

$$O\left(\exp\left((\ln p)^{\frac{1}{3}}\ln(\ln)\right)^{\frac{2}{3}}\right)$$

所以当 p 很大时,该算法也是不可行的。

1.1.9 二次剩余

设 n 是正整数,a 是整数,满足 $(a,n)=1$,称 a 是模 n 的二次剩余,如果方程

$$x^2\equiv a \bmod n$$

有解。否则称为二次非剩余。

【例 1-20】 $x^2 \equiv 1 \bmod 7$ 有解：$x=1, x=6$。

$x^2 \equiv 2 \bmod 7$ 有解：$x=3, x=4$。

$x^2 \equiv 3 \bmod 7$ 无解。

$x^2 \equiv 4 \bmod 7$ 有解：$x=2, x=5$。

$x^2 \equiv 5 \bmod 7$ 无解。

$x^2 \equiv 6 \bmod 7$ 无解。

可见 1、2、4 共有 3 个数是模 7 的二次剩余，且每个二次剩余都有两个平方根（即例中的 x）。

容易证明，若 p 是素数，则模 p 的二次剩余的个数为 $(p-1)/2$，且与模 p 的二次非剩余的个数相等。如果 a 是模 p 的一个二次剩余，那么 a 恰有两个平方根，一个在 0 到 $(p-1)/2$ 之间，另一个在 $(p-1)/2+1$ 到 $p-1$ 之间，且这两个平方根中的一个也是一个模二次剩余。

定义 1-6 设 p 是素数，a 是整数，符号 $\left(\frac{a}{p}\right)$ 的定义如下：

$$\left(\frac{a}{p}\right) \equiv \begin{cases} 0, & \text{如果 } a \text{ 被 } p \text{ 整除} \\ 1, & \text{如果 } a \text{ 是模 } p \text{ 的平方剩余} \\ -1 & \text{如果 } a \text{ 是模 } p \text{ 的非平方剩余} \end{cases}$$

称符号 $\left(\frac{a}{p}\right)$ 为 Legendre 符号。

【例 1-21】 $\left(\frac{1}{7}\right)=\left(\frac{2}{7}\right)=\left(\frac{4}{7}\right)=1, \left(\frac{3}{7}\right)=\left(\frac{5}{7}\right)=\left(\frac{6}{7}\right)=-1$。

计算 $\left(\frac{a}{p}\right)$ 有一个简单公式：$\left(\frac{a}{p}\right) \equiv a^{(p-1)/2} \bmod p$。

【例 1-22】 $p=23, a=5, a^{(p-1)/2} \bmod p \equiv 5^{11} \bmod p=-1$，所以 5 不是模 23 的二次剩余。

Legendre 符号有以下性质。

定理 1-10 设 p 是奇素数，a 和 b 都不能被 p 除尽，则

(1) 若 $a \equiv b \bmod p$，则 $\left(\frac{a}{p}\right)=\left(\frac{b}{p}\right)$。

(2) $\left(\frac{ab}{p}\right)=\left(\frac{a}{p}\right)\left(\frac{b}{p}\right)$。

(3) $\left(\frac{a^2}{p}\right)=1$。

(4) $\left(\frac{a+p}{p}\right)=\left(\frac{a}{p}\right)$。

证明从略。

以下定义的 Jacobi 符号是 Legendre 符号的推广。

定义 1-7 设 n 是正整数，且 $n=p_1^{a_1} p_2^{a_2} \cdots p_k^{a_k}$，定义 Jacobi 符号为

$$\left(\frac{a}{n}\right)=\left(\frac{a}{p_1}\right)^{a_1}\left(\frac{a}{p_2}\right)^{a_2} \cdots \left(\frac{a}{p_k}\right)^{a_k}$$

其中右端的符号是 Legendre 符号。

当 n 为素数时，Jacobi 符号就是 Legendre 符号。

Jacobi 符号有以下性质。

定理 1-11　设 n 是正合数，a 和 b 是与 n 互素的整数，则

(1) 若 $a\equiv b \bmod n$，则 $\left(\frac{a}{n}\right)=\left(\frac{b}{n}\right)$。

(2) $\left(\frac{ab}{n}\right)=\left(\frac{a}{n}\right)\left(\frac{b}{n}\right)$。

(3) $\left(\frac{ab^2}{n}\right)=\left(\frac{a}{n}\right)$。

(4) $\left(\frac{a+n}{n}\right)=\left(\frac{a}{n}\right)$。

对一些特殊的 a，Jacobi 符号可如下计算：

$$\left(\frac{1}{n}\right)=1,\quad \left(\frac{-1}{n}\right)=(-1)^{\frac{n-1}{2}},\quad \left(\frac{2}{n}\right)=(-1)^{\frac{n^2-1}{8}}$$

定理 1-12(Jacobi 符号的互反律)　设 m、n 均为大于 2 的奇数，则

$$\left(\frac{m}{n}\right)=(-1)^{\frac{(m-1)(n-1)}{4}}\left(\frac{n}{m}\right)$$

若 $m\equiv n\equiv 3 \bmod 4$，则 $\left(\frac{m}{n}\right)=-\left(\frac{n}{m}\right)$；否则 $\left(\frac{m}{n}\right)=\left(\frac{n}{m}\right)$。

以上性质表明：为了计算 Jacobi 符号(包括 Legendre 符号作为它的特殊情形)，并不需要求素因子分解式。例如 105 虽然不是素数，在计算 Legendre 符号 $\left(\frac{105}{317}\right)$ 时，可以先把它看作 Jacobi 符号来计算，由上述两个定理得

$$\left(\frac{105}{317}\right)=\left(\frac{317}{105}\right)=\left(\frac{2}{105}\right)=1$$

一般在计算 $\left(\frac{m}{n}\right)$ 时，如果有必要，可用 $m \bmod n$ 代替 m，而互反律用以减小 $\left(\frac{m}{n}\right)$ 中的 n。

可见，引入 Jacobi 符号对计算 Legendre 符号是十分方便的，但应强调指出 Jacobi 符号和 Legendre 符号的本质差别是：Jacobi 符号 $\left(\frac{a}{n}\right)$ 不表示方程 $x^2\equiv a \bmod n$ 是否有解。比如 $n=p_1p_2$，a 关于 p_1 和 p_2 都不是二次剩余，即 $x^2\equiv a \bmod p_1$ 和 $x^2\equiv a \bmod p_2$ 都无解，由中国剩余定理知 $x^2\equiv a \bmod n$ 也无解。但是，由于 $\left(\frac{a}{p_1}\right)=\left(\frac{a}{p_2}\right)=-1$，所以 $\left(\frac{a}{n}\right)=\left(\frac{a}{p_1}\right)\left(\frac{a}{p_2}\right)=1$。即 $x^2\equiv a \bmod n$ 虽无解，但 Jacobi 符号 $\left(\frac{a}{n}\right)$ 却为 1。

【例 1-23】　考虑方程 $x^2\equiv 2 \bmod 3599$，由于 $3599=59\times 61$，所以方程等价于方程组

$$\begin{cases}x^2\equiv 2 \bmod 59\\ x^2\equiv 2 \bmod 61\end{cases}$$

由于 $\left(\frac{2}{59}\right)=-1$，所以方程组无解，但 Jacobi 符号 $\left(\frac{2}{3599}\right)=(-1)^{\frac{3599^2-1}{8}}=1$。

1.1.10 循环群

定理 1-13(Lagarange 定理) 有限群$\mathbb{G}$的任意子群$\mathbb{H}$的阶整除群的阶,即$|\mathbb{H}|\,|\,|\mathbb{G}|$。证明要用到正规子群及陪集的概念,略去。

定理 1-14 循环群的子群是循环群。

证明:设$\mathbb{H}$是循环群$\mathbb{G}=\{g^i\,|\,i=1,2,3,\cdots\}$的子群,$k$是使得$g^k\in\mathbb{H}$的最小正整数。对任一$a=g^i\in\mathbb{H}$,令$i=qk+r(0\leqslant r<k)$,则$g^i=(g^k)^q g^r$,$g^r=g^i(g^{qk})^{-1}\in\mathbb{H}$。所以$r=0$,否则与$k$的最小性矛盾。所以$g^i=(g^k)^q$,$\mathbb{H}$是由$g^k$生成的循环子群。

(定理 1-14 证毕)

定理 1-15 设$\mathbb{G}$是n阶有限群,a是$\mathbb{G}$中任一元素,有$a^n=e$。

证明:设$\mathbb{H}=\{e,a,a^2,\cdots,a^{r-1}\}$,其中$r$是$a$的阶,易证$\langle\mathbb{H},\cdot\rangle$是$\langle\mathbb{G},\cdot\rangle$的子群,由 Lagarange 定理,$|\mathbb{H}|\,|\,|\mathbb{G}|$,$r|n$,存在正整数$t$,使得$n=rt$。所以$a^n=(a^r)^t=e$。

(定理 1-15 证毕)

定理 1-16 素数阶的群是循环群,且任一与单位元不同的元素是生成元。

证明:设$\langle\mathbb{G},\cdot\rangle$是群,且$|\mathbb{G}|=p$($p$为素数)。任取$a\in\mathbb{G}$,$a\neq e$,构造$\mathbb{H}=\{e,a,a^2,\cdots\}$,易知$\mathbb{H}$是$\mathbb{G}$的子群(同定理 1-15)。设$|\mathbb{H}|=n$,则$n\neq 1$。由 Lagarange 定理,$n|p$,所以$n=p$,$\mathbb{H}=\mathbb{G}$。所以$\mathbb{G}$是循环群,$a$是生成元。

(定理 1-16 证毕)

定理 1-17 设a^r是n阶循环群$\mathbb{G}=\langle a\rangle$中的任一元素,$d=(n,r)$。那么$\mathrm{ord}_n(a^r)=\frac{n}{d}$。

证明:由$d=(n,r)$,$d|n$且$d|r$。设$n=dq_1$,$r=dq_2$,其中$q_1=\frac{n}{d}$,$q_2=\frac{r}{d}$,且$(q_1,q_2)=1$。

首先,$(a^r)^{\frac{n}{d}}=(a^{dq_2})^{\frac{n}{d}}=a^{q_2 n}=(a^n)^{q_2}=e^{q_2}=e$。设$\mathrm{ord}_n(a^r)=k$,则$k\left|\frac{n}{d}\right.$。

其次,由$(a^r)^k=e$,可得$n|rk$,两边同除以d,得$\frac{n}{d}\left|\frac{r}{d}k\right.$,但$\left(\frac{n}{d},\frac{r}{d}\right)=1$,所以$\frac{n}{d}\left|k\right.$。所以$k=\frac{n}{d}$,$\mathrm{ord}_n(a^r)=\frac{n}{d}$。

(定理 1-17 证毕)

定理 1-18 在n阶循环群$\mathbb{G}=\langle a\rangle$中,$a^r$是生成元当且仅当$(r,n)=1$。

证明:设$(n,r)=d$。若a^r是生成元,则有$\mathrm{ord}_n(a^r)=n$。但由定理 1-17,$\mathrm{ord}_n(a^r)=\frac{n}{d}$,所以有$\frac{n}{d}=n$,$d=1$,即$(n,r)=1$。反之若$d=(n,r)=1$,则$\mathrm{ord}_n(a^r)=\frac{n}{d}=n$,$a^r$是生成元。

(定理 1-18 证毕)

1.1.11 循环群的选取

在实际应用中经常需要使用群生成算法产生一系列循环群,群的描述包括一个有限的循环群$\hat{\mathbb{G}}$以及$\hat{\mathbb{G}}$的素数阶的子群$\mathbb{G}$、$\mathbb{G}$的生成元g、$\mathbb{G}$的阶q，用$\Gamma[\hat{\mathbb{G}},\mathbb{G},g,q]$表示群的描述，其上的运算如下：

- 乘法运算。为确定性的多项式时间算法，输入$\Gamma[\hat{\mathbb{G}},\mathbb{G},g,q]$及$h_1,h_2\in\hat{\mathbb{G}}$，输出$h_1\cdot h_2\in\hat{\mathbb{G}}$。
- 求逆运算。为确定性的多项式时间算法，输入$\Gamma[\hat{\mathbb{G}},\mathbb{G},g,q]$及$h\in\hat{\mathbb{G}}$，输出$h^{-1}\in\hat{\mathbb{G}}$。
- 子群判定运算。为确定性的多项式时间算法，输入$\Gamma[\hat{\mathbb{G}},\mathbb{G},g,q]$及$h\in\hat{\mathbb{G}}$，判断是否$h\in\mathbb{G}$。
- 求生成元及子群的阶。为确定性的多项式时间算法，输入$\Gamma[\hat{\mathbb{G}},\mathbb{G},g,q]$，输出$g$和$q$。

有些群不存在求子群的阶的多项式时间算法，比如对合数n的群$\mathbb{Z}_n^*$。

实际应用中，经常使用的循环群有以下几类。

(1) 设$\ell_1(\mathcal{K})$、$\ell_2(\mathcal{K})$是安全参数$\mathcal{K}$的多项式有界的整数函数，满足$1<\ell_1(\mathcal{K})<\ell_2(\mathcal{K})$，$\Gamma[\hat{\mathbb{G}},\mathbb{G},g,q]$由三元组$(q,p,g)$表示，其中：

- q是一个$\ell_1(\mathcal{K})$比特长的随机素数。
- p是一个$\ell_2(\mathcal{K})$比特长的随机素数，满足$p\equiv 1 \bmod q$。
- g是$\mathbb{G}$的随机生成元。

其含义为循环群$\hat{\mathbb{G}}=\mathbb{Z}_p^*$，$\mathbb{G}$是$\hat{\mathbb{G}}$的阶为$q$的唯一子群。

$\mathbb{Z}_p^*$中的元素能用$\ell_2(\mathcal{K})$长的比特串表示，其上的元素乘法运算可用模p乘法运算，求逆运算可使用推广的欧几里得算法，可通过判断$\alpha^q\equiv 1 \bmod p$是否成立判断元素$\alpha \bmod p\in\mathbb{Z}_p^*$是否属于子群$\mathbb{G}$。

$\mathbb{G}$的随机生成元g可如下产生：产生$\mathbb{Z}_p^*$的随机元素，求它的$\dfrac{p-1}{q}$次幂，如果求幂后得到$1 \bmod p$，则重新选取$\mathbb{Z}_p^*$的另一随机元素，重复上述过程。

(2) 除了$p=2q+1$，其余参数与(1)的群相同，此时关于$\mathbb{Z}_p^*$的q阶子群$\mathbb{G}$有以下结论。

定理 1-19 当$p=2q+1$时，$\mathbb{Z}_p^*$的q阶子群$\mathbb{G}$是二次剩余类子群(即其所有元素都是二次剩余)。

证明：若g是$\mathbb{Z}_p^*$的生成元，对任一$a\in\mathbb{G}$，存在整数i，使得$a\equiv g^i \bmod p$。又知$a^q=1$，所以$g^{iq}=g^{i\frac{p-1}{2}}=1$，所以$p-1\,\Big|\,i\dfrac{p-1}{2}$，$i$一定是偶数，即$a$是二次剩余。

(定理 1-19 证毕)

因为计算 Legendre 符号$\left(\dfrac{a}{p}\right)$比求模指数运算$\alpha^q\equiv 1 \bmod p$容易，所以可通过判断$\left(\dfrac{a}{p}\right)$是否等于1判断元素$\alpha \bmod p\in\mathbb{Z}_p^*$是否属于子群$\mathbb{G}$。

1.1.12 双线性映射

设 q 是一个大素数，$\mathbb{G}_1$ 和 $\mathbb{G}_2$ 是两个阶为 q 的群，其上的运算分别称为加法和乘法。$\mathbb{G}_1$ 到 $\mathbb{G}_2$ 的双线性映射 $\hat{e}:\mathbb{G}_1\times\mathbb{G}_1\rightarrow\mathbb{G}_2$ 满足下面的性质：

(1) 双线性。如果对任意 $P,Q,R\in\mathbb{G}_1$ 和 $a,b\in Z$，有 $\hat{e}(aP,bQ)=\hat{e}(P,Q)^{ab}$，或 $\hat{e}(P+Q,R)=\hat{e}(P,R)\cdot\hat{e}(Q,R)$ 和 $\hat{e}(P,Q+R)=\hat{e}(P,Q)\cdot\hat{e}(P,R)$，那么就称该映射为双线性映射。

(2) 非退化性。映射不把 $\mathbb{G}_1\times\mathbb{G}_1$ 中的所有元素对（即序偶）映射到 $\mathbb{G}_2$ 中的单位元。由于 $\mathbb{G}_1$、$\mathbb{G}_2$ 都是阶为素数的群，这意味着：如果 P 是 $\mathbb{G}_1$ 的生成元，那么 $\hat{e}(P,P)$ 就是 $\mathbb{G}_2$ 的生成元。

(3) 可计算性。对任意的 $P,Q\in\mathbb{G}_1$，存在一个有效算法计算 $\hat{e}(P,Q)$。

Weil 配对和 Tate 配对是满足上述 3 条性质的双线性映射。

另一类双线性映射形如 $\hat{e}$: $\mathbb{G}_1\times\mathbb{G}_2\rightarrow\mathbb{G}_T$，其中 $\mathbb{G}_1$、$\mathbb{G}_2$ 和 $\mathbb{G}_T$ 都是阶为 q 的群，$\mathbb{G}_2$ 到 $\mathbb{G}_1$ 有一个同态映射 ψ: $\mathbb{G}_2\rightarrow\mathbb{G}_1$，满足 $\psi(g_2)=g_1$，其中 g_1 和 g_2 分别是 $\mathbb{G}_1$ 和 $\mathbb{G}_2$ 上的固定生成元。$\mathbb{G}_1$ 中的元素可用较短的形式表达，因此在构造签名方案时，把签名取为 $\mathbb{G}_1$ 中的元素，可得短的签名。在构造加密方案时，把密文取为 $\mathbb{G}_1$ 中的元素，可得短的密文。

1.2 计算复杂性

对一个密码系统来说，应要求在密钥已知的情况下，加密算法和解密算法是“容易的”，而在未知密钥的情况下，推导出密钥和明文是“困难的”。那么如何描述一个计算问题是“容易的”还是“困难的”？可用解决这个问题的算法的计算时间和存储空间来描述。算法的计算时间和存储空间（分别称为算法的时间复杂度和空间复杂度）定义为算法输入数据的长度 n 的函数 $f(n)$。当 n 很大时，通常只关心 $f(n)$ 随着 n 的无限增大是如何变化的，即算法的渐近效率。渐近效率通常使用以下几种表示方法。

1. O 记号

O 记号给出的是 $f(n)$ 的渐近上界。如果存在常数 C 和 N，当 $n>N$ 时，$f(n)\leqslant Cg(n)$，则记 $f(n)=O(g(n))$。所以 O 记号给出的是 $f(n)$ 在一个常数因子内的上界。

例如，$f(n)=8n+10$，则当 $n>N=10$ 时，$f(n)\leqslant 9n$，所以 $f(n)=O(n)$。

一般，若 $f(n)=a_0+a_1n+\cdots+a_kn^k$，则 $f(n)=O(n^k)$。

若算法的时间复杂度为 $T=O(n^k)$，则称该算法是多项式时间的；若 $T=O(k^{f(n)})$，其中 k 是常数，$f(n)$ 是多项式，就称该算法是指数时间的。

2. Ω记号

Ω 记号给出的是 $f(n)$ 的渐近下界。如果存在常数 C 和 N，当 $n>N$ 时，$0\leqslant Cg(n)\leqslant f(n)$，则记 $f(n)=\Omega(g(n))$。所以 Ω 记号给出的是 $f(n)$ 在一个常数因子内的下界。

3. o 记号

O 记号给出的渐近上界可能是渐近紧确的，也可能不是。比如 $2n^2=O(n^2)$ 是渐近紧确的，但 $2n=O(n^2)$ 却不是。o 记号给出的是 $f(n)$ 的非渐近紧确的上界。如果对任意常数 C，存在常数 N，当 $n>N$ 时，$0\leqslant f(n)\leqslant Cg(n)$，则记 $f(n)=o(g(n))$。

例如 $2n=o(n^2)$，$2n^2\neq o(n^2)$。

直观上看，在 o 表示中，当 n 趋于无穷时，$f(n)$ 相对于 $g(n)$ 来说就不重要了，即 $\lim\limits_{n\to\infty}\dfrac{f(n)}{g(n)}=0$。

4. ω 记号

ω 记号与 Ω 记号的关系就好像 o 记号与 O 记号的关系一样，它给出的是 $f(n)$ 的非渐近紧确的下界。如果对任意常数 C，存在常数 N，当 $n>N$ 时，$0\leqslant Cg(n)\leqslant f(n)$，则记 $f(n)=\omega(g(n))$。

例如，$\dfrac{n^2}{2}=\omega(n)$，$\dfrac{n^2}{2}\neq\omega(n^2)$。

直观上看，在 ω 表示中，当 n 趋于无穷时，$f(n)$ 相对于 $g(n)$ 来说变得任意大了，即 $\lim\limits_{n\to\infty}\dfrac{f(n)}{g(n)}=\infty$。

定义 1-8　字母表 Σ 是一个有限的符号集合，Σ 上的语言 L 是 Σ 上的符号构成的符号串的集合。

一个图灵机 M 接受一个语言 L 表示为 $x\in L\Leftrightarrow M(x)=1$，这里简单地用 1 来表示接受。

有两种类型的计算性问题是比较重要的。第一种是可以在多项式时间内判定的语言集合，表示为 P。正式地说，$x\in L$，当且仅当存在图灵机在最多 $p(|x|)$（p 为某个多项式，x 是图灵机的输入串，$|x|$ 表示 x 的长度）步内接受一个输入 x，我们就说语言 L 在 P 中。第二种是 NP 类语言，NP 问题是指可在多项式时间内验证它的一个解的问题，即对语言中的元素存在多项式时间的图灵机可验证该元素是否属于该语言。正式地说，如果存在一个多项式图灵机 M，$x\in L$，当且仅当存在一个串 w_x 使得 $M(x,w_x)=1$，我们就说语言 L 在 NP 中。w_x 称为 x 的证据，用于证明 $x\in L$。

可在多项式时间内求解就一定可在多项式时间内验证。但反过来不成立，因为求解比验证解更为困难。用 P 表示所有 P 问题的集合，NP 表示所有 NP 问题的集合，则有 P⊂NP。在 NP 类中，有一部分可以证明比其他问题困难，这一部分问题称为 NPC 问题。也就是说，NPC 问题是 NP 类中“最难”的问题。

定义 1-9　一个函数 ϵ: $\mathbf{R}\to[0,1]$ 是可忽略的，当且仅当对于 $\forall c>0$，存在一个 $N_c>0$，使得对于 $\forall N>N_c$ 有 $\epsilon(N)<1/N^c$。

直观上看，$\epsilon(\cdot)$ 是可忽略的，当且仅当它的增长速度比任何多项式的逆更慢。一个常见的例子是逆指数 $\epsilon(k)=2^{-k}$。对于任意的 c，$2^{-k}=O(1/k^c)$。

称一个机器是概率多项式时间的，如果它的运行步数是安全参数的多项式函数，简记为 PPT。

定义 1-10 设$\mathcal{X}=\{X_k\}$和$\mathcal{Y}=\{Y_k\}$是两个分布总体，其中 X_k 和 Y_k 是同一空间上的分布(对于所有的 k)。$\mathcal{X}$和$\mathcal{Y}$是计算上不可区分的(记为$\mathcal{X}\overset{c}{\equiv}\mathcal{Y}$)，如果对于所有 PPT 敌手$\mathcal{A}$，下式是可忽略的：

$$|\Pr[x\leftarrow_R X_k;\mathcal{A}(x)=1]-\Pr[y\leftarrow_R Y_k;\mathcal{A}(y)=1]|$$

对上式中的一些符号说明如下：如果 S 是集合，则 $x\leftarrow_R S$ 表示从 S 中均匀随机地选取元素 x。如果 $A(\cdot)$是随机化算法，则 $x\leftarrow A(\cdot)$表示运行 $A(\cdot)$(输入是均匀随机的)得到输出 x。$x=f(\cdot)$表示将 $f(\cdot)$的值赋值给 x。概率表达式中$\mathcal{A}(x)=1$ 表示判断$\mathcal{A}(x)$是否为 1。

断言 1-1 如果$\mathcal{X}\overset{c}{\equiv}\mathcal{Y}$和$\mathcal{Y}\overset{c}{\equiv}\mathcal{Z}$则$\mathcal{X}\overset{c}{\equiv}\mathcal{Z}$。

证明：证明基于三角不等式(即对于任意的实数 a、b、c 都有 $|a-c|\leqslant|a-b|+|b-c|$)和两个可忽略函数之和仍然是可忽略的事实。

(断言 1-1 证毕)

可以将该断言扩展如下。

断言 1-2(计算上不可区分的传递性) 给定多项式个分布$\mathcal{X}_1,\mathcal{X}_2,\cdots,\mathcal{X}_{\ell(k)}$，如果$\mathcal{X}_i\overset{c}{\equiv}\mathcal{X}_{i+1}(i=1,2,\cdots,\ell(k)-1)$，则$\mathcal{X}_1\overset{c}{\equiv}\mathcal{X}_{\ell(k)}$。

证明：证明再次基于三角不等式以及多项式个可忽略函数之和仍然是可忽略的事实。

(断言 1-2 证毕)

但如果分布的个数是超多项式个，该断言就不成立。

设$\mathcal{X}=\{X_k\}$和$\mathcal{Y}=\{Y_k\}$是两个分布总体，定义$(X_k,Y_k)=\{(x,y):x\leftarrow_R X_k;y\leftarrow_R Y_k\}$及$(\mathcal{X},\mathcal{Y})$为分布总体$\{(X_k,Y_k)\}$。

断言 1-3(计算上不可区分的混合论证) 设$\mathcal{X}^1,\mathcal{X}^2,\mathcal{Y}^1,\mathcal{Y}^2$是有效可采样的①分布，满足$\mathcal{X}^1\overset{c}{\equiv}\mathcal{Y}^1,\mathcal{X}^2\overset{c}{\equiv}\mathcal{Y}^2$。则$(\mathcal{X}^1,\mathcal{X}^2)\overset{c}{\equiv}(\mathcal{Y}^1,\mathcal{Y}^2)$。

证明：设$\mathcal{A}$是一个区分$(\mathcal{X}^1,\mathcal{X}^2)(\mathcal{Y}^1,\mathcal{Y}^2)$的任意 PPT 敌手，构造一个区分$\mathcal{X}^1$和$\mathcal{Y}^1$的 PPT 敌手$\mathcal{A}_1$如下：

$$\underline{\mathcal{A}_1(z)}:$$
$$x\leftarrow_R X_k^2$$
$$\text{输出}\mathcal{A}(z,x)$$

显然，$\mathcal{A}_1$也是 PPT 的。因为$\mathcal{X}^1\overset{c}{\equiv}\mathcal{Y}^1$，所以存在一个可忽略的量$\epsilon_1$，使得

$$\begin{aligned}&|\Pr[z\leftarrow_R X_k^1:\mathcal{A}_1(z)=1]-\Pr[z\leftarrow_R Y_k^1:\mathcal{A}_1(z)=1]|\\ =\ &|\Pr[z\leftarrow_R X_k^1;x\leftarrow_R X_k^2:\mathcal{A}(z,x)=1]-\Pr[z\leftarrow_R Y_k^1;x\leftarrow_R X_k^2:\mathcal{A}(z,x)=1]|\\ =\ &|\Pr[x_1\leftarrow_R X_k^1;x_2\leftarrow_R X_k^2:\mathcal{A}(x_1,x_2)=1]-\Pr[y_1\leftarrow_R Y_k^1;x_2\leftarrow_R X_k^2:\mathcal{A}(y_1,x_2)=1]|\\ \leqslant\ &\epsilon_1\end{aligned}$$

① 一个分布簇$\mathcal{X}=\{X_k\}$是有效可采样的，如果能按照分布 X_k 在多项式时间之内生成一个元素。

最后一行只是将变量重命名。

类似地，可以构造一个区分$\mathcal{X}^2$和$\mathcal{Y}^2$的 PPT 敌手$\mathcal{A}_2$如下：

$$\underline{\mathcal{A}_2(z):}$$
$$y \leftarrow_R Y_k^1;$$
$$\text{输出}\mathcal{A}(y,z)$$

由于$\mathcal{X}^2 \overset{c}{\equiv} \mathcal{Y}^2$，所以存在另一个可忽略的量$\epsilon_2$，使得

$$\begin{aligned}
&|\Pr[z \leftarrow_R X_k^2 : \mathcal{A}_2(z) = 1] - \Pr[z \leftarrow_R Y_k^2 : \mathcal{A}_2(z) = 1]| \\
&= |\Pr[y \leftarrow_R Y_k^1; z \leftarrow_R X_k^2 : \mathcal{A}(y,z) = 1] - \Pr[y \leftarrow_R Y_k^1; z \leftarrow_R Y_k^2 : \mathcal{A}(y,z) = 1]| \\
&= |\Pr[y_1 \leftarrow_R Y_k^1; x_2 \leftarrow_R X_k^2 : \mathcal{A}(y_1,x_2) = 1] - \Pr[y_1 \leftarrow_R Y_k^1; y_2 \leftarrow_R Y_k^2 : \mathcal{A}(y_1,y_2) = 1]| \\
&\leqslant \epsilon_2
\end{aligned}$$

我们关心的是$\mathcal{A}$怎样区分$(\mathcal{X}^1,\mathcal{X}^2)(\mathcal{Y}^1,\mathcal{Y}^2)$，考虑以下概率差：

$$\begin{aligned}
&|\Pr[x_1 \leftarrow_R X_k^1; x_2 \leftarrow_R X_k^2 : \mathcal{A}(x_1,x_2) = 1] - \Pr[y_1 \leftarrow_R Y_k^1; y_2 \leftarrow_R Y_k^2 : \mathcal{A}(y_1,y_2) = 1]| \\
&= |\Pr[x_1 \leftarrow_R X_k^1; x_2 \leftarrow_R X_k^2 : \mathcal{A}(x_1,x_2) = 1] - \Pr[y_1 \leftarrow_R Y_k^1; x_2 \leftarrow_R X_k^2 : \mathcal{A}(y_1,x_2) = 1] \\
&\quad + \Pr[y_1 \leftarrow_R Y_k^1; x_2 \leftarrow_R X_k^2 : \mathcal{A}(y_1,x_2) = 1] - \Pr[y_1 \leftarrow_R Y_k^1; y_2 \leftarrow_R Y_k^2 : \mathcal{A}(y_1,y_2) = 1]| \\
&\leqslant |\Pr[x_1 \leftarrow_R X_k^1; x_2 \leftarrow_R X_k^2 : \mathcal{A}(x_1,x_2) = 1] - \Pr[y_1 \leftarrow_R Y_k^1; x_2 \leftarrow_R X_k^2 : \mathcal{A}(y_1,x_2) = 1]| \\
&\quad + |\Pr[y_1 \leftarrow_R Y_k^1; x_2 \leftarrow_R X_k^2 : \mathcal{A}(y_1,x_2) = 1] - \Pr[y_1 \leftarrow_R Y_k^1; y_2 \leftarrow_R Y_k^2 : \mathcal{A}(y_1,y_2) = 1]| \\
&\leqslant \epsilon_1 + \epsilon_2
\end{aligned}$$

所以是可忽略的。这里再次应用了三角不等式。

（断言 1-3 证毕）

断言 1-3 之所以称为“混合论证”，是因为在证明构造过程中引入了“混合”分布$(\mathcal{Y}^1,\mathcal{X}^2)$，使得$(\mathcal{X}^1,\mathcal{X}^2) \overset{c}{\equiv} (\mathcal{Y}^1,\mathcal{X}^2)$和$(\mathcal{Y}^1,\mathcal{X}^2) \overset{c}{\equiv} (\mathcal{Y}^1,\mathcal{Y}^2)$。

已知$\mathcal{X}$，定义$\mathcal{X}^\ell = \{X_k^\ell\}$，其中$X_k^\ell \overset{\text{def}}{=} \overbrace{(X_k,\cdots,X_k)}^{\ell(k)}$，$\ell(k)$是一个多项式。如果$\mathcal{X} \overset{c}{\equiv} \mathcal{Y}$，则由断言 1-3 可得$X^\ell \overset{c}{\equiv} \mathcal{Y}^\ell$。

1.3　陷门置换

1.3.1　陷门置换的定义

本书给出陷门置换的两种定义。第一种是正式定义，通常在实际中使用。第二种定义不太正式，但更简单且容易理解。一般来讲，使用第二种定义的安全性证明更容易被修改为符合第一种定义的证明。

定义 1-11　一个陷门置换族是一个 PPT 算法元组(Gen,Sample,Eval,Invert)：

(1) Gen(1^κ)是一个概率性算法，输入为安全参数1^κ，输出为(i,td)，其中i是定义域D_i上的一个置换f_i的标号，td 是允许求f_i逆的陷门信息。

(2) Sample$(1^{\mathcal{K}},i)$是一个概率性算法，输入 i 由 Gen 产生，输出为 $x \leftarrow_R D_i$。

(3) Eval$(1^{\mathcal{K}},i,x)$是一个确定性算法，输入 i 由 Gen 产生，$x \leftarrow_R D_i$ 由 Sample$(1^{\mathcal{K}},i)$ 产生，输出为 $y \in D_i$。即 Eval$(1^{\mathcal{K}},i,\cdot):D_i \rightarrow D_i$ 是 D_i 上的一个置换。

(4) Invert$(1^{\mathcal{K}},(i,\text{td}),y)$是一个确定性算法，输入$(i,\text{td})$由 Gen 产生，$y \in D_i$。输出为 $x \in D_i$。

陷门置换族的正确性要求：对所有的$\mathcal{K}$，$(i,\text{td}) \leftarrow \text{Gen}(1^{\mathcal{K}})$以及 $x \leftarrow \text{Sample}(1^{\mathcal{K}},i)$，$\text{Invert}(1^{\mathcal{K}},(i,\text{td}),\text{Eval}(1^{\mathcal{K}},i,x))=x$。

Invert$(1^{\mathcal{K}},(i,\text{td}),\cdot)$其实就是置换 f_i 的逆置换 f_i^{-1}。虽然 f_i^{-1} 总是存在的，但不一定是可有效计算的。上面的定义说，已知陷门信息 td，逆置换 f_i^{-1} 是可有效计算的。

定义中的 $1^{\mathcal{K}}$ 表示安全参数，通常安全参数越大，得到的方案越安全。为了表示简便，下面直接用$\mathcal{K}$表示安全参数。

RSA 加密算法是一个典型的陷门置换。

(1) Gen$(\mathcal{K})$：选取两个随机的$\mathcal{K}$比特素数 p 和 q，求乘积 $N=pq$。计算 $\varphi(N)=(p-1)(q-1)$，选取与 $\varphi(N)$ 互素的 e，计算 d 使得 $ed=1 \bmod \varphi(N)$。输出$((N,e),(N,d))$(上面定义中的 i 对应于(N,e)，td 对应于(N,d))。域 $D_{N,e}$ 就是$\mathbb{Z}_N^*$(从这可以看到安全参数$\mathcal{K}$的作用：它确定素数 p 和 q 的长度，直接影响到分解模数 N 的困难性)。

(2) Sample$(\mathcal{K},(N,e))$：从$\mathbb{Z}_N^*$中选取一个均匀随机的元素。

(3) Eval$(\mathcal{K},(N,e),x)$：其中 $x \in \mathbb{Z}_N^*$，输出 $y=x^e \bmod N$。

(4) Invert$(\mathcal{K},(N,d),y)$：其中 $y \in \mathbb{Z}_N^*$ 输出 $x=y^d \bmod N$。

这里 Invert 实际上是 Eval 的逆运算。因此，RSA 是一个陷门置换簇。

1.3.2 单向陷门置换

在以上定义中，没有考虑任何“困难性”或“安全性”的概念。但密码学中的陷门置换是指单向陷门置换，即当陷门信息 td 未知时，一个随机陷门置换的求逆是困难的。正式定义如下。

定义 1-12 一个陷门置换簇(Gen,Sample,Eval,Invert)是单向的，如果对于任意的 PPT 敌手$\mathcal{A}$，存在一个可忽略的函数$\epsilon(\mathcal{K})$，使得$\mathcal{A}$在下面的游戏中，其优势$\text{Adv}_{\text{T-Perm},\mathcal{A}}(\mathcal{K}) \leqslant \epsilon(\mathcal{K})$：

$\underline{\text{Exp}_{\text{T-Perm},\mathcal{A}}(\mathcal{K}):}$

$(i,\text{td}) \leftarrow \text{Gen}(\mathcal{K})$;

$y \leftarrow \text{Sample}(\mathcal{K},i)$;

$x \leftarrow \mathcal{A}(\mathcal{K},i,y)$;

如果 $\text{Eval}(\mathcal{K},i,x)=y$，返回 1；否则返回 0.

敌手的优势定义为

$$\text{Adv}_{\text{T-Perm},\mathcal{A}}(\mathcal{K})=\Pr[\text{Exp}_{\text{T-Perm},\mathcal{A}}(\mathcal{K})=1]$$

从现在起，文中所提及的“陷门置换”均指“单向陷门置换族”。

1.3.3 陷门置换的简化定义

以上定义有些烦琐，为此引入一个简化定义。该定义不在实际中使用，通常在安全性证明中使用。定义中假定 $D_i=\{0,1\}^{\mathcal{K}}$（$\mathcal{K}$长比特串集合），置换直接用 f 表示，而不再用 (i,td)表示，逆置换直接用 f^{-1}表示。

定义 1-13 一个陷门置换族是一个 PPT 算法元组 (Gen,Eval,Invert)。

(1) Gen($\mathcal{K}$)：输入为安全参数$\mathcal{K}$，输出(f,f^{-1})，其中 f 是一个$\{0,1\}^{\mathcal{K}}$上的置换。

(2) Eval$(\mathcal{K},f,x)$：是一个确定性算法，其中 f 由 Gen($\mathcal{K}$)产生，$x\in\{0,1\}^{\mathcal{K}}$，输出 $y\in\{0,1\}^{\mathcal{K}}$。通常简记为 $f(x)$。

(3) Invert$(\mathcal{K},f^{-1},y)$：是一个确定性算法，其中 f^{-1}由 Gen($\mathcal{K}$)产生，$y\in\{0,1\}^{\mathcal{K}}$，输出 $x\in\{0,1\}^{\mathcal{K}}$。通常简记为 $f^{-1}(y)$。

(4) 正确性。对于任意$\mathcal{K}$，Gen 的任一输出(f,f^{-1})，以及任一 $x\in\{0,1\}^{\mathcal{K}}$，都有 $f^{-1}(f(x))=x$。

(5) 单向性。对于任意的 PPT 敌手$\mathcal{A}$，存在一个可忽略的函数$\epsilon(\mathcal{K})$，使得$\mathcal{A}$在下面的游戏中，其优势$\mathrm{Adv}_{\text{T-Perm},\mathcal{A}}(\mathcal{K})\leqslant\epsilon(\mathcal{K})$：

$\underline{\mathrm{Exp}_{\text{T-Perm},\mathcal{A}}(\mathcal{K})}$：

$(f,f^{-1})\leftarrow \mathrm{Gen}(\mathcal{K})$；

$y\leftarrow\{0,1\}^{\mathcal{K}}$；

$x\leftarrow\mathcal{A}(\mathcal{K},f,y)$；

如果 $f(x)=y$，返回 1；否则返回 0.

$\mathrm{Adv}_{\text{T-Perm},\mathcal{A}}(\mathcal{K})$的定义与 1.3.2 节相同。

1.4 零知识证明

1.4.1 交互证明系统

交互证明系统由两方参与，分别称为证明者(Prover，简记为$\mathcal{P}$)和验证者(Verifier，简记为$\mathcal{V}$)，其中$\mathcal{P}$知道某一秘密(如公钥密码体制的秘密钥或一个二次剩余 x 的平方根)，$\mathcal{P}$希望使$\mathcal{V}$相信自己的确掌握这一秘密。交互证明由若干轮组成，在每一轮，$\mathcal{P}$ 和$\mathcal{V}$可能需根据从对方收到的消息和自己计算的某个结果向对方发送消息。比较典型的方式是在每轮$\mathcal{V}$都向$\mathcal{P}$发出一个询问，$\mathcal{P}$向$\mathcal{V}$做出一个应答。所有轮执行完后，$\mathcal{V}$根据$\mathcal{P}$是否在每一轮对自己发出的询问都能正确应答，决定是否接受$\mathcal{P}$的证明。

交互证明和数学证明的区别是：数学证明的证明者可自己独立地完成证明，相当于笔试。而交互证明是由$\mathcal{P}$一步一步地产生证明，$\mathcal{V}$一步一步地验证证明的有效性来实现，相当于口试，因此双方之间通过某种信道的通信是必需的。

交互证明系统需满足以下要求：

(1) 完备性。如果$\mathcal{P}$知道某一秘密，$\mathcal{V}$将接受$\mathcal{P}$的证明。

(2) 可靠性。如果$\mathcal{P}$能以一定的概率使$\mathcal{V}$相信$\mathcal{P}$的证明，则$\mathcal{P}$知道相应的秘密。

下面两个例子分别是非交互证明系统和交互证明系统，用来考虑图之间的同构关系。两个图 G_1 和 G_2 是同构的是指从 G_1 的顶点集合到 G_2 的顶点集合之间存在一个一一映射 π，当且仅当若 x、y 是 G_1 上的相邻点，$\pi(x)$ 和 $\pi(y)$ 是 G_2 上的相邻点，表示为 $G_1 \cong G_2$。同构关系表示为 $\text{ISO}=\{(G_1,G_2):G_1\cong G_2\}$，非同构关系表示为 $\text{NISO}=\{(G_1,G_2):G_1\ncong G_2\}$。

【例 1-24】 证明者$\mathcal{P}$有两个同构的图 G、H，向验证者证明 $G\cong H$，即从 G 的顶点集到 H 的顶点集存在一个一一映射，$\mathcal{P}$只须向$\mathcal{V}$出示这个映射。例如，图 1-1 是两个同构的图，G 的顶点集到 H 的顶点集的映射为

$$\pi=\{(1,5),(2,2),(3,1),(4,4),(5,3)\}$$

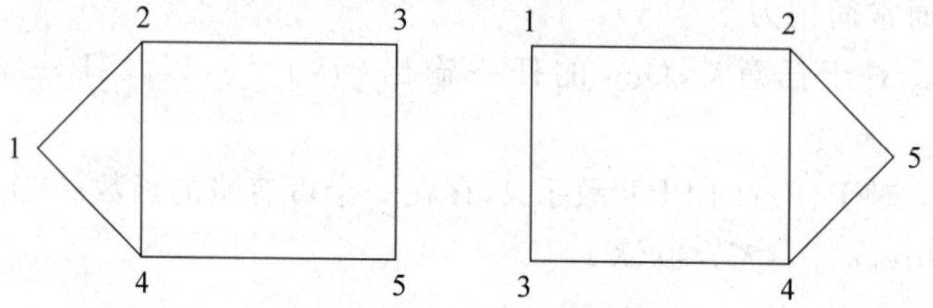

图 1-1　两个同构的图

【例 1-25】 $\mathcal{P}$有两个图 G_1、G_2，$(G_1,G_2)\in\text{NISO}$，向验证者证明。

协议如下：

(1) $\mathcal{V}$随机选 $\sigma\leftarrow_R\{1,2\}$，再随机选 G_σ 顶点上的一个置换 π，得 $C=\pi(G_\sigma)$。将 C 发送给$\mathcal{P}$。

(2) $\mathcal{P}$收到 C 后，找出 $\tau\in\{1,2\}$，使得 $G_\tau\cong C$，将 τ 发送给$\mathcal{V}$。

(3) $\mathcal{V}$判断 $\tau\overset{?}{=}\sigma$，若相等，$\mathcal{V}$接受$\mathcal{P}$的证明。

如果 $G_1\ncong G_2$，则$\mathcal{P}$总能正确地区分 $\pi(G_1)$ 和 $\pi(G_2)$，因此能正确地执行步骤(2)。如果 $G_1\cong G_2$，则$\mathcal{P}$不能区分 $\pi(G_1)$ 和 $\pi(G_2)$，因此只能随机猜测 τ，能正确执行步骤(2)的概率为 1/2。

1.4.2　交互证明系统的定义

定义 1-14　称$(\mathcal{P},\mathcal{V})$ $\left(\text{或记为 }\Sigma=(\mathcal{P},\mathcal{V})\right)$ 是关于语言 L、安全参数$\mathcal{K}$的交互式证明系统，如果满足

(1) 完备性。$\forall x\in L,\Pr[(\mathcal{P},\mathcal{V})[x]=1]\geqslant 1-\epsilon(\mathcal{K})$。

(2) 可靠性。$\forall x\notin L,\forall \mathcal{P}^*,\Pr[(\mathcal{P}^*,\mathcal{V})[x]=1]\leqslant\epsilon(\mathcal{K})$。

其中$(\mathcal{P},\mathcal{V})[x]$表示当系统的输入是 x 时系统的输出。输出为 1 表示$\mathcal{V}$接受$\mathcal{P}$的证明。$\epsilon(\mathcal{K})$是可忽略的。

在假设检验中(设 H_0 为假设)，有两类错误，第一类错误(也称为“弃真”)是 H_0 为真而拒绝 H_0，其概率(也称为弃真率)记为 $\Pr[\text{拒绝 } H_0\,|\,H_0 \text{ 为真}]$。第二类错误(也称为“取

伪”)是 H_0 不真而接受 H_0,其概率(也称为取伪率)记为 Pr[接受 $H_0 | H_0$ 不真]。在交互式证明系统中,完备性意味着弃真率≤$\epsilon(\mathcal{K})$,而可靠性则意味着取伪率≤$\epsilon(\mathcal{K})$。

在例 1-24 中,H_0 为事件 $(G,H)\in$ ISO,则弃真率为 Pr[拒绝 $H_0 | H_0$ 为真]=0,取伪率为 Pr[接受 $H_0 | H_0$ 不真]=0,完备性和可靠性都满足。在例 1-25 中,H_0 为事件 $(G_1, G_2)\in$ NISO,则弃真率为 Pr[拒绝 $H_0 | H_0$ 为真]=0,取伪率为 Pr[接受 $H_0 | H_0$ 不真]≤$\frac{1}{2}$。为了减少取伪率,可将协议重复执行多次,设为 k 次,则取伪率小于 $\left(\frac{1}{2}\right)^k$。

1.4.3　交互证明系统的零知识性

零知识证明起源于最小泄露证明。在交互证明系统中,设$\mathcal{P}$知道某一秘密,并向$\mathcal{V}$证明自己掌握这一秘密,但又不向$\mathcal{V}$泄露这一秘密,这就是最小泄露证明。进一步,如果$\mathcal{V}$除了知道$\mathcal{P}$能证明某一事实外,不能得到其他任何信息,则称$\mathcal{P}$实现了零知识证明,相应的协议称为零知识证明协议。

【例 1-26】 图 1-2 表示一个简单的迷宫,C 与 D 之间有一道门,需要知道秘密口令才能将其打开。$\mathcal{P}$向$\mathcal{V}$证明自己能打开这道门,但又不愿向$\mathcal{V}$泄露秘密口令。可采用如下协议:

(1) $\mathcal{V}$在协议开始时停留在位置 A。

(2) $\mathcal{P}$一直走到迷宫深处,随机选择位置 C 或位置 D。

(3) $\mathcal{P}$消失后,$\mathcal{V}$走到位置 B,然后命令$\mathcal{P}$从某个出口返回位置 B。

(4) $\mathcal{P}$服从$\mathcal{V}$的命令,必要时利用秘密口令打开 C 与 D 之间的门。

(5) $\mathcal{P}$和$\mathcal{V}$重复以上过程 n 次。

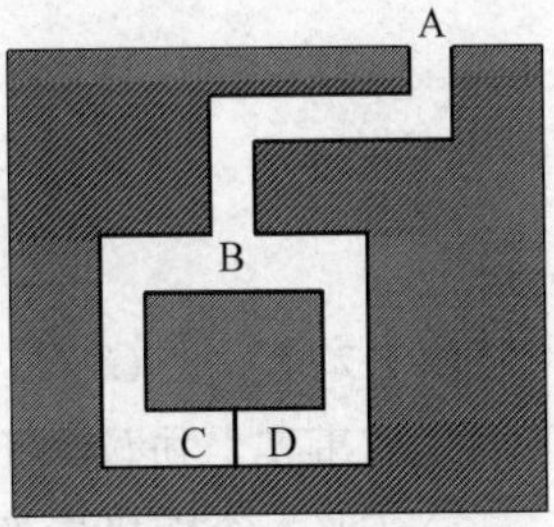

图 1-2　零知识证明协议示例

协议中,如果$\mathcal{P}$不知道秘密口令,就只能从来路返回 B,而不能走另外一条路。此外,$\mathcal{P}$每次猜对$\mathcal{V}$要求走哪一条路的概率是$\frac{1}{2}$,因此每一轮中$\mathcal{P}$能够欺骗$\mathcal{V}$的概率是$\frac{1}{2}$。假定 n 取 16,则执行 16 轮后,$\mathcal{P}$成功欺骗$\mathcal{V}$的概率是$\frac{1}{2^{16}}=\frac{1}{65\,536}$。于是,如果 16 次$\mathcal{P}$都能按$\mathcal{V}$的要求返回,$\mathcal{V}$即能证明$\mathcal{P}$确实知道秘密口令。可以看出,$\mathcal{V}$无法从上述证明过程中获取丝毫关于$\mathcal{P}$的秘密口令的信息,所以这是一个零知识证明协议。

如何刻画交互式证明系统的零知识性,设交互式证明系统 $\Sigma=(\mathcal{P},\mathcal{V})$用以证明$x\in L$。如果$\mathcal{V}$通过和$\mathcal{P}$交互得到的所有信息都能仅通过 x 计算得到,就说明$\mathcal{V}$通过交互没有得到多余的信息。下面给出它的数学描述。

设 $\text{VIEW}_{\mathcal{P},\mathcal{V}}(x)$是$\mathcal{V}^*$ 通过和$\mathcal{P}$交互(输入 x)后得到的所有信息,包括从$\mathcal{P}$得到的消息和$\mathcal{V}^*$ 自己在协议执行期间选用的随机数,称为$\mathcal{V}^*$ 的视图。如果 $\text{VIEW}_{\mathcal{P},\mathcal{V}^*}(x)$能在仅知道 x 的情况下,不通过交互而被模拟产生,则说明$\mathcal{V}^*$ 通过交互没有得到多余信息。

用$\{\text{VIEW}_{\mathcal{P},\mathcal{V}^*}(x)\}_{x\in L}$表示 $x\in L$ 时 $\text{VIEW}_{\mathcal{P},\mathcal{V}^*}(x)$的概率分布。

定义 1-15　设 $\Sigma=(\mathcal{P},\mathcal{V})$是一个交互证明系统,若对任一 PPT 的$\mathcal{V}^*$,存在 PPT 的机

器 S，使得对 $\forall x\in L$，$\{\mathrm{VIEW}_{\mathcal{P},\mathcal{V}}(x)\}_{x\in L}$ 和 $\{S(x)\}_{x\in L}$ 服从相同的概率分布，记为 $\{\mathrm{VIEW}_{\mathcal{P},\mathcal{V}^*}(x)\}_{x\in L}\equiv\{S(x)\}_{x\in L}$，则称 Σ 是完备零知识的。

如果 $\{\mathrm{VIEW}_{\mathcal{P},\mathcal{V}^*}(x)\}_{x\in L}\overset{c}{\equiv}\{S(x)\}_{x\in L}$，则称 Σ 是计算上零知识的。

其中机器 S 称为模拟器，$S(x)$ 表示输入为 x 时 S 的输出，$\{S(x)\}_{x\in L}$ 表示 S 输出的概率分布。

图 1-3 为零知识证明的完备性的示意，其中 r_2 表示 $\mathcal{V}^*$ 在协议执行期间选用的随机数，$m_2^1,\cdots,m_2^t$ 表示 $\mathcal{V}^*$ 从 $\mathcal{P}$ 得到的消息。

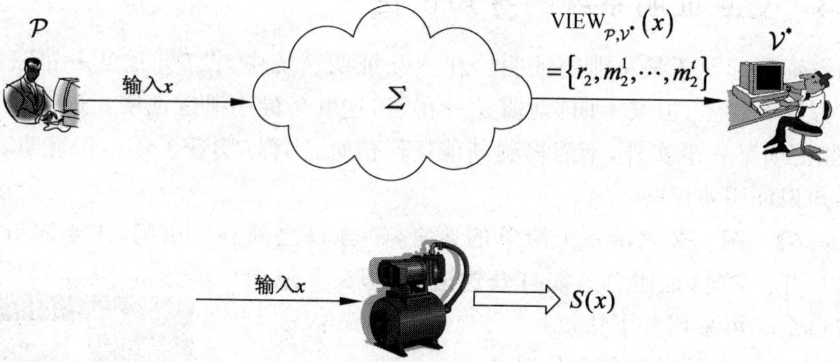

图 1-3　零知识证明的完备性

【例 1-27】　设 $(G,H)\in\mathrm{ISO}$，$\mathcal{P}$ 已知 G、H 之间的一个一一映射 ϕ 满足 $\phi(G)=H$，$\mathcal{P}$ 向 $\mathcal{V}$ 证明这一事实。协议如下：

(1) $\mathcal{P}$ 取一个随机置换 π，计算 $C=\pi(G)$，将 C 发送给 $\mathcal{V}$。

(2) $\mathcal{V}$ 随机取 $F\leftarrow_R\{G,H\}$，将 F 发送给 $\mathcal{P}$。

(3) 如果 $F=G$，$\mathcal{P}$ 取置换 $\alpha=\pi$；如果 $F=H$，$\mathcal{P}$ 取置换 $\alpha=\pi\circ\phi^{-1}$，将 α 发送给 $\mathcal{V}$（$\pi_1\circ\pi_2$ 置换 π_1 和 π_2 的复合，定义为 $\pi_1\circ\pi_2(x)=\pi_1(\pi_2(x))$）。

(4) $\mathcal{V}$ 验证 $\alpha(F)=C$ 是否成立，若成立，则接受证明；否则，拒绝证明。

显然，$\mathcal{P}$ 和 $\mathcal{V}$ 都可在多项式时间内完成，即都是 PPT 的。

完备性：如果 $F=G$，则 $\alpha=\pi$，$\alpha(F)=\alpha(G)=\pi(G)=C$，即 $\alpha(F)=C$ 成立。如果 $F=H$，则 $\alpha=\pi\circ\phi^{-1}$，$\alpha(F)=\pi\circ\phi^{-1}(H)$。如果 $\phi(G)=H$（即 $(G,H)=\in\mathrm{ISO}$），则 $\alpha(F)=\pi\circ\phi^{-1}(\phi(G))=\pi(G)=C$，即 $\alpha(F)=C$ 成立。所以当 $\alpha(F)=C$ 时，$\mathcal{V}$ 接受 $\mathcal{P}$ 的证明。

可靠性：如果 G、H 不同构，则

(1) 当 $F=G$ 时，$\alpha(F)=\pi(F)=\pi(G)=C$。

(2) 当 $F=H$ 时，$\alpha(F)=C$ 不成立，否则由 $\alpha(F)=C$ 得，$\alpha(H)=\pi(G)$，$H=\alpha^{-1}\circ\pi(G)$，即存在 G 到 H 之间的置换 $\alpha^{-1}\circ\pi$，与 G、H 不同构矛盾。

因此 $\mathcal{V}$ 将以 $\frac{1}{2}$ 的概率接受一个错误的证明（上述(1)时）。如果协议重复执行 k 次，则取伪率将减少到 $\left(\frac{1}{2}\right)^k$。

零知识性：在上述协议中，当输入为 x（定义为 $(G,H)\in\mathrm{ISO}$ 时），任一 $\mathcal{V}^*$ 的视图为

$\text{VIEW}_{\mathcal{P},\mathcal{V}^*}(x)=\{G,H,C,\alpha\}$。下面构造模拟器 S，为了模拟 $\text{VIEW}_{\mathcal{P},\mathcal{V}^*}(x)$，$S$ 扮演$\mathcal{P}$的角色和$\mathcal{V}^*$交互，过程如下：

(1) S 取一随机置换 β，计算 $D=\beta(G)$，将 D 发送给$\mathcal{V}^*$。

(2) S 若从$\mathcal{V}^*$收到 G，则输出 $S(x)=\{G,H,D,\beta\}$ 并结束；如果从$\mathcal{V}^*$收到 H，因它不知 ϕ，不能像$\mathcal{P}$构造 $\alpha=\pi\circ\phi^{-1}$ 一样来构造 β，因此中断，重新从步骤(1)开始。

显然，S 每执行一轮（从(1)到(2)）是多项式时间，以 $\frac{1}{2}$ 的概率产生输出。S 结束模拟的轮数期望值是 2，所以是 PPT 的。

若 G 有 n 个顶点，则其上的置换有 $n!$ 个。因 α、β 都是随机选取的，概率分布都是 $\frac{1}{n!}$，而 C、D 都与 G 同构，概率分布也都是 $\frac{1}{n!}$，所以对每一输入 $x((G,H)\in \text{ISO})$，$\{\text{VIEW}_{\mathcal{P}},\mathcal{V}^*(x)\}_{x\in L}$ 与 $\{S(x)\}_{x\in L}$ 是同分布的，以上协议是完备零知识的。

1.4.4 非交互式证明系统

在上述交互式证明系统中，$\mathcal{P}$和$\mathcal{V}$不进行交互，证明由$\mathcal{P}$产生后直接给$\mathcal{V}$，$\mathcal{V}$对证明直接进行验证，这种证明系统称为非交互式证明系统。非交互式零知识（Non-Interactive Zero-Knowledge，NIZK）证明系统定义如下。

定义 1-16　一对多项式时间算法$(\mathcal{P},\mathcal{V})$是一个语言 $L\in \text{NP}$ 上的非交互式零知识证明系统，如果以下性质成立：

(1) 完备性。对任意 $x\in L(|x|=\mathcal{K})$ 及其证据 w，有

$$\Pr[r\leftarrow_R\{0,1\}^{\text{poly}(\mathcal{K})};\pi\leftarrow\mathcal{P}(r,x,w):\mathcal{V}(r,x,\pi)=1]=1$$

(2) 可靠性。如果 $x\notin L$，那么对于任意的$\mathcal{P}^*$，下面的概率都是可忽略的：

$$\Pr[r\leftarrow_R\{0,1\}^{\text{poly}(\mathcal{K})};\pi\leftarrow\mathcal{P}^*(r,x):\mathcal{V}(r,x,\pi)=1]$$

(3) 零知识性。存在一个多项式时间模拟器 S，使得对于所有的 $x\in L$ 及其证据 w，以下两个分布是计算上不可区分的：

- $\{r\leftarrow_R\{0,1\}^{\text{poly}(\mathcal{K})};\pi\leftarrow\mathcal{P}(r,x,w):(r,x,\pi)\}$
- $\{(r,\pi)\leftarrow S(x):(r,x,\pi)\}$。

最后一个条件就限制了验证者可能获得的信息，直观地说，验证者从和证明者交互中得到的信息都可以用多项式时间的模拟器得到。

定义中 r 称为公共随机参考串。

1.4.5 适应性安全的非交互式零知识证明

下面从两个方面加强非交互式零知识证明系统的定义。在可靠性要求中，证明者在看到公共随机参考串 r 之后适应性地选择 $x\notin L$。在零知识性方面，公共随机参考串 r 由模拟器产生，然后让它产生 $x\in L$ 及模拟的证明。

定义 1-17　如果满足以下条件，一对多项式时间算法 $\Sigma_{\text{ZK}}=(\mathcal{P},\mathcal{V},\text{Sim}_1,\text{Sim}_2)$ 就是一个语言 $L\in \text{NP}$ 的适应性非交互式零知识证明系统：

(1) 完备性。与定义 1-16 相同。

(2) 可靠性。对于任意的$\mathcal{P}^*$,下面的概率都是可忽略的:

$$\Pr[r \leftarrow_R \{0,1\}^{\text{poly}(\mathcal{K})}; (x,\pi) \leftarrow \mathcal{P}^*(r): \mathcal{V}(r,x,\pi) = 1 \wedge x \in \{0,1\}^{\mathcal{K}} \backslash L]$$

(3) 零知识性。设$(\text{Sim}_1, \text{Sim}_2)$,$(\mathcal{A}_1, \mathcal{A}_2)$是一对两阶段算法,考虑如下实验:

$\underline{\text{Exp}_{\text{ZK-real}}(\mathcal{K})}$:	$\underline{\text{Exp}_{\text{ZK-sim}}(\mathcal{K})}$:
$r \leftarrow_R \{0,1\}^{\text{poly}(\mathcal{K})}$;	$r \leftarrow \text{Sim}_1(\mathcal{K})$;
$(x,w) \leftarrow \mathcal{A}_1(r)(x \in L \cap \{0,1\}^{\mathcal{K}})$;	$(x,w) \leftarrow \mathcal{A}_1(r)(x \in L \cap \{0,1\}^{\mathcal{K}})$;
$\pi \leftarrow \mathcal{P}(r,x,w)$;	$\pi \leftarrow \text{Sim}_2(x)$;
$b \leftarrow \mathcal{A}_2\left(r,x,\pi\right)$	$b \leftarrow \mathcal{A}_2\left(r,x,\pi\right)$
返回 b.	返回 b.

如果下式是可忽略的:

$$|\Pr[\text{Exp}_{\text{ZK-real}}(\mathcal{K}) = 1] - \Pr[\text{Exp}_{\text{ZK-sim}}(\mathcal{K}) = 1]|$$

则称Σ_{ZK}具有零知识性。

以上模拟器的构造是一种假想的实验,称之为思维实验(thought experiment)。思维实验是用来考察某种假设、理论或原理的结果而假设的一种实验,这种实验可能在现实中无法做到,也可能在现实中没有必要去做。思维实验和科学实验一样,都是从现实系统出发,建立系统的模型,然后通过模型来模拟现实系统,其过程如图 1-4 所示。

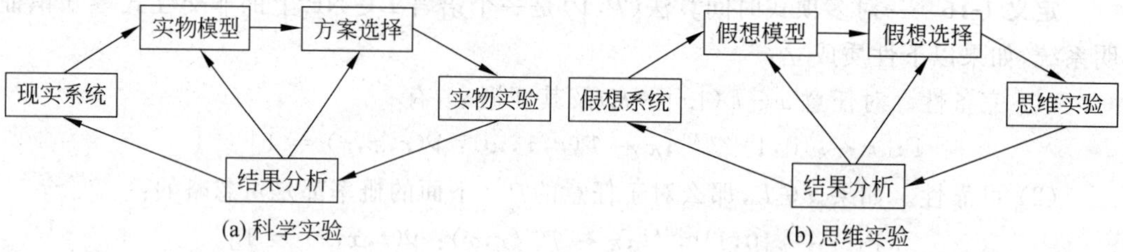

图 1-4　科学实验与思维实验

两者的区别主要有两方面,首先所用模型不同,在科学实验中建立的是实物模型,而在思维实验中建立的是假想模型。其次实验手段不同,科学实验通常借助于仪器、设备等具体的物质手段。而思维实验是在思维中实现的。

例如,为了证明空间弯曲,爱因斯坦曾进行了有名的升降机实验。在实验中,他假设升降机处于加速运动,于是垂直于加速度方向的一束光的轨迹在升降机内将是一条抛物线。所以,如果把加速度与引力等效原理推广到电磁现象中,那么光线在引力场中必定是弯曲的。

思维实验的另一个著名例子是“薛定谔的猫”,薛定谔(E. Schrodinger)是奥地利著名物理学家,量子力学的创始人之一,曾获 1933 年诺贝尔物理学奖。他在研究原子核的衰变时,设想把一只猫放进一个不透明的盒子里,盒子中有一个原子核和一瓶毒气。如果原子核发生衰变,它将会发射出一个粒子,而发射出的这个粒子将会触发实验装置,打开毒气瓶,从而杀死这只猫,如图 1-5 所示。实验完成后根据猫的死活就可判断原子核是否发生了衰变,因此这个实验就把一个微观问题转化为一个宏观问题。然而这个实验仅仅是假想的，因为实验装置必须是真空的、无光的，否则因为空气中的粒子或光子的能量要大于原子核粒子的能量，原子核粒子可能无法触发这个实验装置。

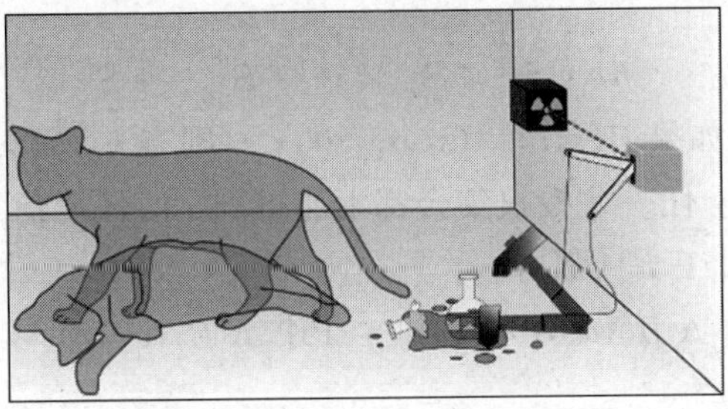

图 1-5　“薛定谔的猫”实验

在这类实验中，实验者根本无法建立实物模型，只能借助于思维的能动性和逻辑规则建立假想模型。

思维实验在后面的可证明安全性理论中有广泛应用。

1.5 张成方案与秘密分割方案

1.5.1 秘密分割方案

为了得到秘密分割方案，首先需要定义访问结构。访问结构是能够重构秘密的所有用户子集构成的集合。

定义 1-18　设$\{P_1,P_2,\cdots,P_n\}$是参与者集合，集合$\mathbb{A}\subseteq 2^{\{P_1,P_2,\cdots,P_n\}}$称为单调的①，如果$B\in\mathbb{A}$且$B\subseteq C$，则有$C\in\mathbb{A}$。访问结构是$\{P_1,P_2,\cdots,P_n\}$的所有非空子集构成的单调集合$\mathbb{A}$，即$\mathbb{A}\subseteq 2^{\{P_1,P_2,\cdots,P_n\}}\setminus\{\varnothing\}$。$\mathbb{A}$中的集合称为授权集合，不在$\mathbb{A}$中的集合称为非授权集合。

例如参与者集合是$\{1,2,3,4\}$，则$\mathbb{A}=\{\{1,2,3\},\{1,2,4\},\{1,3,4\},\{2,3,4\},\{1,2,3,4\}\}$是单调的，而$\mathbb{A}=\{\{1,2\},\{3,4\}\}$是非单调的，因为$\{1,3,4\}$不在其中。

在秘密分割方案中，有一个庄家和一组参与者$\{P_1,P_2,\cdots,P_n\}$。庄家持有一个秘密$s\subset S$，为每个参与者产生一个保密的秘密份额（也叫片断），使得参与者的任何一个授权集合能够通过他们各自掌握的份额恢复出s。正式定义如下。

定义 1-19　设庄家持有秘密$s\in S$，一个秘密分割方案由以下两个过程组成：

(1) 秘密分割。秘密分割是由庄家实现的一个映射：

$$\Pi: S\times R\rightarrow S_1\times S_2\times\cdots\times S_n$$

其中S是秘密所在的集合，R是随机输入集，$S_i(i=1,2,\cdots,n)$是P_i的秘密份额集合。对$\forall s\in S,\forall r\in R$，映射$\Pi(s,r)$得到一个$n$元组$(s_1,s_2,\cdots,s_n)$，使得$s_i\in S_i(i=1,2,\cdots,n)$。

① 设$\mathbb{A}$是一集合，则$2^{\mathbb{A}}$是$\mathbb{A}$的所有子集构成的集合，称为$\mathbb{A}$的幂集。

s_i 称为 P_i 的份额，记为 $\Pi_i(s,r)=s_i$。庄家以秘密方式将 s_i 给 P_i。

(2) 重构。s 能被任一授权集合重构，即对 $\forall G\in\mathbb{A}$，设 $G=\{i_1,i_2,\cdots,i_{|G|}\}$，有一个重构函数

$$h_G: S_{i_1}\times S_{i_2}\times\cdots\times S_{i_{|G|}}\rightarrow S$$

使得对 $\forall s\in S$，$\forall r\in R$，如果 $\Pi(s,r)=(s_1,s_2,\cdots,s_n)$，则有 $h_G(s_{i_1},s_{i_2},\cdots,s_{i_{|G|}})=s$。

方案的安全性要求：任一非授权集合都不能得到 s 的任何信息，即对 $\forall B\notin\mathbb{A}$，$\forall a_1,a_2\in S$ 以及所有份额 $\{s_i|i\in B\}$，都有

$$\Pr[\bigwedge_{P_i\in B}\Pi_i(a_1,r)=s_i]=\Pr[\bigwedge_{P_i\in B}\Pi_i(a_2,r)=s_i]$$

其中 $r\in R$ 是随机选取的。

在以上定义中，如果 $|G|\geqslant t$，则称方案为 (t,n)-门限秘密分割方案，t 称为方案的门限值。

1.5.2 线性秘密分割方案

线性秘密分割方案是指上述定义中，重构函数 h_G 是线性的。具体定义如下。

定义 1-20 设 $\mathcal{K}$ 是一个有限域，秘密集合 $S\subseteq\mathcal{K}$。$\mathcal{K}$ 上的秘密分割方案是线性的，如果它满足以下两个条件：

(1) 每一参与者的份额是 $\mathcal{K}$ 上的一个向量，即对 $\forall i\in\{1,2,\cdots,n\}$，存在常数 d_i，使得 P_i 的份额取自 $\mathcal{K}^{d_i}$。用 $\Pi_{i,j}(s,r)$ 表示 P_i 份额中的第 j 项(其中 $s\in S$ 是秘密，$r\in R$ 是庄家选取的随机数)。

(2) 对每一授权集，秘密的重构函数是线性的，即对 $\forall G\in\mathbb{A}$，存在常数 $\{\alpha_{i,j}\in\mathcal{K}: P_i\in G, 1\leqslant j\leqslant d_i\}$，使得对 $\forall s\in S$，$\forall r\in R$，有

$$s=\sum_{P_i\in G}\sum_{1\leqslant j\leqslant d_i}\alpha_{i,j}\Pi_{i,j}(s,r)$$

其中的运算在有限域 $\mathcal{K}$ 上，份额的总大小定义为 $d=\sum_{i=1}^{n}d_i$。

【例 1-28】 Shamir (t,n)-门限秘密分割方案是线性的。

设秘密 $s\in\mathrm{GF}(q)$，其中 $q(>n)$ 为素数幂，n 为访问结构中的参与者数。庄家在 $\mathrm{GF}(q)$ 中均匀地选取 $t-1$ 个随机数 $r_1,r_2,\cdots,r_{t-1}$，定义多项式 $p(x)=r_{t-1}x^{t-1}+r_{t-2}x^{t-2}+\cdots+r_1x+s$(可见 $p(0)=s$)，将 $p(i)$ 作为份额给参与者 P_i。

任意 t 个参与者 $\{P_{i_1},P_{i_2},\cdots,P_{i_t}\}$ 由它们的秘密份额 $\{s_{i_1},s_{i_2},\cdots,s_{i_t}\}$，根据 Lagrange 插值公式构造多项式如下：

$$p(x)=\sum_{j=1}^{t}s_{i_j}\prod_{\substack{d=1\\d\neq j}}^{t}\frac{x-i_d}{i_j-i_d}$$

从而得 $s=p(0)=\sum_{j=1}^{t}s_{i_j}\prod_{\substack{d=1\\d\neq j}}^{t}\frac{-i_d}{i_j-i_d}$，即 s 是份额 $\{s_{i_1},s_{i_2},\cdots,s_{i_t}\}$ 的线性组合，s_{i_j} 的系数是 $\prod_{\substack{d=1\\d\neq j}}^{t}\frac{-i_d}{i_j-i_d}$，所以该方案是线性的。

1.5.3 张成方案

张成方案是计算布尔函数的一种线性代数模型,它由某个有限域上的矩阵表示,矩阵的行由变量的符号标注。具体定义如下。

定义 1-21 设$\mathcal{K}$是一有限域,$\{x_1,x_2,\cdots,x_n\}$是布尔变量集合。$\mathcal{K}$上的张成方案是一个带标记的矩阵,表示为$\hat{\boldsymbol{M}}(\boldsymbol{M},\rho)$,其中$\boldsymbol{M}$是$\mathcal{K}$上的矩阵,$\rho$是行的标记函数,使得$\rho(i)=x_i$或$\bar{x}_i$,即$\boldsymbol{M}$的第$i$行标记为$x_i$或$\bar{x}_i$。设$\delta\in\{0,1\}^n$是布尔函数$f$的输入,取$\boldsymbol{M}$的子阵$\boldsymbol{M}_\delta$,$\boldsymbol{M}_\delta$由$\boldsymbol{M}$满足以下条件的行组成:标记为$x_i$且$\delta_i=1$,或标记为$\bar{x}_i$且$\delta_i=0$。张成方案$\hat{\boldsymbol{M}}$接受指派$\delta$当且仅当$\vec{1}\in\mathrm{span}(\boldsymbol{M}_\delta)$,其中$\vec{1}$是每一元素都为1的向量,称为全1向量,$\mathrm{span}(\boldsymbol{M}_\delta)$是$\boldsymbol{M}_\delta$的所有行的某一线性组合。

由$\hat{\boldsymbol{M}}$计算$f(\delta)$的方式如下:若$\hat{\boldsymbol{M}}$接受δ,则$f(\delta)=1$。

张成方案称为单调的,如果它的行标记仅取正变量$\{x_1,x_2,\cdots,x_n\}$。单调张成方案用于计算单调函数。单调的布尔函数是指在满足$f(x_1,x_2,\cdots,x_n)=1$的输入$\{x_1,x_2,\cdots,x_n\}$中,将其中任意个0改为1,$f(x_1,x_2,\cdots,x_n)=1$仍成立。

$\boldsymbol{M}$中的行数称为张成方案的大小。

定义中的全1向量$\vec{1}$称为目标向量,通过改变线性空间的基,目标向量可取任一固定的非0向量。

1.5.4 由张成方案建立秘密分割方案

本节给出由单调张成方案可构造线性秘密分割方案,先引入以下记号。

已知$G\in\{P_1,P_2,\cdots,P_n\}$,$\boldsymbol{\delta}_G\in\{0,1\}^n$是$G$的特征向量,即仅当$P_i\in G$时,$\boldsymbol{\delta}_G$的第$i$个坐标为1。定义函数$f_{\mathbb{A}}$:$\{0,1\}^n\to\{0,1\}$如下:$f_{\mathbb{A}}(Hx_G)=1$当且仅当$G\in\mathbb{A}$。

定理 1-20 如果在有限域$\mathcal{K}$上存在计算函数$f_{\mathbb{A}}$的单调张成方案(大小为d),则在$\mathcal{K}$上存在一个实现访问结构$\mathbb{A}$的线性秘密分割方案,其份额的总大小为d。

证明:设$\hat{\boldsymbol{M}}$是有ℓ列的单调张成方案,庄家持有的秘密为s。庄家可如下构造秘密分割方案:从$\mathcal{K}^\ell$中选取一个随机向量$\vec{r}=(r_1,r_2,\cdots,r_\ell)$,满足$\vec{1}\cdot\vec{r}=\sum_{i=1}^{\ell}r_i=s$。计算向量$\boldsymbol{M}\cdot\vec{r}$(其第$i$个元素是$\boldsymbol{M}$的第$i$行与$\vec{r}$的点乘),并按$\hat{\boldsymbol{M}}$的行标记对$\boldsymbol{M}\cdot\vec{r}$的元素进行标记(向量$\boldsymbol{M}\cdot\vec{r}$的长度与$\hat{\boldsymbol{M}}$的行数相等),将标记为$x_i$的所有项分配给$P_i$作为$P_i$的秘密份额。

秘密的重构过程如下:设$G\in\mathbb{A}$是一个授权集合,$\boldsymbol{\delta}_G$是G的特征向量。因为$\hat{\boldsymbol{M}}$计算$f_{\mathbb{A}}$,即$f_{\mathbb{A}}(\boldsymbol{\delta}_G)=1$,$\vec{1}\in\mathrm{span}(\boldsymbol{M}_\delta)$,即存在常数$\beta_1,\beta_2,\cdots,\beta_d$,使得$\sum_{i=1}^{d}\beta_i\vec{\boldsymbol{M}}_i=\vec{1}$,其中$\vec{\boldsymbol{M}}_i$是$\hat{\boldsymbol{M}}$中标记取自$G$中的行。将$G$中的参与方持有的秘密份额$\vec{\boldsymbol{M}}_1\cdot\vec{r},\cdots,\vec{\boldsymbol{M}}_d\cdot\vec{r}$做线性组合(组合系数取为$\beta_1,\beta_2,\cdots,\beta_d$),得

$$\sum_{i=1}^{d}\beta_i(\vec{M}_i\cdot\vec{r})=\left(\sum_{i=1}^{d}\beta_i\vec{M}_i\right)\cdot\vec{r}=\vec{1}\cdot\vec{r}=s$$

方案的安全性证明需要以下命题。

命题 1.1 设 N 是一个向量集合的矩阵表示(即 N 的行由向量集合中的向量构成),向量 $\vec{v}$ 与这个向量集合独立的充要条件是,存在向量 $\vec{w}$ 使得 $N\cdot\vec{w}=\vec{0}$,但 $\vec{v}\cdot\vec{w}\neq 0$。

设 B 是非授权集合,庄家分配给 B 的秘密是 s(即庄家选取 $\vec{r}=(r_1,r_2,\cdots,r_\ell)\in\mathcal{K}^\ell$,满足 $\vec{1}\cdot\vec{r}=\sum_{i=1}^{\ell}r_i=s$,秘密份额为 $\vec{c}=\boldsymbol{M}\cdot\vec{r}$)。设 Hx_B 是 B 的特征向量,因为 $\vec{1}$ 与 $\boldsymbol{M}_{\delta_B}$ 独立,由命题 1.1,存在向量 $\vec{r}'$,使得 $\boldsymbol{M}_{\delta_B}\cdot\vec{r}'=\vec{0}$ 但 $\vec{1}\cdot\vec{r}'\neq 0$。

对任一 $\alpha\in Z_p$,令 $\vec{R}'=\vec{r}+\alpha\vec{r}'$,则有

$$\boldsymbol{M}_{\delta_B}\cdot\vec{R}'=\boldsymbol{M}_{\delta_B}\cdot(\vec{r}+\alpha\vec{r}')=\boldsymbol{M}_{\delta_B}\cdot\vec{r}+\alpha(\boldsymbol{M}_{\delta_B}\cdot\vec{r}')=\boldsymbol{M}_{\delta_B}\cdot\vec{r}=\vec{c}$$

$$\vec{1}\cdot\vec{R}'=\vec{1}\cdot(\vec{r}+\alpha\vec{r}')=\vec{1}\cdot\vec{r}+\alpha(\vec{1}\cdot\vec{r}')=s+\alpha(\vec{1}\cdot\vec{r}')$$

令 $s'=s+\alpha(\vec{1}\cdot\vec{r}')$,上面二式变为 $\boldsymbol{M}_{\delta_B}\cdot\vec{R}'=\vec{c}$ 及 $\vec{1}\cdot\vec{R}'=s'$。可见 $\vec{c}$ 也是秘密 $s'=s+\alpha(\vec{1}\cdot\vec{r}')$ 的秘密份额,由 α 的随机性,知 s' 是随机的,B 由自己的秘密份额 $\vec{c}$ 得不到 s 的任何信息。

(定理 1-20 证毕)

上述定理的证明过程给出了秘密分割的具体实现方法,如果在张成方案的定义中将目标向量取为(1,0,…,0),则庄家在分割秘密 s 时,可取 $\vec{r}=(s,r_2,\cdots,r_\ell)$,其中 $r_2,\cdots,r_\ell\leftarrow_R\mathcal{K}$。

1.6 归约

归约是复杂性理论中的概念,如果一个问题 P_1 归约到问题 P_2,且已知解决问题 P_1 的算法 M_1,就能构造另一算法 M_2,M_2 可以用 M_1 作为子程序,用来解决问题 P_2。把归约方法用在密码算法或安全协议的安全性证明,可把敌手对密码算法或安全协议(问题 P_1)的攻击归约到一些已经得到深入研究的困难问题(问题 P_2)。即如果敌手$\mathcal{A}$能够对算法或协议发起有效的攻击,就可以利用$\mathcal{A}$构造一个算法$\mathcal{B}$来攻破困难问题,如图 1-6 所示,从而得出矛盾。根据反证法,敌手能够对算法或协议发起有效攻击的假设不成立。注意归约和反证法的区别,反证法是确定性的,而归约一般是概率性的。

归约的效率问题:如果问题 P_1 到问题 P_2 有两种归约方法,而归约一的概率大于归约二的概率,则称归约一比归约二紧。"紧"是一个相对的概念。

一般地,为了证明方案 1 的安全性,可将方案 1 归约到方案 2,即如果敌手$\mathcal{A}$能够攻击方案 1,则敌手$\mathcal{B}$能够攻击方案 2,其中方案 2 是已证明安全的,或是一个困难问题,或是一密码本原①。

① 本原指根本、事物的最重要部分,密码本原指密码中最根本的问题。

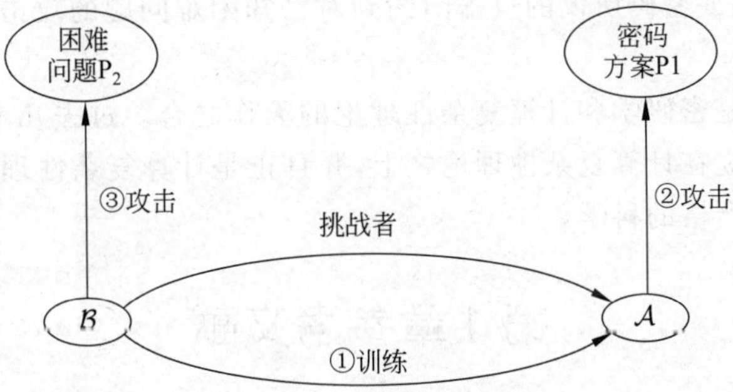

图 1-6　密码方案到困难问题的归约

证明过程还是通过思维实验来描述，首先由挑战者建立方案 2，方案 2 中的敌手用$\mathcal{B}$表示，方案 1 中的敌手用$\mathcal{A}$表示。$\mathcal{B}$为了攻击方案 2，利用$\mathcal{A}$作为子程序来攻击方案 1。$\mathcal{B}$为了利用$\mathcal{A}$，必须模拟$\mathcal{A}$的挑战者对$\mathcal{A}$加以训练，因此$\mathcal{B}$又称为模拟器。过程如图 1-7 所示。

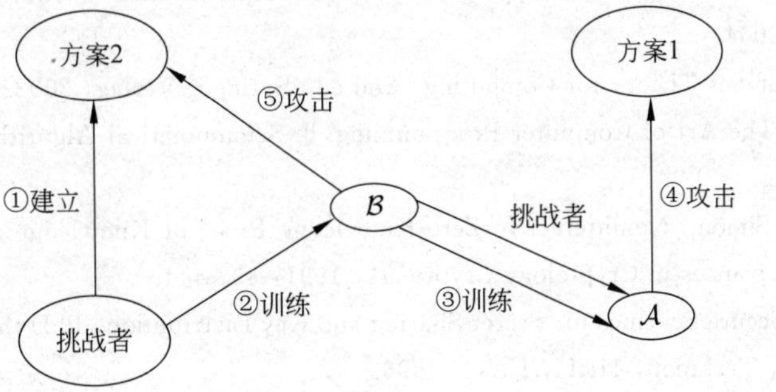

图 1-7　两个方案之间的归约

具体步骤如下：

(1) 挑战者产生方案 2 的系统。

(2) 敌手$\mathcal{B}$为了攻击方案 2，接受挑战者的训练。

(3) $\mathcal{B}$为了利用敌手$\mathcal{A}$，对$\mathcal{A}$进行训练，即作为$\mathcal{A}$的挑战者。

(4) $\mathcal{A}$攻击方案 1 的系统。

(5) $\mathcal{B}$利用$\mathcal{A}$攻击方案 1 的结果来攻击方案 2。

对于加密算法来说，图 1-7 中的方案 1 取为加密算法，如果其安全目标是语义安全，即敌手$\mathcal{A}$攻击它的不可区分性，敌手$\mathcal{B}$模拟$\mathcal{A}$的挑战者，和$\mathcal{A}$进行 IND 游戏(Indistingnishability 游戏，即不可区分性游戏，见 2.1.1 节)。称此时$\mathcal{A}$对方案 1 的攻击为模拟攻击。在这个过程中，$\mathcal{B}$为了达到自己的目标而利用$\mathcal{A}$，$\mathcal{A}$也许不愿意被$\mathcal{B}$利用。但如果$\mathcal{A}$不能判别是和自己的挑战者交互还是和模拟的挑战者交互，则称$\mathcal{B}$的模拟是完备的。

对于其他密码算法或密码协议来说，首先要确定它要达到的安全目标，如签名方案的不可伪造性等，然后构造一个形式化的敌手模型及思维实验，再利用概率论和计算复杂性理论，把对密码算法或密码协议的攻击归约到对已知困难问题的攻击。这种方法就是可证明安全性。

可证明安全性是密码学和计算复杂性理论的天作之合。过去几十年，密码学的最大进展是将密码学建立在计算复杂性理论之上，并且正是计算复杂性理论将密码学从一门艺术发展成为一门严格的科学。

第1章参考文献

[1] A Salomaa. Public-Key Cryptography. 2nd ed. Springer-Verlag，1996.

[2] H Delfs，H Knebl. Introduction to Cryptography. Springer-Verlag，2002.

[3] J Katz，Y Lindell. Introduction to Modern Cryptography. CRC Press，2007.

[4] W B Mao. Modern Cryptography：Theory and Practice. Prentice Hall PTR，2004.

[5] O Goldreich. Foundation of Cryptography：Basic Tools. Cambridge University Press，Cambridge，2001.

[6] O Goldreich，Foundation of Cryptography：Basic Applications. Cambridge University Press，Cambridge，2004.

[7] S Y Yan. Number Theory for Computing. 2nd ed. Springer-Verlag，2002.

[8] D E Knuth. The Art of Computer Programming Ⅱ-Seminumerical Algorithms. 3rd ed. Addison-Wesley，1998.

[9] C Racko，D Simon. Noninteractive Zero-Knowledge Proof of Knowledge and Chosen Ciphertext Attack. In Advances in Cryptology-Crypto'91，1991：433-444.

[10] A Beimel. Secure Schemes for Secret Sharing and Key Distribution. PhD thesis，Israel Institute of Technology，Technion，Haifa，Israel，1996.

第2章 语义安全的公钥密码体制的定义

2.1 公钥密码体制的基本概念

2.1.1 公钥加密方案

定义 2-1 一个公钥加密方案是一个 PPT 算法元组(KeyGen,$\mathcal{E}$,$\mathcal{D}$):

(1) KeyGen($\mathcal{K}$)是密钥生成算法。输入为安全参数$\mathcal{K}$,输出为一个对(pk,sk),其中 pk 是公开钥(设$|pk|=\mathcal{K}$),sk 是秘密钥。表示为(pk,sk)←KeyGen($\mathcal{K}$)。

(2) $\mathcal{E}$是加密算法。输入消息空间$\mathcal{M}$的一个明文 M 和公开钥 pk,算法$\mathcal{E}_{pk}(M)$返回一个长为多项式 $p(\mathcal{K})$的密文,表示为 $CT=\mathcal{E}_{pk}(M)$。

(3) $\mathcal{D}$是解密算法。输入密文 CT 和秘密钥 sk,$\mathcal{D}_{sk}(CT)$返回一个消息 M 或$\perp$。表示为 $M=\mathcal{D}_{sk}(CT)$。

公钥加密方案的正确性要求:对于任意 $M\in\mathcal{M}$以及 KeyGen 的任意输出(pk,sk),都有$\mathcal{D}_{sk}(\mathcal{E}_{pk}(M))=M$。

假设公开钥已经被认证,主要考虑的安全性是一个拥有公开钥的攻击者试图从密文获得有关明文的信息。

加密方案的安全性证明有两部分:首先是刻画敌手的模型,说明敌手访问系统的方式和计算能力;第二是刻画安全性概念,说明敌手攻破了方案的安全性意味着什么。

若定义公钥加密方案的安全性为:如果敌手已知某个随机明文所对应的密文,不能得出明文的完整信息,这种定义是一个很弱的安全概念,因为敌手虽然不能得出明文的完整信息,但有可能得到明文的部分信息。一个安全的加密方案应使敌手通过密文得不到明文的任何部分信息,即使是 1 比特的信息。这就是加密方案语义安全的概念,由 Goldwasser 和 Micali 于 1984 年提出[1],这一概念的提出开创了可证明安全性领域的先河,奠定了现代密码学理论的数学基础,将密码学从一门艺术变为一门科学。

加密方案语义安全的概念由不可区分性(Indistinguishability)游戏(简称 IND 游戏)来刻画,这种游戏是一种思维实验,其中有两个参与者,一个称为挑战者(challenger),另一个是敌手。挑战者建立系统,敌手对系统发起挑战,挑战者接受敌手的挑战。加密方案语义安全的概念根据敌手的模型具体又分为在选择明文攻击下的不可区分性、在选择密文攻击下的不可区分性、在适应性选择密文攻击下的不可区分性。

2.1.2 选择明文攻击下的不可区分性定义

公钥加密方案在选择明文攻击(Chosen Plaintext Attack,CPA)下的 IND 游戏(称为 IND-CPA 游戏)如下:

(1) 初始化。挑战者产生系统 Π,敌手(表示为$\mathcal{A}$)获得系统的公开钥。

(2) 敌手产生明文消息,得到系统加密后的密文(可多项式有界次)。

(3) 挑战。敌手输出两个长度相同的消息 M_0 和 M_1。挑战者随机选择 $\beta\leftarrow_R\{0,1\}$,将 M_β 加密,并将密文 C^*(称为目标密文)给敌手。

(4) 猜测。敌手输出 β',如果 $\beta'=\beta$,则敌手攻击成功。

敌手的优势可定义为参数$\mathcal{K}$的函数:

$$\mathrm{Adv}_{\Pi,\mathcal{A}}^{\mathrm{CPA}}(\mathcal{K})=\left|\Pr[\beta'=\beta]-\frac{1}{2}\right| \tag{2.1}$$

其中,$\mathcal{K}$是安全参数,用来确定加密方案密钥的长度。因为任一个不作为(即仅做监听)的敌手 $\mathcal{A}$,都能通过对 β 做随机猜测,而以 $\frac{1}{2}$ 的概率赢得 IND-CPA 游戏。而 $\left|\Pr[\beta'=\beta]-\frac{1}{2}\right|$ 是敌手通过努力得到的,故称为敌手的优势。

因为

$$\begin{aligned}\left|\Pr[\beta'=\beta]-\frac{1}{2}\right| &= \left|\Pr[\beta=0]\Pr[\beta'=\beta|\beta=0]+\Pr[\beta=1]\Pr[\beta'=\beta|\beta=1]-\frac{1}{2}\right|\\ &= \left|\Pr[\beta=0]\Pr[\beta'=0|\beta=0]+\Pr[\beta=1]\Pr[\beta'=1|\beta=1]-\frac{1}{2}\right|\\ &= \left|\frac{1}{2}[1-\Pr[\beta'=1|\beta=0]]+\frac{1}{2}\Pr[\beta'=1|\beta=1]-\frac{1}{2}\right|\\ &= \frac{1}{2}\left|\Pr[\beta'=1|\beta=1]-\Pr[\beta'=1|\beta=0]\right|\end{aligned}$$

敌手的优势也可定义为

$$\mathrm{Adv}_{\Pi,\mathcal{A}}^{\mathrm{CPA}}(\mathcal{K})=\left|\Pr[\beta'=1|\beta=1]-\Pr[\beta'=1|\beta=0]\right| \tag{2.2}$$

只不过这种定义的优势是式(2.1)的 2 倍。

上述 IND-CPA 游戏可形式化地描述如下,其中公钥加密方案是三元组 $\Pi=(\mathrm{KeyGen},\mathcal{E},\mathcal{D})$,游戏的主体是挑战者。

$\underline{\mathrm{Exp}_{\Pi,\mathcal{A}}^{\mathrm{CPA}}(\mathcal{K})}$:

$(\mathrm{pk},\mathrm{sk})\leftarrow\mathrm{KeyGen}(\mathcal{K})$;

$(M_0,M_1)\leftarrow\mathcal{A}(\mathrm{pk})$,其中 $|M_0|=|M_1|$;

$\beta\leftarrow_R\{0,1\}$,$C^*=\mathcal{E}_{\mathrm{pk}}(M_\beta)$;

$\beta'\leftarrow\mathcal{A}(\mathrm{pk},C^*)$;

如果 $\beta'=\beta$,则返回 1;否则返回 0.

敌手的优势定义为

$$\mathrm{Adv}_{\Pi,\mathcal{A}}^{\mathrm{CPA}}(\mathcal{K})=\left|\Pr[\mathrm{Exp}_{\Pi,\mathcal{A}}^{\mathrm{CPA}}(\mathcal{K})=1]-\frac{1}{2}\right|$$

或者在 $\beta' \leftarrow \mathcal{A}(\mathrm{pk}, C^*)$ 后返回 β'，则优势按式(2.2)定义。

定义 2-2　如果对任何多项式时间的敌手 $\mathcal{A}$，存在一个可忽略的函数 $\epsilon(\mathcal{K})$，使得 $\mathrm{Adv}_{\Pi,\mathcal{A}}^{\mathrm{CPA}}(\mathcal{K}) \leqslant \epsilon(\mathcal{K})$，那么就称这个加密算法 Π 是语义安全的，或者称为在选择明文攻击下具有不可区分性，简称为 IND-CPA 安全。

如果敌手通过 M_β 的密文能得到 M_β 的一个比特，就有可能区分 M_β 是 M_0 还是 M_1，因此 IND 游戏刻画了语义安全的概念。

定义中需要注意以下几点：

(1) 定义中敌手是多项式时间的，否则因为它有系统的公开钥，可得到 M_0 和 M_1 的任意多个密文，再和目标密文逐一进行比较，即可赢得游戏。

(2) M_0 和 M_1 是等长的，否则由密文，有可能区分 M_β 是 M_0 还是 M_1。

(3) 如果加密方案是确定的，如 RSA 算法、Rabin 密码体制等，每个明文对应的密文只有一个，敌手只需重新对 M_0 和 M_1 加密后与目标密文进行比较，即赢得游戏。因此语义安全性不适用于确定性的加密方案。

(4) 与确定性加密方案相对的是概率性的加密方案，在每次加密时，首先选择一个随机数，再生成密文。因此同一明文在不同的加密中得到的密文不同，如 ElGamal 加密算法。

2.1.3　基于陷门置换的语义安全的公钥加密方案构造

第 1 章中介绍了单向陷门置换。直觉上，单向陷门置换是实现公钥加密方案的一种很好的选择，因为它易于正向计算(加密)，没有陷门值时难以求逆(解密)。给定一个单向陷门置换 $\mathrm{Gen_{td}}$，可以如下构造加密方案。

密钥生成：运行 $\mathrm{Gen_{td}}$，得到 (f, f^{-1})。令 $\mathrm{pk}=f$，$\mathrm{sk}=f^{-1}$。

加密算法：$\epsilon_f(\cdot)=f(\cdot)$。

解密算法：$\mathcal{D}_{f^{-1}}(\cdot)=f^{-1}(\cdot)$。

然而，由于 $f(\cdot)$ 是确定性的，因此它不能直接用于构造语义安全的公钥加密方案。然而，用单向陷门置换的硬核比特却能构造出语义安全的公钥加密方案。一个单向陷门置换的硬核比特是这样的一比特信息：正确识别它的概率不会优于随机猜测。

单向陷门置换用于加密存在的另一个问题是输出会潜在地暴露有关输入的某些信息。例如，若 $f(x)$ 是一个单向陷门置换，则容易验证函数 $f'(x_1|x_2)=x_1|f(x_2)$ $(|x_1|=|x_2|)$ 也是一个单向陷门置换。但可以看到 f' 直接暴露其输入比特的一半。

定义 2-3[2]　令 $H=\{h_\mathcal{K}:\{0,1\}^\mathcal{K} \rightarrow \{0,1\}\}_{\mathcal{K}\geqslant 1}$ 是一个有效可计算的函数族，$\mathcal{F}=(\mathrm{Gen_{td}})$ 是一个陷门置换。H 是 $\mathcal{F}$ 的一个硬核比特，如果对于所有的 PPT 敌手 $\mathcal{A}$，存在一个可忽略的函数 $\epsilon(\mathcal{K})$，使得 $\mathcal{A}$ 在下面的游戏中，优势 $\mathrm{Adv}_{\mathrm{HCb},\mathcal{A}}(\mathcal{K}) \leqslant \epsilon(\mathcal{K})$：

$\underline{\mathrm{Exp}_{\mathrm{HDb},\mathcal{A}}(\mathcal{K})}$：

$(f, f^{-1}) \leftarrow \mathrm{Gen_{td}}(\mathcal{K})$；

$x \leftarrow_R \{0,1\}^\mathcal{K}$；

$y=f(x)$；

返回 $\mathcal{A}(f, y)$.

敌手的优势定义为

$$\mathrm{Adv}_{\mathrm{HDb},\mathcal{A}}(\mathcal{K})=\left|\Pr[\mathrm{Exp}_{\mathrm{HDb},\mathcal{A}}(\mathcal{K})=h_{\mathcal{K}}(x)]-\frac{1}{2}\right|$$

下一定理给出了硬核比特的具体构造。

定理 2-1[2] 令$\mathcal{F}=(\mathrm{Gen}_{\mathrm{td}})$是一个陷门置换，具有形式 $f:\{0,1\}^{\mathcal{K}}\to\{0,1\}^{\mathcal{K}}$($\mathcal{K}$为安全参数)。定义一个新的陷门置换$\mathcal{F}'=(\mathrm{Gen}'_{\mathrm{td}})$，其中的置换 $f':\{0,1\}^{2\mathcal{K}}\to\{0,1\}^{2\mathcal{K}}$定义为$f'(x|r)\overset{\mathrm{def}}{=}f(x)|r$。定义函数族$\mathcal{H}=\{h_{\mathcal{K}}:\{0,1\}^{2\mathcal{K}}\to\{0,1\}\}$，其中 $h_{\mathcal{K}}(x|r)\overset{\mathrm{def}}{=}x\cdot r$。则$\mathcal{F}'$是一个具有硬核比特$\mathcal{H}$的陷门置换。

其中的运算“·”表示二元点乘，若 $x=x_1x_2\cdots x_{\mathcal{K}}\in\{0,1\}^{\mathcal{K}}$，$r=r_1r_2\cdots r_{\mathcal{K}}\in\{0,1\}^{\mathcal{K}}$，则$x\cdot r\overset{\mathrm{def}}{=}x_1r_1\oplus x_2r_2\oplus\cdots\oplus x_{\mathcal{K}}r_{\mathcal{K}}=\bigoplus_{i=1}^{\mathcal{K}}x_ir_i$。

例如：$1101011\cdot1001011=1\oplus0\oplus0\oplus1\oplus0\oplus1\oplus1=0$。

下面用单向陷门置换的硬核比特构造语义安全的公钥加密方案。

设$\mathcal{F}=(\mathrm{Gen}_{\mathrm{td}})$是一个陷门置换簇，$H=\{h_{\mathcal{K}}\}$是$\mathcal{F}$的一个硬核比特。构造加密 1 比特消息的公钥加密方案 PKE=(KeyGen,$\mathcal{E}$,$\mathcal{D}$)如下。

密钥产生过程：

$$\begin{aligned}&\underline{\mathrm{KeyGen}(\mathcal{K})}:\\&(f,f^{-1})\leftarrow\mathrm{Gen}_{\mathrm{td}}(\mathcal{K});\\&r\leftarrow_R\{0,1\}^{\mathcal{K}};\\&\mathrm{pk}=(f,r),\mathrm{sk}=f^{-1}.\end{aligned}$$

加密过程(其中 $M\in\{0,1\}$)：

$$\begin{aligned}&\underline{\mathcal{E}_{\mathrm{pk}}(M)}:\\&x\leftarrow_R\{0,1\}^{\mathcal{K}};\\&y=f(x);\\&h'=x\cdot r;\\&\text{输入}(y,h'\oplus M).\end{aligned}$$

解密过程：

$$\begin{aligned}&\underline{\mathcal{D}_{\mathrm{sk}}(y,b)}:\\&\text{输出 }b\oplus(f^{-1}(y)\cdot r).\end{aligned}$$

正确性：若(y,b)是M 的一个有效密文，则

$$\begin{aligned}b\oplus(f^{-1}(y)\cdot r)&=(h'\oplus M)\oplus(f^{-1}(f(x))\cdot r)\\&=((x\cdot r)\oplus M)\oplus(x\cdot r)\\&=M\end{aligned}$$

在方案的 IND-CPA 游戏中，可设 $M_0=0$，$M_1=1$，因此有 $M_\beta=\beta$。

定理 2-2 假设$\mathcal{F}$是一个陷门置换，则以上构造的公钥加密方案 PKE=(KeyGen,$\mathcal{E}$,$\mathcal{D}$)是 IND-CPA 安全的。

证明：根据定理 2-1，由$\mathcal{F}$可构造具有硬核比特的陷门置换$\mathcal{F}'=(\mathrm{Gen}'_{\mathrm{td}})$，其中的置换为 $f'(x|r)=f(x)|r$，$f'(x|r)$的硬核比特为 $h_{\mathcal{K}}(x|r)=x\cdot r$。

下面利用$\mathcal{A}$(攻击加密方案 PKE=(KeyGen,$\mathcal{E}$,$\mathcal{D}$))构造另一敌手$\mathcal{B}$攻击$\mathcal{F}'=(\mathrm{Gen}'_{\mathrm{td}})$的

硬核比特。

$$\underline{\mathcal{B}(f',(y,r))}:$$
$$\alpha \leftarrow_R \{0,1\};$$
$$\text{pk}=(f,r), c=(y,\alpha);$$
$$\text{输出 } \varphi=\alpha \oplus A(\text{pk},c).$$

因为$\mathcal{A}$是 PPT 的，$\mathcal{B}$显然也是 PPT 的。

在以上构造中，$\mathcal{B}$已经隐含地假定$(x \cdot r)\oplus M_\beta=(x \cdot r)\oplus\beta$为$\alpha$。设$\mathcal{A}$的输出为$\beta'$，则$\mathcal{B}$的输出为$\varphi=((x \cdot r)\oplus\beta)\oplus\beta'$。若$\mathcal{A}$攻击 PKE=(KeyGen,$\mathcal{E}$,$\mathcal{D}$)成功，即$\beta'=\beta$，则$\mathcal{B}$的输出$\varphi$为$\mathcal{F}'=(\text{Gen}'_{\text{td}})$硬核比特$x \cdot r$。显然

$$\left|\Pr[\varphi=x \cdot r]-\frac{1}{2}\right|=\left|\Pr[\beta'=\beta]-\frac{1}{2}\right|$$

若$\mathcal{A}$以不可忽略的优势$\left|\Pr[\beta'=\beta]-\frac{1}{2}\right|$攻击 PKE=(KeyGen,$\mathcal{E}$,$\mathcal{D}$)，$\mathcal{B}$就以同样的优势输出了$\mathcal{F}'=(\text{Gen}'_{\text{td}})$的硬核比特$x \cdot r$。

（定理 2-2 证毕）

2.1.4　群上的离散对数问题

群上的离散对数问题如下：给定群$\mathbb{G}$的生成元g和$\mathbb{G}$中的随机元素h，计算$\log_g h$。这个问题在许多群中都被认为是“困难的”，称其为离散对数假设。下面令 GroupGen 是一个多项式时间算法，其输入为安全参数$\mathcal{K}$，输出为一个阶等于q的循环群$\mathbb{G}$的描述($\mathbb{G}$的描述包括它的阶q，$|q|=\mathcal{K}$且q不一定是素数)以及一个生成元$g\in\mathbb{G}$。GroupGen 的离散对数假设定义如下。

定义 2-4　GroupGen 的离散对数问题是困难的，如果对于所有的 PPT 算法$\mathcal{A}$，下式是可忽略的：

$$\Pr[(\mathbb{G},g)\leftarrow \text{GroupGen}(\mathcal{K});h\leftarrow_R \mathbb{G};x\leftarrow \mathcal{A}(\mathbb{G},g,h)\text{ 使得 } g^x=h]$$

如果 GroupGen 的离散对数问题是困难的，且$\mathbb{G}$是一个由 GroupGen 输出的群，则称离散对数问题在$\mathbb{G}$中是困难的。

例如，令 GroupGen 输入为$\mathcal{K}$，输出一个长度为$\mathcal{K}$的随机素数q(可通过一个随机化算法有效地实现)，令$\mathbb{G}=\mathbb{Z}_q^*$，则$\mathbb{G}$是一个阶为$q-1$的循环群，其上的离散对数假设成立。

ElGamal 加密算法是 IND-CPA 安全的。算法如下。

密钥产生过程：

$$\underline{\text{KeyGen}(\mathcal{K})}:$$
$$(\mathbb{G},g)\leftarrow \text{GroupGen}(\mathcal{K});$$
$$x\leftarrow_R \mathbb{Z}_q, y=g^x;$$
$$\text{pk}=(\mathbb{G},g,y), \text{sk}=x.$$

加密过程(其中$M\in\mathbb{G}$)：

$$\underline{\mathcal{E}_{\text{pk}}(M)}:$$
$$r\leftarrow_R \mathbb{Z}_q;$$

输出$(g^r, y^r M)$.

解密过程：

$$\underline{\mathcal{D}_{sk}(A,B):}$$

$$输出\frac{B}{A^x}.$$

这是因为$\frac{B}{A^x}=\frac{y^r M}{(g^r)^x}=\frac{y^r M}{(g^x)^r}=\frac{y^r M}{y^r}=M$。

离散对数问题意味着给定公开钥，没有敌手能确定秘密钥。然而，这不足以保证方案是 IND-CPA 安全的。实际上，可以找到一个特殊的群，其上的离散对数假设成立，但建立在其上的 ElGamal 加密方案却不是 IND-CPA 安全的。例如群$\mathbb{Z}_p^*$（p为素数）上的离散对数假定是成立的，但在多项式时间内可判定$\mathbb{Z}_p^*$中的元素是否为二次剩余。而且，$\mathbb{Z}_p^*$中的生成元g不可能是二次剩余，否则$\mathbb{Z}_p^*$中的元素都是二次剩余。这会导致针对 ElGamal 方案的一种直接攻击：敌手产生两个等长的消息(M_0, M_1)使得M_0是二次剩余，M_1是二次非剩余。给定密文(A,B)，则存在r，使得$A=g^r$，$B=y^r M_\beta$。可以在多项式时间内判定y^r是否为二次剩余，例如A是二次剩余，则存在一个$a\in\mathbb{Z}_p^*$使得$a^2=A$，将a写成生成元g的幂g^α，那么$A=g^{2\alpha}$，所以$r\equiv 2\alpha \bmod (p-1)$。如果$A$或$y$是二次剩余，则$x$、$r$至少有一个为偶数，所以$y^r=g^{xr}$也是一个二次剩余。通过观察$B$，就能判定$M_\beta$是否为二次剩余：如果$y^r$是二次非剩余且$B$是二次剩余，则$M_\beta$必定是一个二次非剩余。进而就可以判断出加密的是哪个消息。

因此，为了证明 ElGamal 加密方案的语义安全性，我们需要一个更强的假设。

2.1.5 判定性 Diffie-Hellman(DDH)假设

判定性 Diffie-Hellman(Decisional Diffie-Hellman)假设（简称 DDH 假设）指的是区分元组(g, g^x, g^y, g^{xy})和(g, g^x, g^y, g^z)是困难的，其中g是生成元，x、y、z是随机的。

定义 2-5 设$\mathbb{G}$是阶为大素数q的群，g为$\mathbb{G}$的生成元，$x, y, z \leftarrow_R \mathbb{Z}_q$。则以下两个分布：

- 随机四元组$R=(g, g^x, g^y, g^z)\in\mathbb{G}^4$。
- 四元组$D=(g, g^x, g^y, g^{xy})\in\mathbb{G}^4$（称为 Diffie-Hellman 四元组，简称 DH 四元组）。

是计算上不可区分的，称为 DDH 假设。

具体地说，对任一敌手$\mathcal{A}$，$\mathcal{A}$区分R和D的优势$\mathrm{Adv}_{\mathcal{A}}^{\mathrm{DDH}}(\mathcal{K})=|\Pr[\mathcal{A}(R)=1]-\Pr[\mathcal{A}(D)=1]|$是可忽略的。

定理 2-3 在 DDH 假设下，ElGamal 加密方案是 IND-CPA 安全的。

证明：这里我们真正指的是，如果 DDH 假设对于 GroupGen 成立，且该算法用于 ElGamal 加密方案的密钥生成阶段，则 ElGamal 加密方案的特定实例是 IND-CPA 安全的。

假设一个 PPT 敌手$\mathcal{A}$攻击 ElGamal 加密方案的 IND-CPA 安全性。这意味着$\mathcal{A}$输出等长消息M_0和M_1，得到M_β的密文，输出猜测β'。若$\beta'=\beta$，则$\mathcal{A}$成功（用 Succ 来表示该事件）。

下面构造一个敌手$\mathcal{B}$，$\mathcal{B}$利用$\mathcal{A}$来攻击 DDH 假设。设$\mathcal{B}$的输入为四元组$T=(g_1, g_2,$

g_3, g_4)，群$\mathbb{G}$及其生成元 g 是公开的。$\mathcal{B}$的构造如下：

$\underline{\mathcal{B}(T)}$：

　pk $=(g_1, g_2)$

　$(M_0, M_1) \leftarrow \mathcal{A}(\text{pk})$；

　$\beta \leftarrow_R \{0,1\}$；

　$C^* = (g_3, g_4 M_\beta)$；

　$\beta' \leftarrow \mathcal{A}(\text{pk}, C^*)$

　如果 $\beta' = \beta$ 则输出 1；否则输出 0.

当输出为 1 时，$\mathcal{B}$猜测输入的四元组 $T=(g_1, g_2, g_3, g_4)$是 DH 四元组，输出为 0 时，$\mathcal{B}$猜测输入的四元组 $T=(g_1, g_2, g_3, g_4)$是随机四元组。

令 R 表示事件"(g_1, g_2, g_3, g_4)是随机四元组"，D 表示事件"(g_1, g_2, g_3, g_4)是 DH 四元组"。

首先证明 $\Pr[\mathcal{B}(T)=1|R]=\frac{1}{2}$。已知 g_4 在$\mathbb{G}$中均匀分布，独立于 g_1、g_2、g_3。所以密文的第二部分在$\mathbb{G}$中均匀分布，独立于被加密的消息(即独立于β)。因此，$\mathcal{A}$没有β的任何信息，即不能以超过 1/2 的概率来猜测 β。而$\mathcal{B}$输出 1 当且仅当$\mathcal{A}$成功，所以 $\Pr[\mathcal{B}(T)=1|R]=\frac{1}{2}$。

再证明 $\Pr[\mathcal{B}(T)=1|D]=\Pr[\text{Succ}]$。因为事件 D 发生时，$g_2=g_1^x, g_3=g_1^r, g_4=g_1^{xr}=g_2^r$($x$ 和 r 是随机选取的)。而公开钥和密文的分布与 ElGamal 加密方案在实际执行时是一样的，所以$\mathcal{B}$输出 1 当且仅当$\mathcal{A}$成功。

$$\begin{aligned}\Pr[\mathcal{B}(T)=1] &= \Pr[D]\Pr[\mathcal{B}(T)=1 \mid D]+\Pr[R]\Pr[\mathcal{B}(T)=1 \mid R] \\ &= \frac{1}{2}\Pr[\text{Succ}]+\frac{1}{2}\times\frac{1}{2}\end{aligned}$$

$$\begin{aligned}\Pr[\mathcal{B}(T)=0] &= \Pr[D]\Pr[\mathcal{B}(T)=0 \mid D]+\Pr[R]\Pr[\mathcal{B}(T)=0 \mid R] \\ &= \frac{1}{2}[1-\Pr[\text{Succ}]]+\frac{1}{2}\times\frac{1}{2}\end{aligned}$$

所以

$$|\Pr[\mathcal{B}(T)=1]-\Pr[\mathcal{B}(T)=0]|=\left|\Pr[\text{Succ}]-\frac{1}{2}\right|$$

即如果$\mathcal{A}$能以某个不可忽略的优势$\epsilon(\mathcal{K})$攻击 ElGamal 加密方案，则$\mathcal{B}$可以相同的优势攻击 DDH 假设。

注意，两个事件$\mathcal{B}(T)=0$ 与$\mathcal{B}(\overline{T})=1$一样，所以$|\Pr[\mathcal{B}(T)=1]-\Pr[\mathcal{B}(T)=0]|$与定义 2-5 中优势的定义一致。

(定理 2-3 证毕)

2.2 公钥加密方案在选择密文攻击下的不可区分性

IND-CPA 安全仅保证敌手是完全被动情况时(即仅做监听)的安全,不能保证敌手是主动情况时(例如向网络中注入消息)的安全。

例如在 ElGamal 加密方案中,敌手收到密文为 $CT=(C_1,C_2)$,构造新的密文 $CT'=(C_1,C_2')$,其中 $C_2'=C_2M'$,解密询问后得到 $M''=MM'$。或者构造新的密文 $CT''=(C_1'',C_2'')$,其中 $C_1''=C_1g^{k''}$,$C_2''=C_2y^{k''}M'$,此时

$$C_1''=g^kg^{k''}=g^{k+k''},\quad C_2''=y^kMy^{k''}M'=y^{k+k''}MM'$$

解密询问后仍得到 $M''=MM'$。再由 $\frac{M''}{M'} \bmod p$ 得到 CT 的明文 M。

可见,ElGamal 加密算法不能抵抗主动攻击。

再看一例,假如在密封递价拍卖中使用 ElGamal 加密方案。密封递价拍卖就是竞价人把自己的竞价加密后公开发给拍卖人,由拍卖人比较所有竞价,价高者获胜。这样的拍卖方式不允许竞价人看到别人的价格之后加价,而是自己给出自己的评估价格,避免恶意竞争。

假设拍卖人的公钥是 $pk=(g,y=g^x)$,第一个竞价人发送的竞价为 M,使用 ElGamal 加密方案加密后公开发送给拍卖人,那么只要第二个竞价人看到第一个竞价人的密文,他可以提交如下的密文来竞价:

竞价人 1	$C\leftarrow(g^r,y^r\cdot M)\xrightarrow{C=(C_1,C_2)}$ 拍卖人解密得到 M
竞价人 2	$C'=(C_1,C_2\cdot\alpha)\xrightarrow{C'}$ 拍卖人解密得到 $M'=M\cdot\alpha$

这样,即使第二个竞价人不知道第一个竞价人的价格,只要 $\alpha>1$,他就能保证自己的竞价大于第一个竞价人的竞价。

再比如使用 ElGamal 加密方案的信用卡验证系统,设用户的信用卡号为 $C_1,C_2,\cdots,C_{48}$(每个 C_i 表示一个比特),用商家的公开钥 pk 逐比特加密:

$$E_{pk}(C_1),E_{pk}(C_2),E_{pk}(C_3),\cdots,E_{pk}(C_{48})$$

将密文发送给商家,然后商家回复接受或者拒绝,表示这个信用卡是否有效。敌手要获得信用卡号,只需要把第一个密文换成 $E_{pk}(0)$,然后提交给商家。商家如果接受,说明第一位就是 0;如果拒绝,说明第一位是 1。如此继续,就可以得到整个卡号。

为了描述敌手的主动攻击,1990 年 Naor 和 Yung 提出了(非适应性)选择密文攻击(Chosen Ciphertext Attack,CCA)的概念[3],其中敌手在获得目标密文以前,可以访问解密谕言机(Oracle)。谕言机也称为神谕、神使或传神谕者。神谕是古代希腊的一种迷信活动,由女祭司代神传谕,解答疑难者的叩问,她们被认为是在传达神的旨意。因为在 IND-CCA 游戏中,除了要求敌手是多项式时间的之外,不能对敌手的能力做任何限制。敌手除了自己有攻击 IND-CCA 游戏的能力外,可能还会借助于外力。这个外力是谁,是人还是神,我们不知道,所以统称为谕言机。敌手获得目标密文后,希望获得目标密文对

应的明文的部分信息。

公钥加密方案在选择密文攻击下的 IND 游戏(称为 IND-CCA 游戏)如下：

(1) 初始化。挑战者产生系统 Π,敌手获得系统的公开钥。

(2) 训练。敌手向挑战者(或解密谕言机)做解密询问(可多项式有界次),即取密文 CT 给挑战者,挑战者解密后,将明文给敌手。

(3) 挑战。敌手输出两个长度相同的消息 M_0 和 M_1,再从挑战者接收 M_β 的密文,其中随机值 $\beta \leftarrow_R \{0,1\}$。

(4) 猜测。敌手输出 β',如果 $\beta'=\beta$,则敌手攻击成功。

以上攻击过程也称为"午餐时间攻击"或"午夜攻击",相当于有一个执行解密运算的黑盒,掌握黑盒的人在午餐时间离开后,敌手能使用黑盒对自己选择的密文解密。午餐过后,给敌手一个目标密文,敌手试图对目标密文解密,但不能再使用黑盒了。

第(2)步可以形象地看做是敌手发起攻击前对自己的训练(自学),这种训练可通过挑战者,也可通过解密谕言机。

敌手的优势定义为安全参数$\mathcal{K}$的函数：

$$\mathrm{Adv}_{\Pi,\mathrm{A}}^{\mathrm{CCA}}(\mathcal{K}) = \left|\Pr[\beta' = \beta] - \frac{1}{2}\right|$$

上述 IND-CCA 游戏可形式化地描述如下,其中公钥加密方案是三元组 $\Pi=(\mathrm{KeyGen},\mathcal{E},\mathcal{D})$。

$\underline{\mathrm{Exp}_{\Pi,\mathcal{A}}^{\mathrm{CCA}}(\mathcal{K})}$

$(\mathrm{pk},\mathrm{sk}) \leftarrow \mathrm{KeyGen}(\mathcal{K})$;

$(M_0,M_1) \leftarrow \mathcal{A}^{\mathcal{D}_{\mathrm{sk}}(\cdot)}(\mathrm{pk})$,其中 $|M_0| = |M_1|$;

$\beta \leftarrow_R \{0,1\}, C^* = \mathcal{E}_{\mathrm{pk}}(M_\beta)$;

$\beta' \leftarrow \mathcal{A}(\mathrm{pk},C^*)$;

如果 $\beta' = \beta$,则返回 1;否则返回 0.

敌手的优势定义为

$$\mathrm{Adv}_{\Pi,\mathcal{A}}^{\mathrm{CCA}}(\mathcal{K}) = \left|\Pr[\mathrm{Exp}_{\Pi,\mathcal{A}}^{\mathrm{CCA}}(\mathcal{K}) = 1] - \frac{1}{2}\right|$$

游戏中 $(M_0,M_1) \leftarrow \mathcal{A}^{\mathcal{D}_{\mathrm{sk}}(\cdot)}(\mathrm{pk})$ 表示敌手的输入是 pk,在访问解密谕言机 $\mathcal{D}_{\mathrm{sk}}(\cdot)$ 后输出 (M_0,M_1)。

定义 2-6　如果对任何多项式时间的敌手 $\mathcal{A}$,存在一个可忽略的函数 $\epsilon(\mathcal{K})$,使得 $\mathrm{Adv}_{\Pi,\mathcal{A}}^{\mathrm{CCA}}(\mathcal{K}) \leqslant \epsilon(\mathcal{K})$,那么就称这个加密算法 Π 在选择密文攻击下具有不可区分性,或者称为 IND-CCA 安全。

下面给出 IND-CCA 安全的公钥加密方案的一个构造实例,称为 Noar-Yung 方案。方案采用的是 CPA 安全的双加密系统(对同一消息加密),并且要给出两次加密的确是对同一消息进行的零知识证明。

设 $\Pi=(\mathrm{KeyGen},\mathcal{E},\mathcal{D})$ 是一个 CPA 安全的公钥加密方案,$\Sigma=(\mathcal{P},\mathcal{V})$ 是一个 NP 语言的适应性非交互式零知识证明系统,以下方案 $\Pi^*=(\mathrm{KeyGen}^*,\mathcal{E}^*,\mathcal{D}^*)$ 是 CCA 安全的公钥加密方案。

$\underline{\text{KeyGen}^*(\mathcal{K})}$:

$(pk_0, sk_0) \leftarrow \text{KeyGen}(\mathcal{K})$;

$(pk_1, sk_1) \leftarrow \text{KeyGen}(\mathcal{K})$;

$\omega \leftarrow_R \{0,1\}^{\text{poly}(\mathcal{K})}$;

$pk^* = (pk_0, pk_1, \omega)$;

$sk^* = sk_0$.

$\underline{\mathcal{E}^*_{(pk_0, pk_1, \omega)}(M)}$:

$r_0, r_1 \leftarrow_R \{0,1\}^*$;

$CT_0 = \mathcal{E}_{pk_0}(M; r_0)$;

$CT_1 = \mathcal{E}_{pk_1}(M; r_1)$;

$\pi \leftarrow \mathcal{P}(\omega, (CT_0, CT_1), (r_0, r_1, M))$;

输出(CT_0, CT_1, π).

$\underline{\mathcal{D}^*_{sk_0}(CT_0, CT_1, \pi)}$

如果$\mathcal{V}(\omega, (CT_0, CT_1, \pi)) = 0$

输出$\perp$;

否则

输出$\mathcal{D}_{sk_0}(CT_0)$.

用语言描述如下：使用密钥生成算法 KeyGen 产生两个密钥对(公开钥和秘密钥)，公布公开钥和随机串 ω，然后用第一个秘密钥作为 Π^* 的秘密钥(丢弃第二个秘密钥)。加密时，使用加密方案$\mathcal{E}$及两个公开钥 pk_0 和 pk_1 对消息 M 加密两次，两次加密使用的随机数记为 r_0 和 r_1。然后使用证明者算法$\mathcal{P}$证明两个密文对应的是同一明文，即证明$(CT_0, CT_1) \in L$，其中

$$L = \{(CT_0, CT_1) \mid \text{存在 } M, r_0, r_1, \text{使得 } CT_0 = \mathcal{E}_{pk_0}(M, r_0), CT_1 = \mathcal{E}_{pk_1}(M, r_1)\}$$

使用 r_0、r_1 和 M 作为产生证明的证据，然后把密文和证明发给接收者。解密时，首先验证 π，如果验证通过，则对第一个密文使用解密算法$\mathcal{D}$解密。

方案的 CCA 安全性的直观理解如下：敌手收到密文 $CT = (CT_0, CT_1)$ 后，若像攻击 ElGamal 方案一样构造新的密文 $CT' = (CT'_0, CT'_1)$，使得 CT'_0, CT'_1 是对同一消息的加密，则无法做到。具体的安全性见定理 2-4。

定理 2-4 设 $\Pi = (\text{KeyGen}, \mathcal{E}, \mathcal{D})$ 是 CPA 安全的公钥加密方案，$\Sigma = (\mathcal{P}, \mathcal{V})$ 是 NP 语言的适应性非交互式零知识证明系统，则方案 $\Pi^* = (\text{KeyGen}^*, \mathcal{E}^*, \mathcal{D}^*)$ 是 CCA 安全的公钥加密方案。

证明：设$\mathcal{A}$是多项式时间的敌手，将$\mathcal{A}$分为两个阶段，第一阶段可以访问解密谕言机，第二阶段不允许访问解密谕言机。考虑以下两个游戏(第二个游戏与第一个游戏的区别用方框表示)。

$\underline{\text{Exp}_0(\mathcal{K})}$:

$(pk_0, sk_0), (pk_1, sk_1) \leftarrow \text{KeyGen}(\mathcal{K})$;

$\omega \leftarrow_R \{0,1\}^{\text{poly}(\mathcal{K})}$;

$pk^* = (pk_0, pk_1, \omega), sk^* = sk_0$;

$(M_0, M_1) \leftarrow \mathcal{A}^{\mathcal{D}_{sk^*}(\cdot)}(pk^*)$;

$r_0, r_1 \leftarrow_R \{0,1\}^*$;

$CT_0 = \mathcal{E}_{pk_0}(M_0; r_0), CT_1 = \mathcal{E}_{pk_1}(M_0; r_1)$;

$\pi \leftarrow \mathcal{P}(\omega, (CT_0, CT_1), (r_0, r_1, M_0))$;

$\beta \leftarrow \mathcal{A}(pk^*, CT_0, CT_1, \pi)$;

如果 $\beta - 0$,返回 1;否则返回 0.

$\underline{Exp_{Final}(\mathcal{K})}$:

$(pk_0, sk_0), (pk_1, sk_1) \leftarrow KeyGen(\mathcal{K})$;

$\omega \leftarrow_R \{0,1\}^{poly(\mathcal{K})}$;

$pk^* = (pk_0, pk_1, \omega), sk^* = sk_0$;

$(M_0, M_1) \leftarrow \mathcal{A}^{\mathcal{D}_{sk^*}(\cdot)}(pk^*)$;

$r_0, r_1 \leftarrow_R \{0,1\}^*$;

$\boxed{CT_0 = \mathcal{E}_{pk_0}(M_1; r_0), CT_1 = \mathcal{E}_{pk_1}(M_1; r_1)}$;

$\boxed{\pi \leftarrow \mathcal{P}(\omega, (CT_0, CT_1), (r_0, r_1, M_1))}$;

$\beta \leftarrow \mathcal{A}(pk^*, CT_0, CT_1, \pi)$;

如果 $\beta = 1$,返回 1;否则返回 0.

$Exp_0(\mathcal{K})=1$ 表示$\mathcal{A}$在游戏Exp_0 中猜测正确,即(CT_0, CT_1)是同一明文 M_0 的密文。$Exp_{Final}(\mathcal{K})=1$ 表示$\mathcal{A}$在游戏Exp_{Final}中猜测正确,即(CT_0, CT_1)是同一明文 M_1 的密文。

要证明方案是 CCA 安全的,需要证明$\mathcal{A}$不能区分上面两个游戏,即$|\Pr[Exp_0(\mathcal{K})=1]-\Pr[Exp_{Final}(\mathcal{K})=1]|$是可忽略的。为了达到目标,需要构造一系列中间游戏来过渡,其中每两个相邻的游戏之间区别很小,一个多项式时间敌手区分相邻两个游戏之间的变化的概率是可忽略的。通过传递性就可以推出第一个游戏和最后一个游戏是不可区分的。第一个游戏对应的是 M_0 被加密时的情景,最后一个游戏对应的是 M_1 被加密时的情景,这样就得到了结论。

一共有 7 个不同的游戏,描述如下。

- Exp_0:这是一个真实的游戏,敌手挑战时得到 M_0 的密文。
- Exp_1:将Exp_0 中的证明系统 Σ 改为模拟器,以产生模拟证明 π,其余部分与Exp_0 相同。
- Exp_2:将Exp_1 中的 CT_1 换成 M_1 的密文,其余部分与Exp_1 相同。
- Exp_3:将Exp_2 中的解密谕言机由使用 sk_0 改为使用 sk_1,其余部分与Exp_2 相同。
- Exp_4:将Exp_3 中的 CT_0 换成 M_1 的密文。其余部分与Exp_3 相同。
- Exp_5:将Exp_4 中的解密谕言机由使用 sk_1 改为使用 sk_0,其余部分与Exp_4 相同。
- Exp_6:将Exp_5 中的模拟证明改为使用 Σ 产生证明 π,其余部分与Exp_5 相同。

Exp_6 就是Exp_{Final}。

设 $Sim=(Sim_1, Sim_2)$是证明系统 Σ 所使用的模拟器。将Exp_0 中的公共随机参考串和证明者$\mathcal{P}$产生的证明都换成模拟的，得到如下游戏（它与上一游戏的区别仍用方框表示，表示法下同）：

$\underline{\text{Exp}_1(\mathcal{K})}$：

$(\text{pk}_0,\text{sk}_0),(\text{pk}_1,\text{sk}_1) \leftarrow \text{KeyGen}(\mathcal{K})$；

$\boxed{\omega \leftarrow \text{Sim}_1(\mathcal{K})}$；

$\text{pk}^* = (\text{pk}_0,\text{pk}_1,\omega),\text{sk}^* = \text{sk}_0$；

$(M_0,M_1) \leftarrow \mathcal{A}^{\mathcal{D}_{\text{sk}^*}(\cdot)}(\text{pk}^*)$；

$r_0,r_1 \leftarrow_R \{0,1\}^*$；

$\text{CT}_0 = \mathcal{E}_{\text{pk}_0}(M_0;r_0),\text{CT}_1 = \mathcal{E}_{\text{pk}_1}(M_0;r_1)$；

$\boxed{\pi \leftarrow \text{Sim}_2((\text{CT}_0,\text{CT}_1))}$；

$\beta \leftarrow \mathcal{A}(\text{pk}^*,\text{CT}_0,\text{CT}_1,\pi)$；

如果$\beta = 0$，返回 1；否则返回 0.

断言 2-1 对任意多项式时间敌手，$|\Pr[\text{Exp}_0(\mathcal{K})=1]-\Pr[\text{Exp}_1(\mathcal{K})=1]|$是可忽略的。

证明：将以上结论归约到证明系统Σ的零知识性上。用$\mathcal{A}$来构造一个算法$\mathcal{B}$来区分真实的证明和模拟的证明。

$\underline{\mathcal{B}(\omega,\pi)}$：

收到ω作为第一阶段的输入；

$(\text{pk}_0,\text{sk}_0),(\text{pk}_1,\text{sk}_1) \leftarrow \text{KeyGen}(\mathcal{K})$；

$\text{pk}^* = (\text{pk}_0,\text{pk}_1,\omega)$；

$\text{sk}^* = \text{sk}_0$；

$(M_0,M_1) \leftarrow \mathcal{A}^{\mathcal{D}_{\text{sk}^*}(\cdot)}(\text{pk}^*)$；　　//注意$\mathcal{B}$可以为$\mathcal{A}$模拟解密谕言机

$r_0,r_1 \leftarrow_R \{0,1\}^*$；

$\text{CT}_0 = \mathcal{E}_{\text{pk}_0}(M_0;r_0),\text{CT}_1 = \mathcal{E}_{\text{pk}_1}(M_0;r_1)$；

将$((\text{CT}_0,\text{CT}_1),(r_0,r_1,M_0))$作为第一阶段的输出；

将π作为第二阶段的输入；

$\beta \leftarrow \mathcal{A}(\text{pk}^*,\text{CT}_0,\text{CT}_1,\pi)$；

如果$\beta = 0$，返回 1；否则返回 0.

分别用ZK_{real}和ZK_{sim}表示事件$\mathcal{B}$输入的证明π是真实和模拟的。如果事件ZK_{real}发生，则$\mathcal{A}$在上面的游戏中的视图就和它在Exp_0中的视图相同，所以

$$\Pr[\text{Exp}_0(\mathcal{K}) = 1] = \Pr[\mathcal{B}(\omega,\pi) = 1 \mid \text{ZK}_{\text{real}}]$$

另一方面，如果ZK_{sim}发生，$\mathcal{A}$在上面游戏中的视图就和Exp_1相同，所以有

$$\Pr[\text{Exp}_1(\mathcal{K}) = 1] = \Pr[\mathcal{B}(\omega,\pi) = 1 \mid \text{ZK}_{\text{sim}}]$$

由于Σ的零知识性，

$$|\Pr[\mathcal{B}(\omega,\pi) = 1 \mid \text{ZK}_{\text{real}}] - \Pr[\mathcal{B}(\omega,\pi) = 1 \mid \text{ZK}_{\text{sim}}]|$$

是可忽略的，所以就有上述结论。

（断言 2-1 证毕）

第二个游戏与第一个游戏不同的地方在于它不是把 M_0 加密两次，而是对 M_0 和 M_1 各加密一次。

$\underline{\mathrm{Exp}_2(\mathcal{K})}$：

$(\mathrm{pk}_0, \mathrm{sk}_0), (\mathrm{pk}_1, \mathrm{sk}_1) \leftarrow \mathrm{KeyGen}(\mathcal{K})$；

$\omega \leftarrow \mathrm{Sim}_1(\mathcal{K})$；

$\mathrm{pk}^* = (\mathrm{pk}_0, \mathrm{pk}_1, \omega), \mathrm{sk}^* = \mathrm{sk}_0$；

$(M_0, M_1) \leftarrow \mathcal{A}^{\mathcal{D}_{\mathrm{sk}^*}(\cdot)}(\mathrm{pk}^*)$；

$r_0, r_1 \leftarrow_R \{0,1\}^*$；

$\mathrm{CT}_0 = \mathcal{E}_{\mathrm{pk}_0}(M_0; r_0)$，$\boxed{\mathrm{CT}_1 = \mathcal{E}_{\mathrm{pk}_1}(M_1; r_1)}$；

$\pi \leftarrow \mathrm{Sim}_2((\mathrm{CT}_0, \mathrm{CT}_1))$；

$\beta \leftarrow \mathcal{A}(\mathrm{pk}^*, \mathrm{CT}_0, \mathrm{CT}_1, \pi)$

如果 $\beta = 0$，返回 1；否则返回 0.

注意到在上面的游戏中，模拟器输入的是两个不同明文对应的密文。这样的输入不在语言 L 中，模拟是平凡的，即 π 可随机产生。然而，我们可以看到，在这种情况下这两个游戏依然是不可区分的，因为使用的公钥加密方案是语义安全的，所以对 M_0 的加密和对 M_1 的加密不可区分。下面是正式的证明。

断言 2-2　对任意多项式时间敌手，$|\Pr[\mathrm{Exp}_2(\mathcal{K})=1]-\Pr[\mathrm{Exp}_1(\mathcal{K})=1]|$ 是可忽略的。

证明：使用 $\mathcal{A}$ 来构造算法 $\mathcal{B}$，以攻击加密方案 Π 的语义安全性。回忆语义安全性的定义和游戏，$\mathcal{B}$ 获得一个公开钥 pk，输出两个消息 (M_0, M_1)，得到其中之一的密文，然后猜是哪一个。$\mathcal{B}$ 不能访问解密谕言机。

$\underline{\mathcal{B}(\mathrm{pk})}$：

设 $\mathrm{pk}_1 = \mathrm{pk}$；

$(\mathrm{pk}_0, \mathrm{sk}_0) \leftarrow \mathrm{KeyGen}(\mathcal{K})$；

$\omega \leftarrow \mathrm{Sim}_1(\mathcal{K})$；

$\mathrm{pk}^* = (\mathrm{pk}_0, \mathrm{pk}_1, \omega), \mathrm{sk}^* = \mathrm{sk}_0$；

$(M_0, M_1) \leftarrow \mathcal{A}^{\mathcal{D}_{\mathrm{sk}^*}(\cdot)}(\mathrm{pk}^*)$；　// 注意 $\mathcal{B}$ 知道 sk^*，可以为 $\mathcal{A}$ 模拟解密谕言机

输出 (M_0, M_1)；

收到 CT_1（为 M_0 或 M_1 的密文，所用的随机数 r_1 未知）；

$r_0 \leftarrow_R \{0,1\}^*$；

$\mathrm{CT}_0 = \mathcal{E}_{\mathrm{pk}_0}(M_0; r_0)$；

$\pi = \mathrm{Sim}_2((\mathrm{CT}_0, \mathrm{CT}_1))$；

$\beta \leftarrow \mathcal{A}(\mathrm{pk}^*, \mathrm{CT}_0, \mathrm{CT}_1, \pi)$；

输出 β.

$\mathcal{B}(\mathrm{pk})=1$ 表示 CT_1 是 M_1 的密文，$\mathcal{B}(\mathrm{pk})=0$ 表示 CT_1 是 M_0 的密文。$\mathcal{B}(\mathrm{pk})=1$ 时，$\mathcal{A}$ 的视图就是游戏 Exp_2 中的视图；$\mathcal{B}(\mathrm{pk})=0$ 时，$\mathcal{A}$ 的视图就是游戏 Exp_1 中的视图。因此 $\mathcal{A}$ 区分 Exp_1 和 Exp_2 的概率就和 $\mathcal{B}$ 区分 CT_1 是 M_0 的密文还是 M_1 的密文的概率相等，即

$$|\Pr[\mathrm{Exp}_2(\mathcal{K})=1]-\Pr[\mathrm{Exp}_1(\mathcal{K})=1]|=|\Pr[\mathcal{B}(\mathrm{pk})=1]-\Pr[\mathcal{B}(\mathrm{pk})=0]|$$

由加密方案$\Pi=(\mathrm{KeyGen},\mathcal{E},\mathcal{D})$的语义安全性，这个值是可忽略的。

（断言 2-2 证毕）

在构造第三个游戏时，用同样的方式把 CT_0 也从 M_0 的密文换成 M_1 的密文。然而这里有一个潜在的问题。为了得到与断言 2-2 类似的结论，需要构造一个敌手$\mathcal{B}$来区分密文。但要求$\mathcal{B}$能为$\mathcal{A}$模拟解密谕言机，为此$\mathcal{B}$需要 sk_0，但此时$\mathcal{B}$并没有 sk_0。所以在继续之前还需要多做一些事情。

设 Fake 表示事件$\mathcal{A}$向解密谕言机提交了一个解密询问$(\mathrm{CT}_0,\mathrm{CT}_1,\pi)$，其中$\mathcal{D}_{\mathrm{sk}_0}(\mathrm{CT}_0)\neq\mathcal{D}_{\mathrm{sk}_1}(\mathrm{CT}_1)$但是$\mathcal{V}(\omega,(\mathrm{CT}_0,\mathrm{CT}_1),\pi)=1$。用$\Pr_{\mathrm{Exp}}[\mathrm{Fake}]$表示在游戏 Exp 中 Fake 发生的概率。

断言 2-3 对任意多项式时间敌手，$\Pr_{\mathrm{Exp}_2}[\mathrm{Fake}]$是可忽略的。

证明：首先注意到

$$\Pr_{\mathrm{Exp}_2}[\mathrm{Fake}]=\Pr_{\mathrm{Exp}_1}[\mathrm{Fake}] \tag{2.3}$$

这是因为在Exp_1 和Exp_2 中，$\mathcal{A}$仅在第一阶段向解密谕言机提交了一个解密询问，两个游戏在第一阶段的询问过程是完全相同的。

下面证明$|\Pr_{\mathrm{Exp}_1}[\mathrm{Fake}]-\Pr_{\mathrm{Exp}_0}[\mathrm{Fake}]|$是可忽略的。在$\mathrm{Exp}_0$ 中 ω 是随机的，而在Exp_1 中 ω 是模拟的。下面利用$\mathcal{A}$来构造一个算法$\mathcal{B}$来区分 ω 是真实的还是模拟的，在Exp_0 和Exp_1 中，游戏的主体产生密钥对$(\mathrm{pk}_0,\mathrm{sk}_0)$，$(\mathrm{pk}_1,\mathrm{sk}_1)$后，以 sk_0 作为秘密钥，sk_1 不再需要，可丢弃。而在下面构造$\mathcal{B}$时，$\mathcal{B}$作为游戏的主体需要判断 Fake 是否发生，因此需要保留 sk_1。构造如下：

$\mathcal{B}(\omega)$:

$(\mathrm{pk}_0,\mathrm{sk}_0),(\mathrm{pk}_1,\mathrm{sk}_1)\leftarrow\mathrm{KeyGen}(\mathcal{K})$;

$\mathrm{pk}^*=(\mathrm{pk}_0,\mathrm{pk}_1,r)$;

运行$\mathcal{A}^{\mathcal{D}^*_{\mathrm{sk}^*}(\cdot)}(\mathrm{pk}^*)$：$\mathcal{B}$为$\mathcal{A}$模拟$\mathcal{D}^*_{\mathrm{sk}^*}(\cdot)$，如果$\mathcal{A}$的询问$(\mathrm{CT}_0,\mathrm{CT}_1,\pi)$使 Fake 发生，返回 1；否则返回 0。

$\mathcal{B}(\omega)=1$ 意味着事件 Fake 发生，$\mathcal{B}(\omega)=0$ 意味着事件 Fake 不发生。得

$$\Pr[\mathcal{B}(\omega)=1\,|\,\mathrm{ZK}_{\mathrm{sim}}]=\Pr_{\mathrm{Exp}_1}[\mathrm{Fake}]$$

同理可得

$$\Pr[\mathcal{B}(\omega)=1\,|\,\mathrm{ZK}_{\mathrm{real}}]=\Pr_{\mathrm{Exp}_0}[\mathrm{Fake}]$$

由于 Σ 是适应性安全的零知识证明系统，$|\Pr[\mathcal{B}(\omega)=0\,|\,\mathrm{ZK}_{\mathrm{sim}}]-\Pr[\mathcal{B}(\omega)=0\,|\,\mathrm{ZK}_{\mathrm{real}}]|$是可忽略的，所以

$$|\Pr_{\mathrm{Exp}_1}[\mathrm{Fake}]-\Pr_{\mathrm{Exp}_0}[\mathrm{Fake}]| \tag{2.4}$$

是可忽略的。

最后，注意到 Fake 发生，仅当$\mathcal{A}$能对$(\mathrm{CT}_0,\mathrm{CT}_1)\notin L$ 产生一个证明，使得$\mathcal{V}(\omega,(\mathrm{CT}_0,\mathrm{CT}_1),\pi)=1$，由$(\mathcal{P},\mathcal{V})$系统的可靠性知

$$\Pr_{\mathrm{Exp}_0}[\mathrm{Fake}] \tag{2.5}$$

是可忽略的。由式(2.3)至式(2.5)可得断言 2-3。

（断言 2-3 证毕）

下面构造 Exp_3，将 Exp_2 中的解密谕言机由使用 sk_0 改为使用 sk_1，其余部分与 Exp_2 相同。

$\underline{\mathrm{Exp}_3(\mathcal{K})}$:

$(\mathrm{pk}_0,\mathrm{sk}_0),(\mathrm{pk}_1,\mathrm{sk}_1)\leftarrow \mathrm{KeyGen}(\mathcal{K})$;

$\omega\leftarrow \mathrm{Sim}_1(\mathcal{K})$;

$\mathrm{pk}^*=(\mathrm{pk}_0,\mathrm{pk}_1,\omega)$, $\boxed{\mathrm{sk}^*=\mathrm{sk}_1}$;

$(M_0,M_1)\leftarrow \mathcal{A}^{\mathcal{D}_{\mathrm{sk}^*}(\cdot)}(\mathrm{pk}^*)$;

$r_0,r_1\leftarrow_R\{0,1\}^*$;

$\mathrm{CT}_0=\mathcal{E}_{\mathrm{pk}_0}(M_0;r_0)$, $\mathrm{CT}_1=\mathcal{E}_{\mathrm{pk}_1}(M_1;r_1)$;

$\pi\leftarrow \mathrm{Sim}_2((\mathrm{CT}_0,\mathrm{CT}_1))$;

$\beta\leftarrow \mathcal{A}(\mathrm{pk}^*,\mathrm{CT}_0,\mathrm{CT}_1,\pi)$

如果 $\beta=0$，返回 1；否则返回 0.

断言 2-4　对任意多项式时间敌手，$|\Pr[\mathrm{Exp}_3(\mathcal{K})=1]-\Pr[\mathrm{Exp}_2(\mathcal{K})=1]|$ 是可忽略的。

证明：在敌手看来，仅当 Fake 发生时，Exp_3 与 Exp_2 产生差异。这是因为当 CT_0 和 CT_1 对应的明文一样时，用 sk_0 或者 sk_1 解密没有差别。不难看出 $\Pr_{\mathrm{Exp}_2}[\mathrm{Fake}]=\Pr_{\mathrm{Exp}_3}[\mathrm{Fake}]$。由断言 2-3，在 Exp_3 与 Exp_2 中，Fake 发生的概率都是可忽略的，所以断言 2-4 成立。

（断言 2-4 证毕）

下面构造 Exp_4，将 Exp_3 中的 CT_0 换成 M_1 的密文。其余部分与 Exp_3 相同。

$\underline{\mathrm{Exp}_4(\mathcal{K})}$:

$(\mathrm{pk}_0,\mathrm{sk}_0),(\mathrm{pk}_1,\mathrm{sk}_1)\leftarrow \mathrm{KeyGen}(\mathcal{K})$;

$\omega\leftarrow_R \mathrm{Sim}_1(\mathcal{K})$;

$\mathrm{pk}^*=(\mathrm{pk}_0,\mathrm{pk}_1,\omega)$, $\mathrm{sk}^*=\mathrm{sk}_1$;

$(M_0,M_1)\leftarrow \mathcal{A}^{\mathcal{D}_{\mathrm{sk}^*}(\cdot)}(\mathrm{pk}^*)$;

$r_0,r_1\leftarrow_R\{0,1\}^{\mathrm{poly}(\mathcal{K})}$;

$\boxed{\mathrm{CT}_0=\mathcal{E}_{\mathrm{pk}_0}(M_1;r_0)}$, $\mathrm{CT}_1=\mathcal{E}_{\mathrm{pk}_1}(M_1;r_1)$;

$\pi\leftarrow \mathrm{Sim}_2((\mathrm{CT}_0,\mathrm{CT}_1))$;

$\beta\leftarrow \mathcal{A}(\mathrm{CT}_0,\mathrm{CT}_1,\pi)$;

如果 $\beta=1$，返回 1；否则返回 0.

断言 2-5　对任意多项式时间敌手，$|\Pr[\mathrm{Exp}_4(\mathcal{K})=1]-\Pr[\mathrm{Exp}_3(\mathcal{K})=1]|$ 是可忽略的。

证明：证明方法与断言 2-2 类似。假设存在一个多项式时间敌手 $\mathcal{A}$，使得 $|\Pr[\mathrm{Exp}_4(\mathcal{K})=1]-\Pr[\mathrm{Exp}_3(\mathcal{K})=1]|$ 不可忽略，那么就可以构造一个敌手 $\mathcal{B}(\mathrm{pk}_0)$ 攻破加密方案 Π 的 IND-CPA 安全性，矛盾。

$\underline{\mathcal{B}(\mathrm{pk}_0)}$:

$(\mathrm{pk}_1,\mathrm{sk}_1)\leftarrow \mathrm{KeyGen}(\mathcal{K})$;

$\omega\leftarrow \mathrm{Sim}_1(\mathcal{K})$;

$\mathrm{pk}^*=(\mathrm{pk}_0,\mathrm{pk}_1,r)$, $\mathrm{sk}^*=\mathrm{sk}_1$;

$(M_0, M_1) \leftarrow \mathcal{A}^{\mathcal{D}_{sk^*}(\cdot)}(pk^*)$;

$\beta \leftarrow_R \{0,1\}$; $\boxed{CT_0 = \mathcal{E}_{pk_0}(M_\beta)}$;

$CT_1 = \mathcal{E}_{pk_1}(M_1)$;

$\pi \leftarrow Sim_2((CT_0, CT_1))$;

$\beta' \leftarrow \mathcal{A}(CT_0, CT_1, \pi)$;

如果 $\beta' = \beta$,返回 1;否则返回 0.

因为$\mathcal{A}$是 PPT 的,所以$\mathcal{B}$也是 PPT 的。(pk_1, sk_1)是$\mathcal{B}$自己产生的且 $sk^* = sk_1$,所以$\mathcal{B}$可以模拟$\mathcal{A}$的解密谕言机$\mathcal{D}_{sk^*}(\cdot)$。如果 $CT_0 = \mathcal{E}_{pk_0}(M_0)$,上述过程就和$Exp_3$ 一样,如果 $CT_0 = \mathcal{E}_{pk_0}(M_1)$,上述过程就和$Exp_4$ 一样。所以$|Pr[Exp_4(\mathcal{K})=1] - Pr[Exp_3(\mathcal{K})=1]|$就是$\mathcal{B}$区分 $CT_0 = \mathcal{E}_{pk_0}(M_0)$和 $CT_0 = \mathcal{E}_{pk_0}(M_1)$的优势。由于加密方案 Π 的语义安全性,这个优势是可忽略的。

(断言 2-5 证毕)

在构造Exp_5 时,将Exp_4 中的解密谕言机由使用 sk_1 改为使用 sk_0,其余部分与Exp_4相同。

断言 2-6 对任意多项式时间敌手,$|Pr[Exp_5(\mathcal{K})=1] - Pr[Exp_4(\mathcal{K})=1]|$是可忽略的。

证明方法与断言 2-4 相同。

然后再构造Exp_6,把模拟的证明换回真实的证明。这样Exp_6 就是敌手获得 M_1 的密文的真实游戏。

$\underline{Exp_6(\mathcal{K})}$:

$(pk_0, sk_0), (pk_1, sk_1) \leftarrow KeyGen(\mathcal{K})$;

$\boxed{\omega \leftarrow_R \{0,1\}^{poly(\mathcal{K})}}$;

$pk^* = (pk_0, pk_1, \sigma), sk^* = sk_0$;

$(M_0, M_1) \leftarrow \mathcal{A}^{\mathcal{D}_{sk^*}(\cdot)}(pk^*)$;

$r_0, r_1 \leftarrow_R \{0,1\}^{poly(\mathcal{K})}$;

$CT_0 = \mathcal{E}_{pk_0}(M_1; r_0), CT_1 = \mathcal{E}_{pk_1}(M_1; r_1)$;

$\boxed{\pi \leftarrow \mathcal{P}(\omega, (CT_0, CT_1), (r_0, r_1))}$;

$\beta \leftarrow \mathcal{A}(CT_0, CT_1, \pi)$;

如果 $\beta = 1$,返回 1;否则返回 0.

断言 2-7 对任意多项式时间敌手,$|Pr[Exp_6(\mathcal{K})=1] - Pr[Exp_5(\mathcal{K})=1]|$是可忽略的。

证明:与断言 2-1 的证明类似,如果存在一个敌手能够区分这两个游戏,那么就能构造另一个敌手区分真实和模拟的证明,和证明系统的零知识性矛盾。

(断言 2-7 证毕)

从以上一系列断言,就可以得出结论$|Pr[Exp_6(\mathcal{K})=1] - Pr[Exp_0(\mathcal{K})=1]|$是可忽略的,然而$Exp_0$ 就是使用 $\Pi^* = (KeyGen^*, \mathcal{E}^*, \mathcal{D}^*)$加密 M_0,而Exp_6 就是使用 $\Pi^* = (KeyGen^*, \mathcal{E}^*, \mathcal{D}^*)$加密 M_1,这样就证明了用 $\Pi^* = (KeyGen^*, \mathcal{E}^*, \mathcal{D}^*)$加密 M_0 还是

加密 M_1 是不可区分的。

（定理 2-4 证毕）

2.3 公钥加密方案在适应性选择密文攻击下的不可区分性

1991 年 Dolev、Dwork、Naor[4] 以及 Sahai[5] 提出了适应性选择密文攻击（Adaptive Chosen Ciphertext Attack，CCA2）的概念，其中敌手获得目标密文后，可以向网络中注入消息（可以和目标密文相关），然后通过和网络中的用户交互，获得与目标密文相应的明文的部分信息。

公钥加密方案在适应性选择密文攻击下的 IND 游戏（称为 IND-CCA2 游戏）如下：

(1) 初始化。挑战者产生系统 Π，敌手获得系统的公开钥。

(2) 训练阶段 1。敌手向挑战者（或解密谕言机）做解密询问（可多项式有界次），即取密文 CT 给挑战者，挑战者解密后，将明文给敌手。

(3) 挑战。敌手输出两个长度相同的消息 M_0 和 M_1，再从挑战者接收 M_β 的密文 C^*，其中随机值 $\beta \leftarrow_R \{0,1\}$。

(4) 训练阶段 2。敌手继续向挑战者（或解密谕言机）做解密询问（可多项式有界次），即取密文 CT 给挑战者（$\mathrm{CT} \neq C^*$），挑战者解密后将明文给敌手。

(5) 猜测。敌手输出 β'，如果 $\beta' = \beta$，则敌手攻击成功。

敌手的优势定义为安全参数$\mathcal{K}$的函数：

$$\mathrm{Adv}_{\Pi,\mathcal{A}}^{\mathrm{CCA2}}(\mathcal{K}) = \left| \Pr[\beta' = \beta] - \frac{1}{2} \right|$$

上述 IND-CCA2 游戏可形式化地描述如下，其中公钥加密方案是三元组 $\Pi = (\mathrm{KeyGen}, \mathcal{E}, \mathcal{D})$。

$\underline{\mathrm{Exp}_{\Pi,\mathcal{A}}^{\mathrm{CCA2}}(\mathcal{K})}$：

$(\mathrm{pk},\mathrm{sk}) \leftarrow \mathrm{KeyGen}(\mathcal{K})$；

$(M_0, M_1) \leftarrow \mathcal{A}^{\mathcal{D}_{\mathrm{sk}}(\cdot)}(\mathrm{pk})$，其中 $|M_0| = |M_1|$；

$\beta \leftarrow_R \{0,1\}, C^* = \mathcal{E}_{\mathrm{pk}}(M_\beta)$；

$\beta' \leftarrow \mathcal{A}^{\mathcal{D}_{\mathrm{sk},\neq C^*}(\cdot)}(\mathrm{pk}, C^*)$；

如果 $\beta' = \beta$，则返回 1；否则返回 0.

其中$\mathcal{D}_{\mathrm{sk},\neq C^*}(\cdot)$表示敌手不能向解密谕言机$\mathcal{D}_{\mathrm{sk}}(\cdot)$询问 C^*。敌手的优势定义为

$$\mathrm{Adv}_{\Pi,\mathcal{A}}^{\mathrm{CCA2}}(\mathcal{K}) = \left| \Pr[\mathrm{Exp}_{\Pi,\mathcal{A}}^{\mathrm{CCA2}}(\mathcal{K}) = 1] - \frac{1}{2} \right|$$

定义 2-7　如果对任何多项式时间的敌手 $\mathcal{A}$，存在一个可忽略的函数 $\epsilon(\mathcal{K})$，使得 $\mathrm{Adv}_{\Pi,\mathcal{A}}^{\mathrm{CCA2}}(\mathcal{K}) \leqslant \epsilon(\mathcal{K})$，那么就称这个加密算法 Π 在适应性选择密文攻击下具有不可区分性，或者称为 IND-CCA2 安全。

在设计抗击主动敌手的密码协议时（如数字签名、认证、密钥交换、多方计算等），

IND-CCA2 安全的密码系统是有力的密码原语①。

现在通过一个反例看看为什么 Noar-Yung 方案不能抵御适应性选择密文攻击。

定理 2-5 对任意 CPA 安全的公钥加密方案 $\Pi=(\text{KeyGen},\mathcal{E},\mathcal{D})$，存在一个适应性安全的非交互式零知识证明系统 $(\mathcal{P}',\mathcal{V}')$，使得按照 Noar-Yung 方式构造出的方案 $\Pi^*=(\text{KeyGen}^*,\mathcal{E}^*,\mathcal{D}^*)$ 不是 IND-CCA2 安全的。

证明：设 $(\mathcal{P},\mathcal{V})$ 是适应性安全的非交互式零知识证明系统。定义一个新的证明系统 $(\mathcal{P}',\mathcal{V}')$ 如下：

$$\underline{\mathcal{P}'(\omega,(\text{CT}_0,\text{CT}_1),(r_0,r_1))}:$$

输出 $\mathcal{P}(\omega,(\text{CT}_0,\text{CT}_1),(r_0,r_1))\,|\,0$.

$$\underline{\mathcal{V}'(\omega,(\text{CT}_0,\text{CT}_1),\pi\mid b)}:$$

输出 $\mathcal{V}(\omega,(\text{CT}_0,\text{CT}_1),\pi)$.

在 $\mathcal{P}'$ 中引入一个多余的比特，$\mathcal{V}'$ 回答的时候可以无视这个比特，按原来的方式回答。容易证明 $(\mathcal{P}',\mathcal{V}')$ 也是一个适应性安全的非交互式零知识证明系统。然而，如果使用这样一个证明系统去构造 Noar-Yung 方案，那么就可以构造一个敌手 $\mathcal{A}$ 以如下方式适应性选择密文攻破加密方案：

$\underline{\mathcal{A}(\text{pk})}$：

$(M_0,M_1)\leftarrow\mathcal{A}(\text{pk})$；

得到 $(\text{CT}_0,\text{CT}_1,\pi|0)$；

向 $\mathcal{D}_{\text{sk}}(\cdot)$ 询问 $(\text{CT}_0,\text{CT}_1,\pi\mid 1)$；

得到并返回 M_β.

上面的攻击中，敌手仅仅修改挑战密文的最后一个比特，然后将其提交给解密谕言机，就可以得到对应的真正明文，所以 Noar-Yung 方案并不是 CCA2 安全的。

（定理 2-5 证毕）

分析 Noar-Yung 方案的安全性证明，寻找哪里出了问题，我们会发现 $\Pr_{\text{Exp}_2}[\text{Fake}]$ 不再是可忽略的了。这是因为如果敌手得到了一个伪造的证明（比如 $(\text{CT}_0,\text{CT}_1,\pi|0)$），他只需修改一个比特就可以得到另一个伪造证明 $(\text{CT}_0,\text{CT}_1,\pi|1)$。

为了解决这个问题，需要构造一个具有更强性质的证明系统，使得敌手即使得到一个伪造的证明，也不能构造另一个伪造的证明，用一次性强签名方案可以实现这样的证明系统。

定义 2-8 一个签名方案（在某一消息空间 $\mathcal{M}$）是一个多项式时间算法的三元组 (SigGen, Sign, Vrfy)：

(1) 密钥生成(SigGen)。一个随机化算法，输入为安全参数 $\mathcal{K}$，输出密钥对 (vk, sk)，其中 sk 是签名密钥，vk 是验证密钥。

(2) 签名(Sign)。一个随机化算法，输入签名密钥 sk 和要签名的消息 $M\in\mathcal{M}$，输出一个签名 σ（表示为 $\sigma=\text{Sign}_{\text{sk}}(M)$）。

(3) 验证(Vrfy)。一个确定性算法，输入验证密钥 vk、签名的消息 $M\in\mathcal{M}$ 和签名 σ，

---

① 原语是指由若干条指令组成的，用于完成一定功能的一个过程。

输出 1 或 0(1 表示签名有效,0 表示无效)。

定义 2-9　一个签名方案(SigGen,Sign,Vrfy)称为一次性强签名方案,如果对任何多项式有界时间的敌手$\mathcal{A}$在以下试验中的优势是可忽略的:

$\underline{\mathrm{Exp}_{\mathrm{Sig},\mathcal{A}}^{\mathrm{OTS}}(\mathcal{K})}$

$(\mathrm{vk},\mathrm{sk}) \leftarrow \mathrm{SigGen}(\mathcal{K})$;

$M \leftarrow \mathcal{A}(\mathrm{vk})$;

$\sigma = \mathrm{Sign}_{\mathrm{sk}}(M)$;

$(M',\sigma') \leftarrow \mathcal{A}(\mathrm{vk},\sigma)$;

如果 $\mathrm{Vrfy}_{\mathrm{vk}}(M',\sigma') = 1 \wedge (M',\sigma') \neq (M,\sigma)$,返回 1;否则返回 0.

敌手的优势定义为

$$\mathrm{Adv}_{\mathrm{Sig},\mathcal{A}}^{\mathrm{OTS}}(\mathcal{K}) = \left|\Pr\left[\mathrm{Exp}_{\mathrm{Sig},\mathcal{A}}^{\mathrm{OTS}}(\mathcal{K}) = 1\right]\right|$$

定义 2-9 意味着敌手已知一个消息-签名对时,不能伪造其他消息的签名。$(M',\sigma') \neq (M,\sigma)$意味着即使 $M'=M$,但 $\sigma' \neq \sigma$,即敌手对同一消息也不能伪造另一签名。

Dolev、Dwork 和 Naor 基于 IND-CPA 安全的加密方案、一次性强签名方案和适应性非交互式零知识证明方案构造了一个能抵御适应性选择密文攻击的通用加密方案(简称为 DDN 方案)[4]。构造方法如下:

设 $\Pi=(\mathrm{KeyGen},\mathcal{E},\mathcal{D})$是一个 IND-CPA 安全的加密方案,$\Sigma=(\mathcal{P},\mathcal{V})$是一个适应性安全的非交互式零知识证明系统,Sig=(SigGen,Sign,Vrfy)是一次性强签名方案,DDN 方案 $\Pi'=(\mathrm{KeyGen}',\mathcal{E}',\mathcal{D}')$如下:

$\underline{\mathrm{KeyGen}'(\mathcal{K})}$:

for $i = 1$ to $\mathcal{K}$ do $(\mathrm{pk}_{i,0},\mathrm{sk}_{i,0}) \leftarrow \mathrm{KeyGen}(\mathcal{K})$, $(\mathrm{pk}_{i,1},\mathrm{sk}_{i,1}) \leftarrow \mathrm{KeyGen}(\mathcal{K})$;

$\omega \leftarrow_R \{0,1\}^{\mathrm{poly}(\mathcal{K})}$;

输出 $\mathrm{pk}^* = \left(\begin{bmatrix}\mathrm{pk}_{1,0}\,\mathrm{pk}_{2,0}\cdots\mathrm{pk}_{\mathcal{K},0}\\ \mathrm{pk}_{1,1}\,\mathrm{pk}_{2,1}\cdots\mathrm{pk}_{\mathcal{K},1}\end{bmatrix},\omega\right)$, $\mathrm{sk}^* = \begin{bmatrix}\mathrm{sk}_{1,0}\,\mathrm{sk}_{2,0}\cdots\mathrm{sk}_{\mathcal{K},0}\\ \mathrm{sk}_{1,1}\,\mathrm{sk}_{2,1}\cdots\mathrm{sk}_{\mathcal{K},1}\end{bmatrix}$.

$\underline{\mathcal{E}'_{\mathrm{pk}^*}(M)}$:

$(\mathrm{vk},\mathrm{sk}) \leftarrow \mathrm{SigGen}(\mathcal{K})$;

将 vk 视为$\mathcal{K}$比特长的串,即 $\mathrm{vk} = \mathrm{vk}_1 | \mathrm{vk}_2 | \cdots \mathrm{vk}_{\mathcal{K}}$;

for $i = 1$ to $\mathcal{K}$ do $r_i \leftarrow_R \{0,1\}^{\mathrm{poly}(\mathcal{K})}$, $\mathrm{CT}_i \leftarrow \mathcal{E}_{\mathrm{pk}_{i,\mathrm{vk}_i}}(M;r_i)$;

$\pi \leftarrow \mathcal{P}(\omega,\vec{C},(M,\vec{r}))$;

$\sigma = \mathrm{Sign}_{\mathrm{sk}}(\vec{C} \mid \pi)$;

输出$(\mathrm{vk},\vec{C},\pi,\sigma)$.

其中 $\vec{C}$ 是所有密文 $\mathrm{CT}_i(i=1,2,\cdots,\mathcal{K})$构成的向量,$\vec{r}$ 是 $r_i(i=1,2,\cdots,\mathcal{K})$构成的向量,$\pi$ 是所有密文是对同一明文加密的证明。

$\underline{\mathcal{D}'_{\mathrm{sk}^*}(\mathrm{vk},\vec{C},\pi,\sigma)}$:

如果 $\mathrm{Vrfy}_{\mathrm{vk}}(\vec{C} \mid \pi,\sigma) = 0$,返回 $\perp$;

如果$\mathcal{V}(\omega,\vec{C},\pi)=0$,返回 $\perp$;

返回$\mathcal{D}_{\mathrm{sk}_{1,\mathrm{vk}_1}}(\mathrm{CT}_1)$.

对 Noar-Yung 方案的攻击对这种构造无效,因为需要攻击者伪造一个签名。下面是正式证明。

定理 2-6 设$\Pi=(\mathrm{KeyGen},\mathcal{E},\mathcal{D})$是 IND-CPA 安全的加密方案,$\Sigma=(\mathcal{P},\mathcal{V})$是适应性安全的非交互式零知识证明系统,Sig=(SigGen,Sign,Vrfy)是一次性强签名方案,则 DDN 方案$\Pi'=(\mathrm{KeyGen}',\mathcal{E}',\mathcal{D}')$是 IND-CCA2 安全的。

证明:设$\mathcal{A}$是任意一个多项式时间敌手,可适应性地访问解密谕言机。和定理 2-4 的证明一样,我们构造一系列游戏,第一个游戏对 M_0 加密,最后一个游戏对 M_1 加密,敌手区分中间相邻两个游戏的概率是可忽略的,最后由传递性就可得敌手不能区分第一个游戏和最后一个游戏。

Exp_0 是在真实情况下对 M_0 的加密:

$\underline{\mathrm{Exp}_0(\mathcal{K})}$:

$\underline{\text{第 1 阶段}}$

$\{(\mathrm{pk}_{i,b},\mathrm{sk}_{i,b})\}\leftarrow\mathrm{KeyGen}(\mathcal{K})(i=1,2,\cdots,\mathcal{K};b=0,1)$;

$\omega\leftarrow_R\{0,1\}^{\mathrm{poly}(\mathcal{K})}$;

$(\mathrm{pk}^*,\mathrm{sk}^*)=((\{\mathrm{pk}_{i,b}\},\omega),\{\mathrm{sk}_{i,b}\})$;

$(M_0,M_1)\leftarrow\mathcal{A}^{\mathcal{D}_{\mathrm{sk}^*}(\cdot)}(\mathrm{pk}^*)$.

$\underline{\text{第 2 阶段}}$

$(\mathrm{vk},\mathrm{sk})\leftarrow\mathrm{SigGen}(\mathcal{K})$;

$r_i\leftarrow_R\{0,1\}^{\mathrm{poly}(\mathcal{K})}(i=1,2,\cdots,\mathcal{K})$(从现在起,这一步不再显式给出);

$\mathrm{CT}_i=\mathcal{E}_{\mathrm{pk}_{i,\mathrm{vk}_i}}(M_0;r_i)(i=1,2,\cdots,\mathcal{K})$;

$\pi\leftarrow\mathcal{P}(\omega,\vec{C},(M_0,\vec{r}))$;

$\sigma=\mathrm{Sign}_{\mathrm{sk}}(\vec{C}\mid\pi)$;

$\beta^*\leftarrow\mathcal{A}^{\mathcal{D}_{\mathrm{sk}^*}(\cdot)}(\mathrm{pk}^*,\mathrm{vk},\vec{C},\pi,\sigma)$;

如果 $\beta^*=0$,返回 1;否则返回 0.

然后,把Exp_0 中的 ω 换成由模拟器 Sim_1 产生,π 换成由模拟器 Sim_2 产生(不使用任何证据),得到Exp_1。

$\underline{\mathrm{Exp}_1(\mathcal{K})}$:

$\underline{\text{第 1 阶段}}$

$\{(\mathrm{pk}_{i,b},\mathrm{sk}_{i,b})\}\leftarrow\mathrm{KeyGen}(\mathcal{K})(i=1,2,\cdots,\mathcal{K};b=0,1)$;

$\omega\leftarrow\boxed{\mathrm{Sim}_1(\mathcal{K})}$;

$(\mathrm{pk}^*,\mathrm{sk}^*)=((\{\mathrm{pk}_{i,b}\},\omega),\{\mathrm{sk}_{i,b}\})$;

$(M_0,M_1)=\mathcal{A}^{\mathcal{D}_{\mathrm{sk}^*}(\cdot)}(\mathrm{pk}^*)$.

$\underline{\text{第 2 阶段}}$

$(\mathrm{vk},\mathrm{sk})\leftarrow\mathrm{SigGen}(\mathcal{K})$;

$$\mathrm{CT}_i = \mathcal{E}_{\mathrm{pk}_{i,\mathrm{vk}_i}}(M_0; r_i)\ (i = 1,2,\cdots,\mathcal{K});$$

$$\pi \leftarrow \boxed{\mathrm{Sim}_2(\vec{C})};$$

$$\sigma = \mathrm{Sign}_{\mathrm{sk}}(\vec{C} \mid \pi);$$

$$\beta^* \leftarrow \mathcal{A}^{\mathcal{D}_{\mathrm{sk}^*}(\cdot)}(\mathrm{pk}^*, \mathrm{vk}, \vec{C}, \pi, \sigma);$$

如果 $\beta^* = 0$，返回 1；否则返回 0.

断言 2-8　对任意多项式时间敌手，$|\Pr[\mathrm{Exp}_1(\mathcal{K})=1] - \Pr[\mathrm{Exp}_0(\mathcal{K})=1]|$ 是可忽略的。

证明：如果上述概率不可忽略，就可以用$\mathcal{A}$构造另一个敌手$\mathcal{B}$区分真实的证明和模拟的证明。$\mathcal{B}$的构造如下，其输入 ω 或者是真实的随机串，或者是由 Sim_1 产生的。

$\underline{\mathcal{B}(\omega)}$:

$\{(\mathrm{pk}_{i,b}, \mathrm{sk}_{i,b})\} \leftarrow \mathrm{KeyGen}(\mathcal{K})\ (i = 1,2,\cdots,\mathcal{K}; b = 0,1)$;

$\mathrm{pk}^* = (\{\mathrm{pk}_{i,b}\}, \omega)$;

$(M_0, M_1) \leftarrow \mathcal{A}(\mathrm{pk}^*)$;

$(\mathrm{vk}, \mathrm{sk}) \leftarrow \mathrm{SigGen}(\mathcal{K})$;

$\mathrm{CT}_i = \mathcal{E}_{\mathrm{pk}_{i,\mathrm{vk}_i}}(M_0; r_i)\ (i = 1,2,\cdots,\mathcal{K})$;

输出$(\vec{C}, \vec{r})$；

得到 π；　//π 或者是真实的证明，或者是模拟的证明

$\sigma = \mathrm{Sign}_{\mathrm{sk}}(\vec{C} \mid \pi)$;

$\beta^* \leftarrow \mathcal{A}^{\mathcal{D}_{\mathrm{sk}^*}(\cdot)}(\mathrm{pk}^*, \mathrm{vk}, \vec{C}, \pi, \sigma)$;

如果 $\beta^* = 0$，返回 1；否则返回 0.

注意$\mathcal{B}$能够模拟解密谕言机，因为它有所需要的秘密钥。如果(ω,π)是真实的，$\mathcal{A}$所处的环境就是Exp_0，所以 $\Pr[\mathcal{B}(\omega)=1]=\Pr[\mathrm{Exp}_0(\mathcal{K})=1]$。如果$(\omega,\pi)$是模拟的，$\mathcal{A}$所处的环境就是$\mathrm{Exp}_1$，此时 $\Pr[\mathcal{B}(\omega)=1]=\Pr[\mathrm{Exp}_1(\mathcal{K})=1]$。由 Σ 的零知识性，$\mathcal{A}$区分两种场景的概率是可忽略的，所以必有 $|\Pr[\mathrm{Exp}_1(\mathcal{K})=1]-\Pr[\mathrm{Exp}_0(\mathcal{K})=1]|$ 是可忽略的。

（断言 2-8 证毕）

下面构造$\mathrm{Exp}_{1'}$，它与Exp_1 唯一的不同在于，如果$\mathcal{A}$在解密询问中使用了挑战密文中的验证密钥 vk，则返回$\perp$。必有 $|\Pr[\mathrm{Exp}_{1'}(\mathcal{K})=1]-\Pr[\mathrm{Exp}_1(\mathcal{K})=1]|$ 是可忽略的，因为仅当敌手能成功伪造 vk 的一个新签名时，这两个游戏才出现差别。但由签名方案的安全性可知，这个事件发生的概率是可忽略的。

下面构造$\mathrm{Exp}_{1''}$，它与$\mathrm{Exp}_{1'}$ 唯一的不同在于，不再使用 $\mathrm{sk}_{1,\mathrm{vk}'_1}$ 去解密密文$(\mathrm{vk}', \vec{C}', \pi', \sigma')$（即对这个密文回答解密谕言机询问），而使用 vk 和 vk′第一个不同的比特位（设为第 i 位）对应的秘密钥 $\mathrm{sk}_{i,\mathrm{vk}'_i}$ 来解密。也就是说，解密谕言机现在如下回复：

$$D'_{\mathrm{sk}^*}(\mathrm{vk}', \vec{C}', \pi', \sigma') = \begin{cases} \perp, & \text{如果 } \mathrm{vk}' = \mathrm{vk} \\ \perp, & \text{如果 } \mathrm{Vrfy}_{\mathrm{vk}'}(\vec{C}' \mid \pi', \sigma') = 0 \text{ 或 } \mathcal{V}(\omega, \vec{C}', \pi') = 0 \\ \mathcal{D}_{\mathrm{sk}_{i,\mathrm{vk}'_i}}(\mathrm{CT}'_i), & \text{其他} \end{cases}$$

断言 2-9 对任意多项式时间敌手，$|\Pr[\mathrm{Exp}_{1''}(\mathcal{K})=1]-\Pr[\mathrm{Exp}_{1'}(\mathcal{K})=1]|$是可忽略的。

证明：如果解密询问的密文向量中的密文对应的明文是一样的，那么使用哪个秘密钥去解密并不影响模拟。$\mathrm{Exp}_{1''}$与$\mathrm{Exp}_{1'}$产生差别，仅当敌手询问一个密文向量$\vec{C}'$，$\vec{C}'$中不同的密文解密到不同的明文。所以区分$\mathrm{Exp}_{1''}$与$\mathrm{Exp}_{1'}$的方式，就是看是否有一个解密询问的密文向量，其中存在CT'_i和CT'_j对应的明文不同，但是证明是有效的(即$\mathcal{V}(\omega,\vec{C}',\pi')=1$)。下面证明这个事件发生的概率是可忽略的。

设 Fake 表示$\mathcal{A}$发起一个解密询问$(\mathrm{vk}',\vec{C}',\pi',\sigma')$，其中$\pi'$是一个有效的证明且存在$i$、$j$使得$\mathcal{D}_{\mathrm{sk}_{i,\mathrm{vk}'_i}}(\mathrm{CT}_i)\neq\mathcal{D}_{\mathrm{sk}_{j,\mathrm{vk}'_j}}(\mathrm{CT}_j)$。注意$\Pr_{1''}[\mathrm{Fake}]=\Pr_{1'}[\mathrm{Fake}]$(因为在 Fake 发生以前，$\mathrm{Exp}_{1''}$与$\mathrm{Exp}_{1'}$没有差别)。$|\Pr_{1'}[\mathrm{Fake}]-\Pr_1[\mathrm{Fake}]|$是可忽略的，因为仅当敌手能使用 vk 伪造一个签名时，$\mathrm{Exp}_{1'}$与Exp_1才产生差别。又知$|\Pr_1[\mathrm{Fake}]-\Pr_0[\mathrm{Fake}]|$是可忽略的，否则类似于断言 2-8，我们就可以构造一个敌手区分真实证明和模拟的证明。最后，由于证明系统的可靠性，$\Pr_0[\mathrm{Fake}]$是可忽略的。这样就得到$\Pr_{1''}[\mathrm{Fake}]$是可忽略的，断言得证。

(断言 2-9 证毕)

下面构造Exp_2，它与$\mathrm{Exp}_{1''}$的不同在于挑战密文换成对M_1的加密，即$\mathrm{CT}_i=\mathcal{E}_{\mathrm{pk}_{i,\mathrm{vk}_i}}(M_1;r_i)(i=1,2,\cdots,\mathcal{K})$。

断言 2-10 对任意多项式时间的敌手，$|\Pr[\mathrm{Exp}_2(\mathcal{K})=1]-\Pr[\mathrm{Exp}_{1''}(\mathcal{K})=1]|$是可忽略的。

证明：如果$\mathcal{A}$可以区分这两个游戏，就可以构造一个$\mathcal{B}$来攻破加密方案$\Pi=(\mathrm{KeyGen},\mathcal{E},\mathcal{D})$的 IND-CPA 安全性。实际上，这时是同时攻击Π的$\mathcal{K}$个实例。由计算上不可区分的混合论证可知，Π的一个实例是 IND-CPA 安全的，则多项式数目个实例也是 IND-CPA 安全的。

$\mathcal{B}$构造如下：

$\underline{\mathcal{B}(\mathrm{pk}_1,\mathrm{pk}_2,\cdots,\mathrm{pk}_{\mathcal{K}})}$:

$(\mathrm{vk},\mathrm{sk})\leftarrow\mathrm{SigGen}(\mathcal{K})$;

$\{(\mathrm{pk}_i,\mathrm{sk}_i)\}\leftarrow\mathrm{KeyGen}(\mathcal{K})\ (i=1,2,\cdots,\mathcal{K})$;

$r\leftarrow\mathrm{Sim}_1(\mathcal{K})$;

$\mathrm{pk}^*=(\{\mathrm{pk}_{i,\beta}\},r)$，其中 $\mathrm{pk}_{i,\beta}=\begin{cases}\mathrm{pk}_i, & \text{如果 }\beta=\mathrm{vk}_i\\ \mathrm{pk}'_i, & \text{否则}\end{cases}$;

$(M_0,M_1)\leftarrow\mathcal{A}^{\mathcal{D}^*(\cdot)}(\mathrm{pk}^*)$;

输出(M_0,M_1)，得到$\vec{C}$;

$\pi\leftarrow\mathrm{Sim}_2(\vec{C})$;

$\sigma=\mathrm{Sign}_{\mathrm{sk}}(\vec{C}\mid\pi)$;

$\beta^*\leftarrow\mathcal{A}^{\mathcal{D}^*(\cdot)}(\mathrm{vk},\vec{C},\pi,\sigma)$;

返回β^*.

注意，$\mathcal{B}$可以模拟解密谕言机$\mathcal{D}^*$：$\mathcal{A}$发起一个解密询问$(vk',\vec{C}',\pi',\sigma')$，如果$vk'=vk$，$\mathcal{B}$就回复$\perp$；如果$vk'\neq vk$，那么存在比特位$i$，使得$vk'_i\neq vk_i$，$\mathcal{B}$就可以使用$sk_{i,vk'_i}$解密。注意，在构造的时候，$\mathcal{B}$事实上知道一半的秘密钥，即构造$pk_{i,\beta}$时，若$\beta\neq vk_i$，$pk_{i,\beta}=pk'_i$对应的秘密钥$sk'_i$是$\mathcal{B}$已知的。

如果$\vec{C}$是M_1的密文，$\mathcal{A}$所处的环境就是Exp_2。如果$\vec{C}$是M_0的密文，$\mathcal{A}$所处的环境就是$\mathrm{Exp}_{1''}$。所以，如果$\mathcal{A}$可以区分Exp_2和$\mathrm{Exp}_{1''}$，$\mathcal{B}$就可以攻破Π的 IND-CPA 安全性。

（断言 2-10 证毕）

设Exp_3是在真实情况下对M_1的加密，与以上断言顺序反向推理，略过中间步骤，可以得到以下断言。

断言 2-11　对任意多项式时间敌手，$|\Pr[\mathrm{Exp}_3(\mathcal{K})=1]-\Pr[\mathrm{Exp}_2(\mathcal{K})=1]|$是可忽略的。

证明：证明过程类似于Exp_1、$\mathrm{Exp}_{1'}$及$\mathrm{Exp}_{1''}$。具体地说，首先返回到使用$sk_{1,0}$或者$sk_{1,1}$的解密，然后返回到解密（即使$vk'=vk$），再把证明从模拟的换回真实的，因为这些游戏相邻的两个都不可区分，可得断言 2-11。

（断言 2-11 证毕）

由以上所有断言，使用不可区分的传递性，可得$|\Pr[\mathrm{Exp}_3(\mathcal{K})=1]-\Pr[\mathrm{Exp}_0(\mathcal{K})=1]|$是可忽略的。

（定理 2-6 证毕）

下面给出一个单向函数的定义。

定义 2-10　如果函数$f:\{0,1\}^*\to\{0,1\}^*$满足以下条件，则称之为单向函数：

(1) $f(x)$是关于$|x|$多项式时间可计算的。

(2) 对所有的多项式时间敌手$\mathcal{A}$，以下概率是可忽略的：

$$\Pr[x\leftarrow\{0,1\}^{\mathcal{K}};y=f(x);x'\leftarrow\mathcal{A}(y)\text{ 满足 }f(x')=y]$$

因为存在语义安全（即 CPA 安全的）的加密方案意味着单向函数存在，而单向函数存在意味着一次性强签名方案存在，就可以用下面两个定理把本章结果重新串联一遍：

定理 2-7　如果存在语义安全的公钥加密方案和适应性安全的零知识证明系统，那么存在 CCA2 安全的加密方案。

定理 2-8　如果存在陷门置换，那么存在适应性安全的零知识证明系统。

推论　如果存在陷门置换，那么存在 CCA2 安全的加密方案。

第 2 章参考文献

[1] S Goldwasser, S Micali. Probabilistic Encryption. Journal of Computer and System Sciences, 1984, 28: 270-299.

[2] O Goldreich, L Levin. A Hard-Core Predicate for All One-Way Functions. Proc. 21st Ann. ACM Symp. on Theory of Computing, 1989: 25-32.

[3] M Naor, M Yung. Public-Key Cryptosystems Provably Secure Against Chosen Ciphertext Attacks. In Proceedings of the ACM Symposium on the Theory of Computing, 1990: 427-437.
[4] D Dolev, C Dwork, M Naor. Non-Malleable Cryptography. Proceedings of the 23 annual ACM Symposium on Theory of Computing, 1991: 542-552.
[5] A Sahai. Non-Malleable Non-Interactive Zero Knowledge and Adaptive Chosen Ciphertext Security. FOCS 1999: 543-553.

第3章 几类语义安全的公钥密码体制

3.1 语义安全的 RSA 加密方案

3.1.1 RSA 加密算法

RSA 算法是 1978 年由 Rivest、Shamir 和 Adleman 提出的一种用数论构造的，也是迄今理论上最为成熟完善的公钥密码体制，该体制已得到广泛的应用。它作为陷门置换在 1.3.1 节中有过介绍，下面是算法的详细描述。

设 GenPrime 是大素数产生算法。

密钥产生过程：

$\underline{\text{GenRSA}(\mathcal{K})}$：

$p,q \leftarrow \text{GenPrime}(\mathcal{K})$；

$n=pq, \varphi(n)=(p-1)(q-1)$；

选 e，满足 $1<e<\varphi(n)$ 且 $(\varphi(n),e)=1$；

计算 d，满足 $d \cdot e \equiv 1 \bmod \varphi(n)$

$\text{pk}=(n,e), \text{sk}=(n,d)$.

加密（其中 $|M|<\log_2 n$）：

$\underline{\mathcal{E}_{\text{pk}}(M)}$：

$\text{CT}=M^e \bmod n$.

解密：

$\underline{\mathcal{D}_{\text{sk}}(\text{CT})}$：

$M=\text{CT}^d \bmod n$.

下面证明 RSA 算法中解密过程的正确性。

证明：由加密过程知 $\text{CT}\equiv M^e \bmod n$，所以

$$\text{CT}^d \bmod n \equiv M^{ed} \bmod n \equiv M^{k\varphi(n)+1} \bmod n$$

下面分两种情况：

(1) M 与 n 互素。由欧拉定理：

$$M^{\varphi(n)} \equiv 1 \bmod n, \quad M^{k\varphi(n)} \equiv 1 \bmod n, \quad M^{k\varphi(n)+1} \equiv M \bmod n$$

即 $\text{CT}^d \bmod n \equiv M$。

(2) $(M,n)\neq 1$。先看$(M,n)=1$的含义，由于$n=pq$，所以$(M,n)=1$意味着M不是p的倍数也不是q的倍数。因此$(M,n)\neq 1$意味着M是p的倍数或q的倍数，不妨设$M=tp$，其中t为正整数。此时必有$(M,q)=1$，否则M也是q的倍数，从而是pq的倍数，与$M<n=pq$矛盾。

由$(M,q)=1$及欧拉定理得$M^{\varphi(q)}\equiv 1 \bmod q$，所以$M^{k\varphi(q)}\equiv 1 \bmod q$，$[M^{k\varphi(q)}]^{\varphi(p)}\equiv 1 \bmod q$，$M^{k\varphi(n)}\equiv 1 \bmod q$，因此存在一个整数$r$，使得$M^{k\varphi(n)}=1+rq$，两边同乘以$M=tp$得$M^{k\varphi(n)+1}=M+rtpq=M+rtn$，即$M^{k\varphi(n)+1}\equiv M \bmod n$，所以$\mathrm{CT}^d \bmod n\equiv M$。

（证毕）

如果消息M是$\mathbb{Z}_n^*$中均匀随机的，用公开钥(n,e)对M加密，则敌手不能恢复M。然而如果敌手发起选择密文攻击，以上性质不再成立。比如敌手截获密文$\mathrm{CT}\equiv M^e \bmod n$后，选择随机数$r\leftarrow_R \mathbb{Z}_n^*$，计算密文$\mathrm{CT}'\equiv r^e\cdot \mathrm{CT} \bmod n$，将$\mathrm{CT}'$给挑战者，获得$\mathrm{CT}'$的明文$M'$后，可由$M\equiv M'r^{-1} \bmod n$恢复$M$，这是因为

$$M'r^{-1}\equiv(\mathrm{CT}')^d r^{-1}\equiv(r^eM^e)^d r^{-1}\equiv r^{ed}M^{ed}r^{-1}\equiv rMr^{-1}\equiv M \bmod n$$

为使RSA加密方案可抵抗敌手的选择明文攻击和选择密文攻击，需对其加以修改。

3.1.2 RSA问题和RSA假设

RSA问题：已知大整数$n,e,y\in\mathbb{Z}_n^*$，满足$1<e<\varphi(n)$且$(\varphi(n),e)=1$，计算$y^{1/e} \bmod n$。

RSA假定：没有概率多项式时间的算法解决RSA问题。

3.1.3 选择明文安全的RSA加密

设GenRSA是RSA加密方案的密钥产生算法，它的输入为$\mathcal{K}$，输出为模数n(为2个$\mathcal{K}$比特素数的乘积)、整数e、d满足$ed\equiv 1 \bmod \varphi(n)$。又设$H:\{0,1\}^{2\mathcal{K}}\to\{0,1\}^{\ell(\mathcal{K})}$是一个哈希函数，其中$\ell(\mathcal{K})$是一个任意的多项式。

加密方案Π(称为RSA-CPA方案)如下：

(1) 密钥产生过程：

$\underline{\mathrm{KeyGen}(\mathcal{K})}$：
$(n,e,d)\leftarrow \mathrm{GenRSA}(\mathcal{K})$；
$\mathrm{pk}=(n,e)$，$\mathrm{sk}=(n,d)$.

(2) 加密过程(其中$M\in\{0,1\}^{\ell(\mathcal{K})}$)：

$\underline{\mathcal{E}_{\mathrm{pk}}(M)}$：
$r\leftarrow_R \mathbb{Z}_n^*$；
输出$(r^e \bmod n, H(r)\oplus M)$.

(3) 解密过程：

$\underline{\mathcal{D}_{\mathrm{sk}}(C_1,C_2)}$：
$r=C_1^d \bmod n$；
输出$H(r)\oplus C_2$.

解密过程的正确性显然。

在对方案进行安全性分析时，将其中的哈希函数视为随机谕言机。随机谕言机(random oracle)是一个魔盒，对用户(包括敌手)来说，魔盒内部的工作原理及状态都是未知的。用户能够与这个魔盒交互，方式是向魔盒输入一个比特串 x，魔盒输出比特串 y(对用户来说 y 是均匀分布的)。这一过程称为用户向随机谕言机的询问。

因为这种哈希函数工作原理及内部状态是未知的，因此不能用通常的公开哈希函数。在安全性的归约证明中(见图1-7)，敌手$\mathcal{A}$需要哈希函数值时，只能由敌手$\mathcal{B}$为他产生。之所以以这种方式使用哈希函数，是因为$\mathcal{B}$要把欲攻击的困难问题嵌入到哈希函数值中。这种安全性称为随机谕言机模型下的。如果不把哈希函数当作随机谕言机，则安全性称为标准模型下的，如3.2节的Paillier公钥密码系统和3.3节的Cramer-Shoup密码系统。

定理3-1　设 H 是一个随机谕言机，如果与GenRSA相关的RSA问题是困难的，则RSA-CPA方案 Π 是IND-CPA安全的。

具体来说，假设存在一个IND-CPA敌手$\mathcal{A}$以$\epsilon(\mathcal{K})$的优势攻破RSA-CPA方案 Π，那么一定存在一个敌手$\mathcal{B}$至少以

$$\mathrm{Adv}_{\mathcal{B}}^{\mathrm{RSA}}(\mathcal{K})\geqslant 2\,\epsilon(\mathcal{K})$$

的优势解决RSA问题。

证明：Π 的IND-CPA游戏如下。

$\underline{\mathrm{Exp}_{\Pi,\mathcal{A}}^{\mathrm{RSA\text{-}CPA}}(\mathcal{K})}$

$(n,e,d)\leftarrow \mathrm{GenRSA}(\mathcal{K})$;

$\mathrm{pk}=(n,e),\mathrm{sk}=(n,d)$;

$H\leftarrow_R\{H:\{0,1\}^{2\mathcal{K}}\rightarrow\{0,1\}^{\ell(\mathcal{K})}\}$;

$(M_0,M_1)\leftarrow\mathcal{A}^{H(\cdot)}(\mathrm{pk})$，其中$|M_0|=|M_1|=\ell(\mathcal{K})$；

$\beta\leftarrow_R\{0,1\},r\leftarrow_R\mathbb{Z}_n^*,C^*=(r^e \bmod n,H(r)\oplus M_\beta)$;

$\beta'\leftarrow\mathcal{A}^{H(\cdot)}(\mathrm{pk},C^*)$;

如果 $\beta'=\beta$，则返回1；否则返回0.

其中$\{H:\{0,1\}^{2\mathcal{K}}\rightarrow\{0,1\}^{\ell(\mathcal{K})}\}$表示$\{0,1\}^{2\mathcal{K}}$到$\{0,1\}^{\ell(\mathcal{K})}$的哈希函数族，$\mathcal{D}_{\mathrm{sk},\neq C^*}(\cdot)$表示敌手不能对 C^* 访问$\mathcal{D}_{\mathrm{sk}}(\cdot)$。敌手的优势定义为安全参数$\mathcal{K}$的函数：

$$\mathrm{Adv}_{\Pi,\mathcal{A}}^{\mathrm{RSA\text{-}CPA}}(\mathcal{K})=\left|\Pr[\mathrm{Exp}_{\Pi,\mathcal{A}}^{\mathrm{RSA\text{-}CPA}}(\mathcal{K})=1]-\frac{1}{2}\right|$$

下面证明RSA-CPA方案可归约到RSA假设。

敌手$\mathcal{B}$已知$(n,e,\hat{c}_1)$，以$\mathcal{A}$(攻击RSA-CPA方案)作为子程序，进行如下过程(图3-1)，目标是计算$\hat{r}\equiv(\hat{c}_1)^{1/e} \bmod n$。

(1) 选取一个随机串$\hat{h}\leftarrow_R\{0,1\}^{\ell(\mathcal{K})}$，作为对 $H(\hat{r})$ 的猜测值(但是实际上$\mathcal{B}$并不知道 $\hat{r}$)。将公开钥(n,e)给$\mathcal{A}$。

(2) H 询问：$\mathcal{B}$建立一个表 H^{list}(初始为空)，元素类型(x_i,h_i)，$\mathcal{A}$在任何时候都能发出对 H^{list} 的询问，$\mathcal{B}$做如下应答(设询问为 x)：

- 如果 x 已经在 H^{list}，则以(x,h)中的 h 应答。
- 如果 $x^e\equiv\hat{c}_1 \bmod n$，以$\hat{h}$应答，将$(x,\hat{h})$存入表中，并记下$\hat{r}=x$。

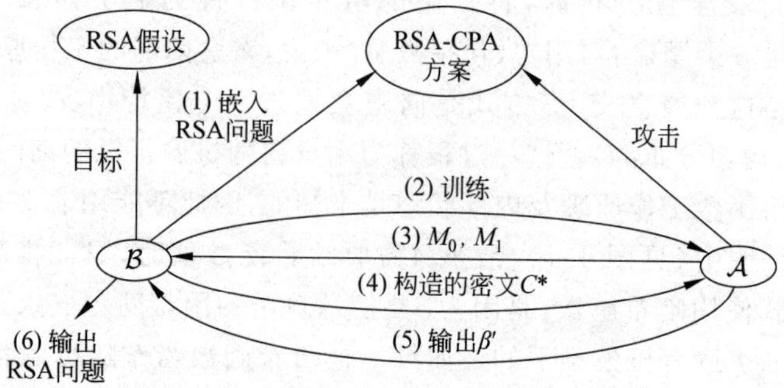

图 3-1　RSA-CPA 方案到 RSA 的归约

• 否则随机选择 $h \leftarrow_R \{0,1\}^{\ell(\mathcal{K})}$，以 h 应答，并将(x,h)存入表中。

(3) 挑战。$\mathcal{A}$输出两个要挑战的消息 M_0 和 M_1，$\mathcal{B}$随机选择 $\beta \leftarrow_R \{0,1\}$，并令$\hat{c}_2=\hat{h}\oplus M_\beta$，将$(\hat{c}_1,\hat{c}_2)$给$\mathcal{A}$作为密文。

(4) 在$\mathcal{A}$执行结束后(在输出其猜测 β'之后)，$\mathcal{B}$输出第(2)步记下的$\hat{r}=x$。

设$\mathcal{H}$表示事件：在模拟中$\mathcal{A}$发出 $H(\hat{r})$询问，即 $H(\hat{r})$出现在 H^{list}中。

断言 3-1　在以上模拟过程中，$\mathcal{B}$的模拟是完备的。

证明：在以上模拟中，$\mathcal{A}$的视图与其在真实攻击中的视图是同分布的。这是因为

(1) $\mathcal{A}$的 H 询问中的每一个都是用随机值来回答的。而在$\mathcal{A}$对 Π 的真实攻击中，$\mathcal{A}$得到的是 H 的函数值，由于假定 H 是随机谕言机，所以$\mathcal{A}$得到的 H 的函数值是均匀的。

(2) 对$\mathcal{A}$来说，$\hat{h}\oplus M_\beta$ 为$\hat{h}$对 M_β 做一次一密加密。由$\hat{h}$的随机性，$\hat{h}\oplus M_\beta$ 对$\mathcal{A}$来说是随机的。

所以两种视图不可区分。

(断言 3-1 证毕)

断言 3-2　在上述模拟攻击中 $\Pr[\mathcal{H}]\geqslant 2\epsilon$。

证明：显然有 $\Pr[\mathrm{Exp}_{\Pi,\mathcal{A}}^{\text{RSA-CPA}}(\mathcal{K})=1\mid\neg\mathcal{H}]=\frac{1}{2}$。又由$\mathcal{A}$在真实攻击中的定义知$\mathcal{A}$的优势大于等于$\epsilon$，得$\mathcal{A}$在模拟攻击中的优势也为

$$\left|\Pr[\mathrm{Exp}_{\Pi,\mathcal{A}}^{\text{RSA-CPA}}(\mathcal{K})=1]-\frac{1}{2}\right|\geqslant\epsilon$$

$$\begin{aligned}\Pr[\mathrm{Exp}_{\Pi,\mathcal{A}}^{\text{RSA-CPA}}(\mathcal{K})=1]&=\Pr[\mathrm{Exp}_{\Pi,\mathcal{A}}^{\text{RSA-CPA}}(\mathcal{K})=1\mid\neg\mathcal{H}]\Pr[\neg\mathcal{H}]\\&\quad+\Pr[\mathrm{Exp}_{\Pi,\mathcal{A}}^{\text{RSA-CPA}}(\mathcal{K})=1\mid\mathcal{H}]\Pr[\mathcal{H}]\\&\leqslant\Pr[\mathrm{Exp}_{\Pi,\mathcal{A}}^{\text{RSA-CPA}}(\mathcal{K})=1\mid\neg\mathcal{H}]\Pr[\neg\mathcal{H}]+\Pr[\mathcal{H}]\\&=\frac{1}{2}\Pr[\neg\mathcal{H}]+\Pr[\mathcal{H}]=\frac{1}{2}(1-\Pr[\mathcal{H}])+\Pr[\mathcal{H}]\\&=\frac{1}{2}+\frac{1}{2}\Pr[\mathcal{H}]\end{aligned}$$

又知：

$$\Pr[\mathrm{Exp}_{\Pi,\mathcal{A}}^{\text{RSA-CPA}}(\mathcal{K})=1]\geqslant\Pr[\mathrm{Exp}_{\Pi,\mathcal{A}}^{\text{RSA-CPA}}(\mathcal{K})=1\mid\neg\mathcal{H}]\Pr[\neg\mathcal{H}]$$

$$=\frac{1}{2}(1-\Pr[\mathcal{H}])$$

$$=\frac{1}{2}-\frac{1}{2}\Pr[\mathcal{H}]$$

所以$\epsilon\leqslant\left|\Pr[\mathrm{Exp}_{\Pi,\mathcal{A}}^{\mathrm{CPA}}(\mathcal{K})=1]-\frac{1}{2}\right|\leqslant\frac{1}{2}\Pr[\mathcal{H}]$，即模拟攻击中 $\Pr[\mathcal{H}]\geqslant 2\epsilon$。

（断言 3-2 证毕）

由以上两个断言，在上述模拟过程中$\hat{r}$以至少 2ϵ的概率出现在 H^{list}。若$\mathcal{H}$发生，则$\mathcal{B}$在第(2)步可找到 x 满足 $x^e=\hat{c}_1 \bmod n$，即 $x\equiv\hat{r}\equiv(\hat{c}_1)^{1/e} \bmod n$。所以$\mathcal{B}$成功的概率与$\mathcal{H}$发生的概率相同。

（定理 3-1 证毕）

定理 3-1 已证明Π是 IND-CPA 安全的，然而它不是 IND-CCA 安全的。敌手已知密文 $\mathrm{CT}=(C_1,C_2)$，构造 $\mathrm{CT}'=(C_1,C_2\oplus M')$，给解密谕言机，收到解密结果为 $M''=M\oplus M'$，再由 $M''\oplus M'$ 即获得 CT 对应的明文 M。

3.1.4 选择密文安全的 RSA 加密

因为选择密文安全的单钥加密方案的构造较容易，本节利用选择密文安全的单钥加密方案构造选择密文安全的公钥加密方案。

单钥加密方案 $\Pi=(\mathrm{PrivGen},\mathrm{Enc},\mathrm{Dec})$的选择密文安全性由以下 IND-CCA 游戏来刻画。

$\underline{\mathrm{Exp}_{\Pi,\mathcal{A}}^{\text{Priv-CCA}}(\mathcal{K})}$：

$k_{\text{priv}}\leftarrow\mathrm{PrivGen}(\mathcal{K})$；

$(M_0,M_1)\leftarrow\mathcal{A}^{\mathrm{Enc}_{k_{\text{priv}}}(\cdot),\mathrm{Dec}_{k_{\text{priv}}}(\cdot)}$，其中$|M_0|=|M_1|=\ell(\mathcal{K})$；

$\beta\leftarrow_R\{0,1\}$，$C^*=\mathrm{Enc}_{k_{\text{priv}}}(M_\beta)$；

$\beta'\leftarrow\mathcal{A}^{\mathrm{Enc}_{k_{\text{priv}}}(\cdot),\mathrm{Dec}_{k_{\text{priv}},\neq C^*}(\cdot)}(C^*)$；

如果 $\beta'=\beta$，则返回 1；否则返回 0.

其中 $\mathrm{Dec}_{k_{\text{priv}},\neq C^*}(\cdot)$表示敌手不能对 C^* 访问 $\mathrm{Dec}_{k_{\text{priv}}}(\cdot)$。敌手的优势可定义为安全参数$\mathcal{K}$的函数：

$$\mathrm{Adv}_{\Pi,\mathcal{A}}^{\text{Priv-CCA}}(\mathcal{K})=\left|\Pr[\mathrm{Exp}_{\Pi,\mathcal{A}}^{\text{Priv-CCA}}(\mathcal{K})=1]-\frac{1}{2}\right|$$

单钥加密方案Π的安全性定义与定义 2-2、定义 2-6、定义 2-7 类似。

设 GenRSA 及 H 如前，$\Pi=(\mathrm{PrivGen},\mathrm{Enc},\mathrm{Dec})$是一个密钥长度为$\mathcal{K}$，消息长度为$\ell(\mathcal{K})$的 IND-CCA 安全的单钥加密方案。

选择密文安全的 RSA 加密方案 $\Pi'=(\mathrm{KeyGen},\mathcal{E},\mathcal{D})$（称为 RSA-CCA 方案）构造如下。

(1) 密钥产生过程：

$\underline{\mathrm{KeyGen}(\mathcal{K})}$：

$(n,e,d)\leftarrow\mathrm{GenRSA}(\mathcal{K})$；

$\mathrm{pk}=(n,e),\mathrm{sk}=(n,d)$.

(2) 加密过程(其中 $M\in\{0,1\}^{\ell(\mathcal{K})}$):

$$\underline{\mathcal{E}_{\mathrm{pk}}(M)}:$$
$$r\leftarrow_R Z_n^*;$$
$$h=H(r);$$
$$\text{输出}(r^e \bmod n, \mathrm{Enc}_h(M)).$$

(3) 解密过程:

$$\underline{\mathcal{D}_{\mathrm{sk}}(C_1,C_2)}:$$
$$r=C_1^d \bmod n;$$
$$h=H(r);$$
$$\text{输出 } \mathrm{Dec}_h(C_2).$$

定理 3-2 设 H 是随机谕言机,如果与 GenRSA 相关的 RSA 问题是困难的,且 Π 是 IND-CCA 安全的,则 RSA-CCA 方案 Π' 是 IND-CCA 安全的。

具体来说,假设存在一个 IND-CCA 敌手 $\mathcal{A}$ 以 $\epsilon(\mathcal{K})$ 的优势攻破 RSA-CCA 方案 Π',那么一定存在一个敌手 $\mathcal{B}$ 至少以

$$\mathrm{Adv}_{\mathcal{B}}^{\mathrm{RSA}}(\mathcal{K})\geqslant 2\epsilon(\mathcal{K})$$

的优势解决 RSA 问题。

证明:Π' 的 IND-CCA 游戏如下:

$$\underline{\mathrm{Exp}_{\Pi',\mathcal{A}}^{\mathrm{RSA\text{-}CCA}}(\mathcal{K})}$$
$$(n,e,d)\leftarrow \mathrm{GenRSA}(\mathcal{K});$$
$$\mathrm{pk}=(n,e),\mathrm{sk}=(n,d);$$
$$H\leftarrow_R\{H:\{0,1\}^{2\mathcal{K}}\rightarrow\{0,1\}^{\ell(\mathcal{K})}\};$$
$$(M_0,M_1)\leftarrow \mathcal{A}^{\mathcal{D}_{\mathrm{sk}}(\cdot),H(\cdot)}(\mathrm{pk}),\text{其中}|M_0|=|M_1|=\ell(\mathcal{K});$$
$$\beta\leftarrow_R\{0,1\},r\leftarrow_R \mathbb{Z}_n^*,C^*=(r^e \bmod n,\mathrm{Enc}'_{H(r)}(M_\beta));$$
$$\beta'\leftarrow \mathcal{A}^{\mathcal{D}_{\mathrm{sk},\neq C^*}(\cdot),H(\cdot)}(\mathrm{pk},C^*);$$
$$\text{如果 }\beta'=\beta,\text{则返回 1;否则返回 0.}$$

其中 $\mathcal{D}_{\mathrm{sk},\neq C^*}(\cdot)$ 表示敌手不能对 C^* 访问 $\mathcal{D}_{\mathrm{sk}}(\cdot)$。敌手的优势定义为安全参数 $\mathcal{K}$ 的函数:

$$\mathrm{Adv}_{\Pi',\mathcal{A}}^{\mathrm{RSA\text{-}CCA}}(\mathcal{K})=\left|\Pr[\mathrm{Exp}_{\Pi',\mathcal{A}}^{\mathrm{RSA\text{-}CCA}}(\mathcal{K})=1]-\frac{1}{2}\right|$$

下面证明 RSA-CCA 方案可归约到 RSA 问题。

敌手 $\mathcal{B}$ 已知 $(n,e,\hat{c}_1)$,以 $\mathcal{A}$(攻击 RSA-CCA 方案 Π')作为子程序,执行以下过程(参见图 3-1,将其中的 RSA-CPA 改为 RSA-CCA),目标是计算 $\hat{r}\equiv(\hat{c}_1)^{1/e} \bmod n$。

(1) 选取一个随机串 $\hat{h}\leftarrow_R\{0,1\}^{\ell(\mathcal{K})}$,作为对 $H(\hat{r})$ 的猜测(但实际上 $\mathcal{B}$ 并不知道 $\hat{r}$)。将公开钥 $\mathrm{pk}=(n,e)$ 给 $\mathcal{A}$。

(2) H 询问。$\mathcal{B}$ 建立一个 H^{list},元素类型为三元组 (r,c_1,h),初始值为 $(*,\hat{c}_1,\hat{h})$,其中 $*$ 表示该分量的值目前未知。$\mathcal{A}$ 在任何时候都能对 H^{list} 发出询问。设 $\mathcal{A}$ 的询问是 r,$\mathcal{B}$ 计算 $c_1\equiv r^e \bmod n$ 并做如下应答:

- 如果 H^{list} 中有一项(r,c_1,h)，则以 h 应答。
- 如果 H^{list} 中有一项$(*,c_1,h)$，则以 h 应答并在 H^{list} 中以(r,c_1,h)替换$(*,c_1,h)$。
- 否则，选取一个随机数 $h \leftarrow_R \{0,1\}^n$，以 h 应答并在表中存储(r,c_1,h)。

(3) 解密询问。$\mathcal{A}$向$\mathcal{B}$发起询问$(\bar{c}_1,\bar{c}_2)$时，$\mathcal{B}$如下应答：

- 如果 H^{list} 中有一项，其第二元素为$\bar{c}_1$(即该项为$(\bar{r},\bar{c}_1,\bar{h})$，其中$\bar{r}^e \equiv \bar{c}_1 \bmod n$，或者为$(*,\bar{c}_1,\bar{h})$)，则以$\mathrm{Dec}_{\bar{h}}(\bar{c}_2)$应答。
- 否则，选取一个随机数$\bar{h} \leftarrow_R \{0,1\}^n$，以$\mathrm{Dec}_{\bar{h}}(\bar{c}_2)$应答，并在 H^{list} 中存储$(*,\bar{c}_1,\bar{h})$。

(4) 挑战。$\mathcal{A}$输出消息 $M_0, M_1 \in \{0,1\}^{\ell(k)}$。$\mathcal{B}$随机选取 $\beta \leftarrow_R \{0,1\}$，计算 $\hat{c}_2 = \mathrm{Enc}_{\hat{h}}(M_\beta)$。以$(\hat{c}_1,\hat{c}_2)$应答$\mathcal{A}$。继续回答$\mathcal{A}$的 H 询问和解密询问($\mathcal{A}$不能询问$(\hat{c}_1,\hat{c}_2)$)。

(5) 猜测。$\mathcal{A}$输出猜测 β'。$\mathcal{B}$检查 H^{list}，如果有项$(\hat{r},\hat{c}_1,\hat{h})$，则输出$\hat{r}$。

设$\mathcal{H}$表示事件：在模拟中$\mathcal{A}$发出 $H(\hat{r})$询问，即 $H(\hat{r})$出现在 H^{list} 中。

断言 3-3 在以上模拟过程中，$\mathcal{B}$的模拟是完备的。

证明：在以上模拟中，$\mathcal{A}$的视图与其在真实攻击中的视图是同分布的。这是因为

(1) $\mathcal{A}$的 H 询问中的每一个都是用随机值来回答的。

(2) $\mathcal{B}$对$\mathcal{A}$的解密询问的应答是有效的：$\mathcal{B}$对$(\bar{c}_1,\bar{c}_2)$的应答为$\mathrm{Dec}_{\bar{h}}(\bar{c}_2)$，根据 H^{list} 的构造，$\bar{h}$对应的$\bar{r}$满足$\bar{r}^e \equiv \bar{c}_1 \bmod n$ 及$\bar{h} = H(\bar{r})$，因而$\mathrm{Dec}_{\bar{h}}(\bar{c}_2)$是有效的。

所以两种视图不可区分。

(断言 3-3 证毕)

断言 3-4 在上述攻击中 $\Pr[\mathcal{H}] \geqslant 2\epsilon$。

证明：在上述攻击中，如果 $H(\hat{r})$不出现在 H^{list} 中，则$\mathcal{A}$未能得到$\hat{h}$，由$\hat{c}_2 = \mathrm{Enc}_{\hat{h}}(M_\beta)$及 Enc 的 IND-CCA 安全性，得 $\Pr[\beta' = \beta | \neg\mathcal{H}] = \frac{1}{2}$。其余部分与断言 3-2 的证明相同。

(断言 3-4 证毕)

由以上两个断言，在上述模拟过程中$\hat{r}$以至少 2ϵ的概率出现在 H^{list}，$\mathcal{B}$在第(5)步逐一检查 H^{list} 中的元素，所以$\mathcal{B}$成功的概率等于$\mathcal{H}$的概率。

(定理 3-2 证毕)

3.2 Paillier 公钥密码系统

3.1 节介绍的方案，其安全性证明是在随机谕言机模型下进行的，即把其中的哈希函数看成随机谕言机。但这种证明不能排除敌手可能不通过攻击方案所基于的困难性问题而攻击方案，或者不通过找出哈希函数的某种缺陷而攻击方案。下面介绍的 Paillier 公钥密码系统[1]和 Cramer-Shoup 公钥密码系统[2]，它们的安全性证明不使用随机谕言机模型，这种证明模型称为标准模型。

Paillier 公钥密码系统基于合数幂剩余类问题，即构造在模数取为 n^2 的剩余类上，其中 $n=pq$，p、q 为两个大素数。

设 CP 是一类问题集合，如果 CP 中的任一实例可在多项式时间内归约到另一实例或另外多个实例，就称 CP 是随机自归约的。CP 中问题的平均复杂度和最坏情况下的复杂度相同（相差多项式因子）。

3.2.1　合数幂剩余类的判定

定义 3-1　设 $n=pq$，p、q 为两个大素数，对 $z \leftarrow_R \mathbb{Z}_{n^2}^*$，如果存在 $y \in \mathbb{Z}_{n^2}^*$，使得 $z \equiv y^n \bmod n^2$，则 z 叫做模 n^2 的 n 次剩余。

引理 3-1

(1) n 次剩余构成的集合 C 是 $\mathbb{Z}_{n^2}^*$ 的一个阶为 $\varphi(n)$ 的乘法子群。

(2) 每一个 n 次剩余 z 有 n 个根，其中只有一个严格小于 n。

(3) 单位元 1 的 n 次根为 $(1+n)^t \equiv 1+tn \bmod n^2$ $(t=0,1,\cdots,n-1)$。

(4) 对任一 $w \in \mathbb{Z}_{n^2}^*$，$w^{n\lambda} \equiv 1 \bmod n^2$，其中 λ 是 n 的卡米歇尔函数 $\lambda(n)$ 的简写。

证明：

(1) 设 $z_1, z_2 \in C$，则存在 $y_1, y_2 \in \mathbb{Z}_{n^2}^*$，使得 $z_1 \equiv y_1^n \bmod n^2$，$z_2 \equiv y_2^n \bmod n^2$。因为 $y_2^{-1} \in \mathbb{Z}_{n^2}^*$，$y_1 y_2^{-1} \in \mathbb{Z}_{n^2}^*$，所以 $z_1 z_2^{-1} \equiv (y_1 y_2^{-1})^n \bmod n^2 \in C$，所以 C 是 $\mathbb{Z}_{n^2}^*$ 的子群。又设 $y(y<n)$ 是 $z \equiv y^n \bmod n^2$ 的解，那么 $y+tn(t=0,1,\cdots,n-1)$ 都是 $z \equiv y^n \bmod n^2$ 的解，这是因为

$$(y+tn)^n = y^n + ny^{n-1}tn = y^n + y^{n-1}tn^2 \equiv y^n \bmod n^2 \equiv z$$

所以 C 中每一元素有 n 个根：

$$\begin{aligned} |C| &= \frac{1}{n}|\mathbb{Z}_{n^2}^*| = \frac{1}{n}\varphi(n^2) \\ &= \frac{1}{n}n^2\left(1-\frac{1}{p}\right)\left(1-\frac{1}{q}\right) \\ &= (p-1)(q-1) = \varphi(n) \end{aligned}$$

(2) 在(1)的证明中已得。

(3) 易证 $(1+tn)^n = 1+tn^2+\cdots \equiv 1 \bmod n^2$。

(4) 因为 $w^\lambda \equiv 1 \bmod n$，$w^\lambda = 1+tn$，$t$ 为某个整数。$w^{n\lambda} = (1+tn)^n = 1+tn^2+\cdots \equiv 1 \bmod n^2$。

（引理 3-1 证毕）

合数幂剩余类的判定问题是指区分模 n^2 的 n 次剩余与 n 次非剩余，用 CR[n]表示。

CR[n]是随机自归约的。设 $z_1 \equiv y_1^n \bmod n^2$，$z_2 \equiv y_2^n \bmod n^2$，那么 $z_2 \equiv (y_2 y_1^{-1})^n z_1 \bmod n^2$。所以如果 z_1 是 n 次剩余，则 z_2 也是 n 次剩余，即任意两个实例都是多项式等价的。

与素数剩余类的判定类似，判定合数幂剩余类也是困难的。

猜想　CR[n]是困难的。

这个猜想称为判定合数幂剩余类假设(Decisional Composite Residuosity Assumption,

DCRA)。由于随机自归约性，DCRA 的有效性仅依赖于 n 的选择。

3.2.2 合数幂剩余类的计算

设 $g\in\mathbb{Z}_{n^2}^*$，ψ_g 是如下定义的整型值函数：

$$\begin{cases}\mathbb{Z}_n\times\mathbb{Z}_n^*\mapsto\mathbb{Z}_{n^2}^*\\(x,y)\mapsto g^x\cdot y^n \bmod n^2\end{cases}$$

引理 3-2 如果 g 的阶是 n 的非零倍，则 ψ_g 是双射。

证明：因为 $|\mathbb{Z}_n\times\mathbb{Z}_n^*|=|\mathbb{Z}_{n^2}^*|=n\varphi(n)$，所以只需证明 ψ_g 是单射。

假设 $g^{x_1}y_1^n\equiv g^{x_2}y_2^n \bmod n^2$，那么 $g^{x_2-x_1}\cdot\left(\frac{y_2}{y_1}\right)^n\equiv1 \bmod n^2$，两边同时取 λ 次方，由引理 3-1(4)得 $g^{\lambda(x_2-x_1)}=1 \bmod n^2$，因此有 $\mathrm{ord}_{n^2}g\,|\,\lambda(x_2-x_1)$，进而 $n\,|\,\lambda(x_2-x_1)$，又知当 $n=pq$ 时，$(\lambda,n)=1$，所以 $n\,|\,(x_2-x_1)$。由 $x_1,x_2\in\mathbb{Z}_n$，$|x_2-x_1|<n$，所以 $x_1=x_2$。$g^{x_2-x_1}\cdot\left(\frac{y_2}{y_1}\right)^n\equiv1 \bmod n^2$ 变为 $\left(\frac{y_2}{y_1}\right)^n\equiv1 \bmod n^2$，又由引理 3-1(3)，模 n^2 下单位元 1 的根在 $\mathbb{Z}_n^*$ 上是唯一的，为 1，所以在 $\mathbb{Z}_n^*$ 上，$\frac{y_2}{y_1}=1$，即 $y_1=y_2$。综上，ψ_g 是双射。

(引理 3-2 证毕)

设 $B_\alpha\subset\mathbb{Z}_{n^2}^*$ 表示阶为 $n\alpha$ 的元素构成的集合，B 表示 B_α 的并集，其中 $\alpha=1,2,\cdots,\lambda$。

定义 3-2 设 $g\in B$，对于 $w\in\mathbb{Z}_{n^2}^*$，如果存在 $y\in\mathbb{Z}_n^*$ 使得 $\psi_g(x,y)=w$，则称 $x\in\mathbb{Z}_n$ 为 w 关于 g 的 n 次剩余，记作 $[[w]]_g$。

引理 3-3

(1) $[[w]]_g=0$ 当且仅当 w 是模 n^2 的 n 次剩余。

(2) 对任意 $w_1,w_2\in\mathbb{Z}_{n^2}^*$，有 $[[w_1w_2]]_g\equiv[[w_1]]_g+[[w_2]]_g \bmod n$。即对于任意的 $g\in B$，函数 $w\mapsto[[w]]_g$ 是从 $(\mathbb{Z}_{n^2}^*,\times)$ 到 $(\mathbb{Z}_n,+)$ 的同态。

证明：证明很简单，略去。

已知 $w\in\mathbb{Z}_{n^2}^*$，求 $[[w]]_g$，称为基为 g 的 n 次剩余类问题，表示为 $\mathrm{Class}[n,g]$。

引理 3-4 $\mathrm{Class}[n,g]$ 关于 $w\in\mathbb{Z}_{n^2}^*$ 是随机自归约的。

证明：对于 $\mathrm{Class}[n,g]$ 的任一实例 $w\in\mathbb{Z}_{n^2}^*$，在 $\mathbb{Z}_n$ 上均匀随机选取 α、β ($\beta\notin\mathbb{Z}_n^*$ 的概率是可忽略的)，构造 $w'=wg^\alpha\beta^n \bmod n^2$，则将 $w\in\mathbb{Z}_{n^2}^*$ 转换为另一实例 $w'\in\mathbb{Z}_{n^2}^*$，求出 $[[w']]_g$ 后，可计算出 $[[w]]_g=[[w']]_g-\alpha \bmod n$。

(引理 3-4 证毕)

引理 3-5 $\mathrm{Class}[n,g]$ 关于 $g\in B$ 是随机自归约的，即对任意 $g_1,g_2\in B$，$\mathrm{Class}[n,g_1]\equiv\mathrm{Class}[n,g_2]$。其中符号 $P_1\equiv P_2$ 表示问题 P_1 和 P_2 在多项式时间内等价。

证明：已知 $w\in\mathbb{Z}_{n^2}^*$，$g_2\in B$，存在 $y_1\in\mathbb{Z}_n^*$，使得 $w=g_2^{[[w]]_{g_2}}\cdot y_1^n$。同理，对于 $g_1,g_2\in B$，存在 $y_2\in\mathbb{Z}_n^*$，$g_2=g_1^{[[g_2]]_{g_1}}\cdot y_2^n$。得 $w=g_1^{[[w]]_{g_2}[[g_2]]_{g_1}}\cdot(y_2^{[[w]]_{g_2}}y_1)^n$，即

$$[[w]]_{g_1}=[[w]]_{g_2}[[g_2]]_{g_1} \bmod n \tag{3.1}$$

即由 $[[w]]_{g2}$ 可求 $[[w]]_{g_1}$，所以 $\mathrm{Class}[n,g_1]\Leftarrow\mathrm{Class}[n,g_2]$。

再由$[[g_1]]_{g_1}=1$，将$w=g_1$带入$[[w]]_{g_2}\equiv[[w]]_{g_2}[[g_2]]_{g_1} \bmod n$，得$[[g_1]]_{g_2}[[g_2]]_{g_1}\equiv 1 \bmod n$，即$[[g_1]]_{g_2}=[[g_2]]_{g_1}^{-1}$，$[[w]]_{g_2}\equiv[[w]]_{g_1}[[g_2]]_{g_1}^{-1} \bmod n$。所以$\text{Class}[n,g_2]\Leftarrow\text{Class}[n,g_1]$。

（引理 3-5 证毕）

引理 3-5 说明 $\text{Class}[n,g]$的复杂性与g无关，因此可将它看成仅依赖于n的计算问题。

定义 3-3 称$\text{Class}[n]$问题为计算合数幂剩余类问题，即已知$w\in\mathbb{Z}_{n^2}^*$，$g\in B$，计算$[[w]]_g$。

设$S_n=\{u<n^2 \mid u\equiv 1 \bmod n\}$，在其上定义函数$L$如下：

$$\text{对任一 } u\in S_n, L(u)=\frac{u-1}{n}$$

显然函数L是良定的。

引理 3-6 对任一$w\in\mathbb{Z}_{n^2}^*$，$L(w^{\lambda} \bmod n^2)\equiv\lambda[[w]]_{1+n} \bmod n$。

证明：因为$1+n\in B$，所以存在唯一的$(a,b)\in\mathbb{Z}_n\times\mathbb{Z}_n^*$，使得$w=(1+n)^a b^n \bmod n^2$，即$a=[[w]]_{1+n}$。由引理 3-1(4)，$b^{n\lambda}\equiv 1 \bmod n^2$，所以$w^{\lambda}=(1+n)^{a\lambda}b^{n\lambda}\equiv 1+a\lambda n \bmod n^2$，$L(w^{\lambda} \bmod n^2)=\lambda a\equiv\lambda[[w]]_{1+n} \bmod n$。

（引理 3-6 证毕）

定理 3-3 $\text{Class}[n]\Leftarrow\text{Fact}[n]$。

证明：因为$[[g]]_{1+n}\equiv[[1+n]]_g^{-1} \bmod n$是可逆的，由引理 3-6 可知$L(g^{\lambda} \bmod n^2)\equiv\lambda[[g]]_{1+n} \bmod n$可逆。已知$n$的因子分解可求$\lambda$的值。因此，对于任意的$g\in B$和$w\in\mathbb{Z}_{n^2}^*$，可以计算：

$$\frac{L(w^{\lambda} \bmod n^2)}{L(g^{\lambda} \bmod n^2)}=\frac{\lambda[[w]]_{1+n}}{\lambda[[g]]_{1+n}}=\frac{[[w]]_{1+n}}{[[g]]_{1+n}}\equiv[[w]]_g \bmod n \tag{3.2}$$

其中最后一步由式(3.1)得。

（定理 3-3 证毕）

用$\text{RSA}[n,e]$表示求模n的e次根，即已知$w\equiv y^e \bmod n$，求y。

定理 3-4 $\text{Class}[n]\Leftarrow\text{RSA}[n,n]$

证明：由引理 3-5 可知，$\text{Class}[n,g]$关于$g\in B$是随机自归约的，且$1+n\in B$，因此，只需证明$\text{Class}[n,1+n]\Leftarrow\text{RSA}[n,n]$。

假设敌手$\mathcal{A}$能解$\text{RSA}[n,n]$问题，对于给定的$w\in\mathbb{Z}_{n^2}^*$，$\mathcal{A}$的目标是求$x\in\mathbb{Z}_n$使得$w=(1+n)^x y^n \bmod n^2$。由$(1+n)^x=1 \bmod n$，得$w\equiv y^n \bmod n$，$\mathcal{A}$由此可求出y，进一步由下式可求出x：

$$\frac{w}{y^n}=(1+n)^x\equiv 1+xn \bmod n^2$$

（定理 3-4 证毕）

定理 3-5 设 $\text{D-Class}[n]$是与$\text{Class}[n]$相关的判定问题，即已知$w\in\mathbb{Z}_{n^2}^*$，$g\in B$和$x\in\mathbb{Z}_n$，判定x是否等于$[[w]]_g$，那么下面关系成立：

$$\text{CR}[n]\equiv\text{D-Class}[n]\Leftarrow\text{Class}[n]$$

证明：因为验证解比计算解容易，D-Class[n]⇐Class[n]显然。

下面证明 CR[n]≡D-Class[n]。

(1) 证⇒。已知 $w\in\mathbb{Z}_{n^2}^*$，$g\in B$ 和 $x\in\mathbb{Z}_n$，要判断 x 是否等于[[w]]$_g$，即判断 x 是否满足 $w\equiv g^x\cdot y^n \bmod n^2$，改为判断 $wg^{-x}\equiv y^n \bmod n^2$，即判断 $wg^{-x} \bmod n^2$ 是否为模 n^2 下的 n 次剩余。所以敌手$\mathcal{A}$若能解决 CR[n]问题，就能解决 D-Class[n]问题。

(2) 证⇐。即证明若敌手$\mathcal{A}$能解 D-Class[n]问题，则能够判定 w 是否为 n 次剩余。

任取 $g\in B$，将$(g,w,x=0)$给$\mathcal{A}$，$\mathcal{A}$能解 D-Class[n]问题，即能判断是否[[w]]$_g=x=0$。如果是，$\mathcal{A}$则得出 w 是 n 次剩余；否则，w 不是 n 次剩余。

(定理 3-5 证毕)

表 3-1 是以上各关系的小结。

表 3-1　与合数幂相关的困难问题

问　题	描　述
Fact[n]	分解 n
RSA[n,e]	已知 $w\equiv y^e \bmod n$，求 y
Class[n]	已知 $w\equiv g^x\cdot y^n \bmod n^2$，求 x
D-Class[n]	已知 $w\in\mathbb{Z}_{n^2}^*$，$g\in B$ 和 $x\in\mathbb{Z}_n$，判定 x 是否等于[[w]]$_g$
CR[n]	对 $w\in\mathbb{Z}_{n^2}^*$，判断是否存在 $y\in\mathbb{Z}_{n^2}^*$，使得 $w\equiv y^n \bmod n^2$

它们之间的归约关系为

$$\text{CR}[n]\equiv \text{D-Class}[n]\Leftarrow\text{Class}[n]\Leftarrow\text{RSA}[n,n]\Leftarrow\text{Fact}[n]$$

其中除了在 D-Class[n]和 CR[n]之间存在等价关系外，其他问题之间是否存在等价关系还存在质疑。

猜想　不存在求解合数幂剩余类问题的概率多项式时间算法，即 Class[n]是困难问题。

这一猜想称为计算合数剩余类假设(Computational Composite Residuosity Assumption，CCRA)。它的随机自归约性意味着 CCRA 的有效性仅依赖于 n 的选择。显然，假如 DCRA 是正确的，那么 CCRA 也是正确的。但是反过来，仍然是一个公开问题。

3.2.3　基于合数幂剩余类问题的概率加密方案

以下加密方案简称为 Paillier 方案 1。

(1) 密钥产生过程：

$\underline{\text{KeyGen}(\mathcal{K})}$：

$n=pq$；

$g\leftarrow_R B$ 满足 $(L(g^\lambda \bmod n^2),n)=1$；

$\text{pk}=(n,g)$，$\text{sk}=(p,q)$(或 $\text{sk}=\lambda$)。

(2) 加密过程(其中 $M<n$):

$$\underline{\mathcal{E}_{pk}(M)}:$$
$$r \leftarrow_R \{1,2,\cdots,n\};$$
$$\text{输出 } g^M r^n \bmod n^2.$$

(3) 解密过程(其中 $CT<n^2$):

$$\underline{\mathcal{D}_{sk}(CT)}:$$
$$\frac{L(CT^\lambda \bmod n^2)}{L(g^\lambda \bmod n^2)} \bmod n \equiv M.$$

Paillier 方案 1 的正确性由定理 3-3 证明过程中的式(3.2)给出。加密函数是用 λ(等价于 n 的因子)作为陷门的陷门函数,其单向性是基于 Class[n]是困难的。

定理 3-6 Paillier 方案 1 是单向的当且仅当 Class[n]是困难的。

证明:方案中由密文计算明文即是 Class[n]问题。

定理 3-7 Paillier 方案 1 是语义安全的当且仅当 CR[n]是困难的。

证明:充分性。反证,假设 M_0、M_1 是两个已知消息,C^* 是其中一个(设为 M_β)的密文,即 $C^* \equiv g^{M_\beta} \cdot r^n \bmod n^2$,因此 $C^* g^{-M_\beta} \equiv r^n \bmod n^2$ 是 n 次剩余,而 $C^* g^{-M_{1-\beta}} \equiv g^{M_\beta - M_{1-\beta}} r^n \bmod n^2$ 是 n 次非剩余。因此敌手能够区分 C^* 对应哪个消息,就能区分 n 次剩余和 n 次非剩余,与 CR[n]是困难的矛盾。

必要性的证明类似。

(定理 3-7 证毕)

3.2.4 基于合数幂剩余类问题的单向陷门置换

以下方案是 $\mathbb{Z}_{n^2}^* \mapsto \mathbb{Z}_{n^2}^*$ 的单向陷门置换,简称为 Paillier 方案 2。

(1) 密钥的产生。

同 3.2.3 节的密钥产生过程。

(2) 加密过程(其中 $M<n^2$):

$$\underline{\mathcal{E}_{pk}(M)}:$$
$$M = M_1 + nM_2;$$
$$\text{输出 } g^{M_1} M_2^n \bmod n^2.$$

其中 $M = M_1 + nM_2$ 是将 M 分成两部分 M_1、M_2(例如可用欧几里得除法)。

(3) 解密过程(其中 $CT<n^2$):

$$\underline{\mathcal{D}_{sk}(CT)}:$$
$$M_1 \equiv \frac{L(CT^\lambda \bmod n^2)}{L(g^\lambda \bmod n^2)} \bmod n;$$
$$c' \equiv CT \cdot g^{-M_1} \bmod n;$$
$$M_2 \equiv (c')^{n^{-1} \bmod \lambda} \bmod n;$$
$$\text{返回 } M = M_1 + nM_2.$$

方案的正确性:解密过程中的第 1 步得到 $M_1 \equiv M \bmod n$,第 2 步恢复出 $M_2^n \bmod n$,第 3 步是公开钥为 $e=n$ 的 RSA 解密,最后一步重组得到原始 M。

方案 2 为置换是由于 ψ_g 是双射。置换的陷门是 n 的因子。

定理 3-8　Paillier 方案 2 是单向的当且仅当 RSA[n,n]是困难的。

证明：充分性。将 RSA[n,n]归约到 Paillier 方案 2，即，若 RSA[n,n]是可解的，则 Paillier 方案 2 是可求逆的。若敌手$\mathcal{A}$可解 RSA[n,n]问题，则可解 Class[n]问题，$\mathcal{A}$由 $\mathrm{CT}\equiv g^{M_1}M_2^n \bmod n^2$ 能得出 M_1 及$\frac{\mathrm{CT}}{g^{M_1}}\equiv M_2^n \bmod n^2$。由 RSA[$n,n$]可解，$\mathcal{A}$由 $M_2^n \bmod n^2$ 可得 M_2。

必要性。将 Paillier 方案 2 归约到 RSA[n,n]，即，若 Paillier 方案 2 是可求逆的，则 RSA[n,n]是可解的。设敌手$\mathcal{A}$已知 $w\equiv y_0^n \bmod n$，其目标是求 y_0。又设$\mathcal{A}$可求 Paillier 方案 2 的逆，即$\mathcal{A}$可求出 x、y 及 a、b，使得 $w\equiv g^x\cdot y^n \bmod n^2$ 及 $1+n\equiv g^a\cdot b^n \bmod n^2$。若 x_0 是 n 的倍数，则$(1+n)^{x_0}=1+x_0n\equiv 1 \bmod n^2$。

$$
\begin{aligned}
w &= y_0^n = (1+n)^{x_0}y_0^n = (g^ab^n)^{x_0}y_0^n = g^{ax_0}\ (b^{x_0}y_0)^n \\
&\equiv g^{ax_0 \bmod n}\ (g^{ax_0 \operatorname{div} n}b^{x_0}y_0)^n \bmod n^2
\end{aligned}
$$

其中第四个等式由 $ax_0=(ax_0 \operatorname{div} n)n+ax_0 \bmod n$ 得，div 表示整除。

因 ψ_g 是双射，所以 $ax_0 \bmod n=x$，$g^{ax_0 \operatorname{div} n}b^{x_0}y_0=y$。$x_0=x\,(a^{-1} \bmod n)$，$y_0=y(g^{ax_0 \operatorname{div} n}b^{x_0})^{-1}$，即$\mathcal{A}$已求出 y_0。

（定理 3-8 证毕）

注意：由 ψ_g 的定义，Paillier 方案 2 要求 $M_2\in\mathbb{Z}_n^*$。若 $M_2\notin\mathbb{Z}_n^*$，即 M_2 与 n 不互素，可能会导致 $M_2 \bmod n\equiv 0$，得密文为 0；或者由 M_2 的因子可能会分解 n。因此 Paillier 方案 2 不能用来加密小于 n 的短消息。

数字签名：用 $h:N\mapsto\{0,1\}^{\kappa}\subset\mathbb{Z}_{n^2}^*$ 表示哈希函数，可以得到如下的数字签名方案：

给定消息 M，签名者计算签名(s_1,s_2)为

$$
s_1\equiv\frac{L(h\,(M)^{\lambda} \bmod n^2)}{L(g^{\lambda} \bmod n^2)} \bmod n,\quad s_2\equiv(h(M)g^{-s_1})^{1/n \bmod \lambda} \bmod n
$$

验证者检查：$h(M)\stackrel{?}{\equiv}g^{s_1}s_2^n \bmod n^2$。

推论（定理 3-8 的推论）　在随机谕言机模型中，如果 RSA[n,n]是困难的，那么该签名方案在适应性选择消息攻击下，是存在性不可伪造的。

3.2.5 Paillier 密码系统的性质

Paillier 密码系统除了具有随机自归约性外，还有如下两个性质。

1. 加法同态性

加密函数 $M\mapsto g^Mr^n \bmod n^2$ 在$\mathbb{Z}_n$上具有加同态，即对任意 $M_1,M_2\in\mathbb{Z}_n$，任意 $k\in N$，以下等式成立：

$$
\begin{aligned}
&D(E(M_1)E(M_2) \bmod n^2)\equiv M_1+M_2 \bmod n \\
&D(E\,(M)^k \bmod n^2)\equiv kM \bmod n \\
&D(E(M_1)g^{M_2} \bmod n^2)\equiv M_1+M_2 \bmod n \\
&\left.\begin{aligned}&D(E\,(M_1)^{M_2} \bmod n^2)\\&D(E\,(M_2)^{M_1} \bmod n^2)\end{aligned}\right\}\equiv M_1M_2 \bmod n
\end{aligned}
$$

这些性质在电子选举、门限加密方案、数字水印、秘密共享方案及安全的多方计算等领域有重要应用。

2. 重加密

已知一个公钥加密方案(E,D)，重加密 RE(re-encryption)是指已知(E,D)的一个密文CT，在不改变CT对应的明文的前提下，将CT变为另一密文CT′，表示为$\mathrm{CT}'=\mathrm{RE}(\mathrm{CT},r,\mathrm{pk})$，其中pk是公开钥，$r$是随机数。

Paillier 密码系统满足这一性质。

对任一$M\in\mathbb{Z}_n$和$r\in N$，$E(M)=E(M)E(0)\equiv E(M)r^n \bmod n^2$。因此$D(E(M)r^n \bmod n^2)\equiv M$。

3.3 Cramer-Shoup 密码系统

3.3.1 Cramer-Shoup 密码系统的基本机制

设$\mathbb{G}$是阶为大素数q的群，g_1、g_2为$\mathbb{G}$的生成元，明文消息是群$\mathbb{G}$的元素，使用单向哈希函数将任意长度的字符映射到$\mathbb{Z}_q$中的元素。Cramer-Shoup 密码系统(记为Π)如下：

(1) 密钥产生过程(其中$\mathbb{H}$是哈希函数集合)：

$\underline{\mathrm{KeyGen}(\mathcal{K})}$：

$g_1,g_2\leftarrow_R\mathbb{G}$；

$x_1,x_2,y_1,y_2,z_1,z_2\leftarrow_R\mathbb{Z}_q$；

$c=g_1^{x_1}g_2^{x_2},d=g_1^{y_1}g_2^{y_2},h=g_1^{z_1}g_2^{z_2}$；

$H\leftarrow_R\mathbb{H}$；

$\mathrm{sk}=(x_1,x_2,y_1,y_2,z_1,z_2),\mathrm{pk}=(g_1,g_2,c,d,h,H)$.

(2) 加密过程(其中$M\in\mathbb{G}$)：

$\underline{\mathcal{E}_{\mathrm{pk}}(M)}$：

$r\leftarrow_R\mathbb{Z}_q$；

$u_1=g_1^r,u_2=g_2^r,e=h^rM,\alpha=H(u_1,u_2,e),v=c^rd^{r\alpha}$；

输出(u_1,u_2,e,v).

(3) 解密过程：

$\underline{\mathcal{D}_{\mathrm{sk}}(u_1,u_2,e,v)}$：

$\alpha=H(u_1,u_2,e)$；

如果$u_1^{x_1+y_1\alpha}u_2^{x_2+y_2\alpha}\neq v$，返回$\perp$；否则返回$\dfrac{e}{u_1^{z_1}u_2^{z_2}}$.

方案的正确性：

由$u_1=g_1^r,u_2=g_2^r$可知$u_1^{x_1}u_2^{x_2}=g_1^{rx_1}g_2^{rx_2}=c^r,u_1^{y_1}u_2^{y_2}=d^r$。所以

$$u_1^{x_1+y_1\alpha}u_2^{x_2+y_2\alpha}=u_1^{x_1}u_2^{x_2}(u_1^{y_1}u_2^{y_2})^\alpha=c^rd^{r\alpha}=v$$

验证等式成立。又因为 $u_1^{z_1}u_2^{z_2}=h^r$，所以$\frac{e}{u_1^{z_1}u_2^{z_2}}=\frac{e}{h^r}=M$。

方案中，明文是群$\mathbb{G}$中的元素，限制了方案的应用范围。如果允许明文是任意长的比特串，则方案的应用范围更广。

3.3.2　Cramer-Shoup 密码系统的安全性证明

设 $g_2=g_1^w$，则 $h=g_1^{z_1+wz_2}=g_1^{z'}$。解密时 $u_1^{z_1}u_2^{z_2}=g_1^{rz_1}g_2^{rz_2}=g_1^{r(z_1+wz_2)}=h^r$。所以加密过程中的$(u_1,e)$是以秘密钥 $z'=z_1+wz_2$，公开钥 $h=g_1^{z'}$ 的 ElGamal 加密算法对消息 m 的加密。由 2.1.5 节知，在 DDH 假设下 ElGamal 加密算法是 IND-CPA 安全的，所以 Cramer-Shoup 密码系统也是 IND-CPA 安全的。密文中的(u_2,v)则用于数据的完整性检验，以防止敌手不通过加密算法伪造出有效的密文，因而获得了 IND-CCA2 的安全性。安全性的具体分析如下。

方案的安全性基于 2.1 节介绍的判定性 Diffie-Hellman 假设(简称为 DDH 假设)。DDH 假设的另一种描述是，没有多项式时间的算法能够区分以下两个分布：

- 随机四元组 $R=(g_1,g_2,u_1,u_2)\in\mathbb{G}^4$的分布。
- 四元组 $D=(g_1,g_2,u_1,u_2)\in\mathbb{G}^4$，其中 $u_1=g_1^r$，$u_2=g_2^r$，$r\leftarrow_R\mathbb{Z}_q$。

设$\mathcal{R}_{\mathrm{DH}}$是 R 构成的集合，$\mathcal{P}_{\mathrm{DH}}$是 D 构成的集合。

定理 3-9　设哈希函数 H 是防碰撞的，群$\mathbb{G}$上的 DDH 假设成立，则 Cramer-Shoup 密码系统 Π 是 IND-CCA2 安全的。

具体来说，假设存在一个 IND-CCA2 敌手$\mathcal{A}$以$\epsilon(\mathcal{K})$的优势攻破 Cramer-Shoup 密码系统 Π，那么一定存在一个敌手$\mathcal{B}$以

$$\mathrm{Adv}_{\mathcal{B}}^{\mathrm{DDH}}(\mathcal{K})\approx\frac{1}{2}\epsilon(\mathcal{K})$$

的优势解决 DDH 假设。

证明：下面证明 Cramer-Shoup 密码系统可归约到 DDH 假设。

设敌手$\mathcal{B}$已知四元组 $T=(g_1,g_2,u_1,u_2)\in\mathbb{G}^4$，以$\mathcal{A}$(攻击 Cramer-Shoup 密码系统)作为子程序，目标是判断 $T\in\mathcal{R}_{\mathrm{DH}}$还是 $T\in\mathcal{P}_{\mathrm{DH}}$。过程如下：

$\underline{\mathrm{Exp}_{\Pi,\mathcal{A}}^{\mathrm{CS\text{-}CCA2}}(T)}$

$x_1,x_2,y_1,y_2,z_1,z_2\leftarrow_R\mathbb{Z}_q$，$H\leftarrow_R\mathbb{H}$；

$c=g_1^{x_1}g_2^{x_2}$，$d=g_1^{y_1}g_2^{y_2}$，$h=g_1^{z_1}g_2^{z_2}$；

$\mathrm{sk}=(x_1,x_2,y_1,y_2,z_1,z_2)$，$\mathrm{pk}=(g_1,g_2,c,d,h,H)$.

$(M_0,M_1)\leftarrow\mathcal{A}^{\mathcal{D}_{\mathrm{sk}}(\cdot)}(\mathrm{pk})$，其中$|M_0|=|M_1|$；

$\beta\leftarrow_R\{0,1\}$，$e=u_1^{z_1}u_2^{z_2}M_\beta$，$\alpha=H(u_1,u_2,e)$，$v=u_1^{x_1+y_1\alpha}u_2^{x_2+y_2\alpha}$；

$C^*=(u_1,u_2,e,v)$；

$\beta'\leftarrow\mathcal{A}^{D_{\mathrm{sk},\neq C^*}(\cdot)}(\mathrm{pk},C^*)$；

如果 $\beta'=\beta$，则返回 1；否则返回 0.

其中$\mathcal{D}_{\mathrm{sk},\neq C^*}(\cdot)$表示敌手不能对 C^* 访问$\mathcal{D}_{\mathrm{sk}}(\cdot)$。如果$\mathrm{Exp}_{\Pi,\mathcal{A}}^{\mathrm{CS\text{-}CCA2}}(T)=1$，$\mathcal{B}$认为 $T\in\mathcal{P}_{\mathrm{DH}}$。如果$\mathrm{Exp}_{\Pi,\mathcal{A}}^{\mathrm{CS\text{-}CCA2}}(T)=0$，$\mathcal{B}$认为 $T\in\mathcal{R}_{\mathrm{DH}}$。

$\mathcal{A}$的优势定义为安全参数$\mathcal{K}$的函数：

$$\mathrm{Adv}_{\Pi,\mathcal{A}}^{\text{CS-CCA2}}(\mathcal{K}) = \left|\Pr[\beta' = \beta] - \frac{1}{2}\right|$$

$\mathcal{B}$的优势定义为 $\mathrm{Adv}_{\mathcal{B}}^{\mathrm{DDH}}(\mathcal{K}) = \left|\Pr[\mathrm{Exp}_{\Pi,\mathcal{A}}^{\text{CS-CCA2}}(T)=1] - \frac{1}{2}\right|$，显然 $\mathrm{Adv}_{\mathcal{B}}^{\mathrm{DDH}}(\mathcal{K}) = \mathrm{Adv}_{\Pi,\mathcal{A}}^{\text{CS-CCA2}}(\mathcal{K})$。

断言 3-5 如果$(g_1, g_2, u_1, u_2) \in \mathcal{P}_{\mathrm{DH}}$，则$\mathcal{B}$的模拟是完备的。

证明：若$(g_1, g_2, u_1, u_2) \in \mathcal{P}_{\mathrm{DH}}$，则有 $u_1 = g_1^r$ 和 $u_2 = g_2^r$。$u_1^{x_1} u_2^{x_2} = c^r$，$u_1^{y_1} u_2^{y_2} = d^r$ 和 $u_1^{z_1} u_2^{z_2} = h^r$，所以$\mathcal{B}$对任意消息 M 以(g_1, g_2, c, d, h, H)为公开钥加密得到 $e = Mh^r$，$v = c^r d^{r\alpha}$，以$(x_1, x_2, y_1, y_2, z_1, z_2)$为秘密钥可正确解密，$\mathcal{B}$的模拟是完备的。

（断言 3-5 证毕）

断言 3-6 如果$(g_1, g_2, u_1, u_2) \in \mathcal{R}_{\mathrm{DH}}$，则$\mathcal{A}$在上述模拟中的优势是可忽略的。

证明：该断言由以下两个断言得到。

断言 3-6′ 当$(g_1, g_2, u_1, u_2) \in \mathcal{R}_{\mathrm{DH}}$时，$\mathcal{B}$以不可忽略的概率拒绝所有的无效密文。

证明：考虑秘密钥$(x_1, x_2, y_1, y_2) \in \mathbb{Z}_q^4$，假设敌手$\mathcal{A}$此时有无限的计算能力，可求$\log_{g_1} c$，$\log_{g_1} d$ 以及$\log_{g_1} v$，那么$\mathcal{A}$可从公开钥(g_1, g_2, c, d, h, H)和挑战密文(u_1, u_2, e, v)建立如下方程组：

$$\begin{cases} \log_{g_1} c = x_1 + w x_2 \\ \log_{g_1} d = y_1 + w y_2 \\ \log_{g_1} v = r_1 x_1 + w r_2 x_2 + \alpha r_1 y_1 + \alpha w r_2 y_2 \end{cases} \tag{3.3}$$

其中 $w = \log_{g_1} g_2$。

假设敌手提交了一个无效密文$(u_1', u_2', e', v') \neq (u_1, u_2, e, v)$，这里 $u_1' = g_1^{r_1'}$，$u_2' = g_2^{r_2'}$，$r_1' \neq r_2'$，$\alpha' = H(u_1', u_2', e')$。

下面分 3 种情况来讨论：

情况 1：$(u_1', u_2', e') = (u_1, u_2, e)$。此时 $\alpha' = \alpha$，但 $v' \neq v$，因此$\mathcal{B}$将拒绝。

情况 2：$(u_1', u_2', e') \neq (u_1, u_2, e)$，且 $\alpha' = \alpha$。与哈希函数的抗碰撞性矛盾。

情况 3：$(u_1', u_2', e') \neq (u_1, u_2, e)$，且 $\alpha' \neq \alpha$。此时$\mathcal{B}$将拒绝，否则$\mathcal{A}$可建立另一方程

$$\log_{g_1} v' = r_1' x_1 + w r_2' x_2 + \alpha r_1' y_1 + \alpha w r_2' y_2 \tag{3.4}$$

因为

$$\det\begin{pmatrix} 1 & w & 0 & 0 \\ 0 & 0 & 1 & w \\ r_1 & w r_2 & \alpha r_1 & \alpha w r_2 \\ r_1' & w r_2' & \alpha' r_1' & \alpha' w r_2' \end{pmatrix} = w^2 (r_2 - r_1)(r_2' - r_1')(\alpha - \alpha') \neq 0$$

所以方程组(3.3)和方程(3.4)有唯一解，即$\mathcal{A}$可求出秘密钥(x_1, x_2, y_1, y_2)。

所以即使$\mathcal{A}$有无限的计算能力，他提交无效的密文使得$\mathcal{B}$接受的概率是可忽略的。

（断言 3-6′证毕）

断言 3-6″ 若在模拟过程中$\mathcal{B}$拒绝所有的无效密文，则$\mathcal{A}$的优势是可忽略的。

证明：考虑秘密钥$(z_1, z_2) \in \mathbb{Z}_q^2$，$\mathcal{A}$可从公开钥$(g_1, g_2, c, d, h, H)$建立关于$(z_1, z_2)$的方程(仍然假定$\mathcal{A}$有无限的计算能力)：

$$\log_{g_1} h = z_1 + wz_2 \tag{3.5}$$

如果$\mathcal{B}$仅解密有效密文(u_1', u_2', e', v')，则由于$(u_1')^{z_1}(u_2')^{z_2} = g_1^{r'z_1} g_2^{r'z_2} = h^{r'}$，$\mathcal{A}$通过$(u_1', u_2', e', v')$得到的方程$r'\log_{g_1} h = r'z_1 + r'wz_2$仍是式(3.5)。因此没有得到关于$(z_1, z_2)$的更多信息。

在$\mathcal{B}$输出的挑战密文(u_1, u_2, e, v)中，有$e = \gamma M_\beta$，其中$\gamma = u_1^{z_1} u_2^{z_2}$，由此建立的方程为

$$\log_{g_1} \gamma = r(z_1 + wz_2) \tag{3.6}$$

显然式(3.5)和式(3.6)是线性无关的，对$\mathcal{A}$来说γ是均匀分布的。换句话讲，$e = \gamma M_\beta$是用γ对M_β所做的一次一密，$\mathcal{A}$猜测β是完全随机的。

（断言 3-6″证毕）（断言 3-6 证毕）

设事件D和R分别表示事件$(g_1, g_2, u_1, u_2) \in \mathcal{P}_{\mathrm{DH}}$和$(g_1, g_2, u_1, u_2) \in \mathcal{R}_{\mathrm{DH}}$。

由$\mathcal{A}$的优势及断言 3-5、断言 3-6 得$\left|\Pr[\beta' = \beta \mid D] - \frac{1}{2}\right| = \epsilon(k)$，$\left|\Pr[\beta' = \beta \mid R] - \frac{1}{2}\right| = \mathrm{negl}(k)$，其中$\mathrm{negl}(k)$是可忽略的。所以

$$\begin{aligned}
\Pr[\beta' = \beta] &= \Pr[D]\Pr[\beta' = \beta \mid D] + \Pr[R]\Pr[\beta' = \beta \mid R] \\
&= \frac{1}{2}\left(\frac{1}{2} \pm \epsilon(\mathcal{K})\right) + \frac{1}{2}\left(\frac{1}{2} \pm \mathrm{negl}(\mathcal{K})\right) \\
&= \frac{1}{2} \pm \frac{1}{2}\epsilon(\mathcal{K}) \pm \frac{1}{2}\mathrm{negl}(\mathcal{K}) \\
\mathrm{Adv}_{\Pi,\mathcal{A}}^{\text{CS-CCA2}}(\mathcal{K}) &= \left|\Pr[\beta' = \beta] - \frac{1}{2}\right| = \frac{1}{2}\left|\epsilon(\mathcal{K}) \pm \mathrm{negl}(\mathcal{K})\right| \\
&\approx \frac{1}{2}\epsilon(\mathcal{K})
\end{aligned}$$

得$\mathcal{B}$的优势为$\mathrm{Adv}_{\mathcal{B}}^{\mathrm{DDH}}(\mathcal{K}) \approx \frac{1}{2}\epsilon(\mathcal{K})$。

（定理 3-9 证毕）

3.4 RSA-FDH 签名方案

3.4.1 RSA 签名方案

签名方案的定义见定义 2-7，其语义安全性见定义 3-4。

定义 3-4　一个签名方案(SigGen, Sign, Vrfy)称为在适应性选择消息攻击下具有存在性不可伪造性（Existential Unforgeability Against Adaptive Chosen Messages Attacks, EUF-CMA），简称为 EUF-CMA 安全，如果对任何多项式有界时间的敌手$\mathcal{A}$在以下试验中的优势是可忽略的：

$\underline{\mathrm{Exp}_{\mathrm{Sig},\mathcal{A}}^{\mathrm{EUF}}(\mathcal{K})}$：

$(\mathrm{vk}, \mathrm{sk}) \leftarrow \mathrm{SigGen}(\mathcal{K})$；

$(M, \sigma) \leftarrow \mathcal{A}^{\mathrm{Sign}_{\mathrm{sk}}(\cdot)}(\mathrm{vk})$；

设Q表示$\mathcal{A}$访问签名谕言机$\mathrm{Sign}_{\mathrm{sk}}(\cdot)$的消息集合；

如果$\mathrm{Vrfy}_{\mathrm{vk}}(M, \sigma) = 1 \wedge M \notin Q$，返回 1；否则返回 0.

其中$\mathcal{A}$可多项式有界次访问签名谕言机$\mathrm{Sign}_{\mathrm{sk}}(\cdot)$。

$\mathcal{A}$的优势定义为$\mathrm{Adv}^{\mathrm{EUF}}_{\mathrm{Sig},\mathcal{A}}(\mathcal{K})=|\Pr[\mathrm{Exp}^{\mathrm{EUF}}_{\mathrm{Sig},\mathcal{A}}(\mathcal{K})=1]|$。

定义 2-8 的方案是一次性强签名方案，其中$\mathcal{A}$对签名谕言机$\mathrm{Sign}_{\mathrm{sk}}(\cdot)$只能访问一次，且$\mathcal{A}$即使得到一个消息-签名对，也不能伪造这个消息的另一个签名。

RSA 作为加密算法见 3.1.1 节，RSA 用于签名算法的方案如下。

(1) 密钥产生过程：

$$\underline{\mathrm{GenRSA}(\mathcal{K})}:$$
$$p,q\leftarrow \mathrm{GenPrime}(\mathcal{K});$$
$$n=pq,\varphi(n)=(p-1)(q-1);$$
选 e，满足 $1<e<\varphi(n)$ 且 $(\varphi(n),e)=1$；

计算 d，满足 $d\cdot e\equiv 1 \bmod \varphi(n)$

$$\mathrm{pk}=(n,e),\mathrm{sk}=(n,d).$$

(2) 签名：

$$\underline{\mathrm{Sign}_{\mathrm{sk}}(M)}:$$
$$\sigma=M^d \bmod n.$$

(3) 验证：

$$\underline{\mathrm{Vrfy}_{\mathrm{pk}}(M,\sigma)}:$$
如果 $\sigma^e=M \bmod n$ 返回 1；否则返回 0.

但 RSA 签名体制不是 EUF-CMA 安全的，它的 EUF 游戏如下。

(1) 初始阶段。挑战者产生系统的密钥对 $\mathrm{pk}=(e,n)$，$\mathrm{sk}=(d,n)$，将 pk 发送给敌手$\mathcal{A}$但保密 sk。

(2) 阶段 1(签名询问)。$\mathcal{A}$执行以下的多项式 $q=q(\mathcal{K})$有界次适应性询问。

$\mathcal{A}$提交 M_i，其中某个 $M_\ell=r^e\cdot M$，挑战者计算 $s_i\equiv M_i^d \bmod n(i=1,2,\cdots,q)$并返回给$\mathcal{A}$。

(3) 输出。$\mathcal{A}$输出$(M,\sigma)=\left(M,\dfrac{s_\ell}{r}\right)$，因为 $s_\ell\equiv(r^eM)^d \bmod n\equiv rM^d \bmod n$，所以 $\dfrac{s_\ell}{r}\equiv M^d \bmod n$，即为 M 的签名。M 不出现在阶段 1 且 $\mathrm{Ver}(\sigma,M,\mathrm{pk})=\mathrm{T}$。

3.4.2 RSA-FDH 签名方案的描述

RSA 签名方案中使用模指数运算，如果哈希函数的输出比特长度和模数的比特长度相等，则称该哈希函数为全域哈希函数 FDH (Full Domain Hash)。使用全域哈希函数的 RSA 签名方案，简称为 RSA-FDH 签名方案，在适应性选择消息攻击下具有存在性不可伪造性，即为 EUF-CMA 安全的。

方案(记为 Π)如下：

设 GenRSA 如前，函数 $H:\{0,1\}^*\rightarrow\{0,1\}^{2\mathcal{K}}$，$\mathcal{K}$为安全参数。

(1) 密钥产生过程：

$$\underline{\mathrm{SignGen}(\mathcal{K})}:$$
$$(n,e,d)\leftarrow \mathrm{GenRSA}(\mathcal{K});$$
$$\mathrm{pk}=(n,e);$$
$$\mathrm{sk}=(n,d).$$

(2) 签名过程(其中 $M\in\{0,1\}^*$)：

$$\underline{\mathrm{Sign}_{\mathrm{sk}}(M)}:$$
$$h=H(M);$$
$$\text{输出 }\sigma=h^d \bmod n.$$

(3) 验证过程：

$$\underline{\mathrm{Vrfy}_{\mathrm{pk}}(M,\sigma)}:$$
$$h=H(M);$$
$$\text{如果 }\sigma^e=h \bmod n\text{ 返回 1；否则返回 0.}$$

定理 3-10　设 H 是一个随机谕言机，如果与 GenRSA 相关的 RSA 问题是困难的(见 3.1.2 节)，则 RSA-FDH 方案是 EUF-CMA 安全的。

具体来说，假设存在一个 EUF-CMA 敌手$\mathcal{A}$以$\epsilon(\mathcal{K})$的优势攻破 RSA-FDH 方案，$\mathcal{A}$最多进行 q_H 次 H 询问，那么一定存在一个敌手$\mathcal{B}$至少以

$$\mathrm{Adv}_{\mathcal{B}}^{\mathrm{RSA}}(k)\geqslant\frac{\epsilon(\mathcal{K})}{\mathrm{e}q_H}$$

的优势解决 RSA 问题，其中 e 是自然对数的底。

证明：Π 的 EUF 游戏如下。

(1) 挑战者运行 GenRSA($\mathcal{K}$)得到(n,e,d)，选取一个随机函数 H。敌手$\mathcal{A}$得到公开钥(n,e)。

(2) 敌手$\mathcal{A}$可以向挑战者询问 $H(\cdot)$和对消息的签名，当$\mathcal{A}$请求消息 M 的签名时，挑战者向$\mathcal{A}$返回 $\sigma\equiv H(M)^d \bmod n$。

(3) $\mathcal{A}$输出一个消息-签名对(M,σ)，其中$\mathcal{A}$之前没有请求过消息 M 的签名。如果 $\sigma^e\equiv H(M) \bmod n$，则敌手攻击成功。

下面证明 RSA-FDH 方案可归约到 RSA 问题。

敌手$\mathcal{B}$已知(n,e,y^*)，其中 y^* 是$\mathbb{Z}_n^*$上均匀随机的。以$\mathcal{A}$(攻击 RSA-FDH 方案)作为子程序，目标是计算$(y^*)^{1/e} \bmod n$。

分析：$\mathcal{B}$若能得到某个 σ，使得 $\sigma^e\equiv y^* \bmod n$，则 $\sigma\equiv(y^*)^{1/e} \bmod n$。由 $\sigma^e\equiv y^* \bmod n$ 知，若 y^* 是某个消息 M 的哈希函数值，则 σ 为这个消息的签名。(M,σ)由敌手$\mathcal{A}$产生，但 $H(M)$由$\mathcal{B}$产生，$\mathcal{B}$可设 $H(M)=y^*$。$\mathcal{B}$在将 y^* 取为某个消息的哈希值时，并不知道$\mathcal{A}$对哪个消息产生伪造的签名，所以$\mathcal{B}$要做猜测($\mathcal{A}$的第 j 次 H 询问对应着$\mathcal{A}$最终的伪造结果)。

为了简化，不失一般性，我们假设：①$\mathcal{A}$不会对 $H(M)$发起两次相同的询问；②如果$\mathcal{A}$请求消息 M 的一个签名，则它之前已经询问过 $H(M)$；③如果$\mathcal{A}$输出(M,σ)，则它之前已经询问过 $H(M)$。

归约过程如下：

(1) $\mathcal{B}$将公开钥(n,e)给$\mathcal{A}$且随机选择 $j\leftarrow_R\{1,2,\cdots,q_H\}$。$j$ 是$\mathcal{B}$的一个猜测值：$\mathcal{A}$的第 j 次 H 询问对应着$\mathcal{A}$最终的伪造结果。

(2) H 询问(最多进行 q_H 次)。$\mathcal{B}$建立一个 H^{list}，初始为空，元素类型为三元组(M_i,σ_i,y_i)，表示$\mathcal{B}$已经设置 $H(M_i)=y_i$，$\sigma_i{}^e\equiv y_i \bmod n$。当$\mathcal{A}$发起第 i 次询问(设询问值为 M_i)时，$\mathcal{B}$如下回答：

- 如果 $i=j$，返回 y^*。
- 否则，选取一个随机值 $\sigma_i\leftarrow_R\mathbb{Z}_n^*$，计算 $y_i\equiv\sigma_i^e \bmod n$，以 y_i 作为对该询问的应答，并在表中存储(M_i,σ_i,y_i)。

(3) 签名询问(最多进行 q_H 次)。当$\mathcal{A}$请求消息 M 的一个签名时，设 i 满足 $M=M_i$，M_i 表示第 i 次 H 询问的询问值。$\mathcal{B}$如下回答该询问：

- 如果 $i\neq j$，则 H^{list} 中有一个三元组(M_i,σ_i,y_i)，返回 σ_i。
- 如果 $i=j$，则中断。

(4) 输出：$\mathcal{A}$输出(M,σ)。如果 $M\neq M_j$，$\mathcal{B}$中断；否则如果 $M=M_j$ 且 $\sigma^e\equiv y^* \bmod n$，$\mathcal{B}$输出 σ。

断言 3-7 在以上过程中，如果$\mathcal{B}$不中断，则$\mathcal{B}$的模拟是完备的。

证明：当$\mathcal{B}$猜测正确时，$\mathcal{A}$在上述归约中的视图与其在真实攻击中的视图是同分布的。这是因为以下两点。

(1) $\mathcal{A}$的 q_H 次 H 询问中的每一个都是用随机值来回答的：

- 对 M_j 的询问是用 y^* 来应答的，其中 y^* 是$\mathbb{Z}_n^*$ 中均匀分布的。
- 对 $M_i(i\neq j)$的询问是用 $y_i\equiv\sigma_i^e \bmod n$ 来应答的，其中 σ_i 是从$\mathbb{Z}_n^*$ 中均匀随机选取的，y_i 在$\mathbb{Z}_n^*$ 中也是均匀分布的。

在真实攻击中，H 被视为随机谕言机。所以$\mathcal{A}$的 H 询问的应答和真实攻击中的应答是同分布的。

(2) $\mathcal{A}$对 $M_i(i\neq j)$的签名询问得到的应答 σ_i 满足 $\sigma_i^e \bmod n\equiv y_i\equiv H(M_i) \bmod n$，是有效的。

所以$\mathcal{A}$在上述归约中的视图与其在真实攻击中的视图是同分布的，即$\mathcal{B}$的模拟是完备的。

(断言 3-7 证毕)

若$\mathcal{B}$的猜测是正确的，且$\mathcal{A}$输出一个伪造，则$\mathcal{B}$就解决了给定的 RSA 实例，这是因为 $\sigma^e\equiv y^* \bmod n$，$\sigma$ 即为$(y^*)^{1/e} \bmod n$。

$\mathcal{B}$的成功由以下 3 个事件决定：

$\mathcal{E}_1$：$\mathcal{B}$在$\mathcal{A}$的签名询问中不中断。

$\mathcal{E}_2$：$\mathcal{A}$产生一个有效的消息-签名对(M,σ)。

$\mathcal{E}_3$：$\mathcal{E}_2$发生且 M 对应的三元组(M_i,σ_i,y_i)中下标 $i=j$。

$\Pr[\mathcal{E}_1]=\left(1-\frac{1}{q_H}\right)^{q_H}$，$\Pr[\mathcal{E}_2\mid\mathcal{E}_1]=\epsilon(\mathcal{K})$，而 $\Pr[\mathcal{E}_3\mid\mathcal{E}_1\mathcal{E}_2]=\Pr[i=j\mid\mathcal{E}_1\mathcal{E}_2]=\frac{1}{q_H}$。所以$\mathcal{B}$的优势为

$$\Pr[\mathcal{E}_1\mathcal{E}_3]=\Pr[\mathcal{E}_1]\Pr[\mathcal{E}_2\mid\mathcal{E}_1]\Pr[\mathcal{E}_3\mid\mathcal{E}_1\mathcal{E}_2]=\left(1-\frac{1}{q_H}\right)^{q_H}\frac{1}{q_H}\epsilon(\mathcal{K})\approx\frac{1}{\mathrm{e}q_H}\epsilon(\mathcal{K})$$

（定理 3-10 证毕）

3.4.3 RSA-FDH 签名方案的改进

对方案的改进考虑的是归约的效率，定理 3-11 给出了一种更紧的归约。

定理 3-11　设 H 是一个随机谕言机，如果与 GenRSA 相关的 RSA 问题是困难的，则 RSA-FDH 方案是 EUF-CMA 安全的。

具体来说，假设存在一个 EUF-CMA 敌手 $\mathcal{A}$ 以 $\epsilon(\mathcal{K})$ 的优势攻破 RSA-FDH 方案，$\mathcal{A}$ 最多进行 q_H 次 H 询问、q_s 次签名询问，那么一定存在一个敌手 $\mathcal{B}$ 至少以

$$\mathrm{Adv}_{\mathcal{B}}^{\mathrm{RSA}}(k)\geqslant\frac{\epsilon(\mathcal{K})}{\mathrm{e}q_s}$$

的优势解决 RSA 问题。

证明：归约过程修改如下：

(1) $\mathcal{B}$ 将公开钥 (n,e) 给 $\mathcal{A}$。

(2) H 询问（最多进行 q_H 次）：$\mathcal{B}$ 建立一个 H^{list}，初始为空，元素类型为四元组 (M_i,σ_i,y_i,c_i)，表示 $\mathcal{B}$ 已经设置 $H(M_i)=y_i$，$\sigma_i^{\,e}\equiv y_i \bmod n$。当 $\mathcal{A}$ 发起一次询问（设询问值为 M）时，$\mathcal{B}$ 如下回答：

① 如果 H^{list} 中已有与 M 对应的项 (M_i,σ_i,y_i,c_i)，则以 y_i 应答。

② 否则，$\mathcal{B}$ 随机选择一个 $c_i\leftarrow_R\{0,1\}$ 并设 $\Pr[c_i=0]=\delta$（δ 的值待定）。

- 如果 $c_i=0$，返回 y^*。
- 否则，选取一个随机值 $\sigma_i\leftarrow_R\mathbb{Z}_n^*$，计算 $y_i\equiv\sigma_i^e \bmod n$，以 y_i 作为对该询问的应答，并在表中存储 (M_i,σ_i,y_i,c_i)。

(3) 签名询问（最多进行 q_s 次）。当 $\mathcal{A}$ 请求消息 M 的一个签名时，$\mathcal{B}$ 在 H^{list} 查找项 (M_i,σ_i,y_i,c_i)，使得 $M_i=M$。

- 如果 $c_i\neq0$，则返回 σ_i。
- 如果 $c_i=0$，则中断。

(4) 输出。$\mathcal{A}$ 输出 (M,σ)。$\mathcal{B}$ 在 H^{list} 中查找 M 对应的四元组 (M,σ,y,c)，如果 $c\neq0$，$\mathcal{B}$ 中断；否则 $\mathcal{B}$ 输出 σ。

上述归约过程中，c_i 就是 $\mathcal{B}$ 的猜测：$c_i=0$ 对应的四元组中的 M 是 $\mathcal{A}$ 最终要伪造签名的消息，c_i 在四元组 (M_i,σ_i,y_i,c_i) 中的作用就是一个标识符。

$\mathcal{B}$ 的成功由以下 3 个事件决定：

$\mathcal{E}_1$：$\mathcal{B}$ 在 $\mathcal{A}$ 的签名询问中不中断。

$\mathcal{E}_2$：$\mathcal{A}$ 产生一个有效的消息-签名对 (M,σ)。

$\mathcal{E}_3$：$\mathcal{E}_2$ 发生且 M 对应的四元组 (M,σ,y,c) 中 $c=0$。

$\Pr[\mathcal{E}_1]=(1-\delta)^{q_s}$，$\Pr[\mathcal{E}_2\mid\mathcal{E}_1]=\epsilon(\mathcal{K})$，而 $\Pr[\mathcal{E}_3\mid\mathcal{E}_1\mathcal{E}_2]=\Pr[c=0\mid\mathcal{E}_1\mathcal{E}_2]=\delta$。所以 $\mathcal{B}$ 成功的概率为 $\Pr[\mathcal{E}_1\mathcal{E}_3]=\Pr[\mathcal{E}_1]\Pr[\mathcal{E}_2\mid\mathcal{E}_1]\Pr[\mathcal{E}_3\mid\mathcal{E}_1\mathcal{E}_2]=(1-\delta)^{q_s}\epsilon\delta$。将 $(1-\delta)^{q_s}\epsilon\delta$ 看

作 δ 的函数，可求出 $\delta=\frac{1}{q_s+1}$ 时，$(1-\delta)^{q_s}\epsilon\delta$ 达到最大，最大值为 $\frac{\epsilon(\mathcal{K})}{\mathrm{e}(q_s+1)}\approx\frac{\epsilon(\mathcal{K})}{\mathrm{e}q_s}$。

（定理 3-11 证毕）

通常 $q_s << q_H$，所以 $\frac{\epsilon(\mathcal{K})}{\mathrm{e}q_s} >> \frac{\epsilon(\mathcal{K})}{\mathrm{e}q_H}$。定理 3-11 的归约要比定理 3-10 的归约紧。

3.5 BLS 短签名方案

RSA 和 DSA 是最常用的两个签名方案，但二者的签名长度过大。例如当使用一个 1024 比特长的模数时，RSA 的签名长度为 1024 比特，DSA 的签名长度为 320 比特，DSA 在椭圆曲线上的实现其签名长度也是 320 比特，320 比特的签名对于人工输入来说太长了。本节介绍的 BLS 短签名方案其签名长度大约是 170 比特，但它的安全性与 DSA 320 比特长签名的安全性是相同的。

3.5.1 BLS 短签名方案所基于的安全性假设

BLS 短签名方案[3] 的安全性基于循环乘法群上的 CDH 问题的困难性假设。

设 $\mathbb{G}=\langle g\rangle$ 是阶为素数 q 的循环群，g 是 $\mathbb{G}$ 的生成元。

$\mathbb{G}$ 上双线性映射 $\hat{e}$ 的双线性为：对于 $a,b\in\mathbb{Z}_q^*$，有 $\hat{e}(g^a,g^b)=\hat{e}(g,g)^{ab}$。

DDH 问题的另一种描述：已知四元组 $D=(g_1,g_2,u_1,u_2)\in\mathbb{G}^4$，其中 g_1、g_2 为 $\mathbb{G}$ 的生成元，$u_1=g_1^\alpha$，$u_2=g_2^\beta(\alpha,\beta\in\mathbb{Z}_q)$，判断是否 $\alpha=\beta$。

如果 $\alpha=\beta$，则称四元组 $D=(g_1,g_2,u_1,u_2)$ 为 DH 四元组。

利用 $\mathbb{G}$ 上的双线性映射 $\hat{e}$ 很容易解决 DDH 问题。已知 $D=(g_1,g_2,u_1,u_2)\in\mathbb{G}^4$，则

$$\alpha=\beta\Leftrightarrow\hat{e}(g_1,u_2)=\hat{e}(g_2,u_1)$$

CDH 问题是：已知 $D=(g,g^\alpha,h)\in\mathbb{G}^3$，计算 h^α。

如果 $\mathbb{G}$ 上的 DDH 问题是容易的，但 CDH 问题是困难的，$\mathbb{G}$ 就称为间隙群。

注：仅当 $\mathbb{G}$ 是超奇异椭圆曲线上的点群时，$\hat{e}$ 才可构造，从而使得 $\mathbb{G}$ 上的 DDH 问题变得容易。否则，$\mathbb{G}$ 上的 DDH 问题仍是困难的，见 2.1.5 节。

3.5.2 BLS 短签名方案描述

设 $\mathbb{G}$ 是间隙群，$H:\{0,1\}^*\to\mathbb{G}$ 是全域哈希函数。

(1) 密钥产生过程：

$\underline{\mathrm{SignGen}(\mathcal{K})}$：

$x\leftarrow_R\mathbb{Z}_q$；

$y=g^x\in\mathbb{G}$；

$\mathrm{sk}=x,\mathrm{pk}=y.$

(2) 签名过程（其中 $M\in\{0,1\}^*$）：

$\underline{\mathrm{Sign}_{\mathrm{sk}}(M)}$：

$h=H(M)$；

输出 $\sigma=h^x\in\mathbb{G}$.

(3) 验证过程：

$\underline{\mathrm{Vrfy}_{pk}(M,\sigma)}$：

$h=H(M)$；

如果(g,h,y,σ)为 DH 四元组，返回 1；否则返回 0.

定理 3-12　设 H 是一个随机谕言机，如果$\mathbb{G}$ 是一个间隙群，则 BLS 短签名方案 Sig 是 EUF-CMA 安全的。

具体来说，假设存在一个 EUF-CMA 敌手$\mathcal{A}$以$\epsilon(\mathcal{K})$的优势攻破短签名方案，$\mathcal{A}$最多进行 q_H 次 H 询问，那么一定存在一个敌手$\mathcal{B}$至少以

$$\mathrm{Adv}_{\mathcal{B}}^{\mathrm{CDH}}(\mathcal{K})\geqslant\frac{\epsilon(\mathcal{K})}{\mathrm{e}q_H}$$

的优势解决 CDH 问题。

证明：Sig 的 EUF 游戏与 RSA-FDH 的 EUF 游戏类似。

下面证明 BLS 短签名方案可归约到群$\mathbb{G}$ 上的 CDH 问题。

敌手$\mathcal{B}$已知$(g,u=g^a,h)$，以$\mathcal{A}$(攻击 BLS 短签名方案)作为子程序，目标是计算 h^a。

与 RSA-FDH 相同，我们假设：①$\mathcal{A}$不会对随机谕言机发起两次相同的询问；②如果$\mathcal{A}$请求消息 M 的一个签名，则它之前已经询问过 $H(M)$；③如果$\mathcal{A}$输出(M,σ)，则它之前已经询问过 $H(M)$。

分析：$\mathcal{B}$将 $u=g^a$ 看做自己的公开钥，a 为秘密钥($\mathcal{B}$其实不知 a)，则 h^a 为$\mathcal{B}$对某一消息的签名，即 $\sigma=H(M)=h^a$，其中(M,σ)由$\mathcal{A}$伪造产生。$\mathcal{B}$可将 h 作为某一消息 M_j 的哈希函数值，但$\mathcal{B}$并不知道$\mathcal{A}$对哪个消息伪造签名，所以要猜测。

实际证明时，$\mathcal{B}$希望将问题实例$(g,u=g^a,h)$隐藏起来，所以先选一个随机数 r，以 $u\cdot g^r$ 作为公开钥发送给$\mathcal{A}$。

归约过程如下：

(1) $\mathcal{B}$将群$\mathbb{G}$ 的生成元 g 和公开钥 $u\cdot g^r\in\mathbb{G}$ 发送给$\mathcal{A}$，其中 $r\leftarrow_R Z_q$，$u\cdot g^r=g^{a+r}$ 对应的秘密钥是 $a+r$。此外随机选择 $j\in\{1,2,\cdots,q_H\}$作为它的一个猜测值：$\mathcal{A}$的这次 H 询问对应着$\mathcal{A}$最终的伪造结果。

(2) H 询问(最多进行 q_H 次)。$\mathcal{B}$建立一个 H^{list}，初始为空，元素类型为三元组(M_i, y_i, b_i)。当$\mathcal{A}$发起第 i 次询问(设询问值为 M_i)时，$\mathcal{B}$如下回答：

① 如果 H^{list}中已有 M_i 对应的项(M_i, y_i, b_i)，则以 y_i 应答。

② 否则，$\mathcal{B}$随机选择一个 $b_i\leftarrow_R\mathbb{Z}_q$。

- 如果 $i=j$，则计算 $y_i=hg^{b_i}\in\mathbb{G}$ 。
- 否则，计算 $y_i=g^{b_i}\in\mathbb{G}$ 。

以 y_i 作为对该询问的应答，并在表中存储(M_i, y_i, b_i)。

(3) 签名询问(最多进行 q_H 次)。当$\mathcal{A}$请求消息 M 的一个签名时，设 i 满足 $M=M_i$，M_i 表示第 i 次 H 询问的询问值。$\mathcal{B}$如下回答该询问：

- 如果 $i\neq j$，则 H^{list}中有一个三元组(M_i, y_i, b_i)，计算 $\sigma_i=(ug^r)^{b_i}$ 并以σ_i 应答$\mathcal{A}$。因为 $\sigma_i=(ug^r)^{b_i}=g^{b_i(a+r)}=y_i^{(a+r)}$，所以 σ_i 为以秘密钥 $a+r$ 对 M_i 的签名。
- 如果 $i=j$，则中断。

(4) 输出。$\mathcal{A}$输出(M,σ)。如果 $M\neq M_j$，$\mathcal{B}$中断；否则$\mathcal{B}$输出$\frac{\sigma}{h^r u^{b_j} g^{b_j r}}$作为$h^a$。这是因为

$$\sigma=y_j^{(a+r)}=(hg^{b_j})^{a+r}=h^{a+r}g^{b_j(a+r)}=h^a h^r\ (g^a)^{b_j}g^{b_j r}=h^a h^r u^{b_j}g^{b_j r}$$

断言 3-8 在以上过程中，如果$\mathcal{B}$不中断，则$\mathcal{B}$的模拟是完备的。

证明：当$\mathcal{B}$猜测正确时，$\mathcal{A}$在上述归约中的视图与其在真实攻击中的视图是同分布的。这是因为以下两点。

(1) $\mathcal{A}$的 q_H 次 H 询问中的每一个都是用随机值来回答的，对 $M_i(i=1,2,\cdots,q_H)$的应答如下：

- 当 $i=j$ 时是用 $y_i=hg^{b_i}\in\mathbb{G}$ 来应答的，由 b_i 的随机性，知 y_i 是$\mathbb{G}$ 中均匀分布的。
- 当 $i\neq j$ 时是用 $y_i=g^{b_i}\in\mathbb{G}$ 来应答的，同样 y_i 也是$\mathbb{G}$ 中均匀分布的。

在真实攻击中，H 被视为随机谕言机。所以$\mathcal{A}$的 H 询问的应答和真实攻击中的应答是同分布的。

(2) $\mathcal{A}$对 $M_i(i\neq j)$的签名询问得到的应答，是由公开钥 $u\cdot g^r=g^{a+r}$($\mathcal{A}$已获得)所对应的秘密钥 $a+r$ 签名的，所以$\mathcal{A}$得到的签名应答是有效的(相对于它得到的公开钥而言)。

所以$\mathcal{A}$在上述归约中的视图与其在真实攻击中的视图是同分布的，即$\mathcal{B}$的模拟是完备的。

(断言 3-8 证毕)

若$\mathcal{B}$的猜测是正确的，且$\mathcal{A}$输出一个伪造，则$\mathcal{B}$就在第(4)步解决了给定的 CDH 实例。$\mathcal{B}$的优势与定理 3-10 的证明相同。

(定理 3-12 证毕)

3.5.3 BLS 短签名方案的改进一

对方案的第一种改进考虑的是归约的效率，定理 3-13 给出了一种更紧的归约。

定理 3-13 设 H 是一个随机谕言机，如果$\mathbb{G}$ 是一个间隙群，则 BLS 短签名方案 Sig 是 EUF-CMA 安全的。

具体来说，假设存在一个 EUF-CMA 敌手$\mathcal{A}$以$\epsilon(\mathcal{K})$的优势攻破短签名方案，$\mathcal{A}$最多进行 q_H 次 H 询问、q_s 次签名询问，那么一定存在一个敌手$\mathcal{B}$至少以

$$\mathrm{Adv}_{\mathcal{B}}^{\mathrm{CDH}}(\mathcal{K})\geqslant\frac{\epsilon(\mathcal{K})}{\mathrm{e}q_s}$$

的优势解决 CDH 问题。

证明：改进方法与定理 3-11 类似。

3.5.4 BLS 短签名方案的改进二

为了获得短签名，需要使用第二类双线性映射(见 1.1.12 节)。

第二类双线性映射形如$\hat{e}$：$\mathbb{G}_1\times\mathbb{G}_2\rightarrow\mathbb{G}_T$，其中$\mathbb{G}_1$、$\mathbb{G}_2$和$\mathbb{G}_T$都是阶为 q 的群，$\mathbb{G}_2$到$\mathbb{G}_1$有一个同态映射 ψ：$\mathbb{G}_2\rightarrow\mathbb{G}_1$，满足 $\psi(g_2)=g_1$，其中 g_1 和 g_2 分别是$\mathbb{G}_1$和 $\mathbb{G}_2$上的固定

生成元。$\mathbb{G}_1$中的元素可用较短的形式表达。因此在构造签名方案时，把签名取为$\mathbb{G}_1$中的元素，可得短的签名。

其上的 DDH 问题(称为协 DDH，(co-DDH)问题)如下：已知 $g_2, g_2^{\alpha} \in \mathbb{G}_2, h, h^{\beta} \in \mathbb{G}_1$，判断是否 $\alpha=\beta$。如果 $\alpha=\beta$，则称四元组$(g_2, g_2^{\alpha}, h, h^{\beta})$为 co-DDH 元组。

利用$\mathbb{G}_1 \times \mathbb{G}_2$双线性映射$\hat{e}$可容易地解决 co-DDH 问题：已知$(g_2, g_2^{\alpha}, h, h^{\beta})$，则

$$\alpha=\beta \Leftrightarrow \hat{e}(h, g_2^{\alpha})=\hat{e}(h^{\beta}, g_2)$$

其上的 CDH 问题(称为协 CDH(co-CDH)问题)如下：已知 $g_2, g_2^{\alpha} \in \mathbb{G}_2$及 $h \in \mathbb{G}_1$，计算 $h^{\alpha} \in \mathbb{G}_1$。

如果$\mathbb{G}_1 \times \mathbb{G}_2$上的 co-DDH 问题是容易的，但 co-CDH 问题是困难的，$\mathbb{G}_1 \times \mathbb{G}_2$就称为间隙群组。

设$\mathbb{G}_1 \times \mathbb{G}_2$是间隙群组，$H:\{0,1\}^* \rightarrow \mathbb{G}_1$是全域哈希函数。改进后的方案如下。

(1) 密钥产生过程：

$$\begin{aligned}&\underline{\mathrm{SigGen}(\mathcal{K}):}\\&\quad x \leftarrow_R \mathbb{Z}_q;\\&\quad y=g_2^x \in \mathbb{G}_2\\&\quad \mathrm{sk}=x, \mathrm{pk}=y.\end{aligned}$$

(2) 签名过程(其中 $M \in \{0,1\}^*$)：

$$\begin{aligned}&\underline{\mathrm{Sign}_{\mathrm{sk}}(M):}\\&\quad h=H(M) \in \mathbb{G}_1;\\&\quad \text{输出 } \sigma=h^{\mathrm{sk}} \in \mathbb{G}_1.\end{aligned}$$

(3) 验证过程：

$$\begin{aligned}&\underline{\mathrm{Vrfy}_{\mathrm{pk}}(M,\sigma):}\\&\quad h=H(M) \in \mathbb{G}_1;\\&\quad \text{如果}(g_2, y, h, \sigma)\text{为 co-DH 四元组，返回 1；否则返回 0.}\end{aligned}$$

因为签字 σ 是$\mathbb{G}_1$中的元素，而$\mathbb{G}_1$可以使用 168 比特长的椭圆曲线实现，因此获得了短签名。

方案的安全性证明与定理 3-11 至定理 3-13 类似。

3.6　抗密钥泄露的公钥加密系统

3.6.1　抗泄露密码体制介绍

传统的加密方案依赖于如下假定：诚实参与方的内部状态对攻击者来说是完全保密的。但是攻击者可能会通过各种边信道攻击(如时间攻击、电源耗损、冷启动攻击及频谱分析等[4-7])获得诚实参与方的内部状态，这种攻击称为泄露攻击。在泄露攻击下，现有的许多可证明安全的密码方案在实际系统中不再保持其所声称的安全性。

Akavia 等首先引入了密钥泄露的概念[8]。为了刻画泄露，假定有一个泄露谕言机，

敌手可以针对用户的密钥自适应地对谕言机进行询问,但是为避免敌手获得秘密信息的全部内容,所设计的系统必须考虑系统所能容忍的泄露数量,为此对攻击者所获得的泄露信息的数量必须加以限定,即系统秘密信息的泄露量满足泄露率的限制。

根据泄露谕言机的输出长度,将泄露模型划分为 3 种:

(1) 有界泄露模型[8-12]。模型中泄露谕言机输出长度的总和不能超过预先设定的边界值,该模型又称为输出长度缩减模型。

(2) 熵缩减模型[13-14]。模型中允许泄露谕言机的输出长度大于密钥长度,但是密钥最小熵的损失必须小于预先的设定值,该模型又称为噪声泄露模型。

(3) 辅助输入泄露模型[15-19]。模型中敌手所提供的泄露函数对于安全参数来说在计算上是不可逆的,该模型又称为不可逆泄露模型。

根据泄露信息的来源,将敌手的攻击模型划分为两种:

(1) "唯计算泄露"(Only Computation Leak, OCL)模型。该模型由 Micali 和 Rayzin 引入,即仅参与计算的存储器才可能产生信息泄露[20]。

(2) "存储泄露"模型。由 Akavia 引入,即只要信息泄露不超过系统的泄露率,敌手就可在任何时刻获得用户秘密状态的泄露信息[8]。

本节仅介绍有界泄露模型中敌手仅进行"唯计算泄露"攻击下的公钥加密系统[13]。

1. 随机提取器

设 X 和 Y 是取值于 Ω(有限)上的两个随机变量,X 和 Y 之间的统计距离定义为

$$\mathrm{SD}(X,Y) = \frac{1}{2}\sum_{x\in\Omega}|\Pr[X=x]-\Pr[Y=x]|$$

性质 1 设 f 是 Ω 上的(随机化)函数,那么 $\mathrm{SD}(f(X),f(Y))\leqslant\mathrm{SD}(X,Y)$,当且仅当 f 是一一对应的,等号成立。换句话说,将函数应用到两个随机变量上,不能增加这两个随机变量之间的统计距离。

性质 2 统计距离满足三角不等式,即 $\mathrm{SD}(X,Z)\leqslant\mathrm{SD}(X,Y)+\mathrm{SD}(Y,Z)$。

如果两个随机变量的统计距离至多为 ϵ,则称它们是 ϵ-接近的。

随机变量 X 的最小熵为 $H_\infty(X)=-\log(\max_x\Pr[X=x])$,其中对数以 2 为底。

已知随机变量 Y,X 的平均最小熵定义为 $\widetilde{H}_\infty(X|Y)=-\log(E_{y\leftarrow Y}(2^{-H_\infty(X|Y=y)}))$。它刻画了已知 Y 时,X 剩下的不可预测性。

引理 3-7[21] 如果 Y 有 2^r 个可能的取值,Z 是任意一个随机变量,则有

$$\widetilde{H}_\infty(X\mid(Y,Z))\geqslant\widetilde{H}_\infty(X\mid Z)-r$$

定义 3-5[21] 设函数 $\mathrm{Ext}:\{0,1\}^n\times\{0,1\}^t\rightarrow\{0,1\}^m$,如果对任意的随机变量 X 和 I,满足 $X\in\{0,1\}^n$ 和 $\widetilde{H}_\infty(X|I)\geqslant k$,有

$$\mathrm{SD}((\mathrm{Ext}(X,S),S,I),(U_m,S,I))\leqslant\epsilon$$

其中 S 是 $\{0,1\}^t$ 上的均匀随机变量,则称函数 Ext 是平均情况下的 (k,ϵ)-强提取器。

Dodis 等人证明了任何一个强提取器事实上是一个平均情况下的强提取器。

引理 3-8[21] 对于任意 $\delta>0$,若函数 Ext 是一个最差情况下的 $(k-\log(1/\delta),\epsilon)$-强提取器,那么它也是平均情况下的 $(k,\epsilon+\delta)$-强提取器。

引理 3-9 是剩余哈希引理的一个变形，说明两两独立的哈希函数族是一个平均情况下的强提取器。

引理 3-9[21]　设随机变量 X、Y，满足 $X \in \{0,1\}^n$ 和 $\widetilde{H}_\infty(X|Y) \geqslant k$，又设 $\mathcal{H}$ 是从 $\{0,1\}^n$ 到 $\{0,1\}^m$ 的两两独立的哈希函数族，即 $\mathcal{H}:\{0,1\}^n \to \{0,1\}^m$，则对于 $h \leftarrow_R \mathcal{H}$，只要 $m \leqslant k - 2\log(1/\epsilon)$，就有 $\mathrm{SD}((Y,h,h(X)),(Y,h,U_m)) \leqslant \epsilon$。

2. 通用投影哈希函数

设 X 和 Π 是两个有限非空集合，$\mathbb{H}=(H_k)_{k\in K}$ 是一个指标集为 K 的函数集合，对每一个 $k \in K$，H_k 都是 X 到 Π 的函数。注意，有可能存在 $k \neq k'$ 但是 $H_k = H_{k'}$ 的情况。称四元组 $\mathcal{F}=(\mathbb{H},K,X,\Pi)$ 为哈希函数族，称每个 H_k 是哈希函数。如果在上下文中 X、Π 及 K 都很明确，则直接称 $\mathbb{H}=(H_k)_{k\in K}$ 是哈希函数族。

定义 3-6[22]　设 $\mathcal{F}=(\mathbb{H},K,X,\Pi)$ 是哈希函数族，对 $k \leftarrow_R K$，$x,x^* \leftarrow_R X$，如果 $x \neq x^*$，$H_k(x)$ 和 $H_k(x^*)$ 在 Π 上是独立均匀的，则称 $\mathcal{F}$ 是两两独立的。

定义 3-7[22]　设 $\mathcal{F}=(\mathbb{H},K,X,\Pi)$ 是哈希函数族，L 是 X 的非空真子集，S 是一个有限的非空集合，$\alpha: K \to S$ 是一个函数，记元组 $\mathcal{H}=(\mathbb{H},K,X,L,\Pi,S,\alpha)$。如果对所有的 $k \in K$，H_k 在 L 上的输出都能够由 $\alpha(k)$ 确定，则称该元组为通用投影哈希函数族。

换言之，对所有的 $k \in K$，$\alpha(k)$ 决定了 H_k 在 L 上的输出。

如图 3-2 所示，$H_k: L \to H(L) \subseteq \Pi$ 由 α 决定，$\alpha(k)$ 可看作是 H_k 的投影，称为投影密钥。

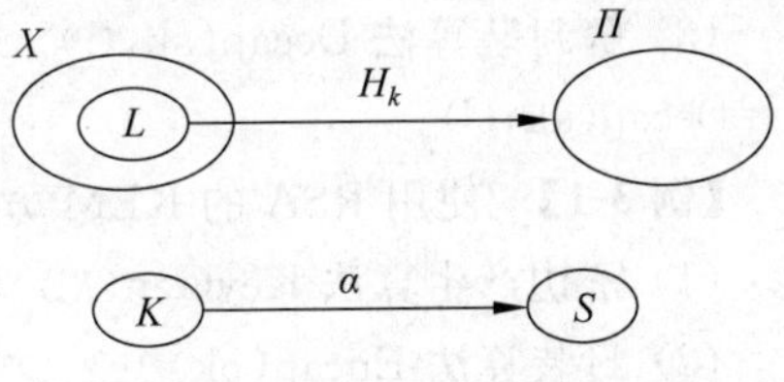

图 3-2　通用投影哈希函数族

定义 3-8[22]　设 $\mathcal{H}=(\mathbb{H},K,X,L,\Pi,S,\alpha)$ 是一个通用投影哈希函数族，$\epsilon \geqslant 0$ 是一个实数，$k \leftarrow_R K$，如果对所有的 $s \in S$，$x \in X \backslash L$ 和 $\pi \in \Pi$，以下不等式成立：

$$\Pr[H_k(x)=\pi \wedge \alpha(k)=s] \leqslant \epsilon \Pr[\alpha(k)=s]$$

则称 $\mathcal{H}$ 为 ϵ-通用的（ϵ-universal）。

称 L 是 YES-实例集合，$X\backslash L$ 是 NO-实例集合。

如果对所有的 $s \in S$，$x,x^* \in X$ 和 $\pi,\pi^* \in \Pi$，其中 $x \notin L \cup \{x^*\}$，以下不等式成立：

$$\Pr[H_k(x)=\pi \wedge H_k(x^*)=\pi^* \wedge \alpha(k)=s] \leqslant \epsilon \Pr[H_k(x^*)=\pi^* \wedge \alpha(k)=s]$$

则称 $\mathcal{H}$ 为第二类 ϵ-通用的（ϵ-universal$_2$）。

注意，当 $|X| \geqslant 2$ 时，如果 $\mathcal{H}$ 是 ϵ-universal$_2$ 的，那么也是 ϵ-universal 的。

换个角度来理解定义 3-8。由概率的乘法公式可得

$$\Pr[H_k(x)=\pi \wedge \alpha(k)=s]=\Pr[\alpha(k)=s]\Pr[H_k(x)=\pi | \alpha(k)=s]$$

所以 $\Pr[H_k(x)=\pi \wedge \alpha(k)=s] \leqslant \epsilon \Pr[\alpha(k)=s]$ 等价于 $\Pr[H_k(x)=\pi | \alpha(k)=s] \leqslant \epsilon$。$\mathcal{H}=(\mathbb{H},K,X,L,\Pi,S,\alpha)$ 为 ϵ-universal 的含义如下：虽然当 $x \in L$ 时，$H_k(x)$ 被 $\alpha(k)$ 确定，但当 $x \in X\backslash L$ 时，即使给定 $\alpha(k)$，$H_k(x)$ 的值被猜测到的概率也不超过 ϵ。类似地得 ϵ-universal$_2$ 的含义：已知 $\alpha(k)$ 和 $H_k(x^*)(x^* \in X\backslash L)$，对任意 $x \in X\backslash L$，$H_k(x)$ 的值被猜测到的概率不超过 ϵ。

总结：通用投影哈希函数说由投影密钥能确定 YES-实例的哈希函数值，它的ϵ-通用性说投影密钥不能确定 NO-实例的哈希函数值，第二类ϵ通用性说，既使已知一个 NO-实例的哈希函数值，由投影密钥也不能确定其他 NO-实例的哈希函数值.

3. 密钥封装机制

密钥封装机制(Key Encapsulation Mechanism，KEM)是一个密码原语[23]，其主要目的是在通信的双方(发送方和接收方)之间安全地传递一个随机会话密钥。在实际应用中，通信双方通常是用对称加密算法加密要传输的消息，而用公钥加密算法加密对称加密算法所用的秘密钥。然而因为对称加密算法所用的秘密钥通常比较短，在用公钥加密算法对其加密前，需对其进行填充。密钥封装机制可以简化上述过程，会话密钥由发送方选择一个随机比特串，然后对这个随机串使用哈希函数得到。KEM 的模型有以下 3 个算法：

(1) 密钥产生算法 KeyGen($\mathcal{K}$)。输入安全参数$\mathcal{K}\in\mathbb{Z}^+$，输出公开钥-秘密钥对(pk，sk)。

(2) 封装算法 Encap(pk)。输入公开钥 pk，输出一个密文 C 和一个会话密钥 K，表示为$(C,K)=\text{Encap(pk)}$，称 C 是对 K 的封装。

(3) 解封装算法 Decap(sk，C)。输入秘密钥 sk 和密文 C，输出会话密钥 K，表示为$K=\text{Decap}(\text{sk},C)$。

【例 3-1】 使用 RSA 的 KEM 方案。

(1) 密钥产生算法 KeyGen($\mathcal{K}$) 与 RSA 方案相同。

(2) 封装算法 Encap(pk)。

$$
\begin{aligned}
&\underline{\text{Encap(pk)}}:\\
&\quad r\leftarrow_R[0,n-1];\\
&\quad C=r^e \bmod n;\\
&\quad K=\text{KDF}(r);\\
&\quad \text{输出 } C \text{ 和 } K.
\end{aligned}
$$

其中 KDF 称为密钥导出函数，例如可取为密码哈希函数。

(3) 解封装算法 Decap(sk，C)

$$
\begin{aligned}
&\underline{\text{Decap}(\text{sk},C)}:\\
&\quad r=C^d \bmod n;\\
&\quad K=\text{KDF}(r).
\end{aligned}
$$

密钥封装中的适应性选择密文安全的概念，除了挑战密文不是对两个等长的消息加密外，其他均与加密方案类似。在挑战阶段，挑战者选取 $\beta\leftarrow_R\{0,1\}$，并且将挑战密文 C^* 和一个比特串 K^* 发送给敌手。其中 K^* 如下产生：如果 $\beta=1$，K^* 是用密文 C^* 封装的会话密钥；如果 $\beta=0$，K^* 取为随机比特串。敌手进行适应性的解封装询问(除了挑战密文 C^*)，输出对 β 的猜测 β'。

称上述交互为 KEM-CCA2 游戏。敌手的优势定义为

$$\text{Adv}_{\mathcal{A}}^{\text{KEM}}(\mathcal{K})=\left|\Pr[\beta'=\beta]-\frac{1}{2}\right|$$

如果对 PPT 的$\mathcal{A}$，$\mathrm{Adv}_{\mathcal{A}}^{\mathrm{KEM}}(\mathcal{K})$是可忽略的，则称 KEM 方案是 KEM-CCA2 安全的。

4. 哈希证明系统

本节从密钥封装机制的角度考虑哈希证明系统，把哈希证明系统看作密钥封装机制，密文由两种不同的模式生成。第一种模式称为有效密文，是对称密钥的封装。也就是说，给定公钥和有效的密文，则实际上确定了被封装的密钥，该密钥能够用秘密钥进行解封装。此外，有效密文的生成过程也生成了一个用于证明该密文是有效的“证据”。第二种模式生成的密文称为无效密文，它不包含关于被封装密钥的任何信息。也就是说，给定公开钥和无效密文，被封装密钥的分布几乎是完全均匀的。无效密文的产生是通过在秘密钥中引入冗余信息，使得每个公开钥都有许多秘密钥相对应。唯一的计算要求是两种模式在计算上是不可区分的，即任何已知公开钥的敌手都不能以不可忽略的优势区分有效密文和无效密文。注意秘密钥和公开钥是使用相同的算法生成的，不可区分性的要求仅针对密文。

1）平滑投影哈希函数

设$\mathcal{SK}$、$\mathcal{PK}$、$\mathcal{K}$分别是秘密钥集合、公开钥集合以及被封装的对称密钥集合。$\mathcal{C}$和$\mathcal{V}\subset\mathcal{C}$分别为所有密文的集合和所有有效密文的集合。

设$\Lambda_{\mathrm{sk}}:\mathcal{C}\to\mathcal{K}$是以 $\mathrm{sk}\in\mathcal{SK}$为索引的、把密文映射为对称密钥的哈希函数。对哈希函数$\Lambda_{(\cdot)}$，若存在投影 $\mu:\mathcal{SK}\to\mathcal{PK}$，使得 $\mu(\mathrm{sk})\in\mathcal{PK}$定义了 Λ_{sk}在有效密文集合$\mathcal{V}$上的取值，即对每个有效密文$\mathcal{C}\in\mathcal{V}$，$\mathcal{K}=\Lambda_{\mathrm{sk}}(C)$的值由 $\mathrm{pk}=\mu(\mathrm{sk})$和 C 唯一确定，则称哈希函数 $\Lambda_{(\cdot)}$是投影的。尽管可能有许多不同的秘密钥对应于同一个公开钥 pk，但是在有效密文集合上 Λ_{sk}的取值由公开钥 pk 完全确定。另一方面，在无效密文集合上 Λ_{sk}的取值是不能完全确定的。若对所有的无效密文 $C\in\mathcal{C}\backslash\mathcal{V}$，有

$$\mathrm{SD}((\mathrm{pk},\Lambda_{\mathrm{sk}}(C)),(\mathrm{pk},K))\leqslant\epsilon$$

则称此哈希函数 Λ_{sk}是ϵ-平滑的，其中 $\mathrm{sk}\leftarrow_R\mathcal{SK}$，$K\leftarrow_R\mathcal{K}$，$\mathrm{pk}=\mu(\mathrm{sk})$。

定义 3-8 中的通用性描述的是集合中的每一元素，而平滑性描述的是集合中元素的平均情况。因此平滑性比通用性弱。

2）哈希证明系统（Hash Proof Systems，HPS）

哈希证明系统包含 3 个多项式时间算法，即 HPS＝（Param，Pub，Priv），其中 $\mathrm{Param}(1^{\mathcal{K}})$是随机化算法，用于生成系统的一个实例$(\mathrm{group},\mathcal{K},\mathcal{C},\mathcal{V},\mathcal{SK},\mathcal{PK},\Lambda_{(\cdot)},\mu)$，其中 group 包含公开参数。Pub 是确定性的公开求值算法，当已知一个证据 w（证明 $C\in\mathcal{V}$是有效的）时，用于对 C 解封装。具体地说，当输入为 $\mathrm{pk}=\mu(\mathrm{sk})$、有效密文 $C\in\mathcal{V}$以及证据 w 时，Pub 输出封装密钥 $K=\Lambda_{\mathrm{sk}}(C)$。Priv 是确定性的秘密求值算法，用于已知 $\mathrm{sk}\in\mathcal{SK}$而无须知道 w 时，对有效密文解封装。具体地说，当输入为秘密钥 $\mathrm{sk}\in\mathcal{SK}$和有效密文$C\in\mathcal{V}$时，Priv 输出封装密钥 $K=\Lambda_{\mathrm{sk}}(C)$。如图 3-3 所示。

3）子集成员问题

在 HPS 中求子集成员问题是计算困难的，即对于随机的有效密文 $C_0\in\mathcal{V}$和随机的无效密文 $C_1\in\mathcal{C}\backslash\mathcal{V}$，$C_0$ 和 C_1 是计算不可区分的。对于多项式时间的敌手$\mathcal{A}$，区分密文 C_0 和 C_1 的优势$\mathrm{Adv}_{\mathrm{HPS},\mathcal{A}}^{\mathrm{SM}}(\mathcal{K})$是可忽略的，$\mathrm{Adv}_{\mathrm{HPS},\mathcal{A}}^{\mathrm{SM}}(\mathcal{K})$的定义如下：

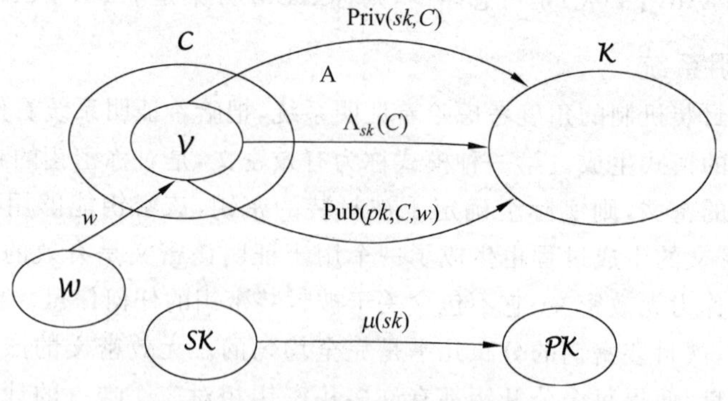

图 3-3　用于密钥封装机制的哈希证明系统

$$\mathrm{Adv}_{\mathrm{HPS},\mathcal{A}}^{\mathrm{SM}}(\mathcal{K})=|\Pr_{C_0\leftarrow\mathcal{V}}[\mathcal{A}(\mathcal{C},\mathcal{V},C_0)=1]-\Pr_{C_1\leftarrow\mathcal{C}\backslash\mathcal{V}}[\mathcal{A}(\mathcal{C},\mathcal{V},C_1)=1]|$$

其中集合$\mathcal{C}$和$\mathcal{V}$由函数 Param($1^{\mathcal{K}}$)生成。

定义 3-9　如果哈希证明系统 HPS=(Param,Pub,Priv)满足以下两个条件,则称其为 1-通用的(1-universal)。

(1) 对于足够大的 $n\in\mathbb{N}$ 和 Param($1^{\mathcal{K}}$)的所有可能输出,投影哈希函数 $\Lambda_{\mathrm{sk}}:\mathcal{C}\rightarrow\mathcal{K}$是$\epsilon(\mathcal{K})$-平滑的,其中$\epsilon(\mathcal{K})$是一个可忽略的函数。

(2) 其中的子集成员问题是困难的。

【例 3-2】　基于 DDH 的哈希证明系统。

以下哈希证明系统基于判定性 DDH 假定。

设$\mathbb{G}$是一个阶为素数 q 的群,随机化算法 Param($1^{\mathcal{K}}$)生成系统的一个实例(group,$\mathcal{K}$,$\mathcal{C}$,$\mathcal{V}$,$\mathcal{SK}$,$\mathcal{PK}$,Λ,μ),其中:

- group=($\mathbb{G}$,g_1,g_2),g_1,$g_2\leftarrow_R\mathbb{G}$ 为生成元。
- $\mathcal{C}=\mathbb{G}^2$,$\mathcal{V}=\{(g_1^r,g_2^r):r\leftarrow_R\mathbb{Z}_q\}$,$\mathcal{K}=\mathbb{G}$。
- $\mathcal{SK}=\mathbb{Z}_q^2$,$\mathcal{PK}=\mathbb{G}$。
- 对于 sk=$(x_1,x_2)\in\mathcal{SK}$,定义 $\mu(\mathrm{sk})=g_1^{x_1}g_2^{x_2}\in\mathcal{PK}$。
- 对于 $C=(g_1^r,g_2^r)\in\mathcal{V}$和证据 $r\in\mathbb{Z}_q$,定义 $\mathrm{Pub}(\mathrm{pk},C,r)=\mathrm{pk}^r$。
- 对于 $C=(c_1,c_2)\in\mathcal{V}$,定义 $\mathrm{Priv}(\mathrm{sk},C)=\Lambda_{\mathrm{sk}}(C)=c_1^{x_1}c_2^{x_2}$。

容易验证,Pub(sk,C,r)与 Priv(sk,C)相等。在基于 DDH 假设下,该系统是 1-通用的。

3.6.2　密钥泄露攻击模型

1. 选择明文的密钥泄露攻击

如果敌手获得加密机制秘密钥的部分信息时,加密机制仍然是语义安全的,则称它为抗密钥泄露攻击的。在其安全模型中,假定敌手能够适应性地访问泄露谕言机,敌手能够提交任一函数 f 并获得 f(sk),其中 sk 是秘密钥。在有界泄露模型中唯一的限制是所有泄露函数的输出长度总和不能超过预先给定的关于安全参数$\mathcal{K}$的某个界。

下面是正式的定义。设 Π=(KeyGen,$\mathcal{E}$,$\mathcal{D}$)是一个公钥加密方案,$\mathcal{SK}$和$\mathcal{PK}$分别表示 KeyGen($1^{\mathcal{K}}$)生成的秘密钥集合和公开钥集合。泄露谕言机用 Leakage(sk)表示,其输入为函数 $f:\mathcal{SK}\rightarrow\{0,1\}^*$,输出为 f(sk)。如果$\mathcal{A}$提交给泄露谕言机的所有函数的输出长度

总和至多为 λ 的话，则称$\mathcal{A}$是 λ 有限的密钥泄露敌手。

定义 3-10（密钥泄露攻击）　设 $\Pi=(\text{KeyGen},\mathcal{E},\mathcal{D})$是语义安全的公钥加密机制，若对任意 PPT 的 $\lambda(\mathcal{K})$有限的密钥泄露敌手$\mathcal{A}=(\mathcal{A}_1,\mathcal{A}_2)$，其优势 $\text{Adv}_{\Pi,\mathcal{A}}^{\text{Leakage}}(\mathcal{K})$是可忽略的（其中$\mathcal{K}$为安全参数），则称 Π 在抵抗 $\lambda(\mathcal{K})$有限的密钥泄露攻击下是语义安全的。$\text{Adv}_{\Pi,\mathcal{A}}^{\text{Leakage}}(\mathcal{K})$的定义为

$$\text{Adv}_{\Pi,\mathcal{A}}^{\text{Leakage}}(\mathcal{K})=\left|\Pr[\text{Exp}_{\Pi,\mathcal{A}}^{\text{Leakage}}(0)=1]-\Pr[\text{Exp}_{\Pi,\mathcal{A}}^{\text{Leakage}}(1)=1]\right|$$

$\text{Exp}_{\Pi,\mathcal{A}}^{\text{Leakage}}(\beta)$的定义如下：

$\underline{\text{Exp}_{\Pi,\mathcal{A}}^{\text{Leakage}}(\beta)}$：
　$(\text{sk},\text{pk})\leftarrow\text{KeyGen}(1^{\mathcal{K}})$
　$(M_0,M_1,\text{state})\leftarrow\mathcal{A}_1^{\text{leakage(sk)}}(\text{pk})$，其中$|M_0|=|M_1|$；
　$C^*=\mathcal{E}_{\text{pk}}(M_\beta)$；
　$\beta'\leftarrow\mathcal{A}_2(C^*,\text{state})$；
　输出 β'.

其中 state 表示敌手的状态，包括它掌握的所有量以及产生的所有随机数。$\text{Adv}_{\Pi,\mathcal{A}}^{\text{Leakage}}(\mathcal{K})$的定义与第 2 章式(2.2)一致。该定义及以后的定义中不允许敌手在获得挑战密文后继续访问泄露谕言机。这个限制是非常有必要的，因为敌手可以将解密算法、挑战密文和两个消息 M_0 和 M_1 编码到一个函数，使得该函数输出比特值 β，从而赢得游戏。

2. 选择密文的密钥泄露攻击

将定义 3-10 推广为选择密文安全的，其中敌手可以适应性地询问解密谕言机 $\mathcal{D}_{\text{sk}}(\cdot)$，它向解密谕言机输入密文，解密谕言机为它输出用密钥 sk 解密得到的明文。用$\mathcal{D}_{\text{sk}\neq C^*}(\cdot)$表示除 C^* 外谕言机可解密任何密文。在选择密文的密钥泄露攻击的标准定义中，又分为两种情况：适应性选择密文攻击（CCA1）和非适应性选择密文攻击（CCA2）。

定义 3-11（非适应性选择密文的密钥泄露攻击）　设 $\Pi=(\text{KeyGen},\mathcal{E},\mathcal{D})$是语义安全的公钥加密机制，若对任意 PPT 的 $\lambda(\mathcal{K})$有限的密钥泄露敌手$\mathcal{A}=(\mathcal{A}_1,\mathcal{A}_2)$，其优势 $\text{Adv}_{\Pi,\mathcal{A}}^{\text{LeakageCCA1}}(\mathcal{K})$是可忽略的（其中$\mathcal{K}$为安全参数），则称 Π 在抵抗 $\lambda(\mathcal{K})$有限的密钥泄露攻击下是 CCA1 安全的。$\text{Adv}_{\Pi,\mathcal{A}}^{\text{LeakageCCA1}}(\mathcal{K})$的定义为

$$\text{Adv}_{\Pi,\mathcal{A}}^{\text{LeakageCCA1}}(\mathcal{K})=\left|\Pr[\text{Exp}_{\Pi,\mathcal{A}}^{\text{LeakageCCA1}}(0)=1]-\Pr[\text{Exp}_{\Pi,\mathcal{A}}^{\text{LeakageCCA1}}(1)=1]\right|$$

$\text{Exp}_{\Pi,\mathcal{A}}^{\text{LeakageCCA1}}(\beta)$的定义如下：

$\underline{\text{Exp}_{\Pi,\mathcal{A}}^{\text{LeakageCCA1}}(\beta)}$：
　$(\text{sk},\text{pk})\leftarrow\text{KeyGen}(1^{\mathcal{K}})$
　$(M_0,M_1,\text{state})\leftarrow\mathcal{A}_1^{\text{leakage(sk)},\mathcal{D}_{\text{sk}}(\cdot)}(\text{pk})$，其中$|M_0|=|M_1|$；
　$C^*=\mathcal{E}_{\text{pk}}(M_\beta)$；
　$\beta'\leftarrow\mathcal{A}_2(C^*,\text{state})$；
　输出 β'.

定义 3-12（适应性选择密文的密钥泄露攻击）　设 $\Pi=(\text{KeyGen},\mathcal{E},\mathcal{D})$是语义安全的公钥加密机制，若对 PPT 的 $\lambda(\mathcal{K})$有限的密钥泄露敌手$\mathcal{A}=(\mathcal{A}_1,\mathcal{A}_2)$，其优势 $\text{Adv}_{\Pi,\mathcal{A}}^{\text{LeakageCCA2}}(\mathcal{K})$

是可忽略的(其中$\mathcal{K}$为安全参数),则称Π在抵抗$\lambda(\mathcal{K})$有限的密钥泄露攻击下是CCA2安全的。

$\mathrm{Adv}_{\Pi,\mathcal{A}}^{\mathrm{LeakageCCA2}}(\mathcal{K})$的定义为

$$\mathrm{Adv}_{\Pi,\mathcal{A}}^{\mathrm{LeakageCCA2}}(\mathcal{K})=|\Pr[\mathrm{Exp}_{\Pi,\mathcal{A}}^{\mathrm{LeakageCCA2}}(0)=1]-\Pr[\mathrm{Exp}_{\Pi,\mathcal{A}}^{\mathrm{LeakageCCA2}}(1)=1]|$$

$\mathrm{Exp}_{\Pi,\mathcal{A}}^{\mathrm{LeakageCCA2}}(\beta)$的定义如下:

$\underline{\mathrm{Exp}_{\Pi,\mathcal{A}}^{\mathrm{LeakageCCA2}}(\beta)}$:

$(\mathrm{sk},\mathrm{pk})\leftarrow\mathrm{KeyGen}(1^{\mathcal{K}})$

$(M_0,M_1,\mathrm{state})\leftarrow\mathcal{A}_1^{\mathrm{leakage(sk)},\mathcal{D}_{\mathrm{sk}}(\cdot)}(\mathrm{pk})$,其中$|M_0|=|M_1|$;

$C^*=\mathcal{E}_{\mathrm{pk}}(M_\beta)$;

$\beta'\leftarrow\mathcal{A}_2^{\mathcal{D}_{\mathrm{sk}\neq C^*}(\cdot)}(C^*,\mathrm{state})$;

输出β'.

3. 弱密钥泄露攻击

弱密钥泄露攻击是指敌手在没有获得公开钥之前,事先选定输出长度为λ的泄露函数f,即f的选取独立于公开钥。系统建立后,敌手获得$(\mathrm{pk},f(\mathrm{sk}))$。虽然这个概念看起来很弱,但是它刻画了泄露攻击不依赖于系统参数,而仅依赖于硬件设备的情况。

定义 3-13(弱密钥泄露攻击) 设$\Pi=(\mathrm{KeyGen},\mathcal{E},\mathcal{D})$是语义安全的公钥加密机制,若对任意PPT的$\lambda(\mathcal{K})$有限的密钥泄露敌手$\mathcal{A}=(\mathcal{A}_1,\mathcal{A}_2)$及可有效计算的函数$f$,敌手的优势$\mathrm{Adv}_{\Pi,\mathcal{A},f}^{\mathrm{WeakLeakage}}(\mathcal{K})$是可忽略的(其中$\mathcal{K}$为安全参数),则称$\Pi$在抵抗弱$\lambda(\mathcal{K})$有限的密钥泄露攻击下是语义安全的。$\mathrm{Adv}_{\Pi,\mathcal{A},f}^{\mathrm{WeakLeakage}}(\mathcal{K})$的定义为

$$\mathrm{Adv}_{\Pi,\mathcal{A},f}^{\mathrm{WeakLeakage}}(\mathcal{K})=|\Pr[\mathrm{Exp}_{\Pi,\mathcal{A},f}^{\mathrm{WeakLeakage}}(0)=1]-\Pr[\mathrm{Exp}_{\Pi,\mathcal{A},f}^{\mathrm{WeakLeakage}}(1)=1]|$$

$\mathrm{Exp}_{\Pi,\mathcal{A},f}^{\mathrm{WeakLeakage}}(\beta)$的定义如下:

$\underline{\mathrm{Exp}_{\Pi,\mathcal{A},f}^{\mathrm{WeakLeakage}}(\beta)}$:

$(\mathrm{sk},\mathrm{pk})\leftarrow\mathrm{KeyGen}(1^{\mathcal{K}})$

$(M_0,M_1,\mathrm{state})\leftarrow\mathcal{A}_1(\mathrm{pk},f(\mathrm{sk}))$,其中$|M_0|=|M_1|$;

$C^*=\mathcal{E}_{\mathrm{pk}}(M_\beta)$;

$\beta'\leftarrow\mathcal{A}_2(C^*,\mathrm{state})$;

输出β'.

3.6.3 基于哈希证明系统的抗泄露攻击的公钥加密方案

下面是基于通用哈希证明系统的抗泄露的公钥加密方案,然后是一个实例,实例中基于DDH假设先构造一个简单高效的哈希证明系统,由此得到的加密机制能够抵抗任意$L(1/2-o(1))$比特的密钥泄露,其中L是密钥长度。

1. 通用构造

设哈希证明系统HPS=(Param,Pub,Priv)是ϵ_1-平滑的,其中$\mathrm{Param}(1^{\mathcal{K}})$生成系统的一个实例$(\mathrm{group},\mathcal{K},\mathcal{C},\mathcal{V},\mathcal{SK},\mathcal{PK},\Lambda_{(\cdot)},\mu)$作为加密机制的公开参数。设$\lambda=\lambda(\mathcal{K})$是泄露的上界,$\mathrm{Ext}:\mathcal{K}\times\{0,1\}^t\rightarrow\{0,1\}^m$是平均情况下的$(\log|\mathcal{K}|-\lambda,\epsilon_2)$提取器,$\epsilon_1$和$\epsilon_2$关于安全参数都是可忽略的。下面是方案$\Pi=(\mathrm{KeyGen},\mathcal{E},\mathcal{D})$的描述。

(1) 密钥产生过程：

$$\underline{\text{KeyGen}(\mathcal{K})}:$$
$$\text{sk} \leftarrow_R \mathcal{SK};$$
$$\text{pk} = \mu(\text{sk}) \in \mathcal{PK};$$
$$\text{输出}(\text{sk}, \text{pk}).$$

(2) 加密过程(其中 $M \in \{0,1\}^m$)：

$$\underline{\mathcal{E}_{\text{pk}}(M)}:$$
$$C \leftarrow_R \mathcal{V}, C \in \mathcal{V}\text{的证据 } w;$$
$$s \leftarrow_R \{0,1\}^t;$$
$$\Psi = \text{Ext}(\text{Pub}(\text{pk}, C, w), \text{s}) \oplus M;$$
$$\text{输出}(C, s, \Psi).$$

(3) 解密过程：

$$\underline{\mathcal{D}_{\text{sk}}(C, s, \Psi)}:$$
$$\text{输出 } \Psi \oplus \text{Ext}(\Lambda_{\text{sk}}(C), \text{s}).$$

方案的正确性由 $\Lambda_{\text{sk}}(C) = \text{Pub}(\text{pk}, C, w)$ 可得。方案的安全性(即抗密钥泄露性)由 HPS 是 ϵ_1-平滑的可得,即对所有的 $C \leftarrow_R \mathcal{C} \backslash \mathcal{V}$,下述等式成立：

$$\text{SD}((\text{pk}, \Lambda_{\text{sk}}(C)), (\text{pk}, K)) \leqslant \epsilon_1$$

其中 $\text{sk} \leftarrow_R \mathcal{SK}, K \leftarrow_R \mathcal{K}$ 且 $\text{pk} = \mu(\text{sk})$。因此,已知公开钥 pk 以及密钥泄露的任意 λ 个比特,$\Lambda_{\text{sk}}(C)$ 的分布与平均最小熵至少为 $\log|\mathcal{K}| - \lambda$ 的分布是 ϵ_1-接近的。对 $\Lambda_{\text{sk}}(C)$ 及 $s \leftarrow_R \{0,1\}^t$ 使用平均的 $(\log|\mathcal{K}| - \lambda, \epsilon_2)$ 强提取器 $\text{Ext}: \mathcal{K} \times \{0,1\}^t \rightarrow \{0,1\}^m$,保证了明文被隐藏。

由引理 3-9 知,只要 $m \leqslant \log|\mathcal{K}| - \lambda - \Omega(\log(1/\epsilon_2))$,Ext 可以提取到几乎均匀的 m 个比特。考虑到 ϵ_2 关于安全参数 $\mathcal{K}$ 是可忽略的(即 $\log(1/\epsilon_2) = \omega(\log \mathcal{K})$),当泄露量 $\lambda(\mathcal{K}) \leqslant \log|\mathcal{K}| - \omega(\log \mathcal{K}) - m$ 时,该方案在抵抗 $\lambda(\mathcal{K})$ 有限的密钥泄露攻击下是语义安全的,其中 m 是明文长度。定理 3-14 论述方案的安全性。

定理 3-14 设哈希证明系统 HPS 是 1-平滑的,对于任意的 $\lambda(\mathcal{K}) \leqslant \log|\mathcal{K}| - \omega(\log \mathcal{K}) - m$($\mathcal{K}$ 是安全参数,m 是明文长度),以上加密机制 Π 在抵抗 $\lambda(\mathcal{K})$ 有限的密钥泄露攻击下是语义安全的。

具体地说,如果 HPS 是 ϵ_1-通用的,Ext 是平均情况下的 $(\log|\mathcal{K}| - \lambda, \epsilon_2)$ 强提取器,$\mathcal{A} = (\mathcal{A}_1, \mathcal{A}_2)$ 是攻击 Π 的 $\lambda(\mathcal{K})$ 有限的密钥泄露敌手,则存在一个敌手 $\mathcal{B}$ 以至少

$$\text{Adv}_{\text{HPS}, \mathcal{B}}^{\text{SM}}(\mathcal{K}) \leqslant \frac{1}{2} \text{Adv}_{\Pi, \mathcal{A}}^{\text{Leakage}}(\mathcal{K}) - \epsilon_1 - \epsilon_2$$

的优势解决 HPS 子集成员问题。

证明：敌手 $\mathcal{B}$ 已知 $\mathcal{S} \in \{\mathcal{V}, \mathcal{C} \backslash \mathcal{V}\}$,为了确定 $\mathcal{S}$ 是 $\mathcal{V}$ 还是 $\mathcal{C} \backslash \mathcal{V}$,与 $\mathcal{A}$ 进行以下的 $\text{Exp}_{\Pi, \mathcal{A}}^{\text{Leakage}}(\mathcal{S}, \beta)$ 游戏：

(1) 运行随机化算法 $\text{Param}(1^{\mathcal{K}})$ 生成系统的一个实例$(\text{group}, \mathcal{K}, \mathcal{C}, \mathcal{V}, \mathcal{SK}, \mathcal{PK}, \Lambda_{(\cdot)}, \mu)$,选择 $\text{sk} \leftarrow_R \mathcal{SK}$,令 $\text{pk} = \mu(\text{sk}) \in \mathcal{PK}$。

(2) $(M_0, M_1, \text{state}) \leftarrow \mathcal{A}_1^{\text{Leakage}(\text{sk})}(\text{pk})$,满足 $|M_0| = |M_1|$。

(3) 随机选择 $C \leftarrow_R \mathcal{S}, s \leftarrow_R \{0,1\}^t$,求 $\Psi = \text{Ext}(\Lambda_{\text{sk}}(C), s) \oplus M_\beta$。

(4) $\beta' \leftarrow \mathcal{A}_2((C,s,\Psi),\text{state})$。

(5) 返回 β'。

由定义 3.10 知，任意敌手$\mathcal{A}$攻击实例$(\text{group},\mathcal{K},\mathcal{C},\mathcal{V},\mathcal{SK},\mathcal{PK},\Lambda_{(\cdot)},\mu)$的优势为

$$\begin{aligned}\text{Adv}_{\Pi,\mathcal{A}}^{\text{Leakage}}(\mathcal{K}) &= |\Pr[\text{Exp}_{\Pi,\mathcal{A}}^{\text{Leakage}}(0)=1]-\Pr[\text{Exp}_{\Pi,\mathcal{A}}^{\text{Leakage}}(1)=1]| \\ &= |\Pr[\text{Exp}_{\Pi,\mathcal{A}}^{\text{Leakage}}(\mathcal{V},0)=1]-\Pr[\text{Exp}_{\Pi,\mathcal{A}}^{\text{Leakage}}(\mathcal{V},1)=1]| \quad (3.7)\\ &\leqslant |\Pr[\text{Exp}_{\Pi,\mathcal{A}}^{\text{Leakage}}(\mathcal{V},0)=1]-\Pr[\text{Exp}_{\Pi,\mathcal{A}}^{\text{Leakage}}(\mathcal{C}\backslash\mathcal{V},0)=1]| \quad (3.8)\\ &\quad +|\Pr[\text{Exp}_{\Pi,\mathcal{A}}^{\text{Leakage}}(\mathcal{C}\backslash\mathcal{V},0)=1]-\Pr[\text{Exp}_{\Pi,\mathcal{A}}^{\text{Leakage}}(\mathcal{C}\backslash\mathcal{V},1)=1]| \quad (3.9)\\ &\quad +|\Pr[\text{Exp}_{\Pi,\mathcal{A}}^{\text{Leakage}}(\mathcal{C}\backslash\mathcal{V},1)=1]-\Pr[\text{Exp}_{\Pi,\mathcal{A}}^{\text{Leakage}}(\mathcal{V},1)=1]| \quad (3.10)\end{aligned}$$

其中式(3.7)是由于对于任意的 $C\in\mathcal{V}$及其证据 w，有 $\Lambda_{\text{sk}}(C)=\text{Pub}(\text{pk},C,w)$成立，即 $\text{Exp}_{\Pi,\mathcal{A}}^{\text{Leakage}}(\mathcal{V},\beta)$与 $\text{Exp}_{\Pi,\mathcal{A}}^{\text{Leakage}}(\beta)$一样。式(3.8)和式(3.10)表示$\mathcal{B}$解决哈希证明系统(HPS)中子集成员问题的优势，为 $\text{Adv}_{\text{HPS},\mathcal{B}}^{\text{SM}}(\mathcal{K})$。下面求式(3.9)的上界。

断言 3-9 对于任意的 PPT 敌手$\mathcal{A}$有

$$|\Pr[\text{Exp}_{\Pi,\mathcal{A}}^{\text{Leakage}}(\mathcal{C}\backslash\mathcal{V},0)=1]-\Pr[\text{Exp}_{\Pi,\mathcal{A}}^{\text{Leakage}}(\mathcal{C}\backslash\mathcal{V},1)=1]|\leqslant 2(\epsilon_1+\epsilon_2)$$

证明：哈希证明系统保证对于任意的 $C\in\mathcal{C}\backslash\mathcal{V}$，当 pk 和 C 已知时，$\Lambda_{\text{sk}}(C)$的值在集合$\mathcal{K}$上是ϵ_1-接近于均匀分布的，即

$$\text{SD}((\text{pk},C,\Lambda_{\text{sk}}(C)),(\text{pk},C,K))\leqslant\epsilon_1$$

其中 $\text{sk}\leftarrow_R \mathcal{SK},K\leftarrow_R \mathcal{K},\text{pk}=\mu(\text{sk})$。然而敌手可通过访问泄露谕言机获得额外的 λ 比特的信息，下面用 aux 表示泄露谕言机的输出，它是关于公开钥 pk 和秘密钥 sk 的函数。然而 aux 的分布完全由 pk、C 和 $\Lambda_{\text{sk}}(C)$决定：已知 pk、C 和 $\Lambda_{\text{sk}}(C)$，可以从秘密钥的边缘分布中随机选取秘密钥 sk′，这样选取的秘密钥和 pk、C 及 $\Lambda_{\text{sk}}(C)$是一致的，然后计算 $\text{aux}=\text{aux}(\text{pk},\text{sk}')$。下面将泄露表示为 pk、$C$ 和 $\Lambda_{\text{sk}}(C)$的函数，即 $\text{aux}=\text{aux}(\text{pk},C,\Lambda_{\text{sk}}(C))$。由于将同一函数用到两个分布上，不会增加这两个分布的统计距离，所以

$$\text{SD}((\text{pk},C,\Lambda_{\text{sk}}(C),\text{aux}(\text{pk},C,\Lambda_{\text{sk}}(C))),((\text{pk},C,K,\text{aux}(\text{pk},C,K)))\leqslant\epsilon_1 \quad (3.11)$$

其中 $\text{sk}\leftarrow_R \mathcal{SK},K\leftarrow_R \mathcal{K},\text{pk}=\mu(\text{sk})$。将提取器 Ext 用在 $\Lambda_{\text{sk}}(C)$，得

$$\text{SD}((\text{pk},C,\text{Ext}(\Lambda_{\text{sk}}(C),s),\text{aux}),(\text{pk},C,K,s,\text{aux}))\leqslant\epsilon_1 \quad (3.12)$$

再考虑$(\text{pk},C,K,\text{aux}(\text{pk},C,K))$的分布。因为 aux 的长度为 λ 比特，由引理 3-7 有

$$\widetilde{H}_\infty(K|\text{pk},C,\text{aux})\geqslant\widetilde{H}_\infty(K|\text{pk},C)-\lambda=\log|\mathcal{K}|-\lambda$$

对 K 应用强提取器 Ext 有

$$\text{SD}((\text{pk},C,\text{Ext}(K,s),s,\text{aux}),(\text{pk},C,y,s,\text{aux}))\leqslant\epsilon_2 \quad (3.13)$$

其中 $s\leftarrow_R\{0,1\}^t$ 是随机选取的种子，$y\leftarrow_R\{0,1\}^m$。

结合式(3.12)和式(3.13)式，由三角不等式得

$$\text{SD}((\text{pk},C,\text{Ext}(\Lambda_{\text{sk}}(C),s),s,\text{aux}),(\text{pk},C,y,s,\text{aux}))\leqslant\epsilon_1+\epsilon_2 \quad (3.14)$$

其中 $\text{sk}\leftarrow_R \mathcal{SK},y\leftarrow_R\{0,1\}^m$ 和 $s\leftarrow_R\{0,1\}^t,\text{pk}=\mu(\text{sk})$。

所以实验 $\text{Exp}_{\Pi,\mathcal{A}}^{\text{Leakage}}(\mathcal{C}\backslash\mathcal{V},\beta)$中，挑战密文中的 Ψ 是$(\epsilon_1+\epsilon_2)$接近于均匀分布的。$\text{Exp}_{\Pi,\mathcal{A}}^{\text{Leakage}}(\mathcal{C}\backslash\mathcal{V},\beta)$在 $\beta=0$ 和 $\beta=1$ 两种情况下仅 Ψ 不同，由三角不等式，敌手的视图分布在两种情况下的统计距离至多为 $2(\epsilon_1+\epsilon_2)$。所以有

$$|\Pr[\text{Exp}_{\Pi,\mathcal{A}}^{\text{Leakage}}(\mathcal{C}\backslash\mathcal{V},0)=1]-\Pr[\text{Exp}_{\Pi,\mathcal{A}}^{\text{Leakage}}(\mathcal{C}\backslash\mathcal{V},1)=1]|\leqslant 2(\epsilon_1+\epsilon_2)$$

(断言 3-9 证毕)

所以 $\mathrm{Adv}_{\Pi,\mathcal{A}}^{\mathrm{Leakage}}(\mathcal{K})\leqslant 2\cdot\mathrm{Adv}_{\mathrm{HPS},\mathcal{B}}^{\mathrm{SM}}(\mathcal{K})+2(\epsilon_1+\epsilon_2)$，由此得

$$\mathrm{Adv}_{\mathrm{HPS},\mathcal{B}}^{\mathrm{SM}}(\mathcal{K})\geqslant\frac{1}{2}\mathrm{Adv}_{\Pi,\mathcal{A}}^{\mathrm{Leakage}}(\mathcal{K})-\epsilon_1-\epsilon_2$$

（定理 3-14 证毕）

2. 由基于 DDH 的哈希证明系统得到的抗泄露公钥加密

设 $\mathbb{G}$ 是阶为素数 q 的群，$\lambda=\lambda(\mathcal{K})$ 为泄露参数，$\mathrm{Ext}:\mathbb{G}\times\{0,1\}^t\rightarrow\{0,1\}^m$ 是平均情况下的 $(\log q-\lambda,\epsilon)$ 强提取器，其中 $\epsilon=\epsilon(\mathcal{K})$ 是可忽略的量。方案如下。

(1) 密钥产生过程：

$$\begin{aligned}&\underline{\mathrm{KeyGen}(\mathcal{K})}:\\&\quad x_1,x_2\leftarrow_R\mathbb{Z}_q;\\&\quad g_1,g_2\leftarrow_R\mathbb{G};\\&\quad h=g_1^{x_1}g_2^{x_2};\\&\quad \mathrm{sk}=(x_1,x_2),\mathrm{pk}=(g_1,g_2,h).\end{aligned}$$

(2) 加密过程（其中 $M\in\{0,1\}^m$）：

$$\begin{aligned}&\underline{\mathcal{E}_{\mathrm{pk}}(M)}:\\&\quad r\leftarrow_R\mathbb{Z}_q;\\&\quad s\leftarrow_R\{0,1\}^t;\\&\quad \text{输出}(g_1^r,g_2^r,s,\mathrm{Ext}(h^r,s)\oplus M).\end{aligned}$$

(3) 解密过程：

$$\begin{aligned}&\underline{\mathcal{D}_{\mathrm{sk}}(u_1,u_2,s,e)}:\\&\quad \text{输出 } e\oplus\mathrm{Ext}(u_1^{x_1}u_2^{x_2},s).\end{aligned}$$

其中的哈希证明系统在 3.6.2 节已给出，它是 1-通用的。因为 Ext 是平均情况下的 $(\log q-\lambda,\epsilon)$ 强提取器，$L=|\mathrm{sk}|=2\log q$，由定理 3-14 得

$$\lambda(\mathcal{K})\leqslant\log q-\omega(\log\mathcal{K})-m=\frac{L}{2}-\omega(\log\mathcal{K})-m$$

由此得以下推论。

推论　假设 DDH 是困难的，以上加密机制在抵抗 $\lambda(\mathcal{K})=(L/2-\omega(\log\mathcal{K})-m)$ 有限的密钥泄露攻击下是语义安全的，其中 $\mathcal{K}$ 是安全参数，$L=L(\mathcal{K})$ 是密钥长度，$m=m(\mathcal{K})$ 是明文长度。

3.6.4　基于推广的 DDH 假设的抗泄露攻击的公钥加密方案

下面是基于推广的 DDH 假设的抗泄露的公钥加密方案，能够抵抗任意 $L(1-o(1))$ 比特的密钥泄露，其中 L 是密钥长度。

1. 推广的判定性 Diffie-Hellman 假设

设 GroupGen 是以安全参数 $1^{\mathcal{K}}$ 为输入的概率多项式时间算法，其输出为 $(\mathbb{G},q,g)$，其中 q 是 $\mathcal{K}$ 比特的素数，$\mathbb{G}$ 是阶为 q 的群，g 是群 $\mathbb{G}$ 的生成元。

推广的 DDH 假设（简称为 GDDH 假设）如下：对于任意正整数 ℓ，集合

$$\mathcal{P}_{\text{GDDH}}=\{(g_1,\cdots,g_\ell,g_1^r,\cdots,g_\ell^r):g_i\leftarrow_R \mathbb{G},r\leftarrow_R \mathbb{Z}_q\}$$

和

$$\mathcal{R}_{\text{GDDH}}=\{(g_1,\cdots,g_\ell,g_1^{r_1},\cdots,g_\ell^{r_\ell}):g_i\leftarrow_R \mathbb{G},r_i\leftarrow_R \mathbb{Z}_q\}$$

是计算不可区分的，其中$(\mathbb{G},q,g)\leftarrow \text{GroupGen}(1^\mathcal{K})$。

2. 方案构造

(1) 密钥产生过程：

$$\underline{\text{KeyGen}(\mathcal{K})}:$$
$$s_1,\cdots,s_\ell\leftarrow_R \mathbb{Z}_q;$$
$$g_1,\cdots,g_\ell\leftarrow_R \mathbb{G};$$
$$y=\Pi_{i=1}^{\ell} g_i^{s_i};$$
$$\text{sk}=(s_1,\cdots,s_\ell),\quad \text{pk}=(g_1,\cdots,g_\ell,y).$$

其中ℓ是关于$\mathcal{K}$的多项式。

(2) 加密过程(其中$M\in\mathbb{G}$)：

$$\underline{\mathcal{E}_{\text{pk}}(M)}:$$
$$r\leftarrow_R \mathbb{Z}_q;$$
$$\text{输出}(c_1,\cdots,c_{\ell+1})=(g_1^r,\cdots,g_\ell^r,y^r\cdot M).$$

(3) 解密过程：

$$\underline{\mathcal{D}_{\text{sk}}(c_1,\cdots,c_\ell,c_{\ell+1})}:$$
$$\text{返回}\frac{c_{\ell+1}}{(\Pi_{i=1}^{\ell} c_i^{s_i})}.$$

这是因为

$$\frac{c_{\ell+1}}{(\Pi_{i=1}^{\ell} c_i^{s_i})}=\frac{(\Pi_{i=1}^{\ell} g_i^{rs_i})\cdot M}{\Pi_{i=1}^{\ell} g_i^{rs_i}}=M.$$

定理 3-15 在推广的 DDH 假设下，以上加密机制(仍记为Π)在抵抗$\lambda(\mathcal{K})=|L|(1-o(1))$-密钥泄露攻击下是语义安全的，其中$|L|$是秘密钥长度。

具体地说，如果$\mathcal{A}$是攻击Π的$\lambda(\mathcal{K})$有限的密钥泄露敌手，$\mathcal{A}$的优势是ϵ，则存在一个敌手$\mathcal{B}$以至少$\frac{1}{2}\epsilon$的优势解决 GDDH 问题。

证明：挑战者做如下设置：运行 GroupGen 输出$(\mathbb{G},q,g)$，随机选取$\mu\leftarrow_R\{0,1\}$，若$\mu=0$，设置$T=(g_1,\cdots,g_\ell,g_1^r,\cdots,g_\ell^r)$；若$\mu=1$，设置$T=(g_1,\cdots,g_\ell,g_1^{r_1},\cdots,g_\ell^{r_\ell})$。设敌手$\mathcal{A}$以至少$\epsilon$的优势攻破上述方案。下面构造另一个 PPT 敌手$\mathcal{B}$攻击 GDDH 假设。$\mathcal{B}$收到$T=(g_1,\cdots,g_\ell,c_1,\cdots,c_\ell)$后，通过与$\mathcal{A}$进行以下游戏，以判断$T\in\mathcal{P}_{\text{GDDH}}$还是$T\in\mathcal{R}_{\text{GDDH}}$。

(1) 从$\mathcal{A}$收到泄露函数f。

(2) 运行$\text{KeyGen}(1^\mathcal{K})$得到(sk,pk)，将 pk 和$f(\text{sk},\text{pk})$给$\mathcal{A}$。

(3) 收到$\mathcal{A}$发来的M_0和M_1。

(4) 随机选$\beta\leftarrow_R\{0,1\}$，计算$C^*=\mathcal{E}_{\text{pk}}(M_\beta)=(c_1,\cdots,c_\ell,\Pi_{i=1}^{\ell} c_i^{s_i}\cdot M_\beta)$。

(5) $\mathcal{A}$输出对β的猜测β'。如果$\beta'=\beta$，$\mathcal{B}$输出$\mu'=0$，表示$T\in\mathcal{P}_{\text{GDDH}}$。如果$\beta'\neq\beta$，$\mathcal{B}$输出$\mu'=1$，表示$T\in\mathcal{R}_{\text{GDDH}}$。

下面计算$\mathcal{B}$的优势。

当 $\mu=0$ 时，$\mathcal{A}$看到 M_β 的密文，由于$\mathcal{A}$的优势是ϵ，$\Pr[\beta'=\beta|\mu=0]=\frac{1}{2}+\epsilon$。而当 $\beta'=\beta$ 时，$\mathcal{B}$猜测 $\mu'=0$，所以 $\Pr[\mu'=\mu|\mu=0]=\frac{1}{2}+\epsilon$。

当 $\mu=1$，$\mathcal{A}$的视图为$(\mathrm{pk},f(\mathrm{pk},\mathrm{sk}),g_1^{r_1},\cdots,g_\ell^{r_\ell},\prod_{i=1}^{\ell}g_i^{r_i s_i}\cdot M_\beta)$，下面证明它以某个微小的误差与$(\mathrm{pk},f(\mathrm{pk},\mathrm{sk}),g_1^{r_1},\cdots,g_\ell^{r_\ell},U)$是统计上不可区分的。称区分这两个多元组为问题 1，区分$(\mathrm{pk},f(\mathrm{pk},\mathrm{sk}),r_1,\cdots,r_\ell,\langle\vec{r},\vec{s}\rangle)$与$(\mathrm{pk},f(\mathrm{pk},\mathrm{sk}),r_1,\cdots,r_\ell,U)$为问题 2，其中$\vec{r}=(r_1,\cdots,r_\ell)$，$\vec{s}=(s_1,\cdots,s_\ell)$。首先证明问题 2 可归约到问题 1，因此问题 1 至少与问题 2 一样困难。

设 g 是$\mathbb{G}$ 的生成元，对每个 g_i，存在 δ_i 使得 $g_i=g^{\delta_i}$。问题 1 的两个多元组变为$(\mathrm{pk},f(\mathrm{pk},\mathrm{sk}),g^{\delta_1 r_1},\cdots,g^{\delta_\ell r_\ell},\prod_{i=1}^{\ell}g^{\delta_i r_i s_i}\cdot M)$和$(\mathrm{pk},f(\mathrm{pk},\mathrm{sk}),g^{\delta_1 r_1},\cdots,g^{\delta_\ell r_\ell},U)$，令$r_i'=\delta_i r_i(i=1,\cdots,\ell)$，记$\vec{r}'=(r_1',\cdots,r_\ell')$，则两个多元组变为$(\mathrm{pk},f(\mathrm{pk},\mathrm{sk}),g^{r_1'},\cdots,g^{r_\ell'},\prod_{i=1}^{\ell}g^{r_i' s_i}\cdot M_\beta)=(\mathrm{pk},f(\mathrm{pk},\mathrm{sk}),g^{r_1'},\cdots,g^{r_\ell'},g^{\langle\vec{r},\vec{s}\rangle}\cdot M_\beta)$和$(\mathrm{pk},f(\mathrm{pk},\mathrm{sk}),g^{r_1'},\cdots,g^{r_\ell'},U)$。所以如果能解决问题 2 就能解决问题 1。

下面证明问题 2 是困难的，即$(\mathrm{pk},f(\mathrm{pk},\mathrm{sk}),r_1,\cdots,r_\ell,\langle\vec{r},\vec{s}\rangle)$与$(\mathrm{pk},f(\mathrm{pk},\mathrm{sk}),r_1,\cdots,r_\ell,U)$是统计上接近的。设哈希函数族$\mathcal{H}$由函数 $h_{\vec{r}}(\vec{s})=\langle\vec{r},\vec{s}\rangle \bmod q$ 构成，可以看出这是一个通用哈希函数族。为了使用剩余哈希引理，需要 $H_\infty(\vec{s})\geqslant\log q+2\log(1/\epsilon')$。因为秘密钥$\vec{s}$为 $\ell\log q$ 比特长，λ 是泄露函数 f 的输出比特长，$\langle\vec{r},\vec{s}\rangle$泄露的比特长是 $\log q$，所以有 $H_\infty(\vec{s})=\ell\log q-\lambda-\log q$。因此，只要 $H_\infty(\vec{s})=\ell\log q-\lambda-\log q\geqslant\log q+2\log(1/\epsilon')$，即

$$\lambda\leqslant \ell\log q-2\log q-2\log(1/\epsilon')=|L|(1-o(1))$$

其中$|L|$是秘密钥长度，由剩余哈希引理可知，$\langle\vec{r},\vec{s}\rangle$与 U 的统计距离至多是ϵ'。

$\mathcal{A}$通过泄露函数获得 β 的部分信息，使得 $\Pr[\beta'=\beta|\mu=1]=\frac{1}{2}+\epsilon'$，因此 $\Pr[\beta'\neq\beta|\mu=1]=\frac{1}{2}-\epsilon'$，而当 $\beta'\neq\beta$ 时，$\mathcal{B}$猜测 $\mu'=1$，所以 $\Pr[\mu'=\mu|\mu=1]=\frac{1}{2}-\epsilon'$。

$\mathcal{B}$的优势为

$$\begin{aligned}\frac{1}{2}\Pr[\mu'=\mu|\mu=0]-\frac{1}{2}\Pr[\mu'=\mu|\mu=1]&=\frac{1}{2}\left(\frac{1}{2}+\epsilon\right)-\frac{1}{2}\left(\frac{1}{2}-\epsilon'\right)\\&=\frac{1}{2}(\epsilon+\epsilon')\geqslant\frac{1}{2}\epsilon\end{aligned}$$

取ϵ为 $n^{-\log n}$，$\mathcal{B}$攻破 GDDH 假设的优势依然是不可忽略的，可容忍的泄露变为 $\ell\log q-2\log q-2\log^2 n=|\mathrm{sk}|(1-o(1))$。

3.6.5 抗选择密文的密钥泄露攻击

1. 通用构造

2.2 节介绍的 Naor-Yung 的双加密范式是 IND-CCA1 安全的，为了将其用于密钥泄露攻击的场景，需要对其中的适应性安全的非交互式零知识(NIZK)证明系统(见 1.4.5 节定义 1-17)加上一个额外的性质-模拟可靠性，称之为模拟可靠的适应性安全的非交互

式零知识证明系统。

定义 1-17′ 对任意的 PPT 敌手$\mathcal{A}$，存在一个可忽略的函数$\epsilon(\cdot)$，使得

$$\mathrm{Adv}_{\mathcal{A}}^{\mathrm{SS}}(\mathcal{K})=|\Pr[\mathrm{Exp}_{\mathcal{A}}^{\mathrm{SS}}(\mathcal{K})=1]|\leqslant\epsilon(\mathcal{K})$$

则称 NIZK 是模拟可靠的，其中 $\mathrm{Exp}_{\mathcal{A}}^{\mathrm{SS}}(\mathcal{K})$如下定义：

$\underline{\mathrm{Exp}_{\mathcal{A}}^{\mathrm{SS}}(\mathcal{K})}$：

$(\sigma,\tau)\leftarrow\mathrm{Sim}_1(\mathcal{K})$；

$(x,\pi)\leftarrow\mathcal{A}^{\mathrm{Sim}_2(\mathcal{K},\cdot,\tau)}(\mathcal{K},\sigma)$；

用 Q 表示$\mathcal{A}$对 Sim_2 询问的应答构成的集合；

返回 1，当且仅当 $x\notin L,\pi\notin Q$，且$\mathcal{V}(\mathcal{K},x,\pi,\sigma)=1$.

设公钥加密机制 $\Pi=(\mathrm{KeyGen},\mathcal{E},\mathcal{D})$在 $\lambda(\mathcal{K})$有限的密钥泄露攻击下是语义安全的，$\Sigma_{\mathrm{ZK}}=(\mathrm{CRSGen},\mathcal{P},\mathcal{V},\mathrm{Sim}_1,\mathrm{Sim}_2)$是对下述 NP 语言模拟可靠的适应性安全的 NIZK 证明系统：

$$L=\{(\mathrm{CT}_0,\mathrm{CT}_1,\mathrm{pk}_0,\mathrm{pk}_1)\mid \text{存在 } M,r_0,r_1 \text{ 使得 } \mathrm{CT}_0=\mathcal{E}_{\mathrm{pk}_0}(M;r_0),\mathrm{CT}_1=\mathcal{E}_{\mathrm{pk}_1}(M;r_1)\}$$

加密机制 $\Pi^*=(\mathrm{KeyGen}^*,\mathcal{E}^*,\mathcal{D}^*)$定义如下。

(1) 密钥产生过程：

$\underline{\mathrm{KeyGen}^*(1^{\mathcal{K}})}$：

$(\mathrm{sk}_0,\mathrm{pk}_0),(\mathrm{sk}_1,\mathrm{pk}_1)\leftarrow\mathrm{KeyGen}(1^{\mathcal{K}})$；

$\sigma\leftarrow\mathrm{CRSGen}(1^{\mathcal{K}})$

$\mathrm{sk}=\mathrm{sk}_0,\mathrm{pk}=(\mathrm{pk}_0,\mathrm{pk}_1,\sigma)$.

(2) 加密过程：

$\underline{\mathcal{E}_{\mathrm{pk}}^*(M)}$：：

$r_0,r_1\leftarrow_R\{0,1\}^*$；

$\mathrm{CT}_0=\mathcal{E}_{\mathrm{pk}_0}(M;r_0)$；

$\mathrm{CT}_1=\mathcal{E}_{\mathrm{pk}_1}(M;r_1)$；

$\pi\leftarrow\mathcal{P}(\sigma,(\mathrm{CT}_0,\mathrm{CT}_1,),(r_0,r_1,M))$；

输出$(\mathrm{CT}_0,\mathrm{CT}_1,\pi)$.

(3) 解密过程：

$\underline{\mathcal{D}_{\mathrm{sk}_0}^*(\mathrm{CT}_0,\mathrm{CT}_1,\pi)}$：

如果$\mathcal{V}(\sigma,(\mathrm{CT}_0,\mathrm{CT}_1,\pi))=0$

输出$\perp$；

否则

输出$\mathcal{D}_{\mathrm{sk}_0}(\mathrm{CT}_0)$.

在方案的安全性证明中，将敌手$\mathcal{A}$对 Π^* 的攻击归约到敌手$\mathcal{B}$对 Σ_{ZK}或 Π 的攻击。

定理 3-16 设公钥加密机制 Π 在 $\lambda(\mathcal{K})$有限的密钥泄露攻击下是语义安全的，Σ_{ZK}是模拟可靠的适应性安全的 NIZK 证明系统。那么，Π^* 在 $\lambda(\mathcal{K})$有限的密钥泄露攻击下是 CCA2 安全的。

证明：设攻击 Π^* 的 PPT 敌手$\mathcal{A}$是 $\lambda(\mathcal{K})$有限的密钥泄露攻击的，下面描述一个思维

实验，将$\mathcal{A}$对 Π^* 的攻击转化为对思维实验的攻击。思维实验与真实攻击的区别是：$\mathcal{A}$收到的挑战密文可能是不正确地生成的(两个密文可能不是由同一消息得到的)，而 NIZK 证明是由 NIZK 模拟器 $S=(\text{Sim}_1,\text{Sim}_2)$产生的。

- 密钥生成：

$$\begin{aligned}&\text{Exp}_{\mathcal{A}}^{\text{Sim}}(\beta_0,\beta_1):\\&\quad(\sigma,\tau)\leftarrow\text{Sim}_1(1^{\mathcal{K}});\\&\quad(\text{sk}_0,\text{pk}_0),(\text{sk}_1,\text{pk}_1)\leftarrow\text{KeyGen}(1^{\mathcal{K}});\\&\quad\text{sk}=\text{sk}_0,\text{pk}=(\text{pk}_0,\text{pk}_1,\sigma).\end{aligned}$$

- $(M_0,M_1,\text{state})\leftarrow\mathcal{A}_1^{\text{Leakage(sk)},\mathcal{D}_{\text{sk}}^*(\cdot)}(\text{pk})$.
- 生成挑战密文 $C^*=(\text{CT}_0,\text{CT}_1,\pi)$：

$$\begin{aligned}&\text{CT}_0\leftarrow\mathcal{E}_{\text{pk}_0}(M_{\beta_0});\\&\text{CT}_1\leftarrow\mathcal{E}_{\text{pk}_1}(M_{\beta_1});\\&\pi\leftarrow\text{Sim}_2((\text{CT}_0,\text{CT}_1,\text{pk}_0,\text{pk}_1),\sigma,\tau).\end{aligned}$$

- $\beta'\leftarrow\mathcal{A}^{\mathcal{D}_{\text{sk}\neq C^*}(\cdot)}(C^*,\text{state})$.

敌手$\mathcal{A}$攻击 Π^* 的优势为

$$\begin{aligned}\text{Adv}_{\Pi^*,\mathcal{A}}^{\text{LeakageCCA2}}(\mathcal{K})&=|\Pr[\text{Exp}_{\Pi^*,\mathcal{A}}^{\text{LeakageCCA2}}(1)=1]-\Pr[\text{Exp}_{\Pi^*,\mathcal{A}}^{\text{LeakageCCA2}}(0)=1]|\\&\leqslant|\Pr[\text{Exp}_{\Pi^*,\mathcal{A}}^{\text{LeakageCCA2}}(1)=1]-\Pr[\text{Exp}_{\mathcal{A}}^{\text{Sim}}(1,1)=1]| &(3.15)\\&\quad+|\Pr[\text{Exp}_{\mathcal{A}}^{\text{Sim}}(1,1)=1]-\Pr[\text{Exp}_{\mathcal{A}}^{\text{Sim}}(0,1)=1]| &(3.16)\\&\quad+|\Pr[\text{Exp}_{\mathcal{A}}^{\text{Sim}}(0,1)=1]-\Pr[\text{Exp}_{\mathcal{A}}^{\text{Sim}}(0,0)=1]| &(3.17)\\&\quad+|\Pr[\text{Exp}_{\mathcal{A}}^{\text{Sim}}(0,0)=1]-\Pr[\text{Exp}_{\Pi^*,\mathcal{A}}^{\text{LeakageCCA2}}(0)=1]| &(3.18)\end{aligned}$$

断言 3-10 证明式(3.15)和式(3.18)是可忽略的。

断言 3-10　对任意 PPT 的$\mathcal{A}$和 $\beta\in\{0,1\}$，

$$|\Pr[\text{Exp}_{\Pi^*,\mathcal{A}}^{\text{LeakageCCA2}}(\beta)=1]-\Pr[\text{Exp}_{\mathcal{A}}^{\text{Sim}}(\beta,\beta)=1]|$$

是可忽略的。

证明：设挑战者建立一个模拟可靠的适应性安全的 NIZK 证明系统，若对任意 PPT 的$\mathcal{A}$和 $\beta\in\{0,1\}$，存在不可忽略的函数$\epsilon(\mathcal{K})$，使得

$$|\Pr[\text{Exp}_{\Pi^*,\mathcal{A}}^{\text{LeakageCCA2}}(\beta)=1]-\Pr[\text{Exp}_{\mathcal{A}}^{\text{Sim}}(\beta,\beta)=1]|\geqslant\epsilon(\mathcal{K})$$

则能够构造另一个 PPT 敌手$\mathcal{B}$，以$\epsilon(\mathcal{K})$的优势攻击 NIZK 的零知识性。

$\mathcal{B}$按以下方式与$\mathcal{A}$交互：$\mathcal{B}$收到参考字符串 σ 后建立密钥对$(\text{sk}_0,\text{pk}_0),(\text{sk}_1,\text{pk}_1)\leftarrow\text{KeyGen}(1^{\mathcal{K}})$，将公开钥 $\text{pk}=(\text{pk}_0,\text{pk}_1,\sigma)$给$\mathcal{A}$，使用 $\text{sk}=\text{sk}_0$ 为$\mathcal{A}$模拟解密谕言机和泄露谕言机(任何人都能在解密时验证 NIZK 的证明)。$\mathcal{A}$输出(M_0,M_1)作为挑战明文，$\mathcal{B}$计算 $\text{CT}_0\leftarrow\mathcal{E}_{\text{pk}_0}(M_\beta)$和 $\text{CT}_1\leftarrow\mathcal{E}_{\text{pk}_1}(M_\beta)$，挑战者为$\mathcal{B}$产生$(\text{CT}_0,\text{CT}_1,\text{pk}_0,\text{pk}_1)\in L$ 的证明π。$\mathcal{B}$将挑战密文$(\text{CT}_0,\text{CT}_1,\pi)$发送给$\mathcal{A}$，输出$\mathcal{A}$的输出。如果 π 是真实的证明，$\mathcal{B}$则完美地模拟了实验 $\text{Exp}_{\Pi^*,\mathcal{A}}^{\text{LeakageCCA2}}(\beta)$；如果 π 是模拟的证明，$\mathcal{B}$则完美地模拟了实验 $\text{Exp}_{\mathcal{A}}^{\text{Sim}}(\beta,\beta)$。因此，如果$\mathcal{A}$能以$\epsilon(\mathcal{K})$的优势区分 $\text{Exp}_{\Pi^*,\mathcal{A}}^{\text{LeakageCCA2}}(\beta)$和 $\text{Exp}_{\mathcal{A}}^{\text{Sim}}(\beta,\beta)$，$\mathcal{B}$就以同样的优势区分 π 是真实的证明还是模拟的证明。

(断言 3-10 证毕)

断言 3-11 证明在实验 $\mathrm{Exp}_{\mathcal{A}}^{\mathrm{Sim}}(\beta_0,\beta)$ 中，$\mathcal{A}$向$\mathcal{B}$询问的密文，如果有可接受的 NIZK 证明，则该密文是以压倒性的概率为有效的。如果密文 $\mathrm{CT}=(\mathrm{CT}_0,\mathrm{CT}_1,\pi)$ 满足 $\mathcal{V}((\mathrm{CT}_0,\mathrm{CT}_1,\mathrm{pk}_0,\mathrm{pk}_1),\sigma,\pi)=1$ 但 $\mathcal{D}_{\mathrm{sk}_0}(\mathrm{CT}_0)\neq\mathcal{D}_{\mathrm{sk}_1}(\mathrm{CT}_1)$，则称 CT 是无效的。

断言 3-11 对于任意 PPT 敌手$\mathcal{A}$和 $\beta_0,\beta_1\in\{0,1\}$，在实验 $\mathrm{Exp}_{\mathcal{A}}^{\mathrm{Sim}}(\beta_0,\beta_1)$ 中，$\mathcal{A}$能向$\mathcal{B}$询问无效密文的概率是可忽略的。

证明：反证，如果$\mathcal{A}$能以不可忽略的概率向$\mathcal{B}$询问无效密文，则$\mathcal{B}$能以相同的概率攻击 Σ_{ZK} 的模拟可靠性。

$\mathcal{B}$作为主体和$\mathcal{A}$运行 $\mathrm{Exp}_{\mathcal{A}}^{\mathrm{Sim}}(\beta_0,\beta_1)$，在收到挑战者生成的参考字符串 σ 后，以断言 3-10证明中的方式运行实验 $\mathrm{Exp}_{\mathcal{A}}^{\mathrm{Sim}}(\beta_0,\beta_1)$（唯一的不同是$\mathcal{B}$计算 $\mathrm{CT}_0=\mathcal{E}_{\mathrm{pk}_0}(M_{\beta_0})$ 和 $\mathrm{CT}_1\leftarrow\mathcal{E}_{\mathrm{pk}_1}(M_{\beta_1})$）。在模拟过程中，如果$\mathcal{A}$向$\mathcal{B}$询问无效密文，$\mathcal{B}$输出这个密文及其证明 π（由挑战者产生）并且停止（这是因为$\mathcal{B}$知道解密密钥并且可以验证 NIZK 证明的正确性，因此$\mathcal{B}$能判断$\mathcal{A}$提交的密文是否无效），即$\mathcal{B}$成功攻击了 Σ_{ZK} 的模拟可靠性。

（断言 3-11 证毕）

下面证明式(3.16)和式(3.17)是可忽略的。

断言 3-12 对于任意 PPT 敌手$\mathcal{A}$，

$$|\Pr[\mathrm{Exp}_{\mathcal{A}}^{\mathrm{Sim}}(1,1)=1]-\Pr[\mathrm{Exp}_{\mathcal{A}}^{\mathrm{Sim}}(0,1)=1]|$$

是可忽略的。

证明：反证，若存在不可忽略的函数 $\epsilon(\mathcal{K})$，使得

$$|\Pr[\mathrm{Exp}_{\mathcal{A}}^{\mathrm{Sim}}(1,1)=1]-\Pr[\mathrm{Exp}_{\mathcal{A}}^{\mathrm{Sim}}(0,1)=1]|\geqslant\epsilon(\mathcal{K})$$

就可构造另一 PPT 敌手$\mathcal{B}$以 $\epsilon(\mathcal{K})$ 的优势攻击 $\Pi=(\mathrm{KeyGen},\mathcal{E},\mathcal{D})$ 的语义安全性。

挑战者建立 $\Pi=(\mathrm{KeyGen},\mathcal{E},\mathcal{D})$，将 $\mathrm{pk}\leftarrow\mathrm{KeyGen}(1^{\mathcal{K}})$ 给$\mathcal{B}$。$\mathcal{B}$与$\mathcal{A}$如下交互：

- 密钥生成。$\mathcal{B}$取 $\mathrm{pk}_0=\mathrm{pk}$，$(\mathrm{sk}_1,\mathrm{pk}_1)\leftarrow\mathrm{KeyGen}(1^{\mathcal{K}})$ 及 $(\sigma,\tau)\leftarrow\mathrm{Sim}_1(1^{\mathcal{K}})$，设定 $\mathrm{pk}=(\mathrm{pk}_0,\mathrm{pk}_1,\sigma)$。
- 泄露询问。$\mathcal{A}$发出泄露询问 f 时，$\mathcal{B}$将 f 转发给 pk 相应的泄露谕言机。
- 解密询问。当$\mathcal{A}$发出 $\mathrm{CT}=(\mathrm{CT}_0,\mathrm{CT}_1,\pi)$ 的解密询问时，$\mathcal{B}$调用 NIZK 的证明者$\mathcal{V}$验证 π 是否为关于 σ 可接收的证明。如果是，$\mathcal{B}$输出 $\mathcal{D}_{\mathrm{sk}_1}(\mathrm{CT}_1)$，否则输出⊥。
- $\mathcal{A}$输出消息 (M_0,M_1)，$\mathcal{B}$将 (M_0,M_1) 转发给挑战者，得到 $\mathrm{CT}_0=\mathcal{E}_{\mathrm{pk}_0}(M_\beta)$（其中 $\beta\leftarrow_R\{0,1\}$），然后向$\mathcal{A}$输出挑战密文 $(\mathrm{CT}_0,\mathrm{CT}_1,\pi)$，其中：

  $\mathrm{CT}_1=\mathcal{E}_{\mathrm{pk}_1}(M_1)$；

  $\pi\leftarrow\mathrm{Sim}_2((\mathrm{CT}_0,\mathrm{CT}_1,\mathrm{pk}_0,\mathrm{pk}_1),\sigma,\tau)$（模拟的 NIZK 证明）
- $\mathcal{A}$输出 β'，$\mathcal{B}$也输出 β'。

在$\mathcal{A}$看来，$\mathcal{B}$产生的视图和实验 $\mathrm{Exp}_{\mathcal{A}}^{\mathrm{Sim}}(\beta,1)$ 的视图区别是：$\mathcal{B}$执行解密时使用 sk_1 而不是 sk_0。只要$\mathcal{A}$不提交具有可接受 NIZK 证明的无效密文，则二者的视图是完全相同的。断言 3-11 保证了后者事件发生的概率是可忽略的。若 $\beta=0$，上述交互过程就是 $\mathrm{Exp}_{\mathcal{A}}^{\mathrm{Sim}}(0,1)$；若 $\beta=1$，上述交互过程就是 $\mathrm{Exp}_{\mathcal{A}}^{\mathrm{Sim}}(1,1)$。所以，$\mathcal{A}$以 $\epsilon(\mathcal{K})$ 的优势区分 $\mathrm{Exp}_{\mathcal{A}}^{\mathrm{Sim}}(0,1)$ 和 $\mathrm{Exp}_{\mathcal{A}}^{\mathrm{Sim}}(1,1)$，就是以 $\epsilon(\mathcal{K})$ 的优势区分 $\beta=0$ 还是 $\beta=1$；$\mathcal{B}$也以同样的优势区分了 $\beta=0$ 和 $\beta=1$，即攻击了 Π 的语义安全性。

（断言 3-12 证毕）

断言 3-13 的证明和断言 3-12 基本相同，区别在于$\mathcal{B}$回答$\mathcal{A}$泄露询问的方式不同。在断言 3-12 中，$\mathcal{B}$不知道 sk_0，只能将$\mathcal{A}$的泄露询问转发给泄露谕言机；而在断言 3-13 中，$\mathcal{B}$知道 sk_0，可直接回答$\mathcal{A}$的泄露询问。

断言 3-13　对于任意 PPT 敌手$\mathcal{A}$，

$$|\Pr[\text{Exp}_{\mathcal{A}}^{\text{Sim}}(0,1)=1]-\Pr[\text{Exp}_{\mathcal{A}}^{\text{Sim}}(0,0)=1]|$$

是可忽略的。

证明：反证，若存在不可忽略的函数$\epsilon(\mathcal{K})$，使得

$$|\Pr[\text{Exp}_{\mathcal{A}}^{\text{Sim}}(0,1)=1]-\Pr[\text{Exp}_{\mathcal{A}}^{\text{Sim}}(0,0)=1]|\geqslant\epsilon(\mathcal{K})$$

就可构造另一 PPT 敌手$\mathcal{B}$以$\epsilon(\mathcal{K})$的优势攻击 $\Pi=(\text{KeyGen},\mathcal{E},\mathcal{D})$的语义安全性。

挑战者建立 $\Pi=(\text{KeyGen},\mathcal{E},D)$，将 $pk\leftarrow\text{KeyGen}(1^{\mathcal{K}})$给$\mathcal{B}$。$\mathcal{B}$与$\mathcal{A}$如下交互：

- 密钥生成。$\mathcal{B}$取 $pk_1=pk$，$(sk_0,pk_0)\leftarrow\text{KeyGen}(1^{\mathcal{K}})$及$(\sigma,\tau)\leftarrow\text{Sim}_1(1^{\mathcal{K}})$，设定$pk=(pk_0,pk_1,\sigma)$。
- 泄露询问。当$\mathcal{A}$发出泄露询问 f 时，$\mathcal{B}$输出 $f(sk_0)$。
- 解密询问。当$\mathcal{A}$发出 $CT=(CT_0,CT_1,\pi)$的解密询问时，$\mathcal{B}$调用 NIZK 的证明者$\mathcal{V}$验证 π 是否为关于 σ 可接收的证明。如果是，$\mathcal{B}$输出$\mathcal{D}_{sk_0}(CT_1)$，否则输出$\perp$。
- $\mathcal{A}$输出消息(M_0,M_1)，$\mathcal{B}$将(M_0,M_1)转发给挑战者，得到 $CT_1=\mathcal{E}_{pk_1}(M_\beta)$(其中$\beta\leftarrow_R\{0,1\}$)，然后向$\mathcal{A}$输出挑战密文$(CT_0,CT_1,\pi)$，其中：

  $CT_0=\mathcal{E}_{pk_0}(M_0)$

  $\pi\leftarrow\text{Sim}_2((CT_0,CT_1,pk_0,pk_1),\sigma,\tau)$(模拟的 NIZK 证明)
- $\mathcal{A}$输出 β'，$\mathcal{B}$也输出 β'。

在$\mathcal{A}$看来，$\mathcal{B}$产生的视图和实验$\text{Exp}_{\mathcal{A}}^{\text{Sim}}(0,\beta)$的视图是不可区分的，类似于断言 3-12，得证。

(断言 3-13 证毕)

(定理 3-16 证毕)

2. 一种抗泄露攻击的 CCA1 安全的公钥加密方案

下面的方案是 Cramer-Shoup 轻型加密机制的一个变形。

设$\mathbb{G}$是阶为素数 q 的群，$\lambda=\lambda(\mathcal{K})$是泄露参数，对可忽略的$\epsilon=\epsilon(\mathcal{K})$，$\text{Ext}:\mathbb{G}\times\{0,1\}^t\to\{0,1\}^m$ 为平均情况的$(\log q-\lambda,\epsilon)$-强提取器。

在下面的加密方案中，秘密钥长度为 $4\log q$ 比特(4 个群元素)，当 $\lambda\leqslant\log q-\omega(\log\mathcal{K})-m$ 时是 CCA1 安全的，其中 m 是明文的长度。方案如下。

(1) 密钥产生过程：

$\underline{\text{KeyGen}(\mathcal{K})}$：

$x_1,x_2,z_1,z_2\leftarrow_R\mathbb{Z}_q$；

$g_1,g_2\leftarrow_R\mathbb{G}$；

$c=g_1^{x_1}g_2^{x_2}$，$h=g_1^{z_1}g_2^{z_2}$；

$sk=(x_1,x_2,z_1,z_2)$，$pk=(g_1,g_2,c,h)$.

(2) 加密过程(其中 $M\in\{0,1\}^m$)：

$\underline{\mathcal{E}_{\text{pk}}(M)}$：

$r \leftarrow_R \mathbb{Z}_q$；

$s \leftarrow_R \{0,1\}^t$；

输出$(g_1^r, g_2^r, c^r, s, \text{Ext}(h^r, s) \oplus M)$.

（3）解密过程：

$\underline{\mathcal{D}_{\text{sk}}(\mu_1, \mu_2, s, e)}$：

如果 $v \neq u_1^{x_1} u_2^{x_2}$，输出$\perp$；

否则输出 $e \oplus \text{Ext}(u_1^{z_1} u_2^{z_2}, s)$.

这是因为 $u_1^{x_1} u_2^{x_2} = (g_1^{x_1} g_2^{x_2})^r = c^r = v$ 和 $u_1^{z_1} u_2^{z_2} = (g_1^{z_1} g_2^{z_2})^r = h^r$。

定理 3-17 假设 DDH 是困难的，上述加密方案在$(L/4 - \omega(\log \mathcal{K}) - m)$有限的密钥泄露攻击下是 CCA1 安全的，其中$\mathcal{K}$为安全参数，$L = L(\mathcal{K})$是秘密钥长度，$m = m(\mathcal{K})$是明文长度。

证明：若存在攻击本加密方案的有效敌手$\mathcal{A}$，则能够构造另一有效敌手$\mathcal{B}$以不可忽略优势区分 DH 实例和非 DH 实例。设$\mathcal{B}$的输入为$(g_1, g_2, u_1, u_2) \in \mathbb{G}^4$，$\mathcal{B}$与$\mathcal{A}$按以下方式交互：

（1）初始化。$\mathcal{B}$选取 $x_1, x_2, z_1, z_2 \leftarrow_R \mathbb{Z}_q$，设置 $c = g_1^{x_1} g_2^{x_2}$，$h = g_1^{z_1} g_2^{z_2}$，$\text{sk} = (x_1, x_2, z_1, z_2)$，$\text{pk} = (g_1, g_2, c, h)$，将 pk 给$\mathcal{A}$。

（2）阶段 1。$\mathcal{B}$使用 sk 模拟$\mathcal{A}$的泄露谕言机和解密谕言机。

（3）挑战。$\mathcal{A}$输出消息 M_0 和 M_1，$\mathcal{B}$选取 $\beta \leftarrow_R \{0,1\}$ 和 $s \leftarrow_R \{0,1\}^t$，将挑战密文$(u_1, u_2, u_1^{x_1} u_2^{x_2}, s, \text{Ext}(u_1^{z_1} u_2^{z_2}, s) \oplus M_\beta)$发送给$\mathcal{A}$。

（4）猜测。$\mathcal{A}$输出 β'，如果 $\beta' = \beta$，$\mathcal{B}$输出 1，表示(g_1, g_2, u_1, u_2)是一个 DH 实例；否则，$\mathcal{B}$输出 0，表示(g_1, g_2, u_1, u_2)是一个非 DH 实例。

若 $\log_{g_1} u_1 \neq \log_{g_2} u_2$，则称密文$(u_1, u_2, \nu, s, e)$是无效的。证明思路如下：首先证明，若$(g_1, g_2, u_1, u_2)$是一个 DH 实例，那么$\mathcal{A}$在上述交互过程中的视图与实际攻击时的视图相同；然后证明，在实际攻击和上述模拟攻击中，$\mathcal{B}$以不可忽略的概率拒绝无效密文；最后证明，若(g_1, g_2, u_1, u_2)是一个非 DH 实例，并且$\mathcal{B}$拒绝所有的无效密文，那么$\mathcal{A}$只能以可忽略的概率输出 $\beta' = \beta$。因此得出如下结论：若在实际攻击中，$\mathcal{A}$有不可忽略的概率，那么$\mathcal{B}$在区分 DH 实例和非 DH 实例时具有不可忽略的概率。

断言 3-14 若(g_1, g_2, u_1, u_2)是 DH 实例，那么$\mathcal{B}$的模拟是完备的。

证明：模拟攻击和实际攻击在挑战阶段以前是相同的。如果(g_1, g_2, u_1, u_2)是 DH 实例，即 $u_1, = g_1^r, u_2, = g_2^r$，其中 $r \leftarrow_R \mathbb{Z}_q$，则在上述交互过程中 $u_1^{x_1} u_2^{x_2} = c^r$，$u_1^{z_1} u_2^{z_2} = h^r$。挑战密文具有正确的分布，所以在模拟攻击中，挑战密文和实际攻击时具有相同的分布。

（断言 3-14 证毕）

断言 3-15 在实际攻击和模拟攻击中，$\mathcal{B}$以不可忽略的概率拒绝无效密文。

证明：实际攻击和模拟攻击在挑战阶段以前是相同的。因此，在两种攻击下$\mathcal{B}$拒绝所有无效密文的概率是相同的。

从$\mathcal{A}$的角度考虑点$(x_1, x_2) \in \mathbb{Z}_q^2$的分布，假设此时$\mathcal{A}$有无限的计算能力，可由公开钥

(g_1,g_2,c,h)得到$\log_{g_1}c$,建立方程$\log_{g_1}c=x_1+\gamma x_2$,其中$\gamma=\log_{g_1}g_2$。但$\mathcal{A}$无法从提交给$\mathcal{B}$的有效密文中得到关于$(x_1,x_2)$的信息,事实上,从提交的有效密文中$\mathcal{A}$仅能获得关系$\log_{g_1}h=z_1+\gamma x_2$,而这个关系可以从公开钥中获得。因此在他看来$(x_1,x_2)$是在条件$\log_{g_1}c=x_1+\gamma x_2$下均匀随机的。

用(u_1',u_2',v',s',e')表示$\mathcal{A}$首次提交的无效密文,其中$u_1'=g_1^{r_1'}$,$u_2'=g_2^{r_2'}$,$r_1'\neq r_2'$,aux 表示在提交无效密文之前$\mathcal{A}$提交的所有泄露函数的输出,aux 的取值最多为 2^λ 个。在$\mathcal{A}$看来,在提交无效密文之前,(x_1,x_2)满足

$$\widetilde{H}_\infty((x_1,x_2)\mid \mathrm{pk},\mathrm{aux})\geqslant H_\infty((x_1,x_2)\mid \mathrm{pk})-\lambda\geqslant \log q-\lambda$$

其中两次应用引理 3-7,(x_1,x_2)的熵为 $2\log q$,pk 有 $2^{\log q}$个取值。

由平均最小熵的定义可知,在提交无效密文之前$\mathcal{A}$猜中(x_1,x_2)的概率至多为$2^{-\widetilde{H}_\infty((x_1,x_2)\mid \mathrm{pk},\mathrm{aux})}\leqslant 2^\lambda/q$。然而,若$\mathcal{B}$接收无效密文,假设此时$\mathcal{A}$有无限的计算能力,可由$(u_1',u_2',s',v',e')$得到$\log_{g_1}v'$,$r_1'=\log_{g_1}u_1'$,$r_2'=\log_{g_2}u_2'$,并由公开钥$(g_1,g_2,c,h)$得到$\log_{g_1}c$,$\mathcal{A}$就能建立线性方程组

$$\begin{cases}\log_{g_1}v'=r'_1x_1+\gamma r'_2x_2\\ \log_{g_1}c=x_1+\gamma x_2\end{cases}\tag{3.19}$$

只要$\gamma(r_1'-r_2')\neq 0$,方程组(3.19)有解,$\mathcal{A}$因此获得(x_1,x_2)。所以$\mathcal{B}$接受第一个无效密文的概率至多为 $2^\lambda/q$。

对于$\mathcal{A}$提交的其他无效密文,$\mathcal{B}$接受的概率求法和上面相同。区别在于$\mathcal{B}$每拒绝一个无效密文,$\mathcal{A}$就可以从集合$\{(x_1,x_2)\in\mathbb{Z}_q^2:\log_{g_1}c=x_1+\gamma x_2\}$中排除一个$(x_1,x_2)$。因此$\mathcal{B}$接受第 i 个无效密文的概率至多为 $2^\lambda/(q-i+1)$。因为 i 是多项式有限的,$\lambda\leqslant\log q-\omega(\log\mathcal{K})$,因此对每一个 i,$\dfrac{2^\lambda}{q-i+1}=\dfrac{q}{2^{\omega(\log\mathcal{K})}(q-i+1)}$是可忽略的。

(断言 3-15 证毕)

断言 3-16　若(g_1,g_2,u_1,u_2)是非 DH 实例,并且$\mathcal{B}$拒绝所有无效密文,那么$\mathcal{A}$只能以可忽略的概率输出比特 β。

证明:思路如下。若(g_1,g_2,u_1,u_2)是非 DH 实例,并且$\mathcal{B}$以不可忽略的概率拒绝所有无效密文,那么以不可忽略的概率 $u_1^{z_1}u_2^{z_2}$ 的平均最小熵至少为 $\log q-\lambda\geqslant m+\omega(\log\mathcal{K})$。对 $u_1^{z_1}u_2^{z_2}$ 应用强提取器,在$\mathcal{A}$的视图已知的情况下,挑战密文的第 5 项(与 β 有关)是ϵ-接近于均匀分布的,其中$\epsilon=\epsilon(\mathcal{K})$是可忽略的。

下面从$\mathcal{A}$的角度考虑点$(z_1,z_2)\in\mathbb{Z}_q$的分布。$\mathcal{A}$已知公开钥(g_1,g_2,c,h),在$\mathcal{A}$看来(z_1,z_2)在条件$\log_{g_1}h=z_1+\gamma z_2$下是均匀随机的,其中$\gamma=\log_{g_1}g_2$。因为$\mathcal{B}$拒绝所有无效密文,敌手无法从提交给$\mathcal{B}$的有效密文中得到更多的信息,除了关系$\log_{g_1}h=z_1+\gamma z_2$外。因此敌手通过解密询问不能获得任何关于$(z_1,z_2)$的信息。

设$u_1=g_1^{r_1}$,$u_1=g_2^{r_2}$,aux 表示$\mathcal{A}$选取的所有泄露函数的输出。假设此时$\mathcal{A}$有无限的计算能力,可求出$\gamma=\log_{g_1}g_2$,$r_1=\log_{g_1}u_1$,$r_2=\log_{g_2}u_2$。但在$\mathcal{A}$看来,在挑战阶段 $u_1^{z_1}u_2^{z_2}$ 满足:

$$\widetilde{H}_\infty(u_1^{z_1}u_2^{z_2}\mid g_1,g_2,c,h,\mathrm{aux},u_1,u_2)=\widetilde{H}_\infty(r_1z_1+\gamma r_2z_2\mid \gamma,c,h,\mathrm{aux},r_1,r_2)$$

因 aux 的取值最多为 2^λ,因此

$$\widetilde{H}_\infty(r_1z_1+\gamma r_2z_2|\gamma,c,h,\mathrm{aux},r_1,r_2)\geqslant\widetilde{H}_\infty(r_1z_1+\gamma r_2z_2|\gamma,c,h,r_1,r_2)-\lambda$$

因为当 γ、r_1、r_2 已知时，在 $r_1z_1+\gamma r_2z_2$ 中，如果 z_1、z_2 中一个被确定，另一个也就确定了。所以 $\widetilde{H}_\infty(r_1z_1+\gamma r_2z_2|\gamma,c,h,r_1,r_2)=\log q$。综上：

$$\widetilde{H}_\infty(u_1^{z_1}u_2^{z_2}|g_1,g_2,c,h,\mathrm{aux},u_1,u_2)\geqslant\log q-\lambda$$

以不可忽略的概率成立。

（断言 3-16 证毕）

（定理 3-17 证毕）

3. 一种抗泄露攻击的 CCA2 安全的公钥加密方案

下面是 Cramer-Shoup 加密机制的另一个变形，在抵抗密钥泄露攻击下是 CCA2 安全的。它与上面介绍 的 CCA1 安全的方案主要的区别在密钥的结构上。在抗泄露方面，上面介绍的方案可以抵抗长度为 $L/4$ 比特的泄露，下面的方案可以抵抗长度至多为 $L/6$ 比特的泄露，其中 L 是密钥的长度。

设$\mathbb{G}$是阶为素数 q 的群，$\lambda=\lambda(\mathcal{K})$是泄露参数，对可忽略的$\epsilon=\epsilon(\mathcal{K})$，$\mathrm{Ext}:\mathbb{G}\times\{0,1\}^t\rightarrow\{0,1\}^m$ 为平均情况的$(\log q-\lambda,\epsilon)$-强提取器。又设$\mathcal{H}$是一族通用的单向哈希函数 $H:\mathbb{G}^3\rightarrow\mathbb{Z}_q$。

下面的加密方案密钥长度为 $6\log q$ 比特，在泄露长度 $\lambda\leqslant\log q-\omega(\log\mathcal{K})-m$ 下是 CCA2 安全的，其中 m 是明文长度。方案如下。

(1) 密钥产生过程：

<u>KeyGen($\mathcal{K}$)</u>：

$x_1,x_2,y_1,y_2,z_1,z_2\leftarrow_R\mathbb{Z}_q$；

$g_1,g_2\leftarrow_R\mathbb{G}$；

$H\leftarrow_R\mathcal{H}$；

$c=g_1^{x_1}g_2^{x_2},d=g_1^{y_1}g_2^{y_2},h=g_1^{z_1}g_2^{z_2}$；

$\mathrm{sk}=(x_1,x_2,y_1,y_2,z_1,z_2),\mathrm{pk}=(g_1,g_2,c,d,hH)$.

(2) 加密过程（其中 $M\in\{0,1\}^m$）：

<u>$\mathcal{E}_{\mathrm{pk}}(M)$</u>：

$r\leftarrow_R\mathbb{Z}_q$；

$s\leftarrow_R\{0,1\}^t$；

$u_1=g_1^r,u_2=g_2^r,e=\mathrm{Ext}(h^r,s)\oplus M,\alpha=H(u_1,u_2,s,e),v=c^rd^{r\alpha}$；

输出(u_1,u_2,v,s,e).

(3) 解密过程：

<u>$\mathcal{D}_{\mathrm{sk}}(u_1,u_2,v,s,e)$</u>：

$\alpha=H(u_1,u_2,s,e)$；

如果 $v=u_1^{x_1+y_1\alpha}u_2^{x_2+y_2\alpha}$，输出 $e\oplus\mathrm{Ext}(u_1^{z_1}u_2^{z_2},s)$，

否则输出$\perp$.

这是因为 $u_1^{x_1+y_1\alpha}u_2^{x_2+y_2\alpha}=c^rd^{r\alpha}=v$ 和 $u_1^{z_1}u_2^{z_2}=h^r$。

该方案的安全性可归约到 DDH 假定或通用单向哈希函数的安全性。

定理 3-18　假设 DDH 是困难的，上述加密机制方案在$(L/6-\omega(\log \mathcal{K})-m)$有限的密钥泄露攻击下是 CCA2 安全的，其中$\mathcal{K}$为安全参数，$L=L(\mathcal{K})$是秘密钥长度，$m=m(\mathcal{K})$是明文长度。

证明：若存在攻击本加密方案的有效敌手$\mathcal{A}$，则能够构造另一有效敌手$\mathcal{B}$以不可忽略优势区分 DH 实例和非 DH 实例。设$\mathcal{B}$的输入为$(g_1,g_2,u_1,u_2)\in\mathbb{G}^4$，$\mathcal{B}$与$\mathcal{A}$按以下方式交互：

(1) 初始化。$\mathcal{B}$选取 $x_1,x_2,y_1,y_2,z_1,z_2\leftarrow_R\mathbb{Z}_q$和 $H\leftarrow_R\mathcal{H}$，设置 $c=g_1^{x_1}g_2^{x_2}$，$d=g_1^{y_1}g_2^{y_2}$，$h=g_1^{z_1}g_2^{z_2}$，$\text{sk}=(x_1,x_2,y_1,y_2,z_1,z_2)$，$\text{pk}=(g_1,g_2,c,d,h,H)$，将 pk 给$\mathcal{A}$。

(2) 阶段 1。$\mathcal{B}$使用 sk 模拟$\mathcal{A}$的泄露谕言机和解密谕言机。

(3) 挑战。$\mathcal{A}$输出消息 M_0 和 M_1，$\mathcal{B}$选取 $\beta\leftarrow_R\{0,1\}$和 $s\leftarrow_R\{0,1\}^t$，计算 $e=\text{Ext}(u_1^{z_1}u_2^{z_2},s)\oplus M_\beta$，$\alpha=H(u_1,u_2,s,e)$，$v=u_1^{x_1+y_1\alpha}u_2^{x_2+y_2\alpha}$。将挑战密文$(u_1,u_2,v,s,e)$发送给$\mathcal{A}$。

(4) 猜测。$\mathcal{A}$输出 β'，如果 $\beta'=\beta$，$\mathcal{B}$输出 1，表示(g_1,g_2,u_1,u_2)是一个 DH 实例；否则，$\mathcal{B}$输出 0，表示(g_1,g_2,u_1,u_2)是一个非 DH 实例。

断言 3-17　如果(g_1,g_2,u_1,u_2)是 DH 实例，那么$\mathcal{B}$的模拟是完备的。

证明：模拟攻击和实际攻击除挑战密文外是相同的。当(g_1,g_2,u_1,u_2)是一个 DH 实例时，模拟攻击中的挑战密文具有正确的分布，这是因为存在 $r\in\mathbb{Z}_q$，使得 $u_1=g_1^r$，$u_2=g_2^r$，因此，$u_1^{x_1+y_1\alpha}u_2^{x_2+y_2\alpha}=c^r d^{r\alpha}$，$u_1^{z_1}u_2^{z_2}=h^r$。所以$\mathcal{A}$在上述交互过程中的视图与实际攻击时的视图相同。

（断言 3-17 证毕）

下面证明当(g_1,g_2,u_1,u_2)是一个非 DH 实例时，$\mathcal{A}$仅以可忽略的概率输出 $\beta'=\beta$。从现在起，假设(g_1,g_2,u_1,u_2)是一个非 DH 实例，其中 $\log_{g_1}u_1=r_1$，$\log_{g_2}u_2=r_2$，并且 $r_1\neq r_2$。

下面用$(u_1^*,u_2^*,v^*,s^*,e^*)$表示发送给$\mathcal{A}$的挑战密文，Collision 表示事件：$\mathcal{A}$的解密询问中有一个$(u_1,u_2,v,s,e)$满足$(u_1,u_2,s,e)\neq(u_1^*,u_2^*,s^*,e^*)$和 $H(u_1,u_2,s,e)=h(u_1^*,u_2^*,s^*,e^*)$。如果 $\log_{g_1}u_1'\neq\log_{g_2}u_2'$，则称密文$(u_1',u_2',v',s',e')$是无效的。

下面证明如果事件 Collision 没有发生，那么$\mathcal{A}$仅以可忽略的概率输出比特 β。具体证明分两步：①如果事件 Collision 没有发生，那么$\mathcal{B}$拒绝无效密文的概率是不可忽略的；②如果$\mathcal{B}$拒绝所有无效密文，那么$\mathcal{A}$仅以可忽略的概率输出 β。而证明事件 Collision 以可忽略的概率发生是由于通用的单向哈希函数$\mathcal{H}$的安全性。

断言 3-18　如果(g_1,g_2,u_1,u_2)是非 DH 实例，并且事件 Collision 不发生，那么$\mathcal{B}$以不可忽略的概率拒绝所有的无效密文。

证明：从$\mathcal{A}$的角度考虑点$(x_1,x_2,y_1,y_2)\in\mathbb{Z}_q^4$的分布。先不考虑泄露函数，假设此时$\mathcal{A}$有无限的计算能力，可从公开钥$(g_1,g_2,c,d,h,H)$及挑战密文$(u_1,u_2,v,s,e)$求出 $\log_{g_1}c$，$\log_{g_1}d$，$\log_{g_1}v$ 以及 $\gamma=\log_{g_1}g_2$，$r_1=\log_{g_1}u_1$，$r_2=\log_{g_2}u_2$，$\mathcal{A}$就能建立线性方程组

$$\begin{cases}\log_{g_1}c=x_1+\gamma x_2\\ \log_{g_1}d=y_1+\gamma y_2\\ \log_{g_1}v=r_1x_1+r_2\gamma x_2+\alpha r_1 y_1+\alpha r_2\gamma y_2\end{cases}\tag{3.20}$$

该方程组有无穷多个解，因此从$\mathcal{A}$的角度看，点(x_1,x_2,y_1,y_2)是均匀随机的。如果$\mathcal{A}$向$\mathcal{B}$提交有效密文(u_1',u_2',v',s',e')，则由于$(u_1')^{z_1}(u_2')^{z_2}=g_1^{r'z_1}g_2^{r'z_2}=h^{r'}$，$\mathcal{A}$通过$(u_1',u_2',v',s',e')$得到的方程$r'\log_{g_1}h=r'z_1+r'wz_2$仍是$\log_{g_1}h=z_1+\gamma z_2$，而这个关系可从公开钥中得到。

用$(u_1',u_2',v',s',e')\neq(u_1,u_2,v,s,e)$表示$\mathcal{A}$首次提交的无效密文，其中$u_1'=g_1^{r_1'}$，$u_2'=g_2^{r_2'}$，$r'_1\neq r'_2$，$\alpha'=H(u_1',u_2',s',e')$。用 view 表示$\mathcal{A}$在提交无效密文之前的视图。考虑泄露，$\mathcal{A}$可获得至多$\lambda$比特的泄露，因此

$$\widetilde{H}_\infty((x_1,x_2,y_1,y_2)\mid \text{view})\geqslant\widetilde{H}_\infty(x_1,x_2,y_1,y_2)-\lambda$$

由方程组(3.20)知，(x_1,x_2,y_1,y_2)中任意给定 3 个变量的值，则第 4 个变量的值也就确定了，所以$\widetilde{H}_\infty(x_1,x_2,y_1,y_2)=\log q$。综上$\widetilde{H}_\infty((x_1,x_2,y_1,y_2)\mid\text{view})\geqslant\log q-\lambda$。由平均最小熵的定义可知，在提交无效密文之前$\mathcal{A}$猜中$(x_1,x_2,y_1,y_2)$的概率至多为$2^{-\widetilde{H}_\infty((x_1,x_2)\mid\text{view})}\leqslant 2^\lambda/q$。

有 3 种情况需要考虑：

情况 1：$(u_1',u_2',s',e')=(u_1,u_2,s,e)$。此时，$\alpha'=\alpha$但$v\neq v'$，因此$\mathcal{B}$拒绝。

情况 2：$(u_1',u_2',s',e')\neq(u_1,u_2,s,e)$且$\alpha'=\alpha$。这是不可能的，因为我们假设事件 Collision 不会发生。

情况 3：$(u_1',u_2',s',e')\neq(u_1,u_2,s,e)$且$\alpha'\neq\alpha$。在这种情况，若$\mathcal{B}$接受无效密文，那么$\mathcal{A}$会得到下述线性方程组：

$$\begin{cases}\log_{g_1}c=x_1+\gamma x_2\\ \log_{g_1}d=y_1+\gamma y_2\\ \log_{g_1}v=r_1x_1+r_2\gamma x_2+\alpha r_1y_1+\alpha r_2\gamma y_2\\ \log_{g_1}v'=r'_1x_1+r'_2\gamma x_2+\alpha' r'_1y_1+\alpha' r'_2\gamma y_2\end{cases}\tag{3.21}$$

只要$\gamma^2(r_1-r_2)(r_1'-r_2')(\alpha-\alpha')\neq0$，方程组(3.21)就有解，因此$\mathcal{A}$得到$(x_1,x_2,y_1,y_2)$，$\mathcal{B}$接受首个无效密文的概率至多为$2^\lambda/q$。

对于$\mathcal{A}$提交的其他无效密文，$\mathcal{B}$接受的概率求法和上面相同。区别在于$\mathcal{B}$每拒绝一个无效密文，$\mathcal{A}$就可以排除一个(x_1,x_2,y_1,y_2)。因此解密算法接受第i个无效密文的概率至多为$2^\lambda/(q-i+1)$。因为i是多项式有限的，$\lambda\leqslant\log q-\omega(\log\mathcal{K})$，因此对每一个$i$，$\dfrac{2^\lambda}{q-i+1}=\dfrac{q}{2^{\omega(\log\mathcal{K})}(q-i+1)}$是可忽略的。

（断言 3-18 证毕）

断言 3-19 如果(g_1,g_2,u_1,u_2)是非 DH 实例，并且$\mathcal{B}$拒绝所有无效密文，那么$\mathcal{A}$仅以可忽略的概率输出比特β。

证明：思路如下。如果(g_1,g_2,u_1,u_2)是非 DH 实例，并且$\mathcal{B}$拒绝所有无效密文，那么$u_1^{z_1}u_2^{z_2}$的平均最小熵至少为$\log q-\lambda\geqslant m+\omega(\log\mathcal{K})$。强提取器保证密文的第 5 项是$\epsilon$-接近于均匀分布的，$\epsilon=\epsilon(\mathcal{K})$是可忽略的。

下面从$\mathcal{A}$的角度考虑点$(z_1,z_2)\in\mathbb{Z}_q$的分布，假设此时$\mathcal{A}$有无限的计算能力，可由公开

钥(g_1,g_2,c,d,H)得到$\log_{g_1}h$，建立方程$\log_{g_1}h=z_1+\gamma z_2$，其中$\gamma=\log_{g_1}g_2$。而$\mathcal{A}$无法从提交给$\mathcal{B}$的有效密文中得到关于$(z_1,z_2)$的信息。事实上，从提交的有效密文中$\mathcal{A}$仅能获得关系$\log_{g_1}h=z_1+\gamma z_2$（证法与断言 3-18 相同），而这个关系已从公开钥中获得了。因此在$\mathcal{A}$看来(z_1,z_2)是条件$\log_{g_1}h=z_1+\gamma z_2$下均匀随机的。

设$u_1=g_1^{r_1}$，$u_2=g_2^{r_2}$，aux 表示$\mathcal{A}$选取的所有泄露函数的输出。假设此时$\mathcal{A}$有无限的计算能力，可求出$\gamma=\log_{g_1}g_2$，$r_1=\log_{g_1}u_1$，$r_2=\log_{g_2}u_2$。但在$\mathcal{A}$看来，在挑战阶段$u_1^{z_1}u_2^{z_2}$满足：

$$\widetilde{H}_\infty(u_1^{z_1}u_2^{z_2}\mid g_1,g_2,c,d,h,H,\mathrm{aux},u_1,u_2)=\widetilde{H}_\infty(r_1z_1+\gamma r_2z_2\mid \gamma,c,d,h,H,\mathrm{aux},r_1,r_2)$$

与断言 3-15 类似，可得

$$\widetilde{H}_\infty(u_1^{z_1}u_2^{z_2}\mid g_1,g_2,c,d,h,H,\mathrm{aux},u_1,u_2)\geqslant\log q-\lambda$$

（断言 3-19 证毕）

断言 3-20　如果(g_1,g_2,u_1,u_2)是非 DH 实例，那么事件 Collision 发生的概率是可忽略的。

证明：思路如下。若存在敌手$\mathcal{A}$使得事件 Collision 以不可忽略的概率发生，那么能构造另一个敌手$\mathcal{B}'$攻击通用单向哈希函数的安全性。$\mathcal{B}'$的构造与上文构造的$\mathcal{B}$本质上是相同的，除了在选定函数H前选择(u_1,u_2,s,e)，其中$e\in\{0,1\}^m$不是通过消息M_0和M_1产生的，而是均匀随机选取的。只要事件 Collision 不发生，则$\mathcal{A}$就无法区分$\mathcal{B}$和$\mathcal{B}'$（证明过程与断言 3-18、断言 3-19 相同）。因此$\mathcal{B}'$通过利用$\mathcal{A}$就可以不可忽略的概率找出(u_1,u_2,s,e)的碰撞。

算法$\mathcal{B}'$通过与$\mathcal{A}$进行以下游戏来攻击单向哈希函数族$\mathcal{H}$：

(1) $\mathcal{B}'$选取$(g_1,g_2,u_1,u_2)\leftarrow_R\mathbb{G}^4$，$s\leftarrow_R\{0,1\}^t$和$e\leftarrow_R\{0,1\}^m$，公开$(u_1,u_2,s,e)$。

(2) $\mathcal{B}'$得到意欲攻击的哈希函数$H\in\mathcal{H}$。

(3) $\mathcal{B}'$选取$x_1,x_2,y_1,y_2,z_1,z_2\leftarrow_R\mathbb{Z}_q$，设置$c=g_2^{x_1}g_2^{x_2}$，$d=g_1^{y_1}g_2^{y_2}$，$h=g_1^{z_1}g_2^{z_2}$，$\mathrm{sk}=(x_1,x_2,y_1,y_2,z_1,z_2)$，$\mathrm{pk}=(g_1,g_2,c,d,h,H)$，将 pk 给$\mathcal{A}$。

(4) $\mathcal{B}'$使用 sk 模拟$\mathcal{A}$的泄露谕言机和解密谕言机。

(5) 在挑战阶段，$\mathcal{B}'$不考虑$\mathcal{A}$发来的消息$M_0,M_1\in\{0,1\}^m$，直接计算$\alpha=H(u_1,u_2,s,e)$，$v=u_1^{x_1+y_1\alpha}u_2^{x_2+y_2\alpha}$，以$(u_1,u_2,v,s,e)$作为挑战密文，发送给$\mathcal{A}$。

(6) 如果$\mathcal{A}$提交解密询问(u_1',u_2',v',s',e')满足$(u_1',u_2',s',e')\neq(u_1,u_2,s,e)$但$H(u_1',u_2',s',e')=H(u_1,u_2,s,e)$，$\mathcal{B}'$输出$(u_1',u_2',s',e')$作为$(u_1,u_2,s,e)$的碰撞。

断言 3-18 保证了只要事件 Collision 不发生，$\mathcal{B}'$以不可忽略的概率拒绝所有的无效密文；断言 3-19 保证了只要$\mathcal{B}'$拒绝所有的无效密文，那么$\mathcal{A}$就无法区分$\mathcal{B}$和$\mathcal{B}'$。特别地，在$\mathcal{A}$与$\mathcal{B}$和与$\mathcal{B}'$的交互过程中，密文的第 5 个成分是ϵ-接近于均匀分布的。因此当$\mathcal{A}$提交满足$(u_1',u_2',s',e')\neq(u_1,u_2,s,e)$且$H(u_1',u_2',s',e')=H(u_1,u_2,s,e)$的密文$(u_1',u_2',v',s',e')$时，$\mathcal{B}'$以不可忽略的概率找到了一个碰撞。

（断言 3-20 证毕）

（定理 3-18 证毕）

3.6.6 抗弱密钥泄露攻击

本节考虑弱密钥泄露攻击(定义 3-13),其中敌手在得到公开钥之前就首先选定输出长度为 λ 的泄露函数。本节介绍的是一个通用方案,可将任意加密方案转化为抵抗 $L(1-o(1))$ 比特的弱密钥泄露的加密机制,其中 L 为密钥长度。转化后的方案与原方案效率一样,并且不需要额外的计算假设。

设 $\Pi=(\text{KeyGen},\mathcal{E},\mathcal{D})$ 是任意公钥加密机制,$m=m(\mathcal{K})$ 表示 $\text{KeyGen}(1^{\mathcal{K}})$ 中使用的随机串的长度。给定泄露参数 $\lambda=\lambda(\mathcal{K})$,设 $\text{Ext}:\{0,1\}^{k(\mathcal{K})}\times\{0,1\}^{t(\mathcal{K})}\rightarrow\{0,1\}^{m(\mathcal{K})}$ 是平均情况下的 $(k-\lambda,\epsilon)$-强提取器,其中 $\epsilon=\epsilon(n)$ 是可忽略的。定义加密机制 $\Pi^{\lambda}=(\text{KeyGen}^{\lambda},\mathcal{E}^{\lambda},\mathcal{D}^{\lambda})$ 如下。

(1) 密钥产生过程:

$$\underline{\text{KeyGen}^{\lambda}(\mathcal{K})}:$$
$$x\leftarrow_R\{0,1\}^{k(\mathcal{K})},s\leftarrow_R\{0,1\}^{t(\mathcal{K})};$$
$$(\text{pk},\text{sk})\leftarrow\text{KeyGen}(\text{Ext}(x,s));$$
$$\text{输出 } \text{SK}=x,\quad \text{PK}=(\text{pk},s).$$

(2) 加密过程(其中 $\text{PK}=(\text{pk},s)$):

$$\underline{\mathcal{E}^{\lambda}_{\text{PK}}(M)}:$$
$$r\leftarrow_R\{0,1\}^*;$$
$$\text{输出}(\mathcal{E}_{\text{pk}}(M,r),s).$$

(3) 解密过程:

$$\underline{\mathcal{D}_{\text{SK}}(\text{sk},c)}:$$
$$(\text{pk},\text{sk})\leftarrow\text{KeyGen}(\text{Ext}(x,s));$$
$$\text{输出}\mathcal{D}_{\text{sk}}(c).$$

下述定理表明如果 Π 是语义安全的,那么 Π^{λ} 可以抵抗 λ 比特的密钥泄露。

定理 3-19 设公钥加密机制 $\Pi=(\text{KeyGen},\mathcal{E},\mathcal{D})$ 是语义安全的,那么对任意的多项式 $\lambda=\lambda(\mathcal{K})$,$\Pi^{\lambda}=(\text{KeyGen}^{\lambda},\mathcal{E}^{\lambda},\mathcal{D}^{\lambda})$ 是在抵抗弱 $\lambda(\mathcal{K})$ 有限的密钥泄露攻击下是语义安全的。

具体说,对有效可计算的泄露函数族 $\mathcal{F}$,如果存在 PPT 敌手 $\mathcal{A}$ 以 $\text{Adv}^{\text{WeakLeakage}}_{\Pi^{\lambda},\mathcal{A},\mathcal{F}}(\mathcal{K})$ 的优势攻击 Π^{λ} 的语义安全性,则存在另一 PPT 敌手 $\mathcal{B}$,以至少

$$\text{Adv}^{\text{CPA}}_{\Pi,\mathcal{B}}(\mathcal{K})\geqslant\text{Adv}^{\text{WeakLeakage}}_{\Pi^{\lambda},\mathcal{A},\mathcal{F}}(\mathcal{K})-2\epsilon(\mathcal{K})$$

的优势攻击加密机制 Π 的语义安全性。

证明: 对于 $\beta\in\{0,1\}$,$\mathcal{B}$ 与 $\mathcal{A}$ 进行以下游戏 $\text{Exp}_{\Pi,\mathcal{A},\mathcal{F}}(\beta)$,游戏主体是 $\mathcal{B}$:

(1) 选取 $x\leftarrow_R\{0,1\}^{k(\mathcal{K})}$,$s\leftarrow_R\{0,1\}^{t(\mathcal{K})}$ 和 $y\leftarrow_R\{0,1\}^{m(\mathcal{K})}$。计算 $(\text{pk},\text{sk})\leftarrow\text{KeyGen}(y)$。设 $\text{PK}=(\text{pk},s)$ 和 $\text{SK}=\text{sk}$。

(2) $(M_0,M_1,\text{state})\leftarrow\mathcal{A}_1(\text{PK},f_n(x))$ 满足 $|M_0|=|M_1|$。

(3) $C^*=\mathcal{E}_{\text{pk}}(M_\beta)$。

(4) $\beta' \leftarrow \mathcal{A}_2(C^*, \text{state})$。

(5) 输出 β'。

由定义 3-13 及三角不等式，对于任意的敌手$\mathcal{A}$有

$$\begin{aligned}\mathrm{Adv}_{\Pi^\lambda,\mathcal{A},\mathcal{F}}^{\mathrm{WeakLeakage}}(\mathcal{K}) &= |\Pr[\mathrm{Exp}_{\Pi^\lambda,\mathcal{A},\mathcal{F}}^{\mathrm{WeakLeakage}}(0)=1]-\Pr[\mathrm{Exp}_{\Pi^\lambda,\mathcal{A},\mathcal{F}}^{\mathrm{WeakLeakage}}(1)=1]| \\ &\leqslant |\Pr[\mathrm{Exp}_{\Pi^\lambda,\mathcal{A},\mathcal{F}}^{\mathrm{WeakLeakage}}(0)=1]-\Pr[\mathrm{Exp}_{\Pi,\mathcal{A},\mathcal{F}}(0)=1]| \quad (3.22) \\ &\quad +|\Pr[\mathrm{Exp}_{\Pi,\mathcal{A},\mathcal{F}}(0)=1]-\Pr[\mathrm{Exp}_{\Pi,\mathcal{A},\mathcal{F}}(1)=1]| \quad (3.23) \\ &\quad +|\Pr[\mathrm{Exp}_{\Pi,\mathcal{A},\mathcal{F}}(1)-1]-\Pr[\mathrm{Exp}_{\Pi^\lambda,\mathcal{A},\mathcal{F}}^{\mathrm{WeakLeakge}}(1)-1]| \quad (3.24)\end{aligned}$$

除了密钥产生过程 KeyGen 外，实验 $\mathrm{Exp}_{\Pi,\mathcal{A},\mathcal{F}}(\beta)$和实验 $\mathrm{Exp}_{\Pi^\lambda,\mathcal{A},\mathcal{F}}^{\mathrm{WeakLeakge}}(\beta)$是相同的，在 $\mathrm{Exp}_{\Pi,\mathcal{A},\mathcal{F}}(\beta)$中，KeyGen 的输入是随机串 y，而在 $\mathrm{Exp}_{\Pi^\lambda,\mathcal{A},\mathcal{F}}^{\mathrm{WeakLeakge}}(\beta)$中，KeyGen 的输入是 $\mathrm{Ext}(x,s)$。然而已知泄露信息 $f_n(x)$，x 的平均最小熵是 $k-\lambda$，强提取器保证了在上述两个实验中敌手视图之间的统计距离至多为ϵ。关键点是泄露函数不依赖公开钥，也不依赖于种子 s。因此，式(3.22)和式(3.24)式的上限为ϵ。

此外，存在一个 CPA 敌手$\mathcal{B}$使得式(3.23)的上限是 $\mathrm{Adv}_{\Pi,\mathcal{B}}^{\mathrm{GPS}}(\mathcal{K})$。

(定理 3-19 证毕)

第 3 章参考文献

[1] P Paillier. Public-Key Cryptosystems Based on Composite Degree Residuosity Classes. In Advances in Cryptology — Eurocrypt'99 1999,223-238.

[2] R Cramer, V Shoup. Design and Analysis of Practical Public-Key Encryption Schemes Secure Against Adaptive Chosen Ciphertext Attack. SIAM Journal on Computing, 2003: 33(1): 167-226.

[3] D Boneh, X Boyen, H Shacham. Short Group Signatures. In Advances in Cryptology — CRYPTO '04, 2004: 41-55.

[4] P C Kocher. Timing Attacks on Implementations of Diffie-Hellman, RSA, DSS, and Other Systems. Advances in Cryptology — CRYPTO'96, LNCS 1109, 1996: 104-113.

[5] E Biham, A. Shamir. Differential Fault Analysis of Secret Key Cryptosystems. Advances in Cryptology — CRYPTO'97, LNCS 1294, 1997: 513-525.

[6] P C Kocher, J Jaffe, B Jun. Differential Power Analysis. Advances in Cryptology — CRYPTO'99, LNCS 1666, 1999: 388-397.

[7] J Alex Halderman, S D Schoen, N Heninger, et al. Lest We Remember: Coldboot Attacks on Encryption Keys. Communications of the ACM, 2009: 52(5): 91-98.

[8] A Akavia, S Goldwasser, V Vaikuntanathan. Simultaneous Hardcore Bits and Cryptography Against Memory Attacks. Theory of Cryptography '09, LNCS 5444, 2009: 474-495.

[9] J Alwen, Y Dodis, D Wichs. Leakage-Resilient Public-Key in the Bounded-Retrieval Model. Advances in Cryptology — CRYPTO'09, LNCS 5677, 2009: 36-54.

[10] Z Brakerski, Y T Kalai, J Katz, et al. Overcoming the Hole in the Bucket: Public Key Cryptography Resilient to Continual Memory Leakage. The 51st Annual IEEE Symposium on Foundations of Computer Science — FOCS'10, 2010: 501-510.

[11] M Zhang, B Yang, T Takagi. Bounded Leakage-Resilient Functional Encryption with Hidden

Vector Predicate. The Computer Journal，2013：56(4)：464-477.

[12] V Vaikuntanathan. Signature Schemes with Bounded Leakage Resilience. Advances in Cryptology — ASIACRYPT 2009，LNCS 5912，2009：703-720.

[13] M Naor，G Segev. Public-Key Cryptosystems Resilient to Key Leakage. Advances in Cryptology — CRYPTO'09，LNCS 5677,2009：18-35.

[14] S Faust，T Rabin，L Reyzin，et al. Protecting Circuits from Leakage：the Computationally-Bounded and Noisy Cases. Advances in Cryptology — EUROCRYPT'10，LNCS 6110，2010：135-156.

[15] Y Dodis，Y Kalai，S Lovett. On Cryptography with Auxiliary Input. Proceedings of the 41st Annual ACM Symposium on Theory of Computing，2009：621-630.

[16] Y Dodis，S Goldwasser，Y T Kalai，et al. Public-Key Encryption Schemes with Auxiliary Inputs. Theory of Cryptography — TCC'10，LNCS 5987，2010：361-381.

[17] T H Yuen，S S M Chow，Y Zhang，et al. Identity-Based Encryption Resilient to Continual Auxiliary Leakage. Advances in Cryptology — EUROCRYPT'12，LNCS 7237，2012：117-134.

[18] T H Yuen，S M Yiu，L C Hui. Fully Leakage-Resilient Signature with Auxiliary Inputs. Information Security and Privacy — ACISP'12，LNCS 7372，2012：294-307.

[19] S Faust，C Hazay，J B Nielsen，et al. Signature Schemes Secure Against Hard-to-Invert Leakage. Advances in Cryptology — ASIACRYPT'12，LNCS 7568，2012：98-115.

[20] S Micali，L Reyzin. Physically Observable Cryptography (extended abstract). Theory of Cryptography '04，LNCS 2951，2004：278-296.

[21] Y Dodis，R Ostrovsky，L Reyzin，et al. Fuzzy Extractors：How to Generate Strong Keys from Biometrics and Other Noisy Data. SIAM Journal on Computing，2008：38(1)：97-139.

[22] R Cramer，V Shoup. Universal Hash Proofs and a Paradigm for Adaptive Chosen Ciphertext Secure Public-Key Encryption. In Advances in Cryptology — EUROCRYPT '02,2002：45-64.

[23] E Kiltz，K Pietrzak，M Stam，et al. A New Randomness Extraction Paradigm for Hybrid Encryption. In Advances in Cryptology — EUROCRYPT '09，2009：590-609.

第4章 基于身份的密码体制

4.1 基于身份的密码体制定义和安全模型

4.1.1 基于身份的密码体制简介

1984 年，Shamir 提出了一种基于身份的加密方案（Identity-Based Encryption，IBE）的思想，并征询具体的实现方案，方案中不使用任何证书，直接将用户的身份作为公钥，以此来简化公钥基础设施（Public Key Infrastructure，PKI）中基于证书的密钥管理过程。例如用户 A 给用户 B 发加密的电子邮件，B 的邮件地址是 bob@company. com，A 只要将 bob@company. com 作为 B 的公开钥来加密邮件即可。当 B 收到加密的邮件后，向服务器证明自己，并从服务器获得解密用的秘密钥，再解密就可以阅读邮件。该过程如图 4-1 所示。

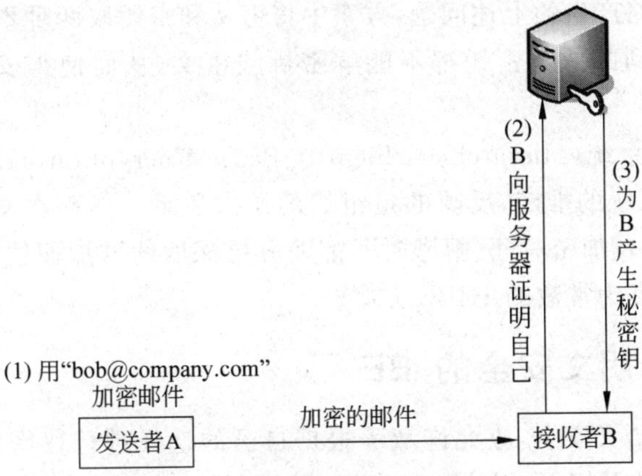

图 4-1　基于身份的加密方案示例

与基于证书的安全电子邮件相比，即使 B 还未建立他的公钥证书，A 也可以向他发送加密的邮件。因此这种方法避免了公钥密码体制中公钥证书从生成、签发、存储、维护、更新到撤销这一复杂的生命周期过程。自 Shamir 提出这种新思想以后，由于没有找到有效的实现工具，其实现一直是一个公开问题。直到 2001 年，Boneh 和 Franklin 取得了数学上的突破，提出了第一个实用的基于身份的公钥加密方案[1]。一个 IBE 方案由以下 4 个算法组成：

(1) 初始化。为随机化算法，输入是安全参数，输出为系统参数 params（为公开的全程参数）和主密钥 msk。表示为(params，msk)←Init($\mathcal{K}$)。

(2) 加密。为随机化算法,输入是消息 M、系统参数 params 以及接收方的身份 ID,输出密文 CT,仅当接收方具有相同身份 ID 时,才能解密。表示为 $\mathrm{CT}=\mathcal{E}_{\mathrm{ID}}(M)$。

(3) 密钥产生。为随机化算法,输入是系统参数 params、接收方的身份 ID 以及主密钥 msk,输出会话密钥 sk。表示为 sk←IBEGen(ID)。

(4) 解密。为确定性算法,输入会话密钥 sk 及密文 CT,输出消息 M,表示为 $M=\mathcal{D}_{\mathrm{sk}}(\mathrm{CT})$。

Boneh 和 Franklin 的方案使用椭圆曲线上的双线性映射(称为 Weil 配对和 Tate 配对),将用户的身份映射为一对公开钥-秘密钥对。方案的安全性证明使用了一种理想化的模型,称为随机谕言机模型,随机谕言机模型的概念见 3.1.3 节。

文献[2]首先给出了标准模型下的 IBE 方案,然而这些方案是在"选定身份"的模型下,其中攻击者在看到系统的公开参数前,就需要声明自己意欲攻击的身份,因而限制了攻击者的攻击能力,所以"选定身份"模型是一种弱安全模型。之所以要使用"选定身份"模型,是因为$\mathcal{B}$要把自己意欲攻击的困难问题以某种方式镶嵌在选定身份对应的公开参数中,使得$\mathcal{B}$一方面能够回答$\mathcal{A}$的询问,另一方面能利用$\mathcal{A}$的输出解决困难问题。

以后文献[3]给出的方案去掉了"选定身份"这一限制,这种方案称为完全安全模型。在完全安全模型中,$\mathcal{B}$无法猜测$\mathcal{A}$对哪个身份进行攻击,需要将身份空间随机划分为两部分,其中一部分用来为$\mathcal{A}$的密钥提取询问进行应答,另一部分用于$\mathcal{A}$的挑战,这种方式称为分离式策略。因为$\mathcal{B}$对身份空间的划分是随机的,存在失败的可能。对偶系统加密[4,5]可以克服分离式策略产生的上述问题,方案中将密文和密钥取两种不可区分的形式,$\mathcal{A}$经过密钥提取询问得到的所有密钥都不能解密挑战密文,从而使得安全性证明变得相对容易。

分层次的 IBE 系统(Hierarchical Identity-Based Encryption,HIBE)最早由文献[6]提出,它是对 IBE 系统的推广,反映的是组织的层次关系。然而在文献[6]的方案中,密文长度、密钥长度以及加密时间、解密时间都随分层深度的增加而线性地增长。文献[7]给出了一种密文长度为常数的 HIBE 方案。

4.1.2 选择明文安全的 IBE

要定义 IBE 的语义安全,应允许敌手根据自己的选择进行秘密钥询问,即敌手可根据自己的选择询问公开钥 ID 对应的秘密钥,以此来加强标准定义。

记 IBE 方案为 Π,Π 的 IND 游戏(称为 IND-ID-CPA 游戏)如下:

(1) 初始化。挑战者输入安全参数$\mathcal{K}$,产生公开的系统参数 params 和保密的主密钥。

(2) 阶段 1(训练)。敌手发出对 ID 的秘密钥产生询问。挑战者运行秘密钥产生算法,产生与 ID 对应的秘密钥 d,并把它发送给敌手,这一过程可重复多项式有界次。

(3) 挑战。敌手输出两个长度相等的明文 M_0、M_1 和一个意欲挑战的公开钥 ID^*。唯一的限制是 ID^* 不在阶段 1 中的任何秘密钥询问中出现。挑战者随机选取一个比特值 $\beta\leftarrow_R\{0,1\}$,计算 $C^*=\mathcal{E}_{\mathrm{ID}^*}(M_\beta)$,并将 C^* 发送给敌手。

(4) 阶段 2(训练)。敌手发出对另外 ID 的秘密钥产生的询问,唯一的限制是 ID≠

ID^*,挑战者以阶段 1 中的方式进行回应,这一过程可重复多项式有界次。

(5) 猜测。敌手输出猜测 $\beta' \in \{0,1\}$,如果 $\beta'=\beta$,则敌手攻击成功。

敌手的优势定义为安全参数$\mathcal{K}$的函数:

$$\mathrm{Adv}_{\Pi,\mathcal{A}}^{\mathrm{IND\text{-}ID\text{-}CPA}}(\mathcal{K}) = \left|\Pr[\beta'=\beta] - \frac{1}{2}\right|$$

IND-ID-CPA 游戏的形式化描述如下:

$$\begin{aligned}
&\underline{\mathrm{Exp}_{\Pi,\mathcal{A}}^{\mathrm{IND\text{-}ID\text{-}CPA}}(\mathcal{K})}\\
&\quad(\mathrm{params},\mathrm{msk}) \leftarrow \mathrm{Init}(\mathcal{K});\\
&\quad(M_0, M_1, \mathrm{ID}^*) \leftarrow \mathcal{A}^{\mathrm{IBEGen}(\cdot)}(\mathrm{params});\\
&\quad\beta \leftarrow_R \{0,1\}, C^* = \mathcal{E}_{\mathrm{ID}^*}(M_\beta);\\
&\quad\beta' \leftarrow \mathcal{A}^{\mathrm{IBEGen}_{\neq \mathrm{ID}^*}(\cdot)}(C^*);\\
&\quad\text{如果 } \beta' = \beta\text{,则返回 1;否则返回 0.}
\end{aligned}$$

其中 IBEGen(·)表示敌手$\mathcal{A}$向挑战者做身份的秘密钥询问,$\mathrm{IBEGen}_{\neq \mathrm{ID}^*}(\cdot)$表示敌手$\mathcal{A}$向挑战者做除 ID^* 外的身份的秘密钥询问。

敌手的优势为

$$\mathrm{Adv}_{\Pi,\mathcal{A}}^{\mathrm{IND\text{-}ID\text{-}CPA}}(\mathcal{K}) = \left|\Pr[\mathrm{Exp}_{\Pi,\mathcal{A}}^{\mathrm{IND\text{-}ID\text{-}CPA}}(\mathcal{K}) = 1] - \frac{1}{2}\right|$$

定义 4-1　如果对任何多项式时间的敌手$\mathcal{A}$,存在一个可忽略的函数$\epsilon(\mathcal{K})$,使得$\mathrm{Adv}_{\Pi,\mathcal{A}}^{\mathrm{IND\text{-}ID\text{-}CPA}}(\mathcal{K}) \leqslant \epsilon(\mathcal{K})$,那么就称这个加密算法 Π 在选择明文攻击下具有不可区分性,或者称为 IND-ID-CPA 安全。

4.1.3　选择密文安全的 IBE 方案

在 IBE 体制中需加强标准 CCA 安全的概念,因为在 IBE 体制中,敌手攻击公开钥 ID^*(即获取与之对应的秘密钥)时,他可能已有所选用户 ID 的秘密钥(多项式有界个),因此选择密文安全的定义就应允许敌手获取与其所选身份(但不是 ID^*)相应的秘密钥,我们把这一要求看作是对密钥产生算法的询问。

一个 IBE 加密方案 Π 在适应性选择密文攻击下具有不可区分性,如果不存在多项式时间的敌手,它在下面的 IND 游戏(称为 IND-ID-CCA 游戏)中有不可忽略的优势。

(1) 初始化。挑战者输入安全参数$\mathcal{K}$,产生公开的系统参数 params 和保密的主密钥。

(2) 阶段 1(训练)。敌手执行以下询问之一(多项式有界次):

- 对 ID 的秘密钥产生询问。挑战者运行秘密钥产生算法,产生与 ID 对应的秘密钥 d,并把它发送给敌手。
- 对(ID,C)的解密询问。挑战者运行秘密钥产生算法,产生与 ID 对应的秘密钥 d,再运行解密算法,用 d 解密 C,并将所得明文发送给敌手。

上面的询问可以自适应地进行,是指执行每个询问时可以依赖于以前询问得到的询问结果。

(3) 挑战。敌手输出两个长度相等的明文 M_0、M_1 和一个意欲挑战的公开钥 ID^*。

唯一的限制是 ID^* 不在阶段 1 中的任何秘密钥询问中出现。挑战者随机选取一个比特值 $\beta \leftarrow_R \{0,1\}$，计算 $C^* = \mathcal{E}_{ID^*}(M_\beta)$，并将 C^* 发送给敌手。

(4) 阶段 2(训练)。敌手产生更多的询问，每个询问为下面询问之一：

- 对 ID 的秘密钥产生询问($ID \neq ID^*$)。挑战者以阶段 1 中的方式进行回应。
- 对(ID,C)的解密询问($(ID,C) \neq (ID^*,C^*)$)。挑战者以阶段 1 中的方式进行回应。

(5) 猜测。敌手输出猜测 $\beta' \in \{0,1\}$，如果 $\beta'=\beta$，则敌手攻击成功。

敌手的优势定义为安全参数$\mathcal{K}$的函数：

$$\mathrm{Adv}_{\Pi,\mathcal{A}}^{\text{IND-ID-CCA}}(\mathcal{K}) = \left|\Pr[\beta' = \beta] - \frac{1}{2}\right|$$

IND-ID-CCA 游戏的形式化描述为

$$\begin{aligned}
&\underline{\mathrm{Exp}_{\Pi,\mathcal{A}}^{\text{IND-ID-CCA}}(\mathcal{K}):}\\
&(\mathrm{params},\mathrm{msk}) \leftarrow \mathrm{Init}(\mathcal{K});\\
&(M_0,M_1,\mathrm{ID}^*) \leftarrow \mathcal{A}^{\mathrm{IBEGen}(\cdot),\mathcal{D}(\cdot)}(\mathrm{params});\\
&\beta \leftarrow_R \{0,1\}, C^* = \mathcal{E}_{\mathrm{ID}^*}(M_\beta);\\
&\beta' \leftarrow \mathcal{A}^{\mathrm{IBEGen}_{\neq \mathrm{ID}^*}(\cdot),\mathcal{D}_{\neq(\mathrm{ID}^*,C^*)}(\cdot)}(C^*);\\
&\text{如果 } \beta' = \beta\text{，则返回 1；否则返回 0.}
\end{aligned}$$

其中 IBEGen(·)表示敌手向挑战者做身份的秘密钥询问，$\mathcal{D}(\cdot)$ 表示敌手向挑战者做解密询问：挑战者先运行秘密钥产生算法 IBEGen(·)，再运行解密算法，用 IBEGen(·)产生的秘密钥对询问的密文解密。$\mathrm{IBEGen}_{\neq \mathrm{ID}^*}(\cdot)$表示敌手向挑战者做除 ID^* 以外的身份的秘密钥询问，$\mathcal{D}_{\neq(\mathrm{ID}^*,C^*)}(\cdot)$表示敌手向挑战者做除($ID^*$,$C^*$)以外的解密询问。询问可以自适应地进行，是指执行每个询问时可以依赖于执行前面询问时得到的询问结果。

敌手的优势定义为安全参数$\mathcal{K}$的函数：

$$\mathrm{Adv}_{\Pi,\mathcal{A}}^{\text{IND-ID-CCA}}(\mathcal{K}) = \left|\Pr[\mathrm{Exp}_{\Pi,\mathcal{A}}^{\text{IND-ID-CCA}}(\mathcal{K}) = 1] - \frac{1}{2}\right|$$

定义 4-2 如果对任何多项式时间的敌手$\mathcal{A}$，存在一个可忽略的函数$\epsilon(\mathcal{K})$，使得$\mathrm{Adv}_{\Pi,\mathcal{A}}^{\text{IND-ID-CCA}}(\mathcal{K}) \leqslant \epsilon(\mathcal{K})$，那么就称这个加密算法 Π 在选择密文攻击下具有不可区分性，或者称为 IND-ID-CCA 安全。

4.1.4 选定身份攻击下的 IBE 方案

前两个 IBE 模型中，敌手能发起适应性选择密文询问和适应性选择身份询问，询问结束后，敌手适应性选择一个希望攻击的身份，并以这个身份挑战方案的语义安全性。选定身份 IBE 是比这个安全模型弱的一种安全模型，其中敌手必须事先选取(非适应性地)一个意欲攻击的身份，然后再发起适应性选择密文询问和适应性选择身份询问。其模型需在 4.1.2 节和 4.1.3 节的 IND 游戏的 Init 之前，敌手声称它意欲攻击的身份，这种 IND 游戏称为 IND-sID-CPA 或 IND-sID-CCA 游戏。

4.1.5 分层次的 IBE 系统

分层次的 IBE 系统通过对组织层级进行划分而提供了更多的功能。高层用户可以将秘密钥委派给低层的用户。例如，身份是"University of Texas：computer science department"的用户可以将秘密钥委派给身份是"University of Texas：computer science department：grad student"的用户，但不能委派给不是以"University of Texas：computer science department"作为开头身份的用户。

在 HIBE 中，身份是一个向量。一个 ℓ 维向量表示一个分层深度为 ℓ 的身份。密钥产生算法输入深度为 ℓ 的身份 $\overrightarrow{ID}=(I_1, I_2, \cdots, I_\ell)$，输出身份 $\overrightarrow{ID}$ 对应的秘密钥 $d_{\overrightarrow{ID}}$。

此外在 HIBE 中还有一个算法，称为委派：输入深度为 $\ell-1>0$ 的父身份 $\overrightarrow{ID}_{|\ell-1}=(I_1, I_2, \cdots, I_{\ell-1})$ 对应的秘密钥 $d_{\overrightarrow{ID}|\ell-1}$，输出身份 $\overrightarrow{ID}$ 对应的秘密钥 $d_{\overrightarrow{ID}}$，记为 $d_{\overrightarrow{ID}} \leftarrow \text{Delegate}(d_{\overrightarrow{ID}|\ell-1}, \overrightarrow{ID})$。

将主密钥可看作深度为 0 时的秘密钥，IBE 系统就是一个身份深度都为 1 的 HIBE 系统。

选定身份攻击下的 HIBE 由下面的游戏(称为 IND-sID-CCA2 游戏)定义。

(1) 初始化。敌手输出挑战身份 $\overrightarrow{ID}^*=(I_1^*, I_2^*, \cdots, I_k^*)$。

(2) 系统建立。由挑战者完成，输入最大深度 ℓ(IBE 时 $\ell=1$)，产生系统参数 params 和主密钥 msk。params 公开，msk 保密。

(3) 阶段 1：敌手发出以下两种询问之一(可多项式有界次)。

- $\overrightarrow{ID}$ 的秘密钥产生询问或委派询问，其中 $\overrightarrow{ID}=(I_1, I_2, \cdots, I_u)(1 \leqslant u \leqslant \ell)$。要求 $\overrightarrow{ID}$ 不是 $\overrightarrow{ID}^*$ 的前缀(即不存在 $u \leqslant k$，使得对所有的 $i=1,2,\cdots,u$ 有 $I_i=I_i^*$)。挑战者运行密钥产生算法或委派算法获得 $\overrightarrow{ID}$ 对应的秘密钥 d，将 d 发送给敌手作为本次询问的响应。
- $(\overrightarrow{ID}, C)$ 的解密询问($\overrightarrow{ID}$ 可以等于 $\overrightarrow{ID}^*$ 或是 $\overrightarrow{ID}^*$ 的前缀)。挑战者运行秘密钥产生算法或委派算法，产生与 $\overrightarrow{ID}$ 对应的秘密钥 d，再运行解密算法，用秘密钥 d 解密 C，并将所得明文发送给敌手作为本次询问的响应。

上面的询问可以自适应地进行。

(4) 挑战。敌手输出两个长度相等的明文 M_0、M_1，挑战者随机选取一个比特值 $\beta \leftarrow_R \{0,1\}$，计算 $C^*=\mathcal{E}_{\overrightarrow{ID}^*}(M_\beta)$，并将 C^* 发送给敌手。

(5) 阶段 2。敌手发出另外的适应性询问(可多项式有界次)，其中每次询问是下面两种之一：

- $\overrightarrow{ID}$ 的秘密钥产生询问或委派询问，其中 $\overrightarrow{ID}$ 不是 $\overrightarrow{ID}^*$ 的前缀。挑战者以阶段 1 中的方式进行回应。
- $(\overrightarrow{ID}, C)$ 的解密询问，其中当 $\overrightarrow{ID}=\overrightarrow{ID}^*$ 或是 $\overrightarrow{ID}^*$ 的前缀时，$C \neq C^*$。挑战者以阶段 1 中的方式进行回应。

(6) 猜测。敌手输出猜测 $\beta' \in \{0,1\}$，如果 $\beta'=\beta$，则敌手攻击成功。

$\mathcal{A}$ 的优势定义为

$$\mathrm{Adv}_{\Pi,\mathcal{A}}^{\mathrm{HIBE}}(\mathcal{K}) = \left|\Pr[\beta' = \beta] - \frac{1}{2}\right|$$

IND-sID-CCA2 游戏的形式化描述如下：

$\underline{\mathrm{Exp}_{\Pi,\mathcal{A}}^{\mathrm{HIBE}}(\mathcal{K})}$

$\overrightarrow{\mathrm{ID}}^* = (I_1^*, I_2^*, \cdots, I_k^*)$；

$(\mathrm{params}, \mathrm{msk}) \leftarrow \mathrm{Init}(\mathcal{K})$；

$(M_0, M_1, \overrightarrow{\mathrm{ID}}^*) \leftarrow \mathcal{A}^{(\mathrm{IBEGen}_{\neq \leqslant \overrightarrow{\mathrm{ID}}^*}(\cdot), \mathrm{Delegate}_{\neq \leqslant \overrightarrow{\mathrm{ID}}^*}(\cdot)) \text{或} \mathcal{D}(\cdot)}(\mathrm{params})$；

$\beta \leftarrow_R \{0,1\}, C^* = \mathcal{E}_{\overrightarrow{\mathrm{ID}}^*}(M_\beta)$；

$\beta' \leftarrow \mathcal{A}^{(\mathrm{IBEGen}_{\neq \leqslant \overrightarrow{\mathrm{ID}}^*}(\cdot), \mathrm{Delegate}_{\neq \leqslant \overrightarrow{\mathrm{ID}}^*}(\cdot)) \text{或} \mathcal{D}_{\neq (\overrightarrow{\mathrm{ID}}^*, C^*)}(\cdot)}(C^*)$.

其中用$\leqslant \overrightarrow{\mathrm{ID}}^*$表示$\overrightarrow{\mathrm{ID}}^*$的前缀(包括$\overrightarrow{\mathrm{ID}}^*$本身)，$\neq \leqslant \overrightarrow{\mathrm{ID}}^*$表示不能取$\overrightarrow{\mathrm{ID}}^*$的前缀(包括$\overrightarrow{\mathrm{ID}}^*$本身)。$\mathcal{A}$的优势定义为

$$\mathrm{Adv}_{\Pi,\mathcal{A}}^{\mathrm{HIBE}}(\mathcal{K}) = \left|\Pr[\mathrm{Exp}_{\Pi,\mathcal{A}}^{\mathrm{HIBE}}(\mathcal{K}) = 1] - \frac{1}{2}\right|$$

安全性定义与定义 4-2 类似。

如果模型不是选定身份攻击下的，则在上述 IND-sID-CCA2 游戏中，敌手在挑战阶段选择意欲攻击的身份$\overrightarrow{\mathrm{ID}}^*$。

4.2 随机谕言机模型下的基于身份的密码体制

4.2.1 BF 方案所基于的困难问题

本节介绍 Boneh 和 Franklin 提出的 IBE[1]，简称为 BF 方案。

1. 椭圆曲线上的 DDH 问题

设$\mathbb{G}_1$是一个阶为 q 的群(椭圆曲线上的点群)，$\mathbb{G}_1$中的 DDH(Decision Diffie-Hellman)问题是指已知 P、aP、bP、cP，判定 $c \equiv ab \bmod q$ 是否成立，其中 P 是$\mathbb{G}_1^*$中的随机元素，a、b、c 是$\mathbb{Z}_q^*$中的随机数。

由双线性映射的性质可知：

$$c \equiv ab \bmod q \Leftrightarrow \hat{e}(P, cP) = \hat{e}(aP, bP)$$

因此可将判定 $c \equiv ab \bmod q$ 是否成立转变为判定$\hat{e}(P, cP) = \hat{e}(aP, bP)$是否成立，所以$\mathbb{G}_1$中的 DDH 问题是简单的。

2. 椭圆曲线上的 CDH 问题

$\mathbb{G}_1$(仍是椭圆曲线上的点群)中的计算性 Diffie-Hellman(Computational Diffie-Hellman，CDH)问题是指已知 P、aP、bP，求 abP，其中 P 是$\mathbb{G}_1^*$中的随机元素，a、b 是$\mathbb{Z}_q^*$中的随机数。

与$\mathbb{G}_1$中的 DDH 问题不同，$\mathbb{G}_1$中的 CDH 问题不因引入双线性映射而解决，因此它仍是困难问题。

3. BDH问题和BDH假设

由于$\mathbb{G}_1$中的DDH问题简单，因此就不能用它来构造$\mathbb{G}_1$中的密码体制。BF方案的安全性是基于CDH问题的一种变形，称之为计算性双线性DH假设。

计算性双线性DH（Bilinear Diffie-Hellman，BDH）问题，是指给定(P, aP, bP, cP) $(a, b, c \in \mathbb{Z}_q^*)$，计算$w = \hat{e}(P, P)^{abc} \in \mathbb{G}_2$，其中$\hat{e}$是一个双线性映射，$P$是$\mathbb{G}_1$的生成元，$\mathbb{G}_1$、$\mathbb{G}_2$是阶为素数$q$的两个群。设算法$A$用来解决BDH问题，其优势定义为$\tau$，如果

$$\Pr|A(P, aP, bP, cP) = \hat{e}(P, P)^{abc}| \geqslant \tau$$

目前还没有有效的算法解决BDH问题，因此可假设BDH问题是困难问题，这就是BDH假设。

4.2.2　BF方案描述

下面用$\mathbb{Z}_q$表示在模q加法下的群$\{0, 1, \cdots, q-1\}$。对于阶为素数的群$\mathbb{G}$，用$\mathbb{G}^*$表示集合$\mathbb{G} - \{O\}$，这里O为$\mathbb{G}$中的单位元素。用$\mathbb{Z}^+$表示正整数集。

下面描述的BF方案是基本方案，称为BasicIdent。

令$\mathcal{K}$是安全参数，$\mathcal{G}$是BDH参数生成算法，其输出包括素数q，两个阶为q的群$\mathbb{G}_1$、$\mathbb{G}_2$，一个双线性映射$\hat{e}: \mathbb{G}_1 \times \mathbb{G}_1 \to \mathbb{G}_2$的描述。$\mathcal{K}$用来确定$q$的大小，例如可以取$q$为$\mathcal{K}$比特长。

（1）初始化。

$\underline{\text{Init}(\mathcal{K})}$：

$(q, \mathbb{G}_1, \mathbb{G}_2, \hat{e}) \leftarrow \mathcal{G}$；

$P \leftarrow_R \mathbb{G}_1$；

$s \leftarrow_R \mathbb{Z}_q^*, P_{\text{pub}} = sP$；

选 $H_1: \{0,1\}^* \to \mathbb{G}_1^*, H_2: \mathbb{G}_2 \to \{0,1\}^n$；

$\text{params} = (q, \mathbb{G}_1, \mathbb{G}_2, \hat{e}, n, P, P_{\text{pub}}, H_1, H_2), \text{msk} = s.$

其中P是$\mathbb{G}_1$的一个生成元，s作为主密钥，H_1、H_2是两个哈希函数，n是待加密的消息的长度。消息空间为$\{0,1\}^n$，密文空间为$\mathcal{C} = \mathbb{G}_1^* \times \{0,1\}^n$，系统参数$\text{params} = (q, \mathbb{G}_1, \mathbb{G}_2, \hat{e}, n, P, P_{\text{pub}}, H_1, H_2)$是公开的，主密钥$s$是保密的。

（2）加密（用接收方的身份ID作为公开钥，其中$M \in \{0,1\}^n$）。

$\underline{\mathcal{E}_{\text{ID}}(M)}$：

$Q_{\text{ID}} = H_1(\text{ID}) \in \mathbb{G}_1^*$；

$r \leftarrow_R \mathbb{Z}_q^*$；

$\text{CT} = (rP, M \oplus H_2(g_{\text{ID}}^r)).$

其中$g_{\text{ID}} = \hat{e}(Q_{\text{ID}}, P_{\text{pub}}) \in \mathbb{G}_2^*$，$\oplus$是异或运算。

（3）密钥产生（其中$\text{ID} \in \{0,1\}^*$）。

$\underline{\text{IBEGen}(s, \text{ID})}$：

$Q_{\text{ID}} = H_1(\text{ID}) \in \mathbb{G}_1^*$；

$d_{\text{ID}} = sQ_{\text{ID}}.$

(4) 解密(其中 $CT=(U,V)\in\mathcal{C}$)。

$$\underline{\mathcal{D}_{d_{ID}}(CT):}$$
$$\text{返回 } V\oplus H_2(\hat{e}(d_{ID},U)).$$

这是因为

$$\hat{e}(d_{ID},U)=\hat{e}(sQ_{ID},rP)=\hat{e}(Q_{ID},P)^{sr}=\hat{e}(Q_{ID},P_{pub})^r=g_{ID}^r$$

方案中用到主密钥的概念,密钥可根据其不同用途分为会话密钥和主密钥两种类型,会话密钥又称为数据加密密钥,主密钥又称为密钥加密密钥。如果主密钥泄露了,则相应的会话密钥也将泄露,因此主密钥的安全性高于会话密钥的安全性。

4.2.3 BF 方案的安全性

定理 4-1 在 BasicIdent 中,设哈希函数 H_1、H_2 是随机谕言机,如果 BDH 问题在$\mathcal{G}$生成的群上是困难的,那么 BasicIdent 是 IND-ID-CPA 安全的。

具体来说,假设存在一个 IND-ID-CPA 敌手$\mathcal{A}$以$\epsilon(\mathcal{K})$的优势攻破 BasicIdent 方案,$\mathcal{A}$最多进行 $q_E>0$ 次密钥提取询问、$q_{H_2}>0$ 次 H_2 询问,那么一定存在一个敌手$\mathcal{B}$至少以

$$\mathrm{Adv}_{\mathcal{G},\mathcal{B}}^{\mathrm{BDH}}(\mathcal{K})\geqslant\frac{2\,\epsilon(\mathcal{K})}{\mathrm{e}(1+q_E)q_{H_2}}$$

的优势解决$\mathcal{G}$生成的群中的 BDH 问题,其中 e 是自然对数的底。

定理 4-1 是将 BasicIdent 归约到 BDH 问题,为了证明这个归约,我们先将 BasicIdent 归约到一个非基于身份的加密方案 BasicPub,再将 BasicPub 归约到 BDH 问题,归约的传递性是显然的。

BasicPub 加密方案如下定义:

(1) 密钥产生。这一步将初始化和密钥产生两步合在一起。

$$\begin{aligned}
&\underline{\mathrm{IBEGen}(\mathcal{K}):}\\
&(q,\mathbb{G}_1,\mathbb{G}_2,\hat{e})\leftarrow\mathcal{G};\\
&P\leftarrow_R\mathbb{G}_1;\\
&s\leftarrow_R\mathbb{Z}_q^*,P_{pub}=sP;\\
&Q_{ID}\leftarrow_R\mathbb{G}_1^*,d_{ID}=sQ_{ID};\\
&\text{选 } H_2:\mathbb{G}_2\rightarrow\{0,1\}^n;\\
&\mathrm{params}=(q,\mathbb{G}_1,\mathbb{G}_2,\hat{e},n,P,P_{pub},H_1,H_2),\mathrm{msk}=s.
\end{aligned}$$

其中,P 是$\mathbb{G}_1$的一个生成元,s 作为主密钥,d_{ID}作为秘密钥,H_2 是哈希函数,n 是待加密的消息的长度。系统参数 $\mathrm{params}=(q,\mathbb{G}_1,\mathbb{G}_2,\hat{e},n,P,P_{pub},Q_{ID},H_2)$是公开的,主密钥 s 是保密的。

(2) 加密(用接收方的身份 ID 作为公开钥,其中 $M\in\{0,1\}^n$)。

$$\begin{aligned}
&\underline{\mathcal{E}_{ID}(M):}\\
&r\leftarrow_R\mathbb{Z}_q^*;\\
&CT=(rP,M\oplus H_2(g_{ID}^r)).
\end{aligned}$$

其中 $g_{ID}=\hat{e}(Q_{ID},P_{pub})\in\mathbb{G}_2^*$,$\oplus$是异或运算。

(3) 解密(其中 $CT=(U,V)\in\mathcal{C}$)。

$$\underline{\mathcal{D}_{d_{ID}}(CT):}$$

$$\text{返回 } V\oplus H_2(\hat{e}(d_{ID},U)).$$

在 BasicIdent 中,Q_{ID}是根据用户的身份产生的。而在 BasicPub 中 Q_{ID}是随机选取的一个固定值,因此它与用户的身份无关。

首先证明 BasicIdent 到 BasicPub 的归约。

引理 4-1　设 H_1 是从$\{0,1\}^*$到$\mathbb{G}_1^*$的随机谕言机,$\mathcal{A}$是 IND ID CPA 游戏中以优势 $\epsilon(\mathcal{K})$攻击 BasicIdent 的敌手。假设$\mathcal{A}$最多进行 $q_E>0$ 次密钥提取询问,那么存在一个 IND-CPA 敌手$\mathcal{B}$以最少$\dfrac{\epsilon(\mathcal{K})}{e(1+q_E)}$的优势成功攻击 BasicPub。

证明:挑战者先建立 BasicPub 方案,敌手$\mathcal{B}$攻击 BasicPub 方案时,以$\mathcal{A}$为子程序,过程如图 1-7 所示,其中方案 1 为 BasicIdent,方案 2 为 BasicPub。

具体过程如下:

(1) 初始化。挑战者运行 BasicPub 中的密钥产生算法生成公开钥 $K_{pub}=(q,\mathbb{G}_1,\mathbb{G}_2,\hat{e},n,P,P_{pub},Q_{ID},H_2)$,保留秘密钥 $d_{ID}=sQ_{ID}$。$\mathcal{B}$获得公开钥。

下面(2)～(6)步,$\mathcal{B}$模拟$\mathcal{A}$的挑战者和$\mathcal{A}$进行 IND 游戏。

(2) $\mathcal{B}$的初始化。

$\mathcal{B}$发送 BasicIdent 的公开钥 $K_{pub}=(q,\mathbb{G}_1,\mathbb{G}_2,\hat{e},n,P,P_{pub},H_1,H_2)$给$\mathcal{A}$。

因 BasicPub 中的公开钥无 H_1,所以$\mathcal{B}$为了承担$\mathcal{A}$的挑战者,需要构造一个 H_1 列表 H_1^{list},它的元素类型是 4 元组$(ID_i,Q_i,b_i,coin)$。

(3) H_1 询问。设$\mathcal{A}$询问 ID_i 的 H_1 值,$\mathcal{B}$如下应答:

① 如果 ID_i 已经在 H_1^{list},$\mathcal{B}$以 $Q_i\in\mathbb{G}_1^*$ 作为 H_1 的值应答$\mathcal{A}$。

② 否则,$\mathcal{B}$随机选择一个 $coin\leftarrow_R\{0,1\}$并设 $Pr[coin=0]=\delta$(δ 的值待定)。$\mathcal{B}$再选择随机数 $b_i\leftarrow_R\mathbb{Z}_q^*$,

- 如果 $coin=0$,计算 $Q_i=b_iQ_{ID}\in\mathbb{G}_1^*$。
- 否则,计算 $Q_i=b_iP\in\mathbb{G}_1^*$。

$\mathcal{B}$将$(ID_i,Q_i,b_i,coin)$加入 H_1^{list},并以 $H_1(ID_i)=Q_i$ 回应$\mathcal{A}$。

这里的 coin 作为$\mathcal{B}$的猜测:$coin=0$ 表示$\mathcal{A}$将对这次询问的 ID_i 发起攻击。

(4) 密钥提取询问-阶段 1(最多进行 q_E 次)。设 ID_i 是$\mathcal{A}$向$\mathcal{B}$发出的密钥提取询问。

① 如果 $coin=0$,$\mathcal{B}$报错并退出(此时,$\mathcal{B}$原打算利用$\mathcal{A}$对 BasicIdent 的攻击来攻击 BasicPub,此时$\mathcal{B}$无法利用$\mathcal{A}$,所以对 BasicPub 的攻击失败)。

② 否则$\mathcal{B}$从 H_1^{list} 取出$(ID_i,Q_i,b_i,coin)$,求 $d_i=b_iP_{pub}$,并将 d_i 作为 ID_i 对应的 BasicIdent 的秘密钥给$\mathcal{A}$。

这是因为 $d_i=sQ_i=s(b_iP)=b_i(sP)=b_iP_{pub}$。

注意:$d_{ID}=sQ_{ID}$是 BasicPub 中的秘密钥;$d_i=sQ_i=b_iP_{pub}$是 BasicIdent 中的秘密钥。

(5) $\mathcal{A}$发出挑战。

设$\mathcal{A}$的挑战是 ID^*,M_0,M_1,$\mathcal{B}$在 H^{list}查找项$(ID_i,Q_i,b_i,coin)$,使得 $ID_i=ID^*$,

① 如果 $coin=1$,$\mathcal{B}$报错并退出。

② 如果 coin＝0，$\mathcal{B}$将 M_0、M_1 给自己的挑战者，挑战者随机选 $\beta \leftarrow_R \{0,1\}$，以 BasicPub 方案加密 M_β 得 $C^*=(U,V)$（BasicPub 密文）作为对$\mathcal{B}$的应答。$\mathcal{B}$则以 $C^{*\prime}=(b_i^{-1}U,V)$（BasicIdent 密文）作为对$\mathcal{A}$的应答。这是因为 ID^* 对应的秘密钥 $d^*=sQ_i=sb_iQ_{\mathrm{ID}}=b_isQ_{\mathrm{ID}}=b_id_{\mathrm{ID}}$，即 BasicIdent 秘密钥 d^* 是 BasicPub 秘密钥 d_{ID}的 b_i 倍，且

$$\hat{e}(d^*,b_i^{-1}U)=\hat{e}(b_id_{\mathrm{ID}},b_i^{-1}U)=\hat{e}(d_{\mathrm{ID}},U)$$

挑战过程如图 4-2 所示。

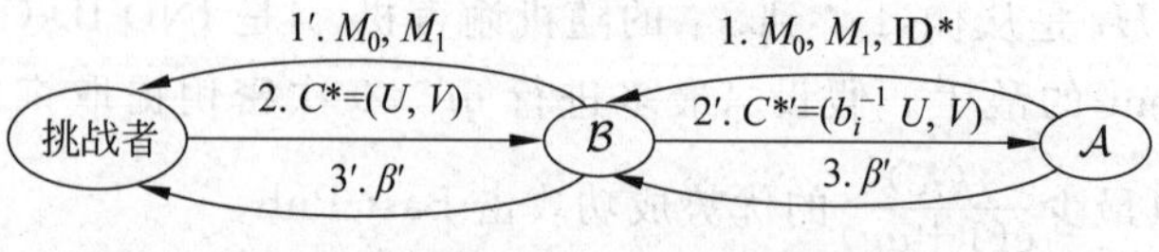

图 4-2　BasicIdent 到 BasicPub 归约过程中的挑战阶段

(6) 密钥提取询问-阶段 2。与密钥提取询问-阶段 1 相同。

(7) 猜测。$\mathcal{A}$输出猜测 β'，$\mathcal{B}$也以 β' 作为自己的猜测。

断言 4-1　在以上归约过程中，如果$\mathcal{B}$不中断，则$\mathcal{B}$的模拟是完备的。

证明：在以上模拟中，当$\mathcal{B}$猜测正确时，$\mathcal{A}$的视图与其在真实攻击中的视图是同分布的。这是因为以下两点。

(1) $\mathcal{A}$的 H_1 询问中的每一个都是用随机值来应答的：

- coin＝0 时是用 $Q_i=b_iQ_{\mathrm{ID}}$来应答的。
- coin＝1 时是用 $Q_i=b_iP$ 来应答的。

由 b_i 的随机性，知 Q_i 是随机均匀的。而在$\mathcal{A}$对 BasicIdent 的真实攻击中，$\mathcal{A}$得到的是 H_1 的函数值，由于假定 H_1 是随机谕言机，所以$\mathcal{A}$得到的 H_1 的函数值是均匀的。

(2) $\mathcal{B}$对$\mathcal{A}$的密钥提取询问的应答 $d_i=b_iP_{\mathrm{pub}}$ 等于 sQ_i，因而是有效的。

所以两种视图不可区分。

（断言 4-1 证毕）

继续引理 4-1 的证明。由断言 4-1 知，$\mathcal{A}$在模拟攻击中的优势

$$\mathrm{Adv}_{\mathrm{Sim},\mathcal{A}}^{\text{IND-ID-CPA}}(\mathcal{K})=\left|\Pr[\mathrm{Exp}_{\Pi,\mathcal{A}}^{\text{IND-ID-CPA}}(\mathcal{K})=1]-\frac{1}{2}\right|$$

与真实攻击中的优势$\mathrm{Adv}_{\Pi,\mathcal{A}}^{\text{IND-ID-CPA}}(\mathcal{K})$相等，至少为$\epsilon$。

若$\mathcal{B}$的猜测是正确的，且$\mathcal{A}$在第(7)步成功攻击了 BasicIdent 的不可区分性，则$\mathcal{B}$就成功攻击了 BasicPub 的不可区分性。

因为$\mathcal{B}$在第(4)、(6)步不中断的概率为$(1-\delta)^{q_E}$，在第(5)步不中断的概率为 δ，所以$\mathcal{B}$不中断的概率为$(1-\delta)^{q_E}\delta$，$\mathcal{B}$的优势为

$$(1-\delta)^{q_E}\cdot\delta\cdot\mathrm{Adv}_{\mathrm{Sim},\mathcal{A}}^{\text{IND-ID-CPA}}(\mathcal{K})=(1-\delta)^{q_E}\cdot\delta\cdot\epsilon(\mathcal{K})$$

类似于定理 3-11，$\delta=\dfrac{1}{q_E+1}$时，$(1-\delta)^{q_E}\cdot\delta\cdot\epsilon(\mathcal{K})$达到最大，最大值为$\dfrac{\epsilon(\mathcal{K})}{\mathrm{e}(q_E+1)}$。

（引理 4-1 证毕）

下面证明 BasicPub 到 BDH 问题的归约。

引理 4-2　设 H_2 是从$\mathbb{G}_2$到$\{0,1\}^n$ 的随机谕言机，$\mathcal{A}$是以$\epsilon(\mathcal{K})$ 的优势攻击 BasicPub

的敌手，且$\mathcal{A}$最多对 H_2 询问 $q_{H_2}>0$ 次，那么存在一个敌手$\mathcal{B}$能以至少 $2\epsilon(\mathcal{K})/q_{H_2}$ 的优势解决$\mathcal{G}$上的 BDH 问题。

证明：为了证明 BasicPub 到 BDH 问题的归约，即$\mathcal{B}$已知$(P,aP,bP,cP)=(P,P_1,P_2,P_3)$，想通过$\mathcal{A}$对 BasicPub 的攻击，求 $D=\hat{e}(P,P)^{abc}\in\mathbb{G}_2$。$\mathcal{B}$在以下思维实验中作为$\mathcal{A}$的挑战者建立 BasicPub 方案，$\mathcal{B}$设法要把 BDH 问题嵌入到 BasicPub 方案。过程如图 4-3 所示，为了更好地理解图，其中的步数和下面证明中的步数不对应。

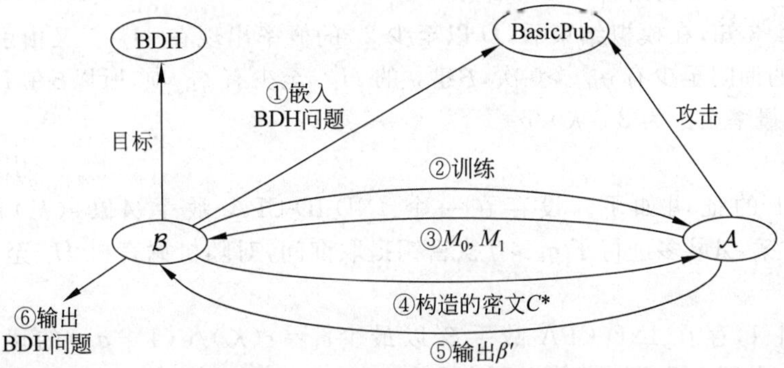

图 4-3　BasicPub 到 BDH 问题的归约

(1) $\mathcal{B}$生成 BasicPub 的公钥 $K_{pub}=(q,\mathbb{G}_1,\mathbb{G}_2,\hat{e},n,P,P_{pub},Q_{ID},H_2)$，其中 $P_{pub}=P_1$，$Q_{ID}=P_2$。由于 $P_{pub}=sP=P_1=aP$，所以 $s=a$，$d_{ID}=sQ_{ID}=aQ_{ID}=abP$。$H_2$ 的建立在第(2)步。

(2) H_2 询问。$\mathcal{B}$建立一个 H_2^{list}（初始为空），元素类型为(X_i,H_i)，$\mathcal{A}$在任何时候都能发出对 H_2^{list} 的询问（最多 q_{H_2} 次），$\mathcal{B}$做如下应答：

• 如果 X_i 已经在 H_2^{list}，以 $H_2(X_i)=H_i$ 应答。

• 否则随机选择 $H_i\leftarrow_R\{0,1\}^n$，以 $H_2(X_i)=H_i$ 应答，并将(X_i,H_i)加入 H_2^{list}。

(3) 挑战。$\mathcal{A}$输出两个要挑战的消息 M_0 和 M_1，$\mathcal{B}$随机选择 $\Phi\leftarrow_R\{0,1\}^n$，定义 $C^*=(P_3,\Phi)$，C^* 的解密应为 $\Phi\oplus H_2(\hat{e}(d_{ID},P_3))=\Phi\oplus H_2(D)$，即$\mathcal{B}$已将 BDH 问题的解 D 埋入 H_2^{list}。

(4) 猜测。算法$\mathcal{A}$输出猜测 $\beta'\in\{0,1\}$。同时，$\mathcal{B}$从 H_2^{list} 中随机取(X_j,H_j)，把 X_j 作为 BDH 的解。

下面证明$\mathcal{B}$能以至少 $2\epsilon(\mathcal{K})/q_{H_2}$ 的优势输出 D。

设$\mathcal{H}$表示事件：在模拟中$\mathcal{A}$发出 $H_2(D)$询问，即 $H_2(D)$出现在 H_2^{list} 中。由$\mathcal{B}$建立 H_2^{list} 的过程知，其中的值是$\mathcal{B}$随机选取的。下面的证明显示，如果 H_2^{list} 没有 $H_2(D)$，即$\mathcal{A}$得不到 $H_2(D)$，$\mathcal{A}$就不能以ϵ的优势赢得上述第(4)步的猜测。

断言 4-2　在以上模拟过程中，$\mathcal{B}$的模拟是完备的。

证明：在以上模拟中，$\mathcal{A}$的视图与其在真实攻击中的视图是同分布的。这是因为以下两点。

(1) $\mathcal{A}$的 q_{H_2}次 H_2 询问中的每一个都是用随机值来应答的，而在$\mathcal{A}$对 BasicPub 的真实攻击中，$\mathcal{A}$得到的是 H_2 的函数值，由于假定 H_2 是随机谕言机，所以$\mathcal{A}$得到的 H_2 的函

数值是均匀的。

(2) 由 Φ 的随机性,不论 $\mathcal{A}$ 是否询问到 $H_2(D)$, $\mathcal{A}$ 得到的密文 $\Phi \oplus H_2(D)$ 对 $\mathcal{A}$ 来都是完全随机的。

所以两种视图不可区分。

(断言 4-2 证毕)

断言 4-3 在上述模拟攻击中 $\Pr[\mathcal{H}] \geqslant 2\epsilon$。

证明与 3.1.4 节的断言 3-4 一样。

由断言 4-3 知,在模拟结束后,D 以至少 2ϵ 的概率出现在 H_2^{list}。又由引理 4-2 的假定,$\mathcal{A}$ 对 H_2 的询问至少有 $q_{H_2}>0$ 次,$\mathcal{B}$ 建立的 H_2^{list} 至少有 q_{H_2} 项,所以 $\mathcal{B}$ 在 H_2^{list} 随机选取一项作为 D,概率至少为 $2\epsilon(\mathcal{K})/q_{H_2}$。

(引理 4-2 证毕)

定理 4-1 的证明如下。设存在一个 IND-ID-CPA 敌手 $\mathcal{A}$ 以 $\epsilon(\mathcal{K})$ 的优势攻破 BasicIdent 方案,$\mathcal{A}$ 最多进行了 $q_E>0$ 次密钥提取询问,对随机谕言机 H_2 至多 $q_{H_2}>0$ 次询问。

由引理 4-1,存在 IND-CPA 敌手 $\mathcal{B}'$ 以最少 $\epsilon_1=\epsilon(\mathcal{K})/\mathrm{e}(1+q_E)$ 的优势成功攻击 BasicPub。由引理 4-2,存在 $\mathcal{B}$ 能以至少 $2\epsilon_1/q_{H_2}=2\epsilon(\mathcal{K})/\mathrm{e}(1+q_E)q_{H_2}$ 的优势解决 $\mathcal{G}$ 生成的群中的 BDH 问题。

(定理 4-1 证毕)

4.2.4 选择密文安全的 BF 方案

类似于 3.1.3 节,虽然 BasicIdent 是 IND-ID-CPA 安全的,但不是 IND-ID-CCA 安全的。

4.7 节将介绍,构造 CCA 安全的密码体制通常是先构造 CPA 安全的密码体制,再将其转换为 CCA 安全的。Fujisaki-Okamoto 给出了一种在随机谕言机模型下由 CPA 安全的密码体制转换为 CCA 安全的密码体制的方法[8]:以 $\mathcal{E}_{\mathrm{pk}}(M,r)$ 表示用随机数 r 在公钥 pk 下加密 M 的公钥加密算法,如果 $\mathcal{E}_{\mathrm{pk}}$ 是单向加密的,则 $\mathcal{E}_{\mathrm{pk}}^{\mathrm{hy}}=(\mathcal{E}_{\mathrm{pk}}(\sigma;H_3(\sigma,M)),H_4(\sigma)\oplus M)$ 在随机谕言机模型下是 IND-CCA 安全的,其中 σ 是随机产生的比特串,H_3、H_4 是哈希函数。

单向加密粗略地讲就是对一个给定的随机密文,敌手无法获得明文。单向加密是一个弱安全概念,这是因为它没有阻止敌手获得明文的部分比特值。

修改后的加密方案(称为 FullIdent 方案)如下。

(1) 初始化。和 BasicIdent 的 Init($\mathcal{K}$)相同,此外还需选取两个哈希函数 $H_3:\{0,1\}^n\times\{0,1\}^n\rightarrow\mathbb{Z}_q^*$ 和 $H_4:\{0,1\}^n\rightarrow\{0,1\}^n$,其中 n 是待加密消息的长度。

(2) 加密(用接收方的身份 ID 作为公开钥,其中 $M\in\{0,1\}^n$)。

$$\underline{\mathcal{E}_{\mathrm{ID}}(M)}:$$
$$Q_{\mathrm{ID}}=H_1(\mathrm{ID})\in\mathbb{G}_1^*;$$
$$\sigma\leftarrow_R\{0,1\}^n;$$
$$r=H_3(\sigma,M);$$
$$\mathrm{CT}=(rP,\sigma\oplus H_2(g_{\mathrm{ID}}^r),M\oplus H_4(\sigma)).$$

其中 $g_{\mathrm{ID}}=\hat{e}(Q_{\mathrm{ID}},P_{\mathrm{pub}})\in\mathbb{G}_2^*$。

(3) 密钥产生。和 BasicIdent 中的 IBEGen(ID)相同。

(4) 解密(其中 CT$=(U,V,W)$)。

$$\underline{\mathcal{D}_{d_{\mathrm{ID}}}(\mathrm{CT})}:$$

$$\begin{aligned}&\text{如果 } U\notin\mathbb{G}_1^*\text{,返回 }\perp;\\&\sigma=V\oplus H_2(\hat{e}(d_{\mathrm{ID}},U));\\&M=W\oplus H_4(\sigma);\\&r=H_3(\sigma,M);\\&\text{如果 } U\neq rP\text{,返回 }\perp;\\&\text{返回 } M.\end{aligned}$$

定理 4-2　设哈希函数 H_1、H_2、H_3、H_4 是随机谕言机,如果 BDH 问题在$\mathcal{G}$生成的群上是困难的,那么 FullIdent 是 IND-ID-CCA 安全的。

具体来说,假设存在一个 IND-ID-CCA 敌手$\mathcal{A}$以$\epsilon(\mathcal{K})$的优势攻击 FullIdent 方案,$\mathcal{A}$分别做了至多 q_E 次密钥提取询问,至多 q_D 次解密询问,对随机谕言机 H_2、H_3、H_4 至多做了 q_{H_2}、q_{H_3}、q_{H_4} 次询问。那么存在另一个敌手$\mathcal{B}$至少以$\mathrm{Adv}_{\mathcal{G},\mathcal{B}}^{\mathrm{BDH}}(\mathcal{K})$的优势解决$\mathcal{G}$生成的群中的 BDH 问题。其中

$$\mathrm{Adv}_{\mathcal{G},\mathcal{B}}^{\mathrm{BDH}}(\mathcal{K})\geqslant 2\mathrm{FO}_{\mathrm{adv}}\left(\frac{\epsilon(\mathcal{K})}{\mathrm{e}(1+q_E+q_D)},q_{H_4},q_{H_3},q_D\right)\Big/q_{H_2}$$

函数 $\mathrm{FO}_{\mathrm{adv}}$在定理 4-3 中定义。

设将$\mathcal{E}^{\mathrm{hy}}$作用于 BasicPub,得到的方案为 BasicPub^{hy}。下面用符号 $P_2\Leftarrow P_1$ 表示问题 P_1 可在多项式时间内归约到问题 P_2。为了证明 BDH$\Leftarrow$FullIdent,根据归约的传递性,首先证明 BasicPub$^{\mathrm{hy}}\Leftarrow$FullIdent,再证明 BasicPub$\Leftarrow$BasicPub^{hy},最后证明 BDH$\Leftarrow$BasicPub,如图 4-4 所示。其中 BDH$\Leftarrow$BasicPub 已由引理 4-2 证明,BasicPub$\Leftarrow$BasicPub^{hy}由下面的定理 4-3 给出。BasicPub$^{\mathrm{hy}}\Leftarrow$FullIdent 由下面的定理 4-4 给出。

图 4-4　FullIdent 方案到 BDH 问题的归约

定理 4-3(Fujisaki-Okamoto 定理)　BasicPub^{hy}到 BasicPub 的归约。

假设存在一个 IND-CCA 敌手$\mathcal{A}$以$\epsilon(\mathcal{K})$的优势攻击 BasicPub^{hy}方案,$\mathcal{A}$分别做了至多 q_D 次解密询问,对随机谕言机 H_3、H_4 至多做了 q_{H_3}、q_{H_4} 次询问。那么存在一个 IND-CPA 敌手$\mathcal{B}$至少以$\epsilon_1(\mathcal{K})$的优势攻击 BasicPub 方案。其中:

$$\epsilon_1(\mathcal{K})\geqslant\mathrm{FO}_{\mathrm{adv}}(\epsilon(k),q_{H_4},q_{H_3},q_D)=\frac{1}{2(q_{H_4}+q_{H_3})}[(\epsilon(\mathcal{K})+1)(1-2/q)^{q_D}-1]$$

其中,q 是群的阶,n 是消息长度。

定理 4-4　FullIdent 方案到 BasicPub^{hy}的归约。

假设存在一个 IND-ID-CCA 敌手$\mathcal{A}$以$\epsilon(\mathcal{K})$的优势攻击 FullIdent 方案,$\mathcal{A}$最多进行

$q_E>0$次密钥提取询问和 $q_D>0$ 次解密询问。那么存在一个 IND-CCA 敌手$\mathcal{B}$至少以 $\dfrac{\epsilon(\mathcal{K})}{\mathrm{e}(1+q_E+q_D)}$的优势攻击 $\mathrm{BasicPub}^{\mathrm{hy}}$。

证明：$\mathcal{B}$利用攻击 FullIdent 的敌手$\mathcal{A}$，如图 4-5 所示。

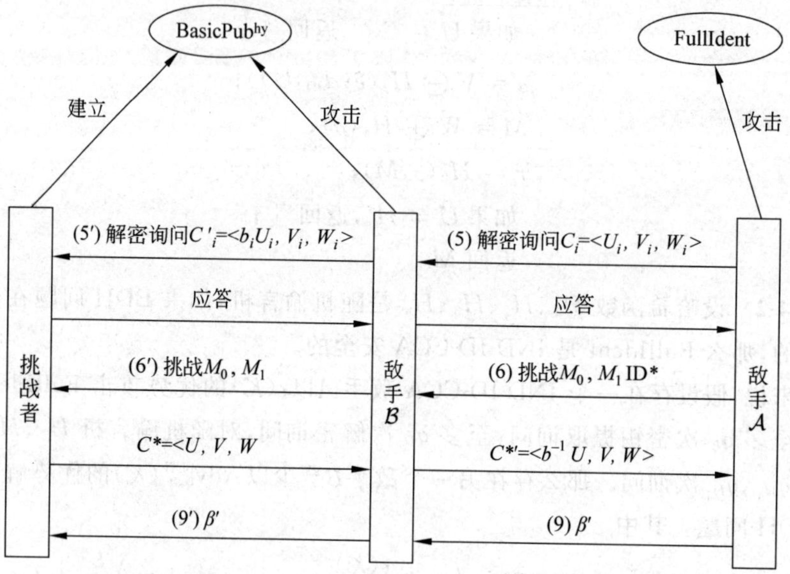

图 4-5　FullIdent 方案到 $\mathrm{BasicPub}^{\mathrm{hy}}$的归约

(1) 初始化。挑战者运行 $\mathrm{BasicPub}^{\mathrm{hy}}$的密钥产生算法生成公钥 $K_{\mathrm{pub}}=(q,\mathbb{G}_1,\mathbb{G}_2,\hat{e},n,P,P_{\mathrm{pub}},Q_{\mathrm{ID}},H_2,H_3,H_4)$，将 K_{pub} 给敌手$\mathcal{B}$，保留秘密钥 $d_{\mathrm{ID}}=sQ_{\mathrm{ID}}$。

下面的(2)～(8)步中，$\mathcal{B}$模拟$\mathcal{A}$的挑战者和$\mathcal{A}$进行 IND 游戏。

(2) $\mathcal{B}$的初始化。

$\mathcal{B}$将公开钥 $K_{\mathrm{pub}}=(q,\mathbb{G}_1,\mathbb{G}_2,\hat{e},n,P,P_{\mathrm{pub}},H_1,H_2,H_3,H_4)$给$\mathcal{A}$。

$\mathcal{B}$为了承担$\mathcal{A}$的挑战者，需要构造一个 H_1 列表 H_1^{list}，它的元素类型是四元组$(\mathrm{ID}_i,Q_i,b_i,\mathrm{coin}_i)$。

(3) H_1 询问。与引理 4-1 相同。

(4) 密钥提取询问-阶段 1。与引理 4-1 相同。

(5) 解密询问-阶段 1。设$\mathcal{A}$询问(ID_i,C_i)（注意：FullIdent 密文），其中 $C_i=(U_i,V_i,W_i)$。$\mathcal{B}$在 H_1^{list} 中查找与 ID_i 对应的四元组$(\mathrm{ID}_i,Q_i,b_i,\mathrm{coin}_i)$，然后如下应答：

① 如果 $\mathrm{coin}_i=1$，运行密钥提取询问，获得密钥后做解密询问应答。

② 如果 $\mathrm{coin}_i=0$，则 $Q_i=b_iQ_{\mathrm{ID}}$。

- 求 $C_i'=(b_iU_i,V_i,W_i)$（注意：$\mathrm{BasicPub}^{\mathrm{hy}}$密文）。
- 向挑战者做 C_i'的解密询问，将挑战者的应答转发给$\mathcal{A}$。

(6) $\mathcal{A}$发出挑战。设$\mathcal{A}$的挑战是 ID^*,M_0,M_1。$\mathcal{B}$在 H_1^{list} 查找项$(\mathrm{ID}_i,Q_i,b_i,\mathrm{coin}_i)$，使得 $\mathrm{ID}_i=\mathrm{ID}^*$。$\mathcal{B}$做以下应答：

① 如果 $\mathrm{coin}_i=1$，$\mathcal{B}$报错并退出（$\mathcal{B}$对 $\mathrm{BasicPub}^{\mathrm{hy}}$的攻击失败）。

② 如果 $\text{coin}_i=0$，将 M_0、M_1 给自己的挑战者，挑战者随机选 $\beta\leftarrow_R\{0,1\}$，以 BasicPub^{hy} 加密 M_β 得 $C^*=(U,V,W)$ 作为对$\mathcal{B}$的应答；$\mathcal{B}$则以 $C^{*\prime}=(b_i^{-1}U,V,W)$ 作为对$\mathcal{A}$的应答。

证明与引理 4-1 相同。

(7) 密钥提取询问-阶段 2。与密钥提取询问-阶段 1 相同。

(8) 解密询问-阶段 2。与解密询问-阶段 1 相同。然而，如果$\mathcal{B}$得到的密文与挑战密文 $C^*=(U,V,W)$相同，$\mathcal{B}$报错并退出($\mathcal{B}$对 BasicPub^{hy} 的攻击失败)。

(9) 猜测。$\mathcal{A}$输出猜测 β'，$\mathcal{B}$也以 β' 作为自己的猜测。

断言 4-4　在以上过程中，如果$\mathcal{B}$不中断，则$\mathcal{B}$的模拟是完备的。

证明：在以上模拟中，当$\mathcal{B}$猜测正确时，$\mathcal{A}$的视图与其在真实攻击中的视图是同分布的。这是因为以下 3 点。

① $\mathcal{A}$的 q_{H_1} 次 H_1 询问中的每一个都是用随机值来应答的(同断言 4-1)。

② $\mathcal{B}$对$\mathcal{A}$的密钥提取询问的应答是有效的(同断言 4-1)。

③ $\mathcal{B}$对$\mathcal{A}$的解密询问的应答是有效的：

- 如果 $\text{coin}_i=1$，因为密钥提取询问是有效的，$\mathcal{B}$所做的解密是有效的。
- 如果 $\text{coin}_i=0$，设 $d_i=sQ_i$ 是 FullIdent 与 ID_i 相对应的秘密钥，则在 FullIdent 中使用 d_i 对 $C_i=(U_i,V_i,W_i)$的解密与在 BasicPub^{hy}中使用 d_{ID} 对 $C_i'=(b_iU_i,V_i,W_i)$的解密相同，这是因为

$$\hat{e}(d_{\text{ID}},b_iU_i)=\hat{e}(sQ_{\text{ID}},b_iU_i)=\hat{e}(sb_iQ_{\text{ID}},U_i)=\hat{e}(sQ_i,U_i)=\hat{e}(d_i,U_i)$$

所以$\mathcal{B}$所转发的挑战者的解密是有效的。

(断言 4-4 证毕)

下面考虑在以上过程中$\mathcal{B}$不中断的概率。

引起$\mathcal{B}$中断有 3 种情况：

(1) 阶段 1、2 中的密钥提取询问(当 $\text{coin}_i=0$ 时)。

(2) 挑战时$\mathcal{A}$发出的身份 ID^* 对应的$(\text{ID}_i,Q_i,b_i,\text{coin}_i)$使得 $\text{coin}_i=1$。

(3) 阶段 2 的解密询问时，$\mathcal{A}$发出的密文与以前的挑战密文相同。

在情况(3)中，设$\mathcal{A}$发出的密文 $C_i=(U_i,V_i,W_i)$与它的挑战密文 $C^{*\prime}=(b_i^{-1}U,V,W)$相同，则 $U=b_iU_i$，$V=V_i$，$W=W_i$。$\mathcal{B}$将 C_i 转发给挑战者前做变换得 $C_i'=(b_iU_i,V_i,W_i)$，得到的结果与$\mathcal{B}$得到的挑战密文 $C^*=(U,V,W)$相同。这种情况发生当且仅当 $\text{coin}_i=0$。

在情况(1)下，$\mathcal{B}$不中断的概率为$(1-\delta)^{q_E}$；在情况(2)下，$\mathcal{B}$不中断的概率为 δ；在情况(3)下，$\mathcal{B}$不中断的概率为$(1-\delta)^{q_D}$。

所以整个过程中$\mathcal{B}$不中断的概率为$(1-\delta)^{q_E}\delta(1-\delta)^{q_D}=(1-\delta)^{q_E+q_D}\delta$。类似于定理 3-11 的证明，当 $\delta=\dfrac{1}{q_E+q_D+1}$时，$(1-\delta)^{q_E+q_D}\delta$ 达到最大，最大值为$\dfrac{1}{\mathrm{e}(q_E+q_D+1)}$。

由断言 4-4 知，$\mathcal{A}$在模拟攻击中的优势$\text{Adv}_{\text{Sim},\mathcal{A}}^{\text{IND-ID-CCA}}(\mathcal{K})=\left|\Pr[\beta=\beta']-\dfrac{1}{2}\right|$与真实攻击中的优势$\text{Adv}_{\Pi,\mathcal{A}}^{\text{IND-ID-CCA}}(\mathcal{K})$相等，至少为$\epsilon(\mathcal{K})$。

$\mathcal{B}$的优势为

$$\frac{1}{e(1+q_E+q_D)}\mathrm{Adv}_{\mathrm{Sim},\mathcal{A}}^{\text{IND-ID-CCA}}(\mathcal{K})=\frac{\epsilon(\mathcal{K})}{e(1+q_E+q_D)}$$

（定理 4-4 证毕）

定理 4-2 的证明如下。

参见图 4-4。假定敌手攻击 FullIdent 的优势为ϵ，则由定理 4-4，存在另一攻击 $\mathrm{BasicPub}^{hy}$的敌手，其优势为

$$\epsilon_1=\frac{\epsilon}{e(1+q_E+q_D)}$$

由定理 4-3，存在另一攻击 BasicPub 的敌手，其优势为

$$\epsilon_2(\mathcal{K})\geqslant \mathrm{FO}_{\mathrm{adv}}(\epsilon_1(k),q_{H_4},q_{H_3},q_D)=\mathrm{FO}_{\mathrm{adv}}\left(\frac{\epsilon}{e(1+q_E+q_D)},q_{H_4},q_{H_3},q_D\right)$$

由引理 4-2，存在另一攻击 BDH 的敌手，其优势为

$$\epsilon_3\geqslant\frac{2\epsilon_2}{q_{H_2}}=2\mathrm{FO}_{\mathrm{adv}}\left(\frac{\epsilon(\mathcal{K})}{e(1+q_E+q_D)},q_{H_4},q_{H_3},q_D\right)\Big/q_{H_2}$$

（定理 4-2 证毕）

4.3 无随机谕言机模型的选定身份安全的 IBE

本节介绍 Boneh 和 Boyen[2] 提出的两个无随机谕言机模型的选定身份安全的 IBE，方案的安全性分别基于判定性双线性 Diffie-Hellman（Bilinear Diffie-Hellman，BDH）假设（见 4.3.1 节）和判定性双线性 Diffie-Hellman 求逆（Bilinear Diffie-Hellman Inversion，BDHI）假设。

4.3.1 双线性 Diffie-Hellman 求逆假设

群$\mathbb{G}_1$，$\mathbb{G}_2$及映射$\hat{e}:\mathbb{G}_1\times\mathbb{G}_1\rightarrow\mathbb{G}_2$与 4.2.1 节相同。

设ℓ是一常数，计算性ℓ-BDHI 问题定义如下：

已知$(\ell+1)$-元组$(g,g^x,g^{(x^2)},\cdots,g^{(x^\ell)})\in(\mathbb{G}_1^*)^{\ell+1}$，计算$\hat{e}(g,g)^{1/x}\in\mathbb{G}_2$，其中$\mathbb{G}_1^*=\mathbb{G}_1-\{1_{\mathbb{G}_1}\}$，$1_{\mathbb{G}_1}$是$\mathbb{G}_1$的单位元。

如果 $\Pr[\mathcal{A}(g,g^x,g^{(x^2)},\cdots,g^{(x^\ell)})=\hat{e}(g,g)^{1/x}]\geqslant\epsilon$，称算法$\mathcal{A}$求解计算性$\ell$-BDHI 问题的优势为$\epsilon$。

计算性ℓ-BDHI 问题假定：没有多项式时间的敌手，能以至少ϵ的优势解决ℓ-BDHI 问题。

对于判定性ℓ-BDHI 问题，如果

$$\left|\Pr[\mathcal{B}(g,g^x,g^{(x^2)},\cdots,g^{(x^\ell)},\hat{e}(g,g)^{1/x})=1]\right.$$
$$\left.-\Pr[\mathcal{B}(g,g^x,g^{(x^2)},\cdots,g^{(x^\ell)},T)=1]\right|\geqslant\epsilon$$

那么称$\mathcal{B}$解决判定性ℓ-BDHI 问题的优势为ϵ，其中 T 是$\mathbb{G}_2$中的随机数。

判定性ℓ-BDHI 问题假定：没有多项式时间的敌手，至少能以优势ℓ解决判定性ℓ-

BDHI 问题。

下面记

$$\mathcal{P}_{\mathrm{BDHI}}=\{(g,g^x,g^{(x^2)},\cdots,g^{(x^\ell)},\hat{e}(g,g)^{1/x})\}$$

$$\mathcal{R}_{\mathrm{BDHI}}=\{(g,g^x,g^{(x^2)},\cdots,g^{(x^\ell)},T)\}$$

4.3.2　基于判定性 BDH 假设的 IBE 和 HIBE 方案

假设：①深度为 ℓ 的公开钥($\overrightarrow{\mathrm{ID}}$)是由$\mathbb{Z}_p^\ell$中的元素组成的向量，记为$\overrightarrow{\mathrm{ID}}=(I_1,I_2,\cdots,I_\ell)\in\mathbb{Z}_p^\ell$，其中的第 j 个元素是第 j 层身份。也可使用一个抗碰撞哈希函数 $H:\{0,1\}^*\to\mathbb{Z}_p^*$ 对$\overrightarrow{\mathrm{ID}}$每一个成分 I_j 进行运算，从而把这个结构扩展到$\{0,1\}^*$上的任意公开钥。②被加密的消息是$\mathbb{G}_2$中的元素。

将$\overrightarrow{\mathrm{ID}}=(I_1,I_2,\cdots,I_j)\in\mathbb{Z}_p^j$的父节点$(I_1,I_2,\cdots,I_{j-1})$记为$\overrightarrow{\mathrm{ID}}_{|j-1}=(I_1,I_2,\cdots,I_{j-1})$，方案如下。

(1) 初始化。

<u>Init(ℓ)</u>：

生成元 $g\leftarrow_R\mathbb{G}_1^*$，$\alpha\leftarrow_R\mathbb{Z}_p$；

$g_1=g^\alpha$；

$h_1,h_2,\cdots,h_\ell\leftarrow_R\mathbb{G}_1$，$g_2\leftarrow_R\mathbb{G}_1$；

$\mathrm{params}=(g,g_1,g_2,h_1,\cdots,h_\ell)$，$\mathrm{msk}=g_2^\alpha$；

定义函数 $F_j:\mathbb{Z}_p\to\mathbb{G}_1$，$F_j(x)=g_1^x h_j(j=1,2,\cdots,\ell)$.

(2) 密钥产生(其中$\overrightarrow{\mathrm{ID}}=(I_1,I_2,\cdots,I_j)\in\mathbb{Z}_p^j(j\leqslant\ell)$)。

<u>IBEGen(msk,$\overrightarrow{\mathrm{ID}}$)</u>：

$r_1,r_2,\cdots,r_j\leftarrow_R\mathbb{Z}_p$；

$$d_{\overrightarrow{\mathrm{ID}}}=\left(g_2^\alpha\prod_{k=1}^{j}(F_k(I_k))^{r_k},g^{r_1},g^{r_2},\cdots,g^{r_j}\right).$$

(3) 委派。已知父节点$\overrightarrow{\mathrm{ID}}_{|j-1}=(I_1,I_2,\cdots,I_{j-1})\in(\mathbb{Z}_p^*)^{j-1}$对应的秘密钥 $d_{\overrightarrow{\mathrm{ID}}|j-1}=(d_0,d_1,\cdots,d_{j-1})\in\mathbb{G}_1^j$，$d_{\overrightarrow{\mathrm{ID}}}$可如下产生：

<u>Delegate($d_{\overrightarrow{\mathrm{ID}}|j-1}$,$\overrightarrow{\mathrm{ID}}$)</u>：

$r_j\leftarrow_R\mathbb{Z}_p$；

$d_{\overrightarrow{\mathrm{ID}}}=(d_0F_j(I_j)^{r_j},d_1,\cdots,d_{j-1},g^{r_j})$.

(4) 加密(用接收方的身份$\overrightarrow{\mathrm{ID}}=(I_1,I_2,\cdots,I_j)\in\mathbb{Z}_p^j(j\leqslant\ell)$作为公开钥，其中 $M\in\mathbb{G}_2$)。

<u>$\mathcal{E}_{\overrightarrow{\mathrm{ID}}}(M)$</u>：

$s\leftarrow_R\mathbb{Z}_p$；

$\mathrm{CT}=(\hat{e}(g_1,g_2)^s\cdot M,g^s,F_1(I_1)^s,\cdots,F_j(I_j)^s)$.

注意：$\hat{e}(g_1,g_2)$可预先计算好，以后反复使用。而且$\hat{e}(g_1,g_2)$还能被放在公开参数中，使得公开参数中不再需要有 g_2。

(5) 解密(其中 $d_{\vec{ID}}=(d_0,d_1,\cdots,d_j)$，$CT=(A,B,C_1,\cdots,C_j)$)。

$\underline{\mathcal{D}_{d_{\vec{ID}}}(CT)}$：

$$\text{返回 } A\cdot\frac{\prod_{k=1}^{j}\hat{e}(C_k,d_k)}{\hat{e}(B,d_0)}$$

这是因为

$$\frac{\prod_{k=1}^{j}\hat{e}(C_k,d_k)}{\hat{e}(B,d_0)}=\frac{\prod_{k=1}^{j}\hat{e}(F_k(I_k),g)^{sr_k}}{\hat{e}(g,g_2)^{s\alpha}\prod_{k=1}^{j}\hat{e}(g,F_k(I_k))^{sr_k}}=\frac{1}{\hat{e}(g_1,g_2)^{s}}$$

定理 4-5 假设在$(\mathbb{G}_1,\mathbb{G}_2)$上判定性 BDH 假设成立，那么以上方案是 IND-sID-CPA 安全的。

具体地，如果存在敌手$\mathcal{A}$以ϵ的优势攻击上述方案，那么就存在一个敌手$\mathcal{B}$以相同的优势ϵ攻击判定性 BDH 问题。

证明：设$\mathcal{B}$已知 5 元组(g,g^a,g^b,g^c,T)，该 5 元组可能取自于$\mathcal{P}_{\mathrm{BDHI}}$，此时 $T=\hat{e}(g,g)^{abc}$；也可能取自于$\mathcal{R}_{\mathrm{BDHI}}$，此时 T 从$\mathbb{G}_2$中随机独立选取。$\mathcal{B}$的目标是区分哪种情况发生，如果 $T=\hat{e}(g,g)^{abc}$，$\mathcal{B}$输出 1，否则输出 0。$\mathcal{B}$设置 $g_1=g^a$，$g_2=g^b$，$g_3=g^c$，在下面的选定身份游戏中与$\mathcal{A}$交互。

(1) 初始化。敌手$\mathcal{A}$输出深度 $k\leqslant\ell$ 的挑战身份$\vec{ID}^*=(I_1^*,I_2^*,\cdots,I_k^*)\in\mathbb{Z}_p^k$。如果 $k<\ell$，$\mathcal{B}$也可给$\vec{ID}^*$后面填补 $\ell-k$ 个$\mathbb{Z}_p^*$中的随机元素，使得$\vec{ID}^*$成为长度为 ℓ 的向量。下面假设$\vec{ID}^*$是$(\mathbb{Z}_p^*)^\ell$上的向量。

(2) 密钥产生。$\mathcal{B}$为了生成系统参数，首先随机选取 $\alpha_1,\alpha_2,\cdots,\alpha_\ell\leftarrow_R\mathbb{Z}_p$，并且定义 $h_j=g_1^{-I_j^*}g^{\alpha_j}\in\mathbb{G}_2(j=1,2,\cdots,\ell)$。$\mathcal{B}$把公开参数 $\mathrm{params}=(g,g_1,h_1,\cdots,h_\ell)$给$\mathcal{A}$。隐含地，主密钥为 $g_2^a=g^{ab}\in\mathbb{G}_1$，但$\mathcal{B}$并不知道主密钥的值。

类似地定义函数 $F_j:\mathbb{Z}_p\to\mathbb{G}_1$，$F_j(x)=g_1^x h_j=g_1^{x-I_j^*}g^{\alpha_j}(j=1,2,\cdots,\ell)$。

(3) 阶段 1。敌手$\mathcal{A}$向$\mathcal{B}$发出秘密钥产生询问，设总计 q_s 次。考虑关于身份$\vec{ID}=(I_1,I_2,\cdots,I_u)\in(\mathbb{Z}_p^*)^u(u\leqslant\ell)$的秘密钥询问，唯一的限制是$\vec{ID}$不为$\vec{ID}^*$的前缀。设 $j\in\{1,2,\cdots,u\}$是使得 $I_j\neq I_j^*$ 的最小下标，为应答$\vec{ID}$的秘密钥询问，$\mathcal{B}$首先构造身份$(I_1,I_2,\cdots,I_j)$对应的秘密钥，然后以此通过委派算法得到身份$\vec{ID}=(I_1,\cdots,I_j,\cdots,I_u)$的秘密钥。

首先，$\mathcal{B}$选取随机数 $r_1,r_2,\cdots,r_j\leftarrow_R\mathbb{Z}_p$，并且令

$$d_0=g_2^{\frac{-\alpha_j}{I_j-I_j^*}}\prod_{v=1}^{j}(F_v(I_v))^{r_v},d_1=g^{r_1},\cdots,d_{j-1}=g^{r_{j-1}},d_j=g_2^{\frac{-1}{I_j-I_j^*}}g^{r_j}$$

如此构造的 $d_{\vec{ID}}=(d_0,d_1,\cdots,d_j)$是关于身份$(I_1,I_2,\cdots,I_j)$的有效的随机秘密钥，为了证明这个结论，令 $\tilde{r}_j=r_j-\dfrac{b}{I_j-I_j^*}\in\mathbb{Z}_p$，那么

$$g_2^{\frac{-\alpha_j}{I_j-I_j^*}}(F_j(I_j))^{r_j}=g_2^{\frac{-\alpha_j}{I_j-I_j^*}}(g_1^{I_j-I_j^*}g^{\alpha_j})^{r_j}=g_2^a(g_1^{I_j-I_j^*}g^{\alpha_j})^{r_j-\frac{b}{I_j-I_j^*}}=g_2^a(F_j(I_j))^{\tilde{r}_j}$$

由此得出上面定义的秘密钥 $d_{\overrightarrow{\mathrm{ID}}}=(d_0,d_1,\cdots,d_j)$满足

$$d_0=g_2^{\alpha}\left(\prod_{v=1}^{j-1}(F_v(I_v))^{r_v}\right)(F_j(I_j))^{\widetilde{r}_j},d_1=g^{r_1},\cdots,d_{j-1}=g^{r_{j-1}},d_j=g^{\widetilde{r}_j}$$

这里的指数 $r_1,\cdots,r_{j-1},\widetilde{r}_j$ 在$\mathbb{Z}_p$中均匀独立分布，与系统中密钥产生算法生成的秘密钥相匹配，因此 $d_{\overrightarrow{\mathrm{ID}}}=(d_0,d_1,\cdots,d_j)$是关于$(I_1,I_2,\cdots,I_j)$的一个有效的秘密钥。

然后，$\mathcal{B}$根据$(I_1,I_2,\cdots,I_j)$对应的秘密钥$(d_0,d_1,\cdots,d_j)$，反复使用 $u-j$ 次委派算法，可得身份$(I_1,\cdots,I_j,\cdots,I_u)$对应的秘密钥，作为对$\mathcal{A}$的应答。

强调：如果$\mathcal{A}$试图询问$\overrightarrow{\mathrm{ID}}^*$ 的任何前缀对应的秘密钥，这个过程就会失败。因此，$\mathcal{B}$能产生除了$\overrightarrow{\mathrm{ID}}^*$ 的前缀之外的所有身份的秘密钥。

(4) 挑战。当$\mathcal{A}$决定结束阶段 1 时，它输出两个希望挑战的等长明文 $M_0,M_1\in\mathbb{G}_2$。$\mathcal{B}$选取随机比特 $\beta\leftarrow_R\{0,1\}$，计算密文 $C^*=(M_\beta\cdot T,g^c,g_3^{\alpha_1},\cdots,g_3^{\alpha_k})$。因为对所有的 i，$g^{\alpha_i}=g_1^{I_i^*}h_i$，因此得到

$$C^*=(M_\beta\cdot T,g^c,(F_1(I_1^*))^c,\cdots,((F_k(I_k^*)))^c)$$

如果 $T=\hat{e}(g,g)^{abc}=\hat{e}(g_1,g_2)^c$，则 C^* 是公开钥$\overrightarrow{\mathrm{ID}}^*=(I_1^*,I_2^*,\cdots,I_k^*)$下明文 M_β 对应的有效密文。反之，如果 T 是从$\mathbb{G}_2$中独立随机选取的，那么在敌手看来 C^* 独立于 β。

(5) 阶段 2。$\mathcal{A}$继续发出如阶段 1 中的询问，$\mathcal{B}$以阶段 1 中的方式进行回应。

(6) 猜测。$\mathcal{A}$输出猜测 $\beta'\in\{0,1\}$。$\mathcal{B}$按照如下规则判断自己的游戏输出：如果 $\beta'=\beta$，$\mathcal{B}$输出 1，表示 $T=\hat{e}(g,g)^{abc}$；否则$\mathcal{B}$输出 0，表示 $T\neq\hat{e}(g,g)^{abc}$。

当$\mathcal{B}$输入的 5 元组取自$\mathcal{P}_{\mathrm{BDH}}$时，$T=\hat{e}(g,g)^{abc}$，模拟过程中敌手$\mathcal{A}$的视图与其在真实攻击的视图相同，于是 $\left|\Pr[\beta'=\beta]-\dfrac{1}{2}\right|>\epsilon$。反之，当$\mathcal{B}$输入的 5 元组取自$\mathcal{R}_{\mathrm{BDH}}$时，$T$ 从$\mathbb{G}_2$中随机选取，那么 $\Pr[\beta'=\beta]=\dfrac{1}{2}$。因此，对于随机的 $a,b,c\in\mathbb{Z}_p$，$T\in\mathbb{G}_2$有

$$\begin{aligned}&|\Pr[\mathcal{B}(g,g^a,g^b,g^c,\hat{e}(g,g)^{abc})=1]-\Pr[\mathcal{B}(g,g^a,g^b,g^c,T)=1]|\\ \geqslant&\left|\left(\frac{1}{2}\pm\epsilon\right)-\frac{1}{2}\right|=\epsilon\end{aligned}$$

（定理 4-5 证毕）

4.3.3　基于判定性 BDHI 假设的 IBE 和 HIBE 方案

下面基于判定性 ℓ-BDHI 假定构造 IND-sID-CPA 安全的 IBE 方案和 HIBE 方案，其中的解密算法比 4.3.2 节的解密算法高效，加密效率和密文长度与 4.3.2 节的相同。

假设：①公开钥 ID 是$\mathbb{Z}_p^*$中的元素；②被加密的消息是$\mathbb{G}_2$中的元素。

(1) 初始化。

<u>Init($\mathcal{K}$)：</u>

　生成元 $g\leftarrow_R\mathbb{G}_1^*$，$x,y\leftarrow_R\mathbb{Z}_p^*$；

　$X=g^x,Y=g^y$；

　params $=(g,X,Y)$，msk $=(x,y)$.

(2) 密钥产生(其中 $\mathrm{ID}\in\mathbb{Z}_p^*$)。

$$\underline{\mathrm{IBEGen}(msk,\mathrm{ID})}:$$
$$r\leftarrow_R\mathbb{Z}_p;$$
$$K=g^{1/(\mathrm{ID}+x+ry)};$$
$$\text{输出 } d_{\mathrm{ID}}=(r,K).$$

注意:$\mathrm{ID}+x+ry=0$ 的概率忽略不计。

(3) 加密(用接收方的身份 $\mathrm{ID}\in\mathbb{Z}_p^*$ 作为公开钥,其中 $M\in\mathbb{G}_2$)。

$$\underline{\mathcal{E}_{\mathrm{ID}}(M)}:$$
$$s\leftarrow_R\mathbb{Z}_p^*;$$
$$\mathrm{CT}=(g^{s\cdot\mathrm{ID}}X^s,Y^s,\hat{e}(g,g)^s\cdot M).$$

注意:$\hat{e}(g,g)$ 可预先计算好,以后反复使用。

(4) 解密(其中 $d_{\mathrm{ID}}=(r,K)$,$\mathrm{CT}=(A,B,C)$)。

$$\underline{\mathcal{D}_{d_{\mathrm{ID}}}(\mathrm{CT})}:$$
$$\text{返回}\frac{C}{\hat{e}(AB^r,K)}.$$

这是因为

$$\frac{C}{\hat{e}(AB^r,K)}=\frac{C}{\hat{e}(g^{s(\mathrm{ID}+x+ry)},g^{1/(\mathrm{ID}+x+ry)})}=\frac{C}{\hat{e}(g,g)^s}=M$$

与 4.3.2 节的方案比较,本方案中解密算法仅需一个配对运算,加密效率和密文长度与 4.3.2 节的相同。

定理 4-6 假设在($\mathbb{G}_1$,$\mathbb{G}_2$)上判定性 BDHI 假设成立,那么以上方案是 IND-sID-CPA 安全的。

具体地,如果存在敌手$\mathcal{A}$以ϵ的优势攻击上述方案,那么就存在一个敌手$\mathcal{B}$以相同的优势ϵ攻击判定性 BDHI 问题。

证明:设$\mathcal{B}$已知$(\ell+2)$元组$(g,g^{\alpha},g^{\alpha^2},\cdots,g^{\alpha^\ell},T)\in(\mathbb{G}_1^*)^{\ell+1}\times\mathbb{G}_2$,它可能取自$\mathcal{P}_{\mathrm{BDHI}}$,此时 $T=\hat{e}(g,g)^{1/\alpha}$;也可能取自$\mathcal{R}_{\mathrm{BDHI}}$,此时 T 从$\mathbb{G}_2$中随机独立选取。$\mathcal{B}$的目标是区分哪种情况发生,如果 $T=\hat{e}(g,g)^{1/\alpha}$,$\mathcal{B}$输出 1,否则输出 0。$\mathcal{B}$在下面的选定身份游戏中与$\mathcal{A}$交互。

(1) 准备阶段:$\mathcal{B}$按照下面 5 步,建立 $\ell-1$ 个形如$(w_i,h^{1/(\alpha+w_i)})$的对,其中 h 是$\mathbb{G}_1^*$的生成元,$w_1,w_2,\cdots,w_{\ell-1}$是$\mathbb{Z}_p^*$的随机数。

① 随机选取 $w_1,w_2,\cdots,w_{\ell-1}\leftarrow_R\mathbb{Z}_p^*$,构造多项式 $f(z)=\prod_{i=1}^{\ell-1}(z+w_i)$,展开得 $f(z)=\sum_{i=0}^{\ell-1}c_ix^i$,其中常数项 $c_0\neq0$。

② 计算 $h=\prod_{i=0}^{\ell-1}(g^{\alpha^i})^{c_i}=g^{f(\alpha)}$,$u=\prod_{i=1}^{\ell}(g^{\alpha^i})^{c_{i-1}}=g^{\alpha f(\alpha)}$。注意 $u=h^{\alpha}$。

③ 检查是否 $h\in\mathbb{G}_1^*$。因为如果 $h=1$,则意味着存在某个 j,使得 $w_j=-\alpha$,因而$\mathcal{B}$能很容易地攻破判定性 BDHI 假设。所以下面假定 $w_j\neq-\alpha(j=1,2,\cdots,\ell-1)$。

④ 对每一 $i(i=1,2,\cdots,\ell-1)$，计算 $f_i(z)=f(z)/(z+w_i)=\sum_{i=0}^{\ell-2}d_iz^i$ 及 $h^{1/(\alpha+w_i)}=g^{f_i(\alpha)}=\prod_{i=0}^{\ell-2}(g^{\alpha^i})^{d_i}$。

⑤ 计算 $T_h=T^{(c_0^2)}\cdot T_0$，其中 $T_0=\prod_{i=0}^{\ell-1}\prod_{j=0}^{\ell-2}\hat{e}(g^{\alpha^i},g^{\alpha^j})^{c_ic_{j+1}}$。如果 $T=\hat{e}(g,g)^{1/\alpha}$，则 $T_h=\hat{e}(g^{f(\alpha)/\alpha},g^{f(\alpha)})=\hat{e}(h,h)^{1/\alpha}$。而如果 T 是随机均匀的，则 T_h 也是随机均匀的。

(2) 初始化。$\mathcal{A}$输出它意欲攻击的身份 $ID^*\in\mathbb{Z}_p^*$。$\mathcal{B}$按照下面 3 步产生系统参数：

① 随机选取 $a,b\leftarrow_R\mathbb{Z}_p^*$，满足 $ab=ID^*$。

② 计算 $X=u^{-a}h^{-ab}=h^{-a(\alpha+b)},Y=u=h^\alpha$。

③ 公开 params$=(h,X,Y)$。在$\mathcal{A}$看来，X、Y 与 ID^* 是无关的。

上面隐含地定义了 $x=-a(\alpha+b),y=\alpha$，使得 $X=h^x,Y=h^y$。$\mathcal{B}$不知道 x、y 的值，但知道 $x+ay=-ab=-ID^*$。

(3) 阶段 1。$\mathcal{A}$发出 $q_s<\ell$ 次秘密钥产生询问。设第 i 次询问的身份为 $ID_i\neq ID^*$，$\mathcal{B}$如下应答：

① 设$(w_i,h^{1/(\alpha+w_i)})$是$\mathcal{B}$在准备阶段产生的第 i 个对，定义 $h_i=h^{1/(\alpha+w_i)}$。

② $\mathcal{B}$构造方程$(r-a)(\alpha+w_i)=ID_i+x+ry=ID_i-a(\alpha+b)+r\alpha$，由此可解出 $r=a+\dfrac{ID_i-ab}{w_i}\in\mathbb{Z}_p$。

③ $(r,h_i^{1/(r-a)})$是关于 ID_i 的有效秘密钥，这是因为：

- $h_i^{1/(r-a)}=(h^{1/(\alpha+w_i)})^{1/(r-a)}=h^{1/(r-a)(\alpha+w_i)}=h^{1/(ID_i+x+ry)}$。
- 对于满足 $ID_i+x+ry\neq0$ 和 $r\neq a$ 的所有 r，在$\mathbb{Z}_p$上是均匀分布的。这是因为 w_i 在$\mathbb{Z}_p\backslash\{0,-\alpha\}$上是均匀分布的且独立于$\mathcal{A}$的视图。

而对于 $r=a$，$\mathcal{B}$也能构造$(r,h^{1/(ID_i-ID^*)})$作为 ID_i 的秘密钥，因此对于满足 $ID_i+x+ry\neq0$ 的所有 r，在$\mathbb{Z}_p$上是均匀分布的。

需要指出的是，如果 $ID_i=ID^*$，上述过程失败。因为 $r=a$ 且 $ID_i+x+ry=0$。

(4) 挑战。$\mathcal{A}$输出两个等长明文 $M_0,M_1\in\mathbb{G}_2$。$\mathcal{B}$选取随机比特 $\beta\leftarrow_R\{0,1\}$和 $\nu\leftarrow_R\mathbb{Z}_p^*$，计算应答 $C^*=(h^{-a\nu},h^\nu,T_h^\nu\cdot M_\beta)$。定义 $s=\nu/\alpha$，则当 $T=\hat{e}(h,h)^{1/\alpha}$时，有

$$h^{-a\nu}=h^{-a\alpha(\nu/\alpha)}=h^{(x+ab)(\nu/\alpha)}=h^{(x+ID^*)(\nu/\alpha)}=h^{sID^*}\cdot X^s$$
$$h^\nu=Y^{\nu/\alpha}=Y^s$$
$$T_h^\nu=\hat{e}(h,h)^{\nu/\alpha}=\hat{e}(h,h)^s$$

因此 C^* 是 M_β 在 ID^* 下的有效密文。

(5) 阶段 2。$\mathcal{A}$继续发出如阶段 1 中的询问，$\mathcal{B}$以阶段 1 中的方式进行回应。

(6) 猜测。$\mathcal{A}$输出猜测 $\beta'\in\{0,1\}$。如果 $\beta'=\beta$，$\mathcal{B}$输出 1，表示 $T=\hat{e}(g,g)^{1/\alpha}$；否则$\mathcal{B}$输出 0，表示 T 是$\mathbb{G}_2$上随机均匀的。

当$\mathcal{B}$的输入$(g,g^\alpha,g^{\alpha^2},\cdots,g^{\alpha^\ell},T)\in(\mathbb{G}_1^*)^{\ell+1}\times\mathbb{G}_2$取自$\mathcal{P}_{BDHI}$(即 $T=\hat{e}(g,g)^{1/\alpha}$)时，$T_h=\hat{e}(h,h)^{1/\alpha}$，对$\mathcal{A}$来说，一定有$\left|\Pr[\beta'=\beta]-\dfrac{1}{2}\right|>\epsilon$。反之，当$\mathcal{B}$的输入取自$\mathcal{R}_{BDHI}$(即 T

是$\mathbb{G}_2$上随机均匀的)时,那么 $\Pr[\beta'=\beta]=\frac{1}{2}$。因此,对于$\mathbb{G}_1^*$中均匀分布的 g,$\mathbb{Z}_p^*$中均匀分布的α,$\mathbb{G}_2$中均匀分布的 T

$$\left|\Pr[\mathcal{B}(g,g^{\alpha},g^{\alpha^2},\cdots,g^{\alpha^{\ell}},\hat{e}(g,g)^{1/\alpha})=1]-\Pr[\mathcal{B}(g,g^{\alpha},g^{\alpha^2},\cdots,g^{\alpha^{\ell}},T)=1]\right|$$
$$\geqslant\left|\left(\frac{1}{2}\pm\epsilon\right)-\frac{1}{2}\right|\geqslant\epsilon$$

(定理 4-6 证毕)

4.4 无随机谕言机模型下的基于身份的密码体制

本节介绍 Waters 提出的无随机谕言机模型下完全安全的 IBE 方案[3],其安全性基于判定性的双线性 Diffie-Hellman(DBDH)假设。

4.4.1 判定性双线性 Diffie-Hellman 假设

设群$\mathbb{G}_1$、$\mathbb{G}_2$及映射$\hat{e}:\mathbb{G}_1\times\mathbb{G}_1\to\mathbb{G}_2$与 4.2.1 节相同,挑战者随机选取 $a,b,c,z\leftarrow_R\mathbb{Z}_p$,生成两个五元组 $T_0=(g,A=g^a,B=g^b,C=g^c,Z=\hat{e}(g,g)^z)$和 $T_1=(g,A=g^a,B=g^b,C=g^c,Z=\hat{e}(g,g)^{abc})$。

随机选取 $\mu\leftarrow_R\{0,1\}$;若 $\mu=0$,输出 T_0;否则输出 T_1。

敌手$\mathcal{B}$根据得到的 T(T_0 或者 T_1)输出 $\mu'\in\{0,1\}$,作为对 μ 的猜测。$\mathcal{B}$的优势定义为$\left|\Pr[\mu'=\mu]-\frac{1}{2}\right|\geqslant\epsilon$。类似于 2.1.2 节的式(2.2),$\mathcal{B}$的优势也可定义为

$$\left|\Pr[\mathcal{B}(g,g^a,g^b,g^c,\hat{e}(g,g)^{abc})=1]-\Pr[\mathcal{B}(g,g^a,g^b,g^c,\hat{e}(g,g)^z)=1]\right|\geqslant 2\epsilon$$

其中,概率来源于 a、b、c、z 的随机选取和敌手$\mathcal{B}$对随机比特的使用。为方便表述,记

$$\mathcal{P}_{\text{BDH}}=\{(g,g^a,g^b,g^c,\hat{e}(g,g)^{abc})\}$$
$$\mathcal{R}_{\text{BDH}}=\{(g,g^a,g^b,g^c,\hat{e}(g,g)^z)\}$$

DBDH 假设:没有多项式时间的敌手,至少能以优势ϵ解决 DBDH 问题。

4.4.2 无随机谕言机模型下的 IBE 构造

方案的具体构造如下,其中身份表示为长度为 n 的字符串,也可由抗碰撞的哈希函数 $H:\{0,1\}^*\to\{0,1\}^n$ 将任意长的身份信息映射为 n 长比特串,参数 n 与 p 无关。

(1) 初始化。

<u>Init($\mathcal{K}$)</u>:

$\alpha\leftarrow_R\mathbb{Z}_p,g\leftarrow_R\mathbb{G}_1$;

$g_1=g^{\alpha}$;

$g_2\leftarrow_R\mathbb{G}_1$;

$u'\leftarrow_R\mathbb{G}_1,u_i\leftarrow\mathbb{G}_1(i=1,2,\cdots,n),\vec{u}=(u_i)$;

params $=\langle g,g_1,g_2,u',\vec{u}\rangle$,msk $=g_2^{\alpha}$.

其中 $\text{msk}=g_2^a$ 为主密钥，$\vec{u}=(u_i)$ 为 n 长的向量。

(2) 密钥生成。令 ID 为 n 比特长的身份信息，ID_i 表示身份 ID 中的第 i 位，集合 $\mathcal{V}\subseteq\{1,2,\cdots,n\}$ 表示 $\text{ID}_i=1$ 的所有下标 i 组成的集合。ID 的秘密钥的生成过程如下：

$$\underline{\text{IBEGen}(\mathcal{K})}:$$
$$r\leftarrow_R \mathbb{Z}_p;$$
$$d_{\text{ID}}=\left(\text{msk}\cdot\left(u'\prod_{i\in\mathcal{V}}u_i\right)^r,g^r\right).$$

(3) 加密(用身份 ID 对消息 $M\in\mathbb{G}_2$ 进行加密)。

$$\underline{\mathcal{E}_{\text{ID}}(M)}:$$
$$t\leftarrow_R \mathbb{Z}_p;$$
$$\text{CT}=\left(\hat{e}(g_1,g_2)^tM,g^t,\left(u'\prod_{i\in\mathcal{V}}u_i\right)^t\right).$$

(4) 解密(其中 $\text{CT}=(C_1,C_2,C_3)$)。

$$\underline{\mathcal{D}d_{\text{ID}}(\text{CT})}:$$
$$\text{返回 } C_1\frac{\hat{e}(d_2,C_3)}{\hat{e}(d_1,C_2)}.$$

这是因为

$$C_1\frac{\hat{e}(d_2,C_3)}{\hat{e}(d_1,C_2)}=\hat{e}(g_1,g_2)^tM\frac{\hat{e}\left(g^r,\left(u'\prod_{i\in\mathcal{V}}u_i\right)^t\right)}{\hat{e}\left(g_2^a\left(u'\prod_{i\in\mathcal{V}}u_i\right)^r,g^t\right)}$$
$$=\hat{e}(g_1,g_2)^tM\frac{\hat{e}\left(g,\left(u'\prod_{i\in\mathcal{V}}u_i\right)^{rt}\right)}{\hat{e}(g_2,g^a)^t\,\hat{e}\left(\left(u'\prod_{i\in\mathcal{V}}u_i\right)^{rt},g\right)}=M.$$

注：①密钥生成过程中 $u'\prod_{i\in\mathcal{V}}u_i$ 可看作是由身份构造的哈希函数，该函数的内部结构是已知的，因此方案不使用随机谕言机；②密文中的第一项 $\hat{e}(g_1,g_2)^tM$ 没有身份信息，方便模块化构造。

方案的安全性可归约到 DBDH 假设。

定理 4-7 设 $\mathcal{A}$ 是 IND-ID-CPA 游戏中(见 4.1.1 节)以优势 $\epsilon(\mathcal{K})$ 攻击上述方案的敌手，那么存在一个敌手 $\mathcal{B}$ 至少能以优势 $\frac{\epsilon(\mathcal{K})}{64(n+1)q}$ 解决 DBDH 假设，其中 n 是身份长度。

证明：设敌手 $\mathcal{B}$ 的输入为五元组 $T=(g,A=g^a,B=g^b,C=g^c,Z)$，$\mathcal{B}$ 通过与敌手 $\mathcal{A}$ 进行下述游戏，判断 T 是 DBDH 五元组还是随机五元组。

(1) 初始化。由 $\mathcal{B}$ 完成，首先设置一个整数 m(下文计算可知 $m=4p$)，随机选取参数 $k\leftarrow_R[0,n]$(用户身份的长度为 n)；选取随机值 $x'\leftarrow_R[0,m-1]$ 和 n 长的向量 $\vec{x}=(x_i)$，其中向量 $\vec{x}$ 中的元素 x_i 均从区间 $[0,m-1]$ 中随机选取，用 X^* 表示参数对 $(x',\vec{x})$；继续随机选取 $y'\leftarrow_R\mathbb{Z}_p$ 和 n 长的向量 $\vec{y}=(y_i)$，其中 y_i 均从 $\mathbb{Z}_p$ 中随机选取。初始化完成后，$\mathcal{B}$ 秘密保存上述参数。

注：$\mathcal{B}$在构建参数系统时，未直接选取参数 u' 和向量 $\vec{u}$，而是构造了参数 $x' \leftarrow_R [0, m-1]$，n 长的向量 $\vec{x}=(x_i)$，$y' \leftarrow_R \mathbb{Z}_p$ 和 n 长的向量 $\vec{y}=(y_i)$，通过上述参数的计算生成参数 u' 和向量 $\vec{u}$。

对于身份信息 ID，令集合$\mathcal{V} \subseteq \{1,2,\cdots,n\}$表示 $\mathrm{ID}_i=1$ 的所有下标 i 组成的集合。$\mathcal{B}$定义下述 3 个关于身份的函数：

$$F(\mathrm{ID}) = (p-mk) + x' + \sum_{i\in\mathcal{V}} x_i$$

$$J(\mathrm{ID}) = y' + \sum_{i\in\mathcal{V}} y_i$$

$$K(\mathrm{ID}) = \begin{cases} 0, & \text{若 } x' + \sum_{i\in\mathcal{V}} x_i \equiv 0 \bmod m \\ 1, & \text{其他} \end{cases}$$

$\mathcal{B}$令 $g_1=A, g_2=B$，计算 $u'=g_2^{p-mk+x'}g^{y'}$ 和 $u_i=g_2^{x_i}g^{y_i}(i=1,2,\cdots,n)$；公开系统参数 params$=(g,g_1,g_2,u',\vec{u}=(u_i))$。对于敌手$\mathcal{A}$而言，$\mathcal{B}$公开的系统参数与真实系统中的参数是同分布的。

(2) 阶段 1。$\mathcal{A}$进行多项式次的秘密钥提取询问。收到$\mathcal{A}$关于身份 ID 的秘密钥提取询问时，$\mathcal{B}$如下操作：

① 若 $K(\mathrm{ID})=0$，则$\mathcal{B}$中断(以 Abort 表示这一事件)，并随机选取 $\mu' \leftarrow_R \{0,1\}$ 作为挑战值 μ 的猜测。

② 否则，$\mathcal{B}$随机选取 $r \leftarrow_R \mathbb{Z}_p$，构造身份 ID 对应的秘密钥 $d_{\mathrm{ID}}=(d_1,d_2)$。

$$d_{\mathrm{ID}} = (d_1,d_2) = \left(g_1^{\frac{-J(\mathrm{ID})}{F(\mathrm{ID})}}\left(u'\prod_{i\in\mathcal{V}}u_i\right)^r, g_1^{\frac{-1}{F(\mathrm{ID})}}g^r\right)$$

对于$\mathcal{B}$而言，身份 ID 的合法秘密钥应为 $d_{\mathrm{ID}} = \left(g_2^\alpha\left(u'\prod_{i\in\mathcal{V}}u_i\right)^r, g^r\right)$，其中 r 为随机数，g_2^α 为主密钥。但由于$\mathcal{B}$并未掌握主密钥 g_2^α，因此需用已知的参数通过计算生成未知的 g_2^α。

已知

$$\begin{aligned} u'\prod_{i\in\mathcal{V}}u_i &= g_2^{p-mk+x'}g^{y'}\prod_{i\in\mathcal{V}}g_2^{x_i}g^{y_i} = g_2^{p-mk+x'}g^{y'}g_2^{\sum_{i\in\mathcal{V}}x_i}g^{\sum_{i\in\mathcal{V}}y_i} \\ &= g_2^{p-mk+x'+\sum_{i\in\mathcal{V}}x_i}g^{y'+\sum_{i\in\mathcal{V}}y_i} \end{aligned} \tag{4.1}$$

和

$$\begin{aligned} \left(u'\prod_{i\in\mathcal{V}}u_i\right)^{r'+\frac{\alpha}{p-mk+x'+\sum_{i\in\mathcal{V}}x_i}} &= \left(u'\prod_{i\in\mathcal{V}}u_i\right)^{r'}\left(u'\prod_{i\in\mathcal{V}}u_i\right)^{\frac{\alpha}{p-mk+x'+\sum_{i\in\mathcal{V}}x_i}} \\ &= g_2^\alpha\left(u'\prod_{i\in\mathcal{V}}u_i\right)^{r'}g^{\frac{\alpha(y'+\sum_{i\in\mathcal{V}}y_i)}{p-mk+x'+\sum_{i\in\mathcal{V}}x_i}} \\ &= g_2^\alpha\left(u'\prod_{i\in\mathcal{V}}u_i\right)^{r'}g_1^{\frac{y'+\sum_{i\in\mathcal{V}}y_i}{p-mk+x'+\sum_{i\in\mathcal{V}}x_i}} \end{aligned} \tag{4.2}$$

其中 $p-mk+x'+\sum_{i\in\mathcal{V}}x_i \neq 0\left(K(\mathrm{ID})\neq 0，\text{即 } x'+\sum_{i\in\mathcal{V}}x_i \neq 0 \bmod m\right)$。

由式(4.2)可知：

$$g_2^{\alpha}\left(u'\prod_{i\in\mathcal{V}}u_i\right)^{r'} = g_1^{-\frac{y'+\sum_{i\in\mathcal{V}}y_i}{p-mk+x'+\sum_{i\in\mathcal{V}}x_i}}\left(u'\prod_{i\in\mathcal{V}}u_i\right)^{r'+\frac{\alpha}{p-mk+x'+\sum_{i\in\mathcal{V}}x_i}}$$

则有

$$d_1 = g_1^{-\frac{y'+\sum_{i\in\mathcal{V}}y_i}{p-mk+x'+\sum_{i\in\mathcal{V}}x_i}}\left(u'\prod_{i\in\mathcal{V}}u_i\right)^{r'+\frac{\alpha}{p-mk+x'+\sum_{i\in\mathcal{V}}x_i}} = g_2^{\alpha}\left(u'\prod_{i\in\mathcal{V}}u_i\right)^{r'}$$

$d_1 = g_1^{-\frac{y'+\sum_{i\in\mathcal{V}}y_i}{p-mk+x'+\sum_{i\in\mathcal{V}}x_i}}\left(u'\prod_{i\in\mathcal{V}}u_i\right)^{r'+\frac{\alpha}{p-mk+x'+\sum_{i\in\mathcal{V}}x_i}}$ 是随机数为 r' 时身份 ID 对应的秘密钥的第一部分，其中 $r'+\frac{\alpha}{p-mk+x'+\sum_{i\in\mathcal{V}}x_i}$ 是变量，其他均可由已知参数进行计算，因此，令 $r = r'+\frac{\alpha}{p-mk+x'+\sum_{i\in\mathcal{V}}x_i}$。

由秘密钥的标准形式可知，与 d_1 对应的 d_2 为 $d_2=g^{r'}$。

由于 $r = r'+\frac{\alpha}{p-mk+x'+\sum_{i\in\mathcal{V}}x_i}$，则 $d_1 = g_1^{-\frac{y'+\sum_{i\in\mathcal{V}}y_i}{p-mk+x'+\sum_{i\in\mathcal{V}}x_i}}\left(u'\prod_{i\in\mathcal{V}}u_i\right)^{r}$。

因为

$$g^{r} = g^{r'}g^{\frac{\alpha}{p-mk+x'+\sum_{i\in\mathcal{V}}x_i}} = g^{r'}g_1^{\frac{1}{p-mk+x'+\sum_{i\in\mathcal{V}}x_i}}$$

则有

$$d_2 = g_1^{-\frac{1}{p-mk+x'+\sum_{i\in\mathcal{V}}x_i}}g^{r}$$

综上所述，身份 ID 对应的秘密钥为

$$d_{\mathrm{ID}} = (d_1, d_2) = \left(g_1^{-\frac{y'+\sum_{i\in\mathcal{V}}y_i}{p-mk+x'+\sum_{i\in\mathcal{V}}x_i}}\left(u'\prod_{i\in\mathcal{V}}u_i\right)^{r}, g_1^{-\frac{1}{p-mk+x'+\sum_{i\in\mathcal{V}}x_i}}g^{r}\right)$$

其中，对于确定的身份 ID，$\frac{\alpha}{p-mk+x'+\sum_{i\in\mathcal{V}}x_i}$ 是一个固定值，随机选取参数 $r\leftarrow_R \mathbb{Z}_p$，就意味着随机选取了参数 $r'\leftarrow_R\mathbb{Z}_p$。

为简化表达式，令 $F(\mathrm{ID}) = (p-mk)+x'+\sum_{i\in\mathcal{V}}x_i$ 和 $J(\mathrm{ID}) = y'+\sum_{i\in\mathcal{V}}y_i$，则有

$$d_{\mathrm{ID}} = (d_1, d_2) = \left(g_1^{-\frac{J(\mathrm{ID})}{F(\mathrm{ID})}}\left(u'\prod_{i\in\mathcal{V}}u_i\right)^{r}, g_1^{-\frac{1}{F(\mathrm{ID})}}g^{r}\right)$$

当且仅当 $F(\mathrm{ID})\neq 0 \bmod p$ 时，$\mathcal{B}$能够进行上述计算。因为 $K(\mathrm{ID})\neq 0$ 意味着 $F(\mathrm{ID})\neq 0 \bmod p$，因此以 $K(\mathrm{ID})\neq 0$ 作为$\mathcal{B}$进行上述计算的充分条件。

注：由 $K(\mathrm{ID})\neq 0$，可知 $x'+\sum_{i\in\mathcal{V}}x_i\neq 0 \bmod m$，即 $x'+\sum_{i\in\mathcal{V}}x_i\neq k'm(k'=1,2,\cdots,m)$，上述关系成立能够确保 $F(\mathrm{ID})\neq 0 \bmod p$。

秘密钥提取询问过程中，$\mathcal{B}$对满足条件 $K(\mathrm{ID})=0$ 的询问将中断并返回随机猜测 μ'。秘密钥提取询问中至多存在 m 个身份 ID_i 使得 $K(\mathrm{ID}_i)=0$，将这些身份组成的集合称为拒绝应答集合$\mathcal{ID}$。

需要思考的问题是，$\mathcal{B}$为什么不只拒绝挑战身份的秘密钥提取询问，而是拒绝多个身份的秘密钥提取询问？

若此处不定义函数 $K(\mathrm{ID})=0$ 作为判定条件，将判定条件改为：若 $x'+\sum_{i\in\mathcal{V}}x_i=km$，则$\mathcal{B}$中断，并随机选取 $\mu'\leftarrow_R\{0,1\}$作为挑战值 μ 的猜测。若使用上述条件作为判定条件，则在第(2)步的秘密钥模拟过程中至多有 $m-1$ 个身份 $\mathrm{ID}_j\in\mathcal{ID}-\{\mathrm{ID}^*\}$满足 $x'+\sum_{i\in\mathcal{V}_{\mathrm{ID}_j}}x_i=rm$(其中 $0<r<n$)，因此对应的 $p-mk+x'+\sum_{i\in\mathcal{V}_{\mathrm{ID}_j}}x_i=tp$（其中 t 是整数），则有

$$u'\prod_{i\in\mathcal{V}}u_i=g_2^{p-mk+x'}g^{y'}\prod_{i\in\mathcal{V}}g_2^{x_i}g^{y_i}=g_2^{p-mk+x'+\sum_{i\in\mathcal{V}}x_i}g^{y'+\sum_{i\in\mathcal{V}}y_i}$$
$$=g_2^{tp}g^{y'+\sum_{i\in\mathcal{V}}y_i}=g^{y'+\sum_{i\in\mathcal{V}}y_i}$$

此时，对于身份 $\mathrm{ID}_j\in\mathcal{ID}-\{\mathrm{ID}^*\}$的秘密钥提取询问，有 $u'\prod_{i\in\mathcal{V}}u_i=g^{y'+\sum_{i\in\mathcal{V}}y_i}$，消除了重要参数 g_2，导致$\mathcal{B}$无法完成秘密钥模拟时 g_2^a 的计算，因此在第(1)步中必须定义函数 $K(\mathrm{ID})=0$ 作为判定条件。

(3) 挑战。敌手$\mathcal{A}$向$\mathcal{B}$提交两个等长的消息 $M_0,M_1\in\mathbb{G}_2$和一个挑战身份 ID^*，$\mathcal{B}$进行下述操作：

① 若 $x'+\sum_{i\in\mathcal{V}_{\mathrm{ID}^*}}x_i\neq km$，$\mathcal{B}$中断，并随机选取 $\mu'\leftarrow_R\{0,1\}$作为挑战值 μ 的猜测。

注：$\mathcal{B}$选择的挑战身份只有一个，即满足条件 $x'+\sum_{i\in\mathcal{V}_{\mathrm{ID}^*}}x_i=km$（其中 k 是$\mathcal{B}$建立系统时选择的固定参数）的身份 ID^*；$\mathcal{B}$选择了一个挑战身份 ID^*，该身份属于拒绝身份集合 $\mathrm{ID}^*\in\mathcal{ID}$。

② 否则 $x'+\sum_{i\in\mathcal{V}_{\mathrm{ID}^*}}x_i=km$，即 $F(\mathrm{ID})\equiv0\bmod p$，$\mathcal{B}$随机选取 $\beta\leftarrow_R\{0,1\}$，构造消息 M_β 在身份 ID^* 作用下的挑战密文 $C^*=(Z\cdot M_\beta,C,C^{J(\mathrm{ID}^*)})$，即有

$$C^*=(Z\cdot M_\beta,C,C^{J(\mathrm{ID}^*)})=\left(\hat{e}(g_1,g_2)^c\cdot M_\beta,g^c,(u'\prod_{i\in\mathcal{V}}u_i)^c\right)$$

若$\mathcal{B}$的输入是 DBDH 元组，即 $Z=\hat{e}(g,g)^{abc}$ 时，意味着加密过程得到的密文中 $t=c$；密文的第三部分为

$$(u'\prod_{i\in\mathcal{V}}u_i)^c=(g_2^{p-mk+x'+\sum_{i\in\mathcal{V}_{\mathrm{ID}^*}}x_i}g^{y'+\sum_{i\in\mathcal{V}}y_i})^c$$
$$=g_2^{c(p-mk+x'+\sum_{i\in\mathcal{V}\mathrm{ID}^*}x_i)}g^{c(y'+\sum_{i\in\mathcal{V}}y_i)}$$
$$=g^{c(y'+\sum_{i\in\mathcal{V}}y_i)}=g^{cJ(\mathrm{ID}^*)}=C^{J(\mathrm{ID}^*)}$$

所以挑战密文为 $C^*=(\hat{e}(g,g)^{abc}\cdot M_\beta,C,C^{J(\mathrm{ID}^*)})$。

注：由于$\mathcal{B}$无法完成 $g_2^{c(p-mk+x'+\sum_{i\in\mathcal{V}_{\mathrm{ID}^*}}x_i)}$（其中 $g_2=B=g^b$，$\mathcal{B}$无法获知 g^{bc}）的计算，若想要完成挑战密文的模拟，则需消除 $g_2^{c(p-mk+x'+\sum_{i\in\mathcal{V}_{\mathrm{ID}^*}}x_i)}$ 对密文的影响，只有使 $g_2^{c(p-mk+x'+\sum_{i\in\mathcal{V}_{\mathrm{ID}^*}}x_i)}=1$ 成立，即 $p-mk+x'+\sum_{i\in\mathcal{V}_{\mathrm{ID}^*}}x_i=p$，其中 $g_2^p=1$。为满足 $p-mk+$

$x'+\sum_{i\in\mathcal{V}_{\mathrm{ID}^*}}x_i=p$，则有 $x'+\sum_{i\in\mathcal{V}_{\mathrm{ID}^*}}x_i=km$。

为实现$\mathcal{B}$在挑战阶段对挑战密文的模拟，前期参数设计时令 $u'=g_2^{p-mk+x'}g^{y'}$ 和 $u_i=g_2^{x_i}g^{y_i}(i=1,2,\cdots,n)$；对应的函数定义为 $F(\mathrm{ID})=(p-mk)+x'+\sum_{i\in\mathcal{V}}x_i$ 和 $J(\mathrm{ID})=y'+\sum_{i\in\mathcal{V}}y_i$。因此在$\mathcal{B}$定义函数 $F(\mathrm{ID})$时，已选定了挑战阶段的挑战身份 ID^*，挑战身份 ID^* 满足关系 $x'+\sum_{i\in\mathcal{V}_{\mathrm{ID}^*}}x_i=km$。

若$\mathcal{B}$的输入是非 DBDH 元组，即 $Z\in\mathbb{G}_2$时，挑战密文将不包含$\mathcal{B}$选择的随机参数β的任何信息。

(4) 阶段 2。$\mathcal{B}$重复阶段 1 的方法。

(5) 猜测。敌手$\mathcal{A}$输出对β的猜测$\beta'\leftarrow\{0,1\}$。

若$\mathcal{B}$未中断，当$\beta'=\beta$时，$\mathcal{B}$输出猜测$\mu'=1$；否则，$\mathcal{B}$输出猜测$\mu'=0$。

敌手获胜的概率与$\mathcal{B}$中断的概率是相关联的，秘密钥提取询问会导致$\mathcal{B}$中断，两个不同的集合(阶段 1 中的秘密钥询问集合和阶段 2 中的秘密钥询问集合)共有 q 次秘密钥提取询问会导致$\mathcal{B}$中断。

令 $\mathrm{ID}'=\{\mathrm{ID}_1,\mathrm{ID}_2\cdots,\mathrm{ID}_q\}$表示阶段 1 和阶段 2 秘密钥提取询问过程的所有身份集合；令 ID^* 表示挑战身份，则集合$\mathcal{V}^*\subseteq\{1,2,\cdots,n\}$表示 $\mathrm{ID}_i^*=1$ 的所有下标 i 组成的集合；令 X'表示模拟值 $x',x_1,\cdots,x_n$。定义函数 $\tau(X',\mathrm{ID}',\mathrm{ID}^*)$：

$$\tau(X',\mathrm{ID}',\mathrm{ID}^*)=\begin{cases}0, & 若\left(\bigcap_{i=1}^{q}K(\mathrm{ID}_i)=1\right)\wedge\left(x'+\sum_{i\in\mathcal{V}^*}x_i=km\right)\\1, & 其他\end{cases}$$

若秘密钥提取询问和挑战询问未导致$\mathcal{B}$中断，则有 $\tau(X',\mathrm{ID}',\mathrm{ID}^*)=0$；定义 $\eta=\Pr[\tau(X',\mathrm{ID}',\mathrm{ID}^*)=0]$，则 η 表示在游戏中$\mathcal{B}$不中断的概率；选取随机的模拟值 X'，通过 $\tau(X',\mathrm{ID}',\mathrm{ID}^*)$实际计算的$\mathcal{B}$不中断的概率值为 η'。令 $\lambda\left(由下文计算可知\lambda=\frac{1}{8(n+1)q}\right)$为对于任意的询问集合$\mathcal{B}$不中断概率的下界。若 $\eta'\geqslant\lambda$，则$\mathcal{B}$中断的概率为$\frac{\eta'-\lambda}{\eta'}$，不中断的概率为$\frac{\lambda}{\eta}$。

对上述游戏进行分析是困难的，因为在所有询问被完全执行之前，$\mathcal{B}$可能就已经中断，进而使得整个游戏结束，导致概率分析是困难的。

下面是第二个游戏，它比第一个游戏容易进行输出分布的分析。

(1) 初始化。$\mathcal{B}$选取主密钥 g_2^{α}，按第一个游戏的方法产生相应的参数 $X^*=(x',\vec{x})$、$\vec{y}$、u' 和 $\vec{u}$，将公开参数发送给敌手$\mathcal{A}$。

(2) 阶段 1。由于$\mathcal{B}$掌握主密钥，因此能够应答敌手$\mathcal{A}$关于相关身份的秘密钥提取询问。

(3) 挑战。$\mathcal{B}$收到敌手$\mathcal{A}$提交的挑战消息 M_0、M_1 和挑战身份 ID^* 后，选取两个随机数 $\mu,\beta\leftarrow_R\{0,1\}$；若 $\mu=0$，则加密随机消息生成挑战密文；否则 $\mu=1$，加密消息 M_β 生成挑

战密文。

(4) 阶段 2。与阶段 1 相同。

(5) 猜测。$\mathcal{A}$提交一个随机数$\beta' \leftarrow \{0,1\}$作为对$\beta$的猜测。$\mathcal{B}$根据$\mathcal{A}$的秘密钥提取询问$\mathrm{ID}'=\{\mathrm{ID}_1,\mathrm{ID}_2,\cdots,\mathrm{ID}_q\}$和挑战询问$\mathrm{ID}^*$,计算函数$\tau(X^*,\mathrm{ID}',\mathrm{ID}^*)$,若$\tau(X^*,\mathrm{ID}',\mathrm{ID}^*)=1$,$\mathcal{B}$中断,并输出$\mu$的一个随机猜测$\mu'$。

断言 4-5 概率$\Pr[\mu'=\mu]$在两个游戏中是完全相同的。

证明:第二个游戏中,$\mathcal{B}$仅当$\tau(X^*,\mathrm{ID}',\mathrm{ID}^*)=1$时中断并输出一个随机猜测$\mu'$。这个条件用于判断$\mathcal{B}$在第一个游戏中是否存在中断;如果存在,则在第二个游戏中$\mathcal{B}$同样中断,并输出一个随机猜测。在两个游戏中所有的公开参数、秘密钥提取询问和挑战密文都具有相同的分布,并且中断的情况是等价的,因此两个游戏的输出分布是相同的,即概率$\Pr[\mu'=\mu]$是完全相同的。

(断言 4-5 证毕)

断言 4-6 $\mathcal{B}$不中断的概率至少是$\lambda=\dfrac{1}{8(n+1)q}$。

证明:假设$\mathcal{A}$进行最大次数的秘密钥提取询问,即针对不同的身份$\mathrm{ID}'=\{\mathrm{ID}_1,\mathrm{ID}_2,\cdots,\mathrm{ID}_q\}$进行$q$次秘密钥提取询问。对于$\mathrm{ID}_1,\mathrm{ID}_2\cdots,\mathrm{ID}_q$和挑战身份$\mathrm{ID}^*$,$\mathcal{B}$不中断的概率可表示为

$$\Pr[\overline{\mathrm{Abort}}]=\Pr\Big[\Big(\bigcap\nolimits_{i=1}^{q}K(\mathrm{ID}_i)=1\Big)\wedge\Big(x'+\sum_{i\in\mathcal{V}^*}x_i=km\Big)\Big]$$

它的下界求解过程如下:

$$\begin{aligned}
&\Pr\Big[\Big(\bigcap\nolimits_{i=1}^{q}K(\mathrm{ID}_i)=1\Big)\wedge\Big(x'+\sum_{i\in\mathcal{V}^*}x_i=km\Big)\Big]\\
&=\Big(1-\Pr\Big[\bigcup\nolimits_{i=1}^{q}K(\mathrm{ID}_i)=0\Big]\Big)\Pr\Big[x'+\sum_{i\in\mathcal{V}^*}x_i=km\,\Big|\,\bigcap\nolimits_{i=1}^{q}K(\mathrm{ID}_i)=1\Big]\\
&\geqslant\Big(1-\frac{q}{m}\Big)\Pr\Big[x'+\sum_{i\in\mathcal{V}^*}x_i=km\,\Big|\,\bigcap\nolimits_{i=1}^{q}K(\mathrm{ID}_i)=1\Big]\\
&=\frac{1}{n+1}\Big(1-\frac{q}{m}\Big)\Pr\Big[K(\mathrm{ID}^*)=0\,\Big|\,\bigcap\nolimits_{i=1}^{q}K(\mathrm{ID}_i)=1\Big]\\
&=\frac{1}{n+1}\Big(1-\frac{q}{m}\Big)\frac{\Pr[K(\mathrm{ID}^*)=0]}{\Pr\Big[\bigcap\nolimits_{i=1}^{q}K(\mathrm{ID}_i)=1\Big]}\Pr\Big[\bigcap\nolimits_{i=1}^{q}K(\mathrm{ID}_i)=1\mid K(\mathrm{ID}^*)=0\Big]\\
&\geqslant\frac{1}{m(n+1)}\Big(1-\frac{q}{m}\Big)\Pr\Big[\bigcap\nolimits_{i=1}^{q}K(\mathrm{ID}_i)=1\mid K(\mathrm{ID}^*)=0\Big]\\
&=\frac{1}{m(n+1)}\Big(1-\frac{q}{m}\Big)\Big(1-\Pr\Big[\bigcup\nolimits_{i=1}^{q}K(\mathrm{ID}_i)=1\mid K(\mathrm{ID}^*)=0\Big]\Big)\\
&\geqslant\frac{1}{m(n+1)}\Big(1-\frac{q}{m}\Big)\Big(1-\sum\nolimits_{i=1}^{q}\Pr[K(\mathrm{ID}_i)=1\mid K(\mathrm{ID}^*)=0]\Big)\\
&=\frac{1}{m(n+1)}\Big(1-\frac{q}{m}\Big)^2\\
&\geqslant\frac{1}{m(n+1)}\Big(1-2\,\frac{q}{m}\Big)
\end{aligned}$$

对于任意的秘密钥询问身份 ID_i，由于函数 $K(\mathrm{ID})$ 中对应的参数 $k(k\in[1,m])$ 是固定的，因此有 $\Pr[K(\mathrm{ID}_i)=0]=\frac{1}{m}$。对于任意的秘密钥询问身份 $\mathrm{ID}_i\in\mathrm{ID}'$ 和挑战身份 ID^*，由于 $x'+\sum_{i\in\mathcal{V}'}x_i\equiv 0 \bmod m$ 和 $x'+\sum_{i\in\mathcal{V}^*}x_i\equiv 0 \bmod m$ 中至少有一个随机值 x_j 是不相同的，因此 $K(\mathrm{ID}_i)=0$ 和 $K(\mathrm{ID}^*)=0$ 是相互独立的。

当 $m=4q$ 时，概率 $\Pr[\overline{\mathrm{Abort}}]=\frac{1}{m(n+1)}\left(1-2\frac{q}{m}\right)$ 取得最小值 $\frac{1}{8(n+1)q}$，即 $\lambda=\frac{1}{8(n+1)q}$。

（断言 4-6 证毕）

断言 4-7　若存在敌手 $\mathcal{A}$ 能以优势 ϵ 攻破上述加密方案，则存在敌手 $\mathcal{B}$ 至少能以优势 $\frac{\epsilon}{64(n+1)q}$ 解决 DBDH 假设。

证明：根据 $\mathcal{B}$ 输入四元组的种类进行分类讨论。

(1) $\mathcal{B}$ 的输入是随机四元组 $T=(g,A=g^a,B=g^b,C=g^c,Z\in\mathbb{G}_2)$。此时 $\mathcal{B}$ 要么中断且输入随机猜测 μ'，则 $\Pr[\mu'=\mu]=\frac{1}{2}$；要么当敌手 $\mathcal{A}$ 输出正确的猜测 β' 时，$\mathcal{B}$ 输出 $\mu'=1$，由于 $\mathcal{B}$ 选取的随机比特 β 对 $\mathcal{A}$ 是完全隐藏的，因此 $\Pr[\mu'=\mu]=\frac{1}{2}$。所以有 $|\Pr[\mathcal{B}(T\in\mathcal{R}_{\mathrm{BDH}})=1]=\frac{1}{2}$。

(2) $\mathcal{B}$ 的输入是 DBDH 元组 $T=(g,A=g^a,B=g^b,C=g^c,Z=\hat{e}(g,g)^{abc})$，此时 $\mathcal{A}$ 在第二个游戏中的视图与真实游戏是相同的。

$$\begin{aligned}&\Pr[\mathcal{B}(T\in\mathcal{P}_{\mathrm{BDH}})=1]\\&=\Pr[\mu'=1]\\&=\Pr[\mu'=1\mid\mathrm{Abort}]\Pr[\mathrm{Abort}]+\Pr[\mu'=1\mid\overline{\mathrm{Abort}}]\Pr[\overline{\mathrm{Abort}}]\end{aligned}$$

已知 $\Pr[\mu'=1|\mathrm{Abort}]=\frac{1}{2}$，则有

$$\begin{aligned}\Pr[\mathcal{B}(T\in\mathcal{P}_{\mathrm{BDH}})=1]&=\Pr[\mu'=1]\\&=\frac{1}{2}(1-\Pr[\overline{\mathrm{Abort}}])+\Pr[\mu'=1\mid\overline{\mathrm{Abort}}]\Pr[\overline{\mathrm{Abort}}]\end{aligned}$$

在第二个游戏中，如果 $\mathcal{B}$ 不发生中断，则当 $\beta'=\beta$ 时，$\mathcal{B}$ 输出猜测 $\mu'=1$；而当 $\beta'\neq\beta$ 时，$\mathcal{B}$ 输出猜测 $\mu'=0$。所以

$$\begin{aligned}\Pr[\overline{\mathrm{Abort}}]&=\Pr[\overline{\mathrm{Abort}}\mid\mu'=1]\Pr[\mu'=1]+\Pr[\overline{\mathrm{Abort}}\mid\mu'=0]\Pr[\mu'=0]\\&=\Pr[\overline{\mathrm{Abort}}\mid\beta'=\beta]\Pr[\beta'=\beta]+\Pr[\overline{\mathrm{Abort}}\mid\beta'\neq\beta]\Pr[\beta'\neq\beta]\end{aligned}$$

已知

$$\begin{aligned}\Pr[\mu'=1\mid\overline{\mathrm{Abort}}]\Pr[\overline{\mathrm{Abort}}]&=\Pr[\overline{\mathrm{Abort}}\mid\mu'=1]\Pr[\mu'=1]\\&=\Pr[\overline{\mathrm{Abort}}\mid\beta'=\beta]\Pr[\beta'=\beta]\end{aligned}$$

因此，可知

$$\Pr[\mathcal{B}(T\in\mathcal{P}_{BDH})=1]$$
$$=\frac{1}{2}+\frac{1}{2}(\Pr[\overline{\text{Abort}}\mid\beta'=\beta]\Pr[\beta'=\beta]-\Pr[\overline{\text{Abort}}\mid\beta'\neq\beta]\Pr[\beta'\neq\beta])$$

由假设，敌手$\mathcal{B}$攻破上述 IBE 机制的优势为ϵ，有 $\Pr[\beta'=\beta]=\frac{1}{2}+\epsilon$和 $\Pr[\beta'\neq\beta]=\frac{1}{2}-\epsilon$，上式可变形为

$$\Pr[\mathcal{B}(T\in\mathcal{P}_{BDH})=1]$$
$$=\frac{1}{2}+\frac{1}{2}\left(\left(\frac{1}{2}+\epsilon\right)\Pr[\overline{\text{Abort}}\mid\beta'=\beta]-\left(\frac{1}{2}-\epsilon\right)\Pr[\overline{\text{Abort}}\mid\beta'\neq\beta]\right)$$

由下面的推论可知

$$\left(\frac{1}{2}+\epsilon\right)\Pr[\overline{\text{Abort}}\mid\beta'=\beta]-\left(\frac{1}{2}-\epsilon\right)\Pr[\overline{\text{Abort}}\mid\beta'\neq\beta]\geqslant\frac{3}{2}\lambda\epsilon$$

则上式可变形为

$$\Pr[\mathcal{B}(T\in\mathcal{P}_{BDH})=1]=\frac{1}{2}+\frac{3}{4}\lambda\epsilon$$

综上所述，$\mathcal{B}$解决 DBDH 假设的优势为

$$\frac{1}{2}(\Pr[\mathcal{B}(T\in\mathcal{P}_{BDH})=1]-\Pr[\mathcal{B}(T\in\mathcal{R}_{BDH})=1])\geqslant\frac{3}{8}\lambda\epsilon\geqslant\frac{\epsilon}{64(n+1)q}$$

（断言 4-7 证毕）

推论 $\left(\frac{1}{2}+\epsilon\right)\Pr[\overline{\text{Abort}}|\beta'=\beta]-\left(\frac{1}{2}-\epsilon\right)\Pr[\overline{\text{Abort}}|\beta'\neq\beta]\geqslant\frac{3}{2}\lambda\epsilon$。

证明：令 $\eta=\Pr[\tau(X',\mathrm{ID}',\mathrm{ID}^*)=0]$，则 η 表示在游戏中模拟器未中断的概率，其中 $\mathrm{ID}'=\{\mathrm{ID}_1,\mathrm{ID}_2,\cdots,\mathrm{ID}_q\}$表示阶段 1 和阶段 2 秘密钥提取询问过程的所有身份集合，ID^*表示挑战身份，X'表示模拟值 $x',x_1,\cdots,x_n$。

为求解$\left(\frac{1}{2}+\epsilon\right)\Pr[\overline{\text{Abort}}|\beta'=\beta]-\left(\frac{1}{2}-\epsilon\right)\Pr[\overline{\text{Abort}}|\beta'\neq\beta]\geqslant\frac{3}{2}\lambda\epsilon$，即求解该表达式的下界，则首先求解$\left(\frac{1}{2}+\epsilon\right)\Pr[\overline{\text{Abort}}|\beta'=\beta]$的下界，其次求解$\left(\frac{1}{2}-\epsilon\right)\Pr[\overline{\text{Abort}}|\beta'\neq\beta]$的上界。

(1) 求解$\left(\frac{1}{2}+\epsilon\right)\Pr[\overline{\text{Abort}}|\beta'=\beta]$的下界。

$\mathcal{B}$计算 η'，由切诺夫界可知 $\Pr\left[\eta'>\eta\left(1+\frac{\epsilon}{8}\right)\right]<\lambda\frac{\epsilon}{8}$，则有

$$\Pr[\overline{\text{Abort}}\mid\beta'=\beta]\geqslant\left(1-\lambda\frac{\epsilon}{8}\right)\eta\frac{\lambda}{\eta\left(1+\frac{\epsilon}{8}\right)}$$
$$\geqslant\left(1-\lambda\frac{\epsilon}{8}\right)^2\geqslant\lambda\left(1-\frac{\epsilon}{4}\right)$$

进一步有

$$\left(\frac{1}{2}+\epsilon\right)\Pr[\overline{\text{Abort}}\mid\beta'=\beta]\geqslant\lambda\left(\frac{1}{2}+\frac{3}{4}\epsilon\right)$$

(2) 求解$\left(\frac{1}{2}-\epsilon\right)\Pr[\overline{\text{Abort}}|\beta'\neq\beta]$的上界。

$\mathcal{B}$计算η'，由切诺夫界可知$\Pr\left[\eta'<\eta\left(1-\frac{\epsilon}{8}\right)\right]<\lambda\frac{\epsilon}{8}$，则有

$$\Pr[\overline{\text{Abort}} \mid \beta'\neq\beta]\leqslant\lambda\frac{\epsilon}{8}+\frac{\lambda\eta}{\eta\left(1-\frac{\epsilon}{8}\right)}$$
$$\leqslant\lambda\frac{\epsilon}{8}+\lambda\left(1+\frac{2\epsilon}{8}\right)=\lambda\left(1+\frac{3\epsilon}{8}\right)$$

进一步有

$$\left(\frac{1}{2}-\epsilon\right)\Pr[\overline{\text{Abort}} \mid \beta'\neq\beta]\leqslant\lambda\left(\frac{1}{2}-\frac{3\epsilon}{4}\right)$$

综上所述，有$\left(\frac{1}{2}+\epsilon\right)\Pr[\overline{\text{Abort}}|\beta'=\beta]-\left(\frac{1}{2}-\epsilon\right)\Pr[\overline{\text{Abort}}|\beta'\neq\beta]\geqslant\frac{3}{2}\lambda\epsilon$成立。

(定理4-5证毕)

4.5 密文长度固定的分层次 IBE

Dan Boneh、Eu-Jin Goh、Xavier Boyen 给出了一个密文长度和解密代价均与分层深度ℓ无关的 HIBE 系统[7]，其中密文由3个群元素组成，解密运算仅需两次双线性配对运算，秘密钥包含ℓ个群元素。

不同于之前的 HIBE 系统，系统中的秘密钥会随着分层深度的加深而缩短。

4.5.1 弱双线性 Diffie-Hellman 求逆假设

方案的安全性基于弱双线性 Diffie-Hellman（简称弱 BDHI）求逆假设，表示为ℓ-wBDHI。设$\mathbb{G}_1$和$\mathbb{G}_2$都是阶为素数p的群，$\hat{e}:\mathbb{G}_1\times\mathbb{G}_1\rightarrow\mathbb{G}_2$是一个双线性映射，$g$和$h$是$\mathbb{G}_1$中的两个随机生成元，$\alpha$是$\mathbb{Z}_p^*$中的随机数。$\mathbb{G}_1$上的$\ell$-wBDHI和$\ell$-wBDHI*问题定义如下。

ℓ-wBDHI：给定$g,h,g^{\alpha},g^{\alpha^2},\cdots,g^{\alpha^\ell}$，计算$\hat{e}(g,h)^{1/\alpha}$。

ℓ-wBDHI*：给定$g,h,g^{\alpha},g^{\alpha^2},\cdots,g^{\alpha^\ell}$，计算$\hat{e}(g,h)^{\alpha^{\ell+1}}$。

这两个问题在线性时间归约下是等价的，即ℓ-wBDHI$\Leftrightarrow\ell$-wBDHI*。

证明：首先证明ℓ-wBDHI$\Leftarrow\ell$-wBDHI*。

已知ℓ-wBDHI问题实例$(g,h,g^{\alpha},g^{\alpha^2},\cdots,g^{\alpha^\ell})=(w,h,w_1,\cdots,w_\ell)$。由此得

$$(w_\ell,h,w_{\ell-1},\cdots,w)=(g^{\alpha^\ell},h,g^{\alpha^{\ell-1}},g^{\alpha^{\ell-2}},\cdots,g)$$
$$=(g^{\alpha^\ell},h,(g^{\alpha^\ell})^{\alpha^{-1}},(g^{\alpha^\ell})^{\alpha^{-2}},\cdots,(g^{\alpha^\ell})^{\alpha^{-\ell}})$$

令$\beta=\alpha^{-1}$，$w'=g^{\alpha^\ell}$，则上式变为$(w',h,(w')^{\beta},(w')^{\beta^2},\cdots,(w')^{\beta^\ell})$，此为一个$\ell$-wBDHI*问题实例。由$\ell$-wBDHI*问题的求解得

$$\hat{e}(w',h)^{\beta^{\ell+1}}=\hat{e}(g^{\alpha^\ell},h)^{\alpha^{-\ell-1}}=\hat{e}(g,h)^{\alpha^\ell\alpha^{-\ell-1}}=\hat{e}(g,h)^{1/\alpha}$$

类似地可证明ℓ-wBDHI$^*\Leftarrow\ell$-wBDHI。

wBDHI问题更接近于 BDHI 问题,但为了概念上的方便,下面方案的证明用 wBDHI^* 问题。

下面证明$\mathbb{G}_1$中的 ℓ-wBDHI 问题和 ℓ-wBDHI^* 问题可归约到 ℓ-BDHI 问题。给定一个 ℓ-BDHI 问题实例$(w,w_1,\cdots,w_\ell)=(g,g^\alpha,g^{\alpha^2},\cdots,g^{\alpha^\ell})$,取随机数 $r\leftarrow_R\mathbb{Z}_p^*$,令 $h=w^r$,构造 ℓ-wBDHI^* 实例:

$$(w_\ell,h,w_{\ell-1},\cdots,w_1,w)=(g^{\alpha^\ell},g^r,g^{\alpha^{\ell-1}},\cdots,g^\alpha,g)$$
$$=(g^{\alpha^\ell},g^r,g^{\alpha^\ell\alpha^{-1}},\cdots,g^{\alpha^\ell\alpha^{-(\ell-1)}},g^{\alpha^\ell\alpha^{-\ell}})$$

令 $\beta=\alpha^{-1}$,则$(w_\ell,h,w_{\ell-1},\cdots,w_1,w)=(g^{\alpha^\ell},g^r,(g^{\alpha^\ell})^\beta,(g^{\alpha^\ell})^{\beta^2},\cdots,(g^{\alpha^\ell})^{\beta^\ell})$,此为一个 ℓ-wBDHI^* 问题实例。设 T'是这一实例的解,则

$$T'=\hat{e}(w_\ell,h)^{\beta^{\ell+1}}=\hat{e}(g^{\alpha^\ell},g^r)^{\beta^{\ell+1}}=\hat{e}(g,g)^{\alpha^\ell r\beta^{\ell+1}}$$
$$=\hat{e}(g,g)^{\frac{r}{\alpha}},T=(T')^{\frac{1}{r}}=\hat{e}(g,g)^{\frac{1}{\alpha}}$$

就是 ℓ-BDHI 问题的解。

下面定义计算性和判定性 ℓ-wBDHI 假设。为了方便,按照 ℓ-wBDHI^* 问题来定义。

设 g、h 是$\mathbb{G}_1^*$中的随机生成元,α 是$\mathbb{Z}_p^*$中的随机数,$y_i=g^{\alpha^i}\in\mathbb{G}_1^*$,如果

$$\Pr[\mathcal{A}(g,h,y_1,\cdots,y_\ell)=\hat{e}(g,h)^{\alpha^{\ell+1}}]\geqslant\epsilon$$

则称算法$\mathcal{A}$以ϵ的优势解决$\mathbb{G}_1$中的 ℓ-wBDHI^* 问题。

$\mathbb{G}_1$中的判定性 ℓ-wBDHI^* 问题定义如下。随机选取 $T\leftarrow_R\mathbb{G}_2^*$,令 $\vec{y}_{g,\alpha,\ell}=(y_1,y_2,\cdots,y_\ell)$。如果

$$|\Pr[\mathcal{B}(g,h,\vec{y}_{g,\alpha,\ell},\hat{e}(g,h)^{\alpha^{\ell+1}})=1]-\Pr[\mathcal{B}(g,h,\vec{y}_{g,\alpha,\ell},T)=1]|\geqslant\epsilon$$

则称算法$\mathcal{B}$以ϵ的优势解决$\mathbb{G}_1$中的判定性 ℓ-wBDHI^*问题。

ℓ-wBDHI^* 问题假定:没有多项式时间算法以至少ϵ的优势解决$\mathbb{G}_1$中的(判定性)ℓ-wBDHI^* 问题。

记$\mathcal{P}_{\mathrm{wBDHI}^*}=\{(g,h,\vec{y}_{g,\alpha,\ell},\hat{e}(g,h)^{\alpha^{\ell+1}})\}$,$\mathcal{R}_{\mathrm{wBDHI}^*}=\{(g,h,\vec{y}_{g,\alpha,\ell},T)\}$。

4.5.2 一个密文长度固定的 HIBE 系统

设$\mathbb{G}_1$是阶为素数 p 的双线性群,$\hat{e}:\mathbb{G}_1\times\mathbb{G}_1\to\mathbb{G}_2$是双线性映射,第 k 层的公开钥(即身份 ID)是$(\mathbb{Z}_p^*)^k$ 上的向量,记为$\overrightarrow{\mathrm{ID}}=(I_1,I_2,\cdots,I_k)\in(\mathbb{Z}_p^*)^k$,其中第 j 个元素对应于第 j 层的身份。可通过使用一个抗碰撞哈希函数 $H:\{0,1\}^*\to\mathbb{Z}_p^*$ 作用于每个元素 I_j,可将公开钥扩展到$\{0,1\}^*$上。假设被加密的消息是$\mathbb{G}_2$中的元素。

(1) 初始化(ℓ)。设最大深度为 ℓ。

<u>Init(ℓ)</u>:

生成元 $g\leftarrow_R\mathbb{G}_1^*$,$\alpha\leftarrow_R\mathbb{Z}_p^*$;

$g_1=g^\alpha$;

$g_2,g_3,h_1,\cdots,h_\ell\leftarrow_R\mathbb{G}_1$;

$\text{params}=(g,g_1,g_2,g_3,h_1,\cdots,h_\ell)$,$\text{msk}=g_2^\alpha$.

(2) 密钥产生(其中$\overrightarrow{\mathrm{ID}}=(I_1,I_2,\cdots,I_k)\in\mathbb{Z}_p^k(k\leqslant\ell)$)。

$\underline{\mathrm{IBEGen}(\mathrm{msk},\overrightarrow{\mathrm{ID}})}$:

$r\leftarrow_R\mathbb{Z}_p$;

$$d_{\overrightarrow{\mathrm{ID}}}=(g_2^{\alpha}\cdot(h_1^{I_1}\cdots h_k^{I_k}\cdot g_3)^r,g^r,h_{k+1}^r,\cdots,h_{\ell}^r)\in\mathbb{G}_1^{2+\ell-k}.$$

注:$d_{\overrightarrow{\mathrm{ID}}}$会随着$\overrightarrow{\mathrm{ID}}$深度的加深而变短。

(3) 委派。已知父节点$\overrightarrow{\mathrm{ID}}_{|k-1}=(I_1,I_2,\cdots,I_{k-1})\in(\mathbb{Z}_p^*)^{k-1}$对应的秘密钥$d_{\overrightarrow{\mathrm{ID}}|k-1}=(g_2^{\alpha}\cdot(h_1^{I_1}\cdots h_{k-1}^{I_{k-1}}\cdot g_3)^{r'},g^{r'},h_k^{r'},\cdots,h_{\ell}^{r'})=(a_0,a_1,b_k,\cdots,b_{\ell})$,$d_{\overrightarrow{\mathrm{ID}}}$可如下产生:

$\underline{\mathrm{Delegate}(d_{\overrightarrow{\mathrm{ID}}|k-1},\overrightarrow{\mathrm{ID}})}$:

$t\leftarrow_R\mathbb{Z}_p$;

$$d_{\overrightarrow{\mathrm{ID}}}=(a_0\cdot b_k^{I_k}\cdot(h_1^{I_1}\cdots h_k^{I_k}\cdot g_3)^t,a_1\cdot g^t,b_{k+1}\cdot h_{k+1}^t,\cdots,b_{\ell}\cdot h_{\ell}^t).$$

相应于$d_{\overrightarrow{\mathrm{ID}}}$的直接产生,$r=r'+t\in\mathbb{Z}_p$。

(4) 加密(用接收方的身份$\overrightarrow{\mathrm{ID}}=(I_1,I_2,\cdots,I_k)\in(\mathbb{Z}_p^*)^k$作为公开钥,其中$M\in\mathbb{G}_2$)

$\underline{\mathcal{E}_{\overrightarrow{\mathrm{ID}}}(M)}$:

$s\leftarrow_R\mathbb{Z}_p$

$$\mathrm{CT}=(\hat{e}(g_1,g_2)^s\cdot M,g^s,(h_1^{I_1}\cdots h_k^{I_k}\cdot g_3)^s)\in\mathbb{G}_2\times\mathbb{G}_1^2.$$

注意:$\hat{e}(g_1,g_2)$可预先计算好,以后反复使用。

(5) 解密(其中$d_{\overrightarrow{\mathrm{ID}}}=(a_0,a_1,b_{k+1},\cdots,b_{\ell})$,$\mathrm{CT}=(A,B,C)$)。

$\underline{\mathcal{D}_{d_{\overrightarrow{\mathrm{ID}}}}(\mathrm{CT})}$:

$$\text{返回 }A\cdot\frac{\hat{e}(a_1,C)}{\hat{e}(B,a_0)}.$$

这是因为

$$\frac{\hat{e}(a_1,C)}{\hat{e}(B,a_0)}=\frac{\hat{e}(g^r,(h_1^{I_1}\cdots h_k^{I_k}\cdot g_3)^s)}{\hat{e}(g^s,g_2^{\alpha}(h_1^{I_1}\cdots h_k^{I_k}\cdot g_3)^r)}=\frac{1}{\hat{e}(g,g_2)^{s\alpha}}=\frac{1}{\hat{e}(g_1,g_2)^s}$$

可见,不论身份在哪一层,密文仅包含 3 个元素,解密仅需两次配对运算。而之前的 HIBE 系统中,密文大小和解密时间会随着身份深度的加深线性增长。再者,解密运算仅使用$d_{\overrightarrow{\mathrm{ID}}}=(a_0,a_1,b_{k+1},\cdots,b_{\ell})$中的$a_0,a_1$,而$b_{k+1},\cdots,b_{\ell}$仅用于由父节点产生后继节点(最多$\ell-k$级)的秘密钥。

方案的安全性如定理 4-8 所述。

定理 4-8　假设在$(\mathbb{G}_1,\mathbb{G}_2)$上判定性$\ell$-wBDHI 假设成立,那么以上方案是 IND-sID-CPA 安全的。

具体地,如果存在敌手$\mathcal{A}$以ϵ的优势攻击上述方案,那么就存在一个敌手$\mathcal{B}$以相同的优势ϵ攻击判定性ℓ-wBDHI 问题。

证明:假设$\mathcal{A}$攻击ℓ-HIBE 系统的优势为ϵ。可以构造一个算法$\mathcal{B}$解决$\mathbb{G}_1$中的判定性ℓ-wBDHI*问题。

对于生成元$g\in\mathbb{G}_1$和$\alpha\in\mathbb{Z}_p^*$,令$y_i=g^{\alpha^i}\in\mathbb{G}_1$。算法$\mathcal{B}$的输入是一个随机元组$(g,h,y_1,\cdots,y_{\ell},T)$,它可能取自$\mathcal{P}_{\mathrm{wBDHI}^*}$(此时$T=\hat{e}(g,h)^{\alpha^{\ell+1}}$),也可能取自$\mathcal{R}_{\mathrm{wBDHI}^*}$(此时$T$是

$\mathbb{G}_2^*$中均匀独立的元素)。$\mathcal{B}$的目标是区分哪种情况发生,如果 $T=\hat{e}(g,h)^{\alpha^{\ell+1}}$,$\mathcal{B}$输出 1,否则输出 0。$\mathcal{B}$在下面的选定身份游戏中与$\mathcal{A}$交互。

(1) 初始化。$\mathcal{A}$首先输出一个要攻击的目标身份$\overrightarrow{\mathrm{ID}}^*=(I_1^*,I_2^*,\cdots,I_m^*)\in(\mathbb{Z}_p^*)^m$ $(m\leqslant\ell)$。如果 $m<\ell$,$\mathcal{B}$可在$\overrightarrow{\mathrm{ID}}^*$右边填充 $\ell-m$ 个 0 使得$\overrightarrow{\mathrm{ID}}^*$的长为 ℓ。下面假设$\overrightarrow{\mathrm{ID}}^*$是$(\mathbb{Z}_p^*)^\ell$ 上的向量。

(2) 系统建立。$\mathcal{B}$做如下运算:选取$\mathbb{Z}_p$中的一个随机数γ,令 $g_1=y_1=g^\alpha$,$g_2=y_\ell\cdot g^\gamma=g^{\gamma+\alpha^\ell}$。选取$\mathbb{Z}_p$中的随机数$\gamma_1,\gamma_2,\cdots,\gamma_\ell$,令 $h_i=g^{\gamma_i}/y_{\ell-i+1}(i=1,2,\cdots,\ell)$。选取$\mathbb{Z}_p$中的随机数$\delta$,令 $g_3=g^\delta\cdot\prod_{i=1}^{\ell}y_{\ell-i+1}^{I_i^*}$。

最后,$\mathcal{B}$将系统参数 params$=(g,g_1,g_2,g_3,h_1,\cdots,h_\ell)$发送给$\mathcal{A}$。所有这些值都在$\mathbb{G}_1$中均匀独立分布。隐含地,主密钥为 $g_2^\alpha=g^{\alpha(\alpha^\ell+\gamma)}=y_{\ell+1}y_1^\gamma$,但$\mathcal{B}$并不知道主密钥的值(因为$\mathcal{B}$没有 $y_{\ell+1}$)。

(3) 阶段 1。$\mathcal{A}$发起 q_s 次秘密钥询问。考虑关于身份$\overrightarrow{\mathrm{ID}}=(I_1,I_2,\cdots,I_u)\in(\mathbb{Z}_p^*)^u$ $(u\leqslant\ell)$的秘密钥询问,唯一的限制是 ID 不为$\overrightarrow{\mathrm{ID}}^*$的前缀。设 $k\in\{1,2,\cdots,u\}$是使得 $I_k\neq I_k^*$ 的最小下标。为应答 ID 的秘密钥询问,$\mathcal{B}$首先构造身份$(I_1,I_2,\cdots,I_k)$对应的秘密钥,然后由委派算法求出身份$\overrightarrow{\mathrm{ID}}=(I_1,\cdots,I_k,\cdots,I_u)$的秘密钥。

$\mathcal{B}$首先选取$\mathbb{Z}_p$中的随机数 $\tilde{r}$,假设 $r=\dfrac{\alpha^k}{(I_k-I_k^*)}+\tilde{r}\in\mathbb{Z}_p$。因 α^k 是未知的,r 也是未知的,r 是$\mathcal{B}$想象的。$\mathcal{B}$生成秘密钥

$$(g_2^\alpha\cdot(h_1^{I_1}\cdots h_k^{I_k}\cdot g_3)^r,g^r,h_{k+1}^r,\cdots,h_\ell^r)\tag{4.3}$$

这是身份$(I_1,I_2,\cdots,I_k)$的一个正确分布的秘密钥。虽然 r 是$\mathcal{B}$想象的,但$\mathcal{B}$计算式(4.3)时,不用直接使用 r,而是通过已知的值来计算。

下面用到一个重要关系式:对于任意的 i、j,有 $y_i^{\alpha^j}=y_{i+j}$。

先看式(4.3)的第二个元素 g^r,它等于 $y_k^{1/(I_k-I_k^*)}g^{\tilde{r}}$,可直接计算求出。

再看第一个元素,其中

$$\begin{aligned}(h_1^{I_1}\cdots h_k^{I_k}\cdot g_3)^r&=\left(g^{\delta+\sum_{i=1}^k I_i\gamma_i}\cdot\prod_{i=1}^{k-1}y_{\ell-i+1}^{(I_i^*-I_i)}\cdot y_{\ell-k+1}^{(I_k^*-I_k)}\cdot\prod_{i=k+1}^{\ell}y_{\ell-i+1}^{I_i^*}\right)^r\\&=\left(g^{\delta+\sum_{i=1}^k I_i\gamma_i}\cdot y_{\ell-k+1}^{(I_k^*-I_k)}\cdot\prod_{i=k+1}^{\ell}y_{\ell-i+1}^{I_i^*}\right)^r\\&=(g^r)^{\delta+\sum_{i=1}^k I_i\gamma_i}\cdot y_{\ell-k+1}^{r(I_k^*-I_k)}\cdot\left(\prod_{i=k+1}^{\ell}y_{\ell-i+1}^{I_i^*}\right)^r\\&=(g^r)^{\delta+\sum_{i=1}^k I_i\gamma_i}\cdot y_{\ell-k+1}^{\tilde{r}(I_k^*-I_k)-\alpha^k}\cdot\left(\prod_{i=k+1}^{\ell}y_{\ell-i+1}^{I_i^*}\right)^{\frac{\alpha^k}{(I_k-I_k^*)}}\cdot\left(\prod_{i=k+1}^{\ell}y_{\ell-i+1}^{I_i^*}\right)^{\tilde{r}}\\&=(y_k^{1/(I_k-I_k^*)}g^{\tilde{r}})^{\delta+\sum_{i=1}^k I_i\gamma_i}\cdot\frac{y_{\ell-k+1}^{\tilde{r}(I_k^*-I_k)}}{y_{\ell+1}}\cdot\left(\prod_{i=k+1}^{\ell}y_{\ell+k-i+1}^{I_i^*}\right)^{\frac{1}{(I_k-I_k^*)}}\cdot\left(\prod_{i=k+1}^{\ell}y_{\ell-i+1}^{I_i^*}\right)^{\tilde{r}}\end{aligned}$$

其中 $\prod_{i=1}^{k-1}y_{\ell-i+1}^{(I_i^*-I_i)}=1$(因为对所有的 $i<k$,$I_i=I_i^*$)。

因此,式(4.3)中秘密钥的第一个元素

$$g_2^{\alpha}\cdot(h_1^{I_1}\cdots h_k^{I_k}\cdot g_3)^r$$
$$=(y_{\ell+1}y_1^{\gamma})\cdot(y_k^{1/(I_k-I_k^*)}g^{\tilde{r}})^{\delta+\sum_{i=1}^{k}I_i\gamma_i}\cdot\frac{y_{\ell-k+1}^{\tilde{r}(I_k^*-I_k)}}{y_{\ell+1}}\cdot\Big(\prod_{i=k+1}^{\ell}y_{\ell+k-i+1}^{I_i^*}\Big)^{\frac{1}{(I_k-I_k^*)}}\cdot\Big(\prod_{i=k+1}^{\ell}y_{\ell-i+1}^{I_i^*}\Big)^{\tilde{r}}$$
$$=y_1^{\gamma}\cdot(y_k^{1/(I_k-I_k^*)}g^{\tilde{r}})^{\delta+\sum_{i=1}^{k}I_i\gamma_i}\cdot y_{\ell-k+1}^{\tilde{r}(I_k^*-I_k)}\cdot\Big(\prod_{i=k+1}^{\ell}y_{\ell+k-i+1}^{I_i^*}\Big)^{\frac{1}{I_k-I_k^*}}\cdot\Big(\prod_{i=k+1}^{\ell}y_{\ell-i+1}^{I_i^*}\Big)^{\tilde{r}}$$

所有项都为$\mathcal{B}$已知的，$\mathcal{B}$能够计算该值。

类似地，式(4.3)的第三项 $h_{k+1}^r,\cdots,h_\ell^r$ 也可由$\mathcal{B}$已知的值表达出来。

这就证明了$\mathcal{B}$可为身份$(I_1,I_2,\cdots,I_k)$产生秘密钥，然后由委派算法求出身份$\overrightarrow{\mathrm{ID}}=(I_1,\cdots,I_k,\cdots,I_u)$的秘密钥，作为询问结果返回给$\mathcal{A}$。

(4) 挑战。当$\mathcal{A}$结束阶段 1 后，输出两个消息 $M_0,M_1\in\mathbb{G}_2$。算法$\mathcal{B}$选一个随机比特 $\beta\leftarrow_R\{0,1\}$，生成挑战密文作为回答：

$$C^*=(M_\beta\cdot T\cdot\hat{e}(y_1,h^{\gamma}),h,h^{\delta+\sum_{i=1}^{\ell}I_i^*\gamma_i})$$

其中 h 和 T 来自$\mathcal{B}$的输入。若 $h=g^c$(c 未知)，则

$$h^{\delta+\sum_{i=1}^{\ell}I_i^*\gamma_i}=\Big(\prod_{i=1}^{\ell}(g^{\gamma_i}/y_{\ell-i+1})^{I_i^*}\cdot\big(g^{\delta}\prod_{i=1}^{\ell}y_{\ell-i+1}^{I_i^*}\big)\Big)^c=(h_1^{I_1^*}\cdots h_\ell^{I_\ell^*}g_3)^c$$

$$\hat{e}(g,h)^{(\alpha^{\ell+1})}\cdot\hat{e}(y_1,h^{\gamma})=(\hat{e}(y_1,y_\ell)\cdot\hat{e}(y_1,g^{\gamma}))^c=\hat{e}(y_1,y_\ell g^{\gamma})^c=\hat{e}(g_1,g_2)^c$$

因此，若 $T=\hat{e}(g,h)^{\alpha^{\ell+1}}$(即输入元组取自$\mathcal{P}_{\mathrm{wBDHI}^*}$)，则挑战密文是在初始(未填充)身份$\overrightarrow{\mathrm{ID}}^*=(I_1^*,I_2^*,\cdots,I_m^*)$下对 M_β 的一个有效加密，因为

$$C^*=(M_\beta\cdot\hat{e}(g_1,g_2)^c,g^c,(h_1^{I_1^*}\cdots h_m^{I_m^*}\cdots h_\ell^{I_\ell^*}\cdot g_3)^c)$$
$$=(M_\beta\cdot\hat{e}(g_1,g_2)^c,g^c,(h_1^{I_1^*}\cdots h_m^{I_m^*}g_3)^c)$$

另一方面，当 T 在$\mathbb{G}_1^*$中均匀独立(输入元组取自$\mathcal{R}_{\mathrm{wBDHI}^*}$)，在敌手看来 C^* 是与 β 无关的。

(5) 阶段 2。$\mathcal{A}$发起阶段 1 没有问过的询问。$\mathcal{B}$以阶段 1 中的方式进行回应。

(6) 猜测。$\mathcal{A}$输出猜测 $\beta'\in\{0,1\}$。$\mathcal{B}$按照如下规则判断自己的游戏输出：如果 $\beta'=\beta$，$\mathcal{B}$输出 1，表示 $T=\hat{e}(g,h)^{\alpha^{\ell+1}}$，否则$\mathcal{B}$输出 0，表示 T 是$\mathbb{G}_2$中的随机元。

当输入元组取自$\mathcal{P}_{\mathrm{wBDHI}^*}$(其中 $T=\hat{e}(g,h)^{\alpha^{\ell+1}}$)，$\mathcal{A}$的视图与真实攻击游戏的视图相同，所以$|\Pr[\beta'=\beta]-1/2|\geqslant\epsilon$。当输入元组取自$\mathcal{R}_{\mathrm{wBDHI}^*}$(其中 T 在$\mathbb{G}_2^*$中均匀分布)，则 $\Pr[\beta'=\beta]=1/2$。因此，对于$\mathbb{G}_1$中的均匀元素 g、h，$\mathbb{Z}_p$中的均匀元素 α 和$\mathbb{G}_2$中的均匀元素 T，有

$$|\Pr[\mathcal{B}(g,h,\vec{y}_{g,\alpha,\ell},\hat{e}(g,h)^{\alpha^{\ell+1}})=1]-\Pr[\mathcal{B}(g,h,\vec{y}_{g,\alpha,\ell},T)=1]|$$
$$\geqslant\left|\left(\frac{1}{2}\pm\epsilon\right)-\frac{1}{2}\right|=\epsilon$$

(定理 4-8 证毕)

4.5.3 具有短秘密钥的 HIBE 系统

某些应用中，使用短秘密钥而不是短密文的 HIBE 系统效果更好。下面给出一个秘密钥大小随层级深度呈亚线性增长的 HIBE 系统。

主要思想是结合 4.5.2 节的 HIBE 和 4.4 节 HIBE，构造一个混合的 HIBE。4.5.2 节的 HIBE 中，秘密钥会随层级深度的加深而缩短，4.4 节的 HIBE 中的秘密钥会随层级深度的加深而变长。混合系统基于两个系统之间的代数相似性，利用它们关于秘密钥大小的相反特性，可确保没有秘密钥超过 $O(\sqrt{\ell})$ 个群元素。

特别地，对于 $\omega\in[0,1]$，混合方案每一层身份的秘密钥大小可达到 $O(\ell^{\omega}+\ell^{1-\omega})$，密文大小可达到 $O(\ell^{\omega})$。$\omega=0$ 对应于 4.5.2 节的 HIBE，$\omega=1$ 对应于 4.4 节的 HIBE。当 $\omega\in\left[0,\frac{1}{2}\right]$ 时，得到的混合方案效果最佳。例如，当 $\omega=\frac{1}{2}$，秘密钥和密文的大小均为 $O(\sqrt{\ell})$。

设 $\mathbb{G}_1$ 和 $\mathbb{G}_2$ 都是阶为素数 p 的群，$\hat{e}:\mathbb{G}_1\times\mathbb{G}_1\rightarrow\mathbb{G}_2$ 是一个双线性映射。令 $\ell_1=\lceil\ell^{\omega}\rceil$，$\ell_2=\lceil\ell^{1-\omega}\rceil$。基本思想是将层级划分为 ℓ_1 个大小为 ℓ_2 的连续分组，每个组内使用 4.5.2 节的 HIBE，组与组之间使用 4.4 节的 HIBE。

令 $\overrightarrow{\mathrm{ID}}=(I_1,I_2\cdots,I_k)\in(\mathbb{Z}_p^*)^k$ 是一个深度为 $k\leqslant\ell$ 的身份。将 $\overrightarrow{\mathrm{ID}}$ 表示为一个对 $(k,\boldsymbol{I})$，其中 $\boldsymbol{I}\in(\mathbb{Z}_p^*)^{\ell_1\times\ell_2}$ 是元素为 $I_1,I_2,\cdots,I_k$ 按自然顺序排列（从左到右，从上到下）的 $\ell_1\times\ell_2$ 矩阵（$\ell_1\cdot\ell_2\geqslant\ell\geqslant k$）。为了方便，将下标 $k=1,2,\cdots,\ell$ 分解为行-列对 (k_1,k_2)，使得 $k=\ell_2\cdot(k_1-1)+k_2$，其中 $k_1,k_2>0$。简记为 $k=(k_1,k_2)$，记 $I_k=I_{(k_1,k_2)}(i=1,2,\cdots,k)$。设 $\ell=\ell_1\ell_2$，则

$$\boldsymbol{I}=\begin{bmatrix} I_1 & I_2 & \cdots & I_{\ell_2}\\ I_{\ell_2+1} & I_{\ell_2+2} & \cdots & I_{2\ell_2}\\ \vdots & \vdots & \ddots & \vdots\\ I_{(\ell_1-1)\ell_2+1} & I_{(\ell_1-1)\ell_2+2} & \cdots & I_{\ell_1\ell_2}\end{bmatrix}=\begin{bmatrix} I_{(1,1)} & I_{(1,2)} & \cdots & I_{(1,\ell_2)}\\ I_{(2,1)} & I_{(2,2)} & \cdots & I_{(2,\ell_2)}\\ \vdots & \vdots & \ddots & \vdots\\ I_{(\ell_1,1)} & I_{(\ell_1,2)} & \cdots & I_{(\ell_1,\ell_2)}\end{bmatrix}$$

（1）系统建立。设最大深度为 ℓ。

<u>Init(ℓ)</u>：

确定 ℓ_1,ℓ_2，满足 $\ell\leqslant\ell_1\cdot\ell_2$；

生成元 $g\leftarrow_R\mathbb{G}_1^*,\alpha\leftarrow_R\mathbb{Z}_p$；

$g_1=g^{\alpha}$；

$g_2,f_1,\cdots,f_{\ell_1},h_1,\cdots,h_{\ell_2}\leftarrow_R\mathbb{G}_1$；

$\text{params}=(g,g_1,g_2,f_1,\cdots,f_{\ell_1},h_1,\cdots,h_{\ell_2}),\text{msk}=g_2^{\alpha}$.

（2）密钥产生（其中 $\mathrm{ID}=(I_1,I_2,\cdots,I_k)\in(\mathbb{Z}_p^*)^k$，$k$ 满足 $(k_1,k_2)=k\leqslant\ell(k_1\leqslant\ell_1,k_2\leqslant\ell_2)$）。

<u>IBEGen(msk, $\overrightarrow{\mathrm{ID}}$)</u>：

$r_1,\cdots,r_{k_1}\leftarrow_R\mathbb{Z}_p$；

$$d_{\overrightarrow{\mathrm{ID}}}=\Big(g_2^{\alpha}\cdot\big(\prod_{i=1}^{k_1-1}(h_1^{I_{(i,1)}}\cdots h_{\ell_2}^{I_{(i,\ell_2)}}\cdot f_i)^{r_i}\big)\cdot(h_1^{I_{(k_1,1)}}\cdots h_{k_2}^{I_{(k_1,k_2)}}\cdot f_{k_1})^{r_{k_1}},$$

$$g^{r_1},\cdots,g^{r_{k_1-1}},g^{r_{k_1}},h_{k_2+1}^{r_{k_1}},\cdots,h_{\ell_2}^{r_{k_1}}\Big)\in\mathbb{G}_1^{1+k_1+\ell_2-k_2}. \tag{4.4}$$

注：符号 $\prod$ 下的前一个因子 $(\cdots)^{r_i}$ 包含 ℓ_2 个身份项，而后一个因子 $(\cdots)^{r_{k_1}}$ 仅含有 k_2 个身份项。$d_{\overrightarrow{\mathrm{ID}}}$ 的大小会随 k_1 变大而变长，随 k_2 变大而缩短，但不会超过 $\mathbb{G}_1$ 中的 $\ell_1+\ell_2$ 个元素。

(3) 委派。$\overrightarrow{\mathrm{ID}}$ 的秘密钥通过父身份 $\overrightarrow{\mathrm{ID}}_{|k-1}=(I_1,I_2,\cdots,I_{k-1})\in(\mathbb{Z}_p^*)^{k-1}$ 的秘密钥逐步生成。将 k 拆分为 (k_1,k_2)，分两种情况讨论：

- 如果 $k-1$ 的拆分为 (k_1,k_2-1)，即 k 和 $k-1$ 有相同的行标 k_1，则 $\overrightarrow{\mathrm{ID}}_{|k-1}$ 的秘密钥具有以下形式：

$$d_{\overrightarrow{\mathrm{ID}}|k-1}=\left(g_2^{\alpha}\cdot\prod_{i=1}^{k_1-1}(h_1^{I_{(i,1)}}\cdots h_{\ell_2}^{I_{(i,\ell_2)}}\cdot f_i)^{r_i}\cdot(h_1^{I_{(k_1,1)}}\cdots h_{k_2-1}^{I_{(k_1,k_2-1)}}\cdot f_{k_1})^{r'_{k_1}},\right.$$
$$\left.g^{r_1},\cdots,g^{r'_{k_1}},h_{k_2}^{r'_{k_1}},\cdots,h_{\ell_2}^{r'_{k_1}}\right)=(a_0,b_1,\cdots,b_{k_1},c_{k_2},\cdots,c_{\ell_2})\in\mathbb{G}_1^{2+k_1+\ell_2-k_2}$$

因此 $d_{\overrightarrow{\mathrm{ID}}}$ 可如下产生：

<u>Delegate($d_{\overrightarrow{\mathrm{ID}}|k-1},\overrightarrow{\mathrm{ID}}$)</u>：

$r^*\leftarrow_R\mathbb{Z}_p$；

$$d_{\overrightarrow{\mathrm{ID}}}=\left(a_0\cdot c_{k_2}^{I_{(k_1,k_2)}}\cdot(h_1^{I_{(k_1,1)}}\cdots h_{k_2}^{I_{(k_1,k_2)}}\cdot f_{k_1})^{r^*},b_1,\cdots,b_{k_1-1},b_{k_1}\cdot g^{r^*},\right.$$
$$\left.c_{k_2+1}\cdot h_{k_2+1}^{r^*},\cdots,c_{\ell_2}\cdot h_{\ell_2}^{r^*}\right)\in\mathbb{G}_1^{1+k_1+\ell_2-k_2}.$$

$d_{\overrightarrow{\mathrm{ID}}}$ 和式(4.4)相同，其中 $r_{k_1}=r'_{k_1}+r^*$。

若行标不同，则必有 $k-1=(k_1-1,\ell_2)$ 以及 $k=(k_1,1)$，$\overrightarrow{\mathrm{ID}}_{|k-1}$ 的秘密钥一定具有以下形式：

$$d_{\overrightarrow{\mathrm{ID}}|k-1}=\left(g_2^{\alpha}\cdot\left(\prod_{i=1}^{k_1-1}(h_1^{I_{(i,1)}}\cdots h_{\ell_2}^{I_{(i,\ell_2)}}\cdot f_i)^{r_i}\right),g^{r_1},\cdots,g^{r_{k_1-1}}\right)$$
$$=(a_0,b_1,\cdots,b_{k_1-1})\in\mathbb{G}_1^{k_1}$$

因此 $d_{\overrightarrow{\mathrm{ID}}}$ 可如下产生：

<u>Delegate($d_{\overrightarrow{\mathrm{ID}}|k-1},\overrightarrow{\mathrm{ID}}$)</u>：

$r\leftarrow_R\mathbb{Z}_p$；

$$d_{\overrightarrow{\mathrm{ID}}}=(a_0\cdot(h_1^{I_{(k_1,1)}}\cdot f_{k_1})^r,b_1,\cdots,b_{k_1-1},g^r,h_2^r,\cdots,h_{\ell_2}^r)\in\mathbb{G}_1^{k_1+\ell_2}.$$

$d_{\overrightarrow{\mathrm{ID}}}$ 和式(4.4)相同，其中 $r_{k_1}=r$。

(4) 加密(用接收方的身份 $\overrightarrow{\mathrm{ID}}-(I_1,I_2,\cdots,I_k)\in(\mathbb{Z}_p^*)^k$ 作为公开钥，其中 $M\in\mathbb{G}_2$，$k=(k_1,k_2)$)。

<u>$\mathcal{E}_{\overrightarrow{\mathrm{ID}}}(M)$</u>：

$s\leftarrow_R\mathbb{Z}_p$

$$\mathrm{CT}=(\hat{e}(g_1,g_2)^s\cdot M,g^s,(h_1^{I_{(1,1)}}\cdots h_{\ell_2}^{I_{(1,\ell_2)}}\cdot f_1)^s,\cdots,$$
$$(h_1^{I_{(k_1-1,1)}}\cdots h_{\ell_2}^{I_{(k_1-1,\ell_2)}}\cdot f_{k_1-1})^s,(h_1^{I_{(k_1,1)}}\cdots h_{k_2}^{I_{(k_1,k_2)}}\cdot f_{k_1})^s)\in\mathbb{G}_2\times\mathbb{G}_1^{1+k_1}.$$

(5) 解密(其中 $\overrightarrow{\mathrm{ID}}=(I_1,I_2,\cdots,I_k)(k=(k_1,k_2))$，$d_{\overrightarrow{\mathrm{ID}}}=(a_0,b_1,\cdots,b_{k_1},c_{k_2+1},\cdots,c_{\ell_2})$，$\mathrm{CT}=(A,B,C_1,\cdots,C_{k_1-1},C_{k_1})$)。

$\underline{\mathcal{D}_{d_{\mathrm{ID}}}(\mathrm{CT})}$：

$$\text{返回}A\cdot\frac{\prod_{i=1}^{k_1}\hat{e}(b_i,C_i)}{\hat{e}(B,a_0)}.$$

注：秘密钥中元素 $c_{k_2+1},\cdots,c_{\ell_2}$ 不用于解密。

下面讨论方案的复杂性和安全性。

(1) 复杂性。容易看到深度为 ℓ 的分层结构中，每一层的秘密钥包含至多 $\ell_1+\ell_2$ 个 $\mathbb{G}_1$ 中的元素，密文包含至多 $1+\ell_1$ 个 $\mathbb{G}_1$ 中的元素和 1 个 $\mathbb{G}_2$ 中的元素。加密、解密以及向下一层的密钥生成共需 $O(\ell_1+\ell_2)$ 或 $O(\sqrt{\ell})$（当 $\omega=1/2$ 时）次运算。

(2) 安全性。方案的安全性基于 ℓ_2-wBDHI 假设。当 $\omega=1/2$ 时，ℓ 级分层方案的安全性基于 $O(\sqrt{\ell})$-wBDHI 假设。

定理 4-9 设 $\mathbb{G}_1$ 是一个素数阶 p 的双线性群，在混合 ℓ-HIBE 系统中将身份层数 ℓ 划分为 ℓ_1 个大小为 ℓ_2 的分组。如果在 $\mathbb{G}_1$ 中判定性 ℓ_2-wBDHI* 假设成立，则混合 ℓ-HIBE 系统是 IND-sID-CPA 安全的。

具体地，如果存在敌手 $\mathcal{A}$ 以 ϵ 的优势攻击 ℓ-HIBE 系统，那么就存在一个敌手 $\mathcal{B}$ 以相同的优势 ϵ 攻击判定性 ℓ_2-wBDHI* 问题。

证明：假设 $\mathcal{A}$ 以 ϵ 的优势攻击 ℓ-HIBE 系统。利用 $\mathcal{A}$，可以构造一个算法 $\mathcal{B}$ 解决 $\mathbb{G}_1$ 中的判定性 ℓ_2-wBDHI* 问题。

对于生成元 $g\in\mathbb{G}_1$ 和 $\alpha\in\mathbb{Z}_p$，设 $y_i=g^{\alpha^i}\in\mathbb{G}_1$。$\mathcal{B}$ 的输入是一个多元组 $(g,h,y_1,\cdots,y_{\ell_2},T)$，它可能取自 $\mathcal{P}_{\mathrm{wBDHI}^*}$，此时 $T=e(g,h)^{\alpha^{\ell_2+1}}$；也可能取自 $\mathcal{R}_{\mathrm{wBDHI}^*}$，此时 T 从 $\mathbb{G}_2$ 中随机独立选取。$\mathcal{B}$ 的目标是区分哪种情况发生，如果 $T=e(g,h)^{\alpha^{\ell_2+1}}$，$\mathcal{B}$ 输出 1，否则输出 0。算法 $\mathcal{B}$ 在选择身份游戏中与 $\mathcal{A}$ 交互如下。

(1) 初始化。$\mathcal{A}$ 首先输出一个要攻击的目标身份 $\overrightarrow{\mathrm{ID}}^*=(I_1^*,I_2^*,\cdots,I_m^*)\in(\mathbb{Z}_p^*)^m$ $(m\leqslant\ell)$。如果 $m<\ell$，$\mathcal{B}$ 在 $\overrightarrow{\mathrm{ID}}^*$ 右边填充 $\ell-m$ 个零使得 $\overrightarrow{\mathrm{ID}}^*$ 是一个 ℓ 长的向量。从现在起，假设 ID^* 是一个 ℓ 长的向量。按照约定，记 $\overrightarrow{\mathrm{ID}}^*$ 为一个对 (ℓ,I^*)，其中矩阵 $\boldsymbol{I}^*\in\mathbb{Z}_p^{\ell_1\times\ell_2}$ 的元素为 $I_1^*,\cdots,I_\ell^*$。

(2) 系统建立。$\mathcal{B}$ 如下建立系统参数：在 $\mathbb{Z}_p$ 中选取随机数 γ，令 $g_1=y_1=g^\alpha$，$g_2=y_{\ell_2}\cdot g^\gamma=g^{\gamma+\alpha^{\ell_2}}$。在 $\mathbb{Z}_p$ 中选取随机数 $\gamma_1,\gamma_2,\cdots,\gamma_{\ell_2}$，令 $h_i=g^{\gamma_i}/y_{\ell_2-i+1}$ $(i=1,2,\cdots,\ell_2)$。在 $\mathbb{Z}_p$ 中选取随机数 $\delta_1,\delta_2,\cdots,\delta_{\ell_1}$，令 $f_i=g^{\delta_i}\cdot\prod_{j=1}^{\ell_2}(y_{\ell_2-j+1})^{I_{(i,j)}^*}$ $(i=1,2,\cdots,\ell_1)$。

系统参数为 $\mathrm{params}=(g,g_1,g_2,f_1,\cdots,f_{\ell_1},h_1,\cdots,h_{\ell_2})$，所有这些值都在 $\mathbb{G}_1$ 中均匀独立分布。$\mathcal{B}$ 将系统参数发送给 $\mathcal{A}$。与 params 相对应的主密钥为 $g_4=g_2^\alpha=g^{\alpha(\alpha^{\ell_2}+\gamma)}=y_{\ell_2+1}y_1^\gamma$，$\mathcal{B}$ 不知道主密钥，因为 $\mathcal{B}$ 没有 y_{ℓ_2+1}。

(3) 阶段 1。$\mathcal{A}$ 发起 q_s 次秘密钥询问。考虑关于 $\overrightarrow{\mathrm{ID}}=(I_1,I_2,\cdots,I_u)$ $(u\leqslant\ell)$ 的秘密钥询问，唯一的限制是 $\overrightarrow{\mathrm{ID}}$ 不能为 $\overrightarrow{\mathrm{ID}}^*$ 或 $\overrightarrow{\mathrm{ID}}^*$ 的前缀，即存在一个 $k\in\{1,2,\cdots,u\}$ 使得 $I_k\neq I_k^*$（否则，$\overrightarrow{\mathrm{ID}}$ 会是 $\overrightarrow{\mathrm{ID}}^*$ 的前缀）；令 k 是符合以上要求的最小指标。为了回答该询问，$\mathcal{B}$ 首先产生身份 $\overrightarrow{\mathrm{ID}_k}=(I_1,I_2,\cdots,I_k)$ 的秘密钥，然后构造 $\overrightarrow{\mathrm{ID}}=(I_1,\cdots,I_k,\cdots,I_u)$ 的秘密钥。

按照约定，我们记$\overrightarrow{\mathrm{ID}}_k$为一个对$(k,\boldsymbol{I})$，其中矩阵$\boldsymbol{I}^*\in\mathbb{Z}_p^{\ell_1\times\ell_2}$的元素为$I_1,I_2,\cdots,I_k$。将$k$拆分为一个行-列对$(k_1,k_2)=k$（设$k_1\leqslant\ell_1,k_2\leqslant\ell_2$）。

$\mathcal{B}$在$\mathbb{Z}_p$中选取随机数$r_1,\cdots,r_{k_1-1},\tilde{r}_{k_1}$。假设$r_{k_1}=\dfrac{\alpha^{k_2}}{I_{(k_1,k_2)}-I^*_{(k_1,k_2)}}+\tilde{r}_{k_1}\in\mathbb{Z}_p$。因$\alpha^{k_2}$是未知的，$r_{k_1}$也是未知的，$r_{k_1}$是$\mathcal{B}$想象的。

$\mathcal{B}$生成秘密钥

$$d_{\overrightarrow{\mathrm{ID}}_k}=\Big(g_4\cdot(h_1^{I_{(k_1,1)}}\cdots h_{k_2}^{I_{(k_1,\ell_2)}}\cdot f_{k_1})^{r_{k_1}}\cdot\Big(\prod_{i=1}^{k_1-1}(h_1^{I_{(i,1)}}\cdots h_{\ell_2}^{I_{(i,\ell_2)}}\cdot f_i)^{r_i}\Big),$$
$$g^{r_1},\cdots,g^{r_{k_1-1}},g^{r_{k_1}},h_{k_2+1}^{r_{k_1}},\cdots,h_{\ell_2}^{r_{k_1}}\Big)\in\mathbb{G}^{1+k_1+\ell_2-k_2}\tag{4.5}$$

这是关于身份$\overrightarrow{\mathrm{ID}}_k$的一个正确分布的秘密钥。虽然$r_{k_1}$是未知的，但$\mathcal{B}$能通过自己已知的值，计算$d_{\overrightarrow{\mathrm{ID}}_k}$中的所有元素。

下面用到一个重要关系式：对于任意的i、j，有$y_i^{\alpha^j}=y_{i+j}$。

首先$g^{r_{k_1}}$等于$y_{k_2}^{1/(I_{(k_1,k_2)}-I^*_{(k_1,k_2)})}\cdot g^{\tilde{r}_{k_1}}$。

秘密钥的第一个元素中

$$\begin{aligned}
Z&=(h_1^{I_{(k_1,1)}}\cdots h_{k_2}^{I_{(k_1,k_2)}}\cdot f_{k_1})^{r_{k_1}}\\
&=\Big(g^{r_{k_1}\cdot(\delta_{k_1}+\sum_{i=1}^{k_2}I_{(k_1,i)}\gamma_i)}\cdot\prod_{i=1}^{k_2-1}y_{\ell_2-i+1}^{r_{k_1}\cdot(I^*_{(k_1,i)}-I_{(k_1,i)})}\cdot y_{\ell_2-k_2+1}^{r_{k_1}\cdot(I^*_{(k_1,k_2)}-I_{(k_1,k_2)})}\cdot\prod_{i=k_2+1}^{\ell_2}y_{\ell_2-i+1}^{r_{k_1}\cdot I^*_{(k_1,i)}}\Big)\\
&=\Big(g^{r_{k_1}\cdot(\delta_{k_1}+\sum_{i=1}^{k_2}I_{(k_1,i)}\gamma_i)}\cdot y_{\ell_2-k_2+1}^{r_{k_1}\cdot(I^*_{(k_1,k_2)}-I_{(k_1,k_2)})}\cdot\prod_{i=k_2+1}^{\ell_2}y_{\ell_2-i+1}^{r_{k_1}\cdot I^*_{(k_1,i)}}\Big)\\
&=\Big((g^{r_{k_1}})^{(\delta_{k_1}+\sum_{i=1}^{k_2}I_{(k_1,i)}\gamma_i)}\cdot y_{\ell_2-k_2+1}^{r_{k_1}\cdot(I^*_{(k_1,k_2)}-I_{(k_1,k_2)})}\cdot\prod_{i=k_2+1}^{\ell_2}y_{\ell_2-i+1}^{r_{k_1}\cdot I^*_{(k_1,i)}}\Big)
\end{aligned}$$

其中$\prod_{i=1}^{k_2-1}y_{\ell_2-i+1}^{r_{k_1}\cdot(I^*_{(k_1,i)}-I_{(k_1,i)})}=1$，因为对所有的$i<k$，$I_i=I_i^*$（即$I_{(i,j)}=I^*_{(i,j)}$，其中$i\leqslant k_1$且$j\leqslant k_2$）。$(g^{r_{k_1}})^{(\delta_{k1}+\sum_{i=1}^{k_2}I_{(k_1,i)}\gamma_i)}$中$g^{r_{k_1}}$计算出后，其他值都已知。

$$\begin{aligned}
\prod_{i=k_2+1}^{\ell_2}y_{\ell_2-i+1}^{r_{k_1}\cdot I^*_{(k_1,i)}}&=\prod_{i=k_2+1}^{\ell_2}y_{\ell_2-i+1}^{\overline{\frac{\alpha^{k_2}}{(I_{(k_1,k_2)}-I^*_{(k_1,k_2)})}}I^*_{(k_1,i)}}\cdot y_{\ell_2-k_2+1}^{\tilde{r}_{k_1}\cdot I^*_{(k_1,i)}}\\
&=\prod_{i=k_2+1}^{\ell_2}y_{\ell_2+k_2-i+1}^{\overline{\frac{I^*_{(k_1,i)}}{(I_{(k_1,k_2)}-I^*_{(k_1,k_2)})}}}\cdot y_{\ell_2-i+1}^{\tilde{r}_{k_1}\cdot I^*_{(k_1,i)}}
\end{aligned}$$

可由$\mathcal{B}$已知的值计算出来。所以Z中除了$y_{\ell_2-k_2+1}^{r_{k_1}\cdot(I^*_{(k_1,k_2)}-I_{(k_1-k_2)})}$外，都可由$\mathcal{B}$已知的值计算出来。

但　$g_4\cdot y_{\ell_2-k_2+1}^{r_{k_1}\cdot(I^*_{(k_1,k_2)}-I_{(k_1-k_2)})}=y_{\ell_2+1}\ y_1^{\gamma}\cdot y_{\ell_2-k_2+1}^{\tilde{r}_{k_1}\cdot(I^*_{(k_1,k_2)}-I_{(k_1-k_2)})}/y_{\ell_2+1}=y_1^{\gamma}\cdot y_{\ell_2-k_2+1}^{\tilde{r}_{k_1}\cdot(I^*_{(k_1,k_2)}-I_{(k_1-k_2)})}$也可由$\mathcal{B}$已知的值计算出来。所以$g_4\cdot(h_1^{I_{(k_1,1)}}\cdots h_{k_2}^{I_{(k_1,k_2)}}\cdot f_{k_1})^{r_{k_1}}$都可由$\mathcal{B}$已知的值计算出来。

类似地，$\prod_{i=1}^{k_1-1}(h_1^{I_{(i,1)}}\cdots h_{\ell_2}^{I_{(i,\ell_2)}}\cdot f_i)^{r_i}=\prod_{i=1}^{k_1-1}\left(g^{r_i\cdot(\delta_i+\sum_{j=1}^{\ell_2}I_{(i,j)}\gamma_i)}\cdot\prod_{j=1}^{\ell_2}y_{\ell_2-j+1}^{r_i\cdot(I^*_{(i,j)}-I_{(i,j)})}\right)$ 也可被$\mathcal{B}$计算。所以，$\mathcal{B}$能计算式(4.5)中秘密钥的第一个元素。

$\mathcal{B}$已知 $r_1,r_2,\cdots,r_{k_1-1}$，因此能计算元素 $g^{r_1},g^{r_2},\cdots,g^{r_{k_1-1}}$。最后，观察

$$h_{k_2+i}^{r_{k_1}}=(g^{\gamma_{k_2+i}}/y_{\ell_2-k_2-i+1})^{\frac{\alpha^{k_2}}{(I_{(k_1,k_2)}-I^*_{(k_1,k_2)})}+\tilde{r}_{k_1}}=(y_{k_2}^{\gamma_{k_2+i}}/y_{\ell_2-i+1})^{\frac{1}{(I_{(k_1,k_2)}-I^*_{(k_1,k_2)})}+\tilde{r}_{k_1}}$$

对所有的 $i=1,2,\cdots,\ell_2-k_2$，$\mathcal{B}$都能计算，因为其中没有项 y_{ℓ_2+1}。

所以，$\mathcal{B}$可以为身份$\overrightarrow{\mathrm{ID}}_k=(I_1,I_2,\cdots,I_k)$产生有效的秘密钥，进而用该秘密钥产生后代身份$\overrightarrow{\mathrm{ID}}$的秘密钥，作为询问结果返回给$\mathcal{A}$。

(4) 挑战。当$\mathcal{A}$结束阶段 1 时，输出两个消息 $M_0,M_1\in\mathbb{G}_2$。算法$\mathcal{B}$选一个随机比特 $\beta\leftarrow_R\{0,1\}$，生成挑战密文作为回答：

$$C^*=(M_\beta\cdot T\cdot\hat{e}(y_1,h^\gamma),h,h^{\delta_1+\sum_{j=1}^{\ell_2}I^*_{(1,j)}\gamma_j},h^{\delta_2+\sum_{j=1}^{\ell_2}I^*_{(2,j)}\gamma_j},\cdots,h^{\delta_{\ell_1}+\sum_{j=1}^{\ell_2}I^*_{(\ell_1,j)}\gamma_j})$$

其中 h 和 T 取自$\mathcal{B}$的输入。若 $h=g^c$(c 未知)，则

$$h^{\delta_i+\sum_{j=1}^{\ell_2}I^*_{(i,j)}\gamma_j}=(h_1^{I^*_{(i,1)}}\cdots h_{\ell_2}^{I^*_{(i,\ell_2)}}\cdot f_i)^c$$

因此，若 $T=\hat{e}(g,h)^{\alpha^{\ell_2+1}}$(即输入的多元组取自$\mathcal{P}_{\mathrm{wBDHI}^*}$)，则挑战密文

$$C^*=(M_\beta\cdot\hat{e}(g_1,g_2)^c,g^c,(h_1^{I^*_{(1,1)}}\cdots h_{\ell_2}^{I^*_{(1,\ell_2)}}\cdot f_1)^c,\cdots,(h_1^{I^*_{(\ell_1,1)}}\cdots h_{\ell_2}^{I^*_{(\ell_1,\ell_2)}}\cdot f_{\ell_1})^c)$$

是在公开钥$\overrightarrow{\mathrm{ID}^*}=(I_1^*,I_2^*,\cdots,I_\ell^*)$下对 M_β 的一个有效加密。另一方面，当 T 在$\mathbb{G}_2^*$中均匀独立(输入的多元组取自$\mathcal{R}_{\mathrm{wBDHI}^*}$)，$C^*$ 在敌手看来是独立于 β 的。

(5) 阶段 2。$\mathcal{A}$发起阶段 1 没有问过的询问。$\mathcal{B}$以阶段 1 中的方式进行回应。

(6) 猜测。$\mathcal{A}$输出猜测 $\beta'\in\{0,1\}$。$\mathcal{B}$按照如下规则判断自己的游戏输出：如果 $\beta'=\beta$，$\mathcal{B}$输出 1，表示 $T=\hat{e}(g,h)^{\alpha^{\ell_2+1}}$，否则$\mathcal{B}$输出 0，表示 T 是$\mathbb{G}_2$中的随机元。

当输入的多元组取自$\mathcal{P}_{\mathrm{wBDHI}^*}$(其中 $T=\hat{e}(g,h)^{\alpha^{\ell_2+1}}$)时，$\mathcal{A}$的视图与真实攻击的视图相同，所以$|\Pr[\beta'=\beta]-1/2|\geqslant\epsilon$。当输入的多元组取自$\mathcal{R}_{\mathrm{wBDHI}^*}$(其中 T 均匀分布于$\mathbb{G}_2^*$中)，$\Pr[\beta'=\beta]=1/2$。因此，对于$\mathbb{G}_1^*$中的均匀元素 g,h，$\mathbb{Z}_p$中的均匀元素 α 和$\mathbb{G}_2^*$中的均匀元素 T，有

$$|\Pr[\mathcal{B}(g,h,\vec{y}_{g,\alpha,\ell_2},\hat{e}(g,h)^{\alpha^{\ell_2+1}})=0]-\Pr[\mathcal{B}(g,h,\vec{y}_{g,\alpha,\ell_2},T)=0]|$$
$$\geqslant\left|\left(\frac{1}{2}\pm\epsilon\right)-\frac{1}{2}\right|=\epsilon$$

(定理 4-9 证毕)

4.6 基于对偶系统加密的完全安全的 IBE 和 HIBE

4.6.1 对偶系统加密的概念

前面介绍的 IBE 和 HIBE 方案在安全性证明时都采用分离式策略，模拟器(即敌手$\mathcal{B}$)在扮演$\mathcal{A}$的挑战者时(见图 1-7)，将身份空间划分为两部分，第一部分是可为其中的身

份产生秘密钥的，第二部分是可为其中的身份产生挑战密文的。分离式策略虽然很有用，但有局限性。一是系统的参数可能过大，实现起来不方便。二是对诸如 HIBE 和基于属性的加密(简称 ABE)系统，分离式策略不适合安全性证明。例如，在 HIBE 中，分离式策略必须保证$\mathcal{B}$如果能为某个身份产生秘密钥，那么也能为该身份的所有后继身份产生秘密钥。但安全性随着层次深度的增加而指数级地减弱，使得分离式策略失去意义。

对偶系统加密可以克服分离式策略产生的上述问题，方案中将密文和密钥取两种不可区分的形式：正常的和半功能的。半功能的密文和密钥仅用来完成方案的安全性证明，不在真实的加密方案中使用。正常密钥可以用来解密正常密文和半功能密文，正常密文可以被正常密钥和半功能密钥解密。然而，当用半功能密钥解密半功能密文时，解密失败，这是因为密钥和密文中的半功能部分通过相互作用而引入了一个额外的随机项，乘在密文中原来的盲化因子上。它们的关系见图 4-6，其中 Normal 表示“正常”，SF 表示“半功能”，列表示密钥，行表示密文，√ 表示可以解密，× 表示不可以解密。

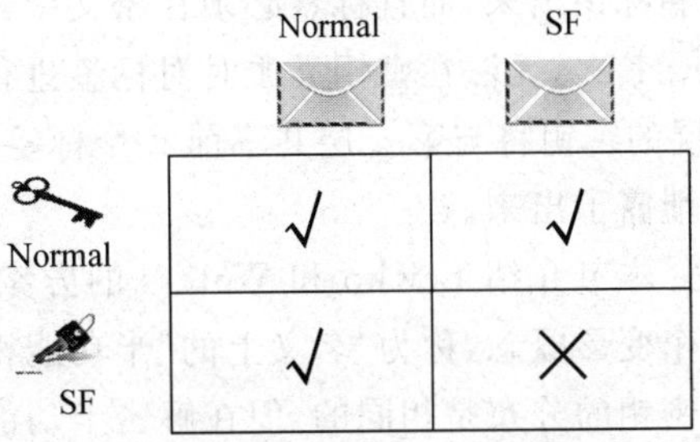

图 4-6　对偶系统加密中密文和密钥的关系

对偶系统加密的安全性证明是通过一系列不可区分的游戏进行的，其中第一个游戏中所有密文和密钥都是正常的，下一个游戏中，所有的密钥都是正常的，但密文是半功能的。设敌手进行 q 次密钥提取询问，则在其中第 k 个游戏中，前 k 个密钥是半功能的，其余密钥是正常的。在游戏 q 中，返回给攻击者的所有密钥和密文都是半功能的，因此所有的密钥都不能解密挑战密文。所以没有必要对身份空间进行划分，从而使得安全性证明变得相对容易。表 4-1 是密文和密钥的变化情况。

表 4-1　对偶系统加密中密文和密钥的变化情况

游戏	挑战密文 C^*	秘密钥询问				
		1	…	k	…	q
Real	Normal					
0	SF	Normal				
1	SF		Normal			
⋮						
k	SF				Normal	
⋮						
q	SF					
Final	随机消息	SF				

当证明游戏 k 和游戏 $k-1$ 不可区分的时候，模拟器(即敌手$\mathcal{B}$)可以使用任何合法身

份 ID($\mathcal{A}$询问的)来建立挑战密文和秘密钥,这导致了一个潜在的问题。$\mathcal{B}$可以生成 ID 的半功能密文和第 k 个密钥 sk,用 sk 解密这一半功能密文,看是否能够解密就可确定 sk 是否为半功能的。如果$\mathcal{B}$能为$\mathcal{A}$产生这样的密文和密钥,$\mathcal{A}$就有可能区分游戏 k 和游戏 $k-1$。为解决这一问题,Waters 的 IBE 方案[4]为每一个密文和密钥关联了一个随机的标签值,只有当密文和密钥的标签值不相等时才能正确解密。当模拟器想通过构造 ID 的半功能密文测试 ID 对应的秘密钥是否为半功能时,只能生成标签值相同的半功能密文。因此,解密将是无条件失败的。而且对于攻击者$\mathcal{A}$而言,这些标签的分布是随机的。但 Waters 的 HIBE 方案有两个缺点。首先,在密文和密钥中需要将身份的每一层用单独的标签标识出来,而且标签必须在密文中给出,导致密文的尺寸会随着分级的深度而线性增长。其次,无法在密钥委派时对标签进行再随机化,这意味着从第 d 层委派生成的第 $d+1$ 层的密钥将与第 d 层共享前 d 个标签值,因此将密钥与其派生出的密钥之间的派生关系泄露了出来。

本节介绍 Lewko 和 Waters 的方案[5],方案中为了去掉标签,引入了半功能密钥的一个变形概念,称为“名义上的”半功能密钥。这些名义上的半功能密钥是指它们和半功能密钥的分布是相同的,但在解密半功能密文时,两个半功能部分将相互抵消,导致解密成功,使得$\mathcal{B}$无法区分这个密钥是正常的还是半功能的,攻击者$\mathcal{A}$更无法区分。同时在委派过程中,密钥可以完全再随机化,从而避免了 Waters 的 HIBE 方案中密钥与其派生出的密钥之间的派生关系被泄露的问题。

方案是在合数 N 阶群上构造的,其中 N 是 3 个不同素数的乘积。

4.6.2 合数阶双线性群

设$\mathcal{G}$表示双线性群生成算法,其输入是安全参数$\mathcal{K}$,输出$(N=p_1p_2p_3,\mathbb{G},\mathbb{G}_T,\hat{e})$作为双线性群的描述,其中 p_1、p_2、p_3 是 3 个互不相同的素数,$\mathbb{G}$ 和$\mathbb{G}_T$是 N 阶循环群(假设群$\mathbb{G}$ 和$\mathbb{G}_T$的描述包括各自的生成元),$\hat{e}:\mathbb{G}\times\mathbb{G}\rightarrow\mathbb{G}_T$是双线性映射,满足如下性质:

(1) 双线性。对于任意 $g,h\leftarrow_R\mathbb{G},a,b\leftarrow_R\mathbb{Z}_N$,有$\hat{e}(g^a,h^b)=\hat{e}(g,h)^{ab}$。

(2) 非退化性。存在一个 $g\in\mathbb{G}$,使得$\hat{e}(g,g)$在$\mathbb{G}_T$中的阶是 N。

进一步要求群$\mathbb{G}$ 和$\mathbb{G}_T$中的运算以及双线性运算$\hat{e}$都可以在安全参数$\mathcal{K}$的多项式时间内完成。用$\mathbb{G}_{p_1}$,$\mathbb{G}_{p_2}$和$\mathbb{G}_{p_3}$表示群$\mathbb{G}$ 中阶分别为 p_1、p_2 和 p_3 的子群,由定理 1-14 知$\mathbb{G}_{p_1}$、$\mathbb{G}_{p_2}$和$\mathbb{G}_{p_3}$仍是循环群。注意到,若 $i\neq j,h_i\in\mathbb{G}_{p_i},h_j\in\mathbb{G}_{p_j}$,则$\hat{e}(h_i,h_j)$是群$\mathbb{G}_T$中的单位元。为了证明这一点,假设 $h_1\in\mathbb{G}_{p_1}$ 和 $h_2\in\mathbb{G}_{p_2}$。用 g 表示群$\mathbb{G}$ 的生成元,则 $g^{p_1p_2}$ 是$\mathbb{G}_{p_3}$的生成元,$g^{p_1p_3}$ 是 $\mathbb{G}_{p_2}$ 的生成元,$g^{p_2p_3}$ 是 $\mathbb{G}_{p_1}$ 的生成元。因此,对于 $h_1\in\mathbb{G}_{p_1}$ 和 $h_2\in\mathbb{G}_{p_2}$,存在 $\alpha_1(0\leqslant\alpha_1\leqslant p_1)$,$\alpha_2(0\leqslant\alpha_2\leqslant p_2)$,使得 $h_1=(g^{p_2p_3})^{\alpha_1}$,$h_2=(g^{p_1p_3})^{\alpha_2}$。因此:

$$\hat{e}(h_1,h_2)=\hat{e}(g^{p_2p_3\alpha_1},g^{p_1p_3\alpha_2})=\hat{e}(g^{\alpha_1},g^{p_3\alpha_2})^{p_1p_2p_3}=1$$

这一性质称为$\mathbb{G}_{p_1}$ 和$\mathbb{G}_{p_2}$ 是正交的,类似地,$\mathbb{G}_{p_1}$ 和$\mathbb{G}_{p_3}$ 是正交的,$\mathbb{G}_{p_2}$ 和$\mathbb{G}_{p_3}$ 是正交的。

下面给出的复杂性假设都是静态的,即问题不依赖于分级深度和攻击者进行询问的次数。第一个假设是当群的阶是 3 个不同素数乘积时的子群判定假设。

用$\mathbb{G}_{p_1p_2}$、$\mathbb{G}_{p_1p_3}$、$\mathbb{G}_{p_2p_3}$分别表示群$\mathbb{G}$中阶数为p_1p_2、p_1p_3和p_2p_3的子群，$\mathbb{G}_{p_1p_2}$、$\mathbb{G}_{p_1p_3}$、$\mathbb{G}_{p_2p_3}$仍是循环群。

假设 1（3 个素数的子群判定问题） 给定一个群生成算法$\mathcal{G}$，定义如下分布：

$$\begin{aligned}&\Omega=(N=p_1p_2p_3,\mathbb{G},\mathbb{G}_T,\hat{e})\leftarrow\mathcal{G},\\&g\leftarrow_R\mathbb{G}_{p_1},X_3\leftarrow_R\mathbb{G}_{p_3},\\&D=(\Omega,g,X_3),\\&T_1\leftarrow_R\mathbb{G}_{p_1p_2},T_2\leftarrow_R\mathbb{G}_{p_1}\end{aligned}$$

定义算法$\mathcal{A}$攻破假设 1 的优势是

$$\mathrm{Adv1}_{\mathcal{G},\mathcal{A}}(\mathcal{K})=|\Pr[\mathcal{A}(D,T_1)=1]-\Pr[\mathcal{A}(D,T_2)=1]|$$

注意到T_1可以被写成$\mathbb{G}_{p_1}$和$\mathbb{G}_{p_2}$中元素的乘积，将乘积中的两项分别称为T_1的$\mathbb{G}_{p_1}$部分和T_1的$\mathbb{G}_{p_2}$部分。

定义 4-3 对于任意一个多项式时间算法$\mathcal{A}$和一个群生成算法$\mathcal{G}$，如果$\mathrm{Adv1}_{\mathcal{G},\mathcal{A}}(\mathcal{K})$是安全参数$\mathcal{K}$的一个可忽略函数，则称群生成算法$\mathcal{G}$满足假设 1。

假设 2 给定一个群生成算法$\mathcal{G}$，定义如下分布：

$$\begin{aligned}&\Omega=(N=p_1p_2p_3,\mathbb{G},\mathbb{G}_T,\hat{e})\leftarrow\mathcal{G},\\&(g,X_1)\leftarrow_R\mathbb{G}_{p_1},(X_2,Y_2)\leftarrow_R\mathbb{G}_{p_2},(X_3,Y_3)\leftarrow_R\mathbb{G}_{p_3},\\&D=(\Omega,g,X_1X_2,X_3,Y_2Y_3),\\&T_1\leftarrow_R\mathbb{G},T_2\leftarrow_R\mathbb{G}_{p_1p_3}\end{aligned}$$

定义算法$\mathcal{A}$攻破假设 2 的优势是

$$\mathrm{Adv2}_{\mathcal{G},\mathcal{A}}(\mathcal{K})=|\Pr[\mathcal{A}(D,T_1)=1]-\Pr[\mathcal{A}(D,T_2)=1]|$$

注意到T_1可以被写成$\mathbb{G}_{p_1}$、$\mathbb{G}_{p_2}$和$\mathbb{G}_{p_3}$中元素的乘积，将乘积中的 3 项分别称为T_1中的$\mathbb{G}_{p_1}$部分、T_1中的$\mathbb{G}_{p_2}$部分和T_1中的$\mathbb{G}_{p_3}$部分。类似地，T_2可以被写成$\mathbb{G}_{p_1}$和$\mathbb{G}_{p_3}$中元素的乘积。

定义 4-4 对于任意一个多项式时间算法$\mathcal{A}$和一个群生成算法$\mathcal{G}$，如果$\mathrm{Adv2}_{\mathcal{G},\mathcal{A}}(\mathcal{K})$是安全参数$\mathcal{K}$的一个可忽略函数，则称群生成算法$\mathcal{G}$满足假设 2。

假设 3 给定一个群生成算法$\mathcal{G}$，定义如下分布：

$$\begin{aligned}&\Omega=(N=p_1p_2p_3,\mathbb{G},\mathbb{G}_T,\hat{e})\leftarrow\mathcal{G},\ \alpha,s\leftarrow_R\mathbb{Z}_N,\\&g\leftarrow_R\mathbb{G}_{p_1},(X_2,Y_2,Z_2)\leftarrow_R\mathbb{G}_{p_2},\ X_3\leftarrow_R\mathbb{G}_{p_3},\\&D=(\Omega,g,g^{\alpha}X_2,X_3,g^sY_2,Z_2),\\&T_1=\hat{e}(g,g)^{\alpha s},\ T_2\leftarrow_R\mathbb{G}_T\end{aligned}$$

定义算法$\mathcal{A}$攻破假设 3 的优势是

$$\mathrm{Adv3}_{\mathcal{G},\mathcal{A}}(\mathcal{K})=|\Pr[\mathcal{A}(D,T_1)=1]-\Pr[\mathcal{A}(D,T_2)=1]|$$

定义 4-5 对于任意一个多项式时间算法$\mathcal{A}$和一个群生成算法$\mathcal{G}$，如果$\mathrm{Adv3}_{\mathcal{G},\mathcal{A}}(\mathcal{K})$是安全参数$\mathcal{K}$的一个可忽略函数，则称群生成算法$\mathcal{G}$满足假设 3。

4.6.3 基于对偶系统加密的 IBE 方案

设$\mathbb{G}$是阶为$N=p_1p_2p_3$的双线性群，其中p_1、p_2、p_3是 3 个不同的素数，$\mathbb{G}_{p_1}$、$\mathbb{G}_{p_2}$和

$\mathbb{G}_{p_3}$ 表示群$\mathbb{G}$ 中阶分别为 p_1、p_2 和 p_3 的子群。身份 ID 是$\mathbb{Z}_N$中的元素。之所以选 N 为 3 个不同素数的乘积，是因为要得到 3 个子群$\mathbb{G}_{p_1}$、$\mathbb{G}_{p_2}$ 和$\mathbb{G}_{p_3}$，本质上说，系统的运算（包括参数的建立、加密、解密）都在$\mathbb{G}_{p_1}$ 上，$\mathbb{G}_{p_3}$ 用来对密钥进一步随机化，$\mathbb{G}_{p_2}$ 用作半功能空间，当密钥和密文含有$\mathbb{G}_{p_2}$ 中的元素时，就是半功能的。正常密钥和半功能密文做配对运算，或者半功能密钥和正常密文做配对运算，由于 3 个子群的相互正交性，$\mathbb{G}_{p_2}$ 中的元素将被削去。而半功能密钥和半功能密文做配对运算时，得到$\mathbb{G}_{p_2}$ 中额外的项，使得解密失败（除非密钥是名义上的半功能的）。

（1）初始化。

$$\begin{aligned}&\underline{\text{Init}\ (\mathcal{K})}:\\&u,g,h \leftarrow_R \mathbb{G}_{p_1};\\&\alpha \leftarrow_R \mathbb{Z}_N;\\&\text{params} = (N,u,g,h,\hat{e}(g,g)^{\alpha}),\ \text{msk} = \alpha.\end{aligned}$$

（2）加密（用接收方的身份 ID$\in \mathbb{Z}_N$作为公开钥，其中 $M\in \mathbb{G}_T$）。

$$\begin{aligned}&\underline{\mathcal{E}_{\text{ID}}(M)}:\\&s \leftarrow_R \mathbb{Z}_N;\\&C_0 = M\cdot \hat{e}(g,g)^{\alpha s},\ C_1 = (u^{\text{ID}}h)^s,\ C_2 = g^s;\\&\text{CT} = (C_0,C_1,C_2).\end{aligned}$$

（3）密钥产生（其中 ID$\in \mathbb{Z}_N$）。

$$\begin{aligned}&\underline{\text{IBEGen(ID,msk)}}:\\&r \leftarrow_R \mathbb{Z}_N;\\&(R_3,R'_3) \leftarrow_R \mathbb{G}_{p_3};\\&K_1 = g^r R_3,\ K_2 = g^{\alpha}(u^{\text{ID}}h)^r R'_3;\\&K = (K_1,K_2).\end{aligned}$$

（4）解密（其中 $K=(K_1,K_2)$，$\text{CT}=(C_0,C_1,C_2)$）。

$$\begin{aligned}&\underline{\mathcal{D}_K(\text{CT})}:\\&\text{返回}\frac{C_0}{\dfrac{\hat{e}(K_2,C_2)}{\hat{e}(K_1,C_1)}}.\end{aligned}$$

这是因为

$$\frac{\hat{e}(K_2,C_2)}{\hat{e}(K_1,C_1)} = \frac{\hat{e}(g,g)^{\alpha s}\,\hat{e}(u^{\text{ID}}h,g)^{rs}}{\hat{e}(u^{\text{ID}}h,g)^{rs}} = \hat{e}(g,g)^{\alpha s}$$

注意子群$\mathbb{G}_{p_2}$ 在方案中并没有使用，它只是作为方案的一个半功能空间。当密钥和密文中包含子群$\mathbb{G}_{p_2}$ 中的元素时，它们就是半功能的。解密时对密钥元素和密文元素做配对运算，这样就可实现所需要的解密功能，即当正常密钥和半功能密文做配对运算，或者半功能密钥和正常密文进行配对运算时，由于子群$\mathbb{G}_{p_2}$ 中的项与$\mathbb{G}_{p_1}$ 中的项及$\mathbb{G}_{p_3}$ 中的项是正交的，因而会相互抵消。而当半功能密文和半功能密钥进行配对运算时，则会得到一个由配对运算产生的$\mathbb{G}_{p_2}$ 中的额外项。

为了证明方案的安全性，首先给出半功能密钥和半功能密文的产生方式。

- 半功能密文。设 g_2 是子群$\mathbb{G}_{p_2}$的生成元。半功能密文可按如下方式构造。
  利用加密算法生成正常的密文(C'_0,C'_1,C'_2)。选取随机指数 $x,z_c \leftarrow_R \mathbb{Z}_N$，构造
  $$C_0 = C'_0,\quad C_1 = C'_1 g_2^{xz_c},\quad C_2 = C'_2 g_2^{x}$$
  (C_0,C_1,C_2)即为半功能密文。
- 半功能密钥。可按如下方式生成：利用密钥生成算法生成正常的密钥(K'_1,K'_2)。选取随机指数 $\gamma,z_k \leftarrow_R \mathbb{Z}_N$，构造
  $$K_1 = K'_1 g_2^{\gamma},\quad K_2 = K'_2 g_2^{\gamma z_k}$$
  (K_1,K_2)即为半功能密钥。

注意到如果用半功能密钥解密半功能密文，则会产生额外的盲化因子 $\hat{e}(g_2,g_2)^{x\gamma(z_k-z_c)}$。如果 $z_k=z_c$，则解密成功。在这种情况下，如果密钥中包含$\mathbb{G}_{p_2}$的项，但又不妨碍解密，则称这样的密钥是“名义上”半功能的。

方案的安全性基于 4.6.2 节中给出的 3 个假设，利用一系列游戏的混合论证方式。称第一个游戏为 Exp_{Real}，它是真实的游戏。称第二个游戏为 $\text{Exp}_{\text{Restricted}}$，它与 Exp_{Real} 的区别在于攻击者询问的身份与挑战密文所对应的身份不能是模 q_2 相等的，这比 Exp_{Real} 的限制更强。在 Exp_{Real} 中，要求攻击者询问的身份与挑战密文对应的身份是不能模 N 相等的。在后面的游戏中，将保留这个更加严格的限制，并且会在后面的证明中解释这样做的原因。用 q 表示攻击者进行密钥提取询问的次数。对于 0 和 q 之间的某个 k，定义 Exp_k 如下：

Exp_k 与 $\text{Exp}_{\text{Restricted}}$ 类似，区别在于攻击者得到的挑战密文是半功能的，前 k 次密钥提取询问的返回结果也都是半功能的，但其余密钥询问的返回结果都是正常的。

在 Exp_0 中，所有密钥询问的返回结果都是正常的，只有挑战密文是半功能的。在 Exp_q 中，挑战密文和所有密钥询问的返回结果都是半功能的。

最后一个游戏是 $\text{Exp}_{\text{Final}}$，它与 Exp_q 类似，区别在于攻击者得到的挑战密文是一个对随机消息的半功能加密结果，而不是由攻击者所选取的两个消息的加密。以下引理将证明各个相邻的游戏是不可区分的。

引理 4-3 如果存在敌手$\mathcal{A}$能以ϵ的优势区分 $\text{Exp}_{\text{Restricted}}$ 和 Exp_{Real}，则存在敌手$\mathcal{B}$，能以$\epsilon/3$ 的优势攻破假设 2。

证明：已知 $D=(\Omega,g,X_1X_2,X_3,Y_2Y_3)$ 和 T，$\mathcal{B}$判断 T 是取自于$\mathbb{G}$ 还是取自$\mathbb{G}_{p_1p_3}$。为此$\mathcal{B}$模拟与$\mathcal{A}$之间的游戏 Exp_{Real} 或 $\text{Exp}_{\text{Restricted}}$。如果$\mathcal{A}$能以$\epsilon$的优势区分 Exp_{Real} 和 $\text{Exp}_{\text{Restricted}}$，那么$\mathcal{A}$就能够找到两个身份 ID 和 ID^*，满足 $\text{ID}\neq\text{ID}^* \bmod N$，并且 $\text{ID}=\text{ID}^* \bmod p_2$（如果$\mathcal{A}$不能找到这样的两个身份，$\mathcal{B}$只能简单地随机猜测）。$\mathcal{B}$可以利用这些身份计算 N 的一个非平凡因子 $a=(\text{ID}-\text{ID}^*,N)$。进一步设 $b=N/a$。有以下 3 种可能：

(1) a 和 b 中，一个是 p_1，另一个是 p_2p_3。

(2) a 和 b 中，一个是 p_2，另一个是 p_1p_3。

(3) a 和 b 中，一个是 p_3，另一个是 p_1p_2。

第一种情况：$\mathcal{B}$可以通过计算测试$(Y_2Y_3)^a$ 或$(Y_2Y_3)^b$ 是否为单位元，判断是否为第一种情况。如果$(Y_2Y_3)^a$ 和$(Y_2Y_3)^b$ 有一个为单位元，则的确为第一种情况。可以不失一

般性地假设$(Y_2Y_3)^b$是单位元,则$a=p_1,b=p_2p_3$。

然后,$\mathcal{B}$可以通过计算测试$\hat{e}(T^a,X_1X_2)$是否为单位元以判断T是否包含$\mathbb{G}_{p_2}$中的元素。如果$\hat{e}(T^a,X_1X_2)$是单位元,则T不包含$\mathbb{G}_{p_2}$中的元素,即T是取自$\mathbb{G}_{p_1p_3}$的。因为如果$T=Z_1Z_3$,则$T^a=Z_3^{p_1}$,$\hat{e}(T^a,X_1X_2)=\hat{e}(Z_3,X_1X_2)^{p_1}=\hat{e}(Z_3,X_1)^{p_1}\hat{e}(Z_3,X_2)^{p_1}=1$。

如果$\hat{e}(T^a,X_1X_2)$不是单位元,则T包含$\mathbb{G}_{p_2}$中的元素,即T是取自$\mathbb{G}$的。因为如果$T=Z_1Z_2Z_3$,则$T^a=Z_2^{p_1}Z_3^{p_1}$,$\hat{e}(T^a,X_1X_2)=\hat{e}(Z_2Z_3,X_1X_2)^{p_1}=\hat{e}(Z_2,X_2)^{p_1}\neq 1$。

第二种情况:$\mathcal{B}$可以通过计算测试$(X_1X_2)^a$或$(X_1X_2)^b$是否为单位元,判断第二种情况是否发生。假如$\mathcal{B}$已经排除了第一种情况(即$a\neq p_1$且$b\neq p_1$),并且以上两个都不是单位元,则说明第二种情况已经发生。$\mathcal{B}$可以通过计算测试g^a和g^b中哪一个是单位元,以此判断a和b哪一个等于p_1p_3。不失一般性,假设g^b是单位元,则$a=p_2,b=p_1p_3$。然后,$\mathcal{B}$可以通过计算测试T^b是否为单位元,而判定T是否包含$\mathbb{G}_{p_2}$中的元素。如果T^b不是单位元,则T包含$\mathbb{G}_{p_2}$中的元素,即T是取自$\mathbb{G}$的。否则是取自$\mathbb{G}_{p_1p_3}$的。

第三种情况:当前两种情况的测试都没有通过时(即$a\neq p_1,a\neq p_2$且$b\neq p_1,b\neq p_2$),$\mathcal{B}$可以断定第三种情况已经发生。它可以通过测试X_3^a和X_3^b哪一个是单位元而得知a和b中哪一个等于p_3。不失一般性,假设X_3^a是单位元,则$a=p_3$。此时,$\mathcal{B}$可以通过测试$\hat{e}(T^a,Y_2Y_3)$是否为单位元而判定T是否包含$\mathbb{G}_{p_2}$中的元素。如果$\hat{e}(T^a,Y_2Y_3)$不是单位元,则T包含$\mathbb{G}_{p_2}$中的元素,即T是取自$\mathbb{G}$的。否则T是取自$G_{p_1p_3}$的。

3种情况每种发生的概率至少为1/3,所以$\mathcal{B}$以$\epsilon/3$的优势攻破假设2。

(引理4-3证毕)

引理4-4 如果存在攻击者$\mathcal{A}$,能以ϵ的优势区分Exp_0和$\text{Exp}_{\text{Restricted}}$,则存在敌手$\mathcal{B}$,能以$\epsilon$的优势攻破假设1。

证明:已知$D=(\Omega,g,X_3)$和T,$\mathcal{B}$判断T是取自$\mathbb{G}_{p_1p_2}$还是取自$\mathbb{G}_{p_1}$。

$\mathcal{B}$模拟与$\mathcal{A}$之间的交互式游戏Exp_0或$\text{Exp}_{\text{Restricted}}$。$\mathcal{B}$按照如下方式设定公开参数:随机选取$\alpha,a,b\leftarrow_R\mathbb{Z}_N$,设$g=g,u=g^a,h=g^b$,将公开参数$(N,u,g,h,\hat{e}(g,g)^\alpha)$发送给$\mathcal{A}$。当$\mathcal{A}$进行$\text{ID}_i$的秘密钥提取询问时,$\mathcal{B}$选取随机元素$r_i,t_i,w_i\leftarrow_R\mathbb{Z}_N$,令

$$K_1=g^{r_i}X_3^{t_i},\quad K_2=g^\alpha(u^{\text{ID}_i}h)^{r_i}X_3^{w_i}$$

$\mathcal{A}$向$\mathcal{B}$发送两个消息M_0、M_1和一个挑战身份ID。$\mathcal{B}$随机选取$\beta\leftarrow_R\{0,1\}$,生成如下密文:

$$C^*=(C_0=M_\beta\cdot\hat{e}(T,g)^\alpha,C_1=T^{a\text{ID}+b},C_2=T)$$

如果$T\in\mathbb{G}_{p_1p_2}$,则该密文是一个半功能的,相应的随机指数值$z_c=a\text{ID}+b$。注意到z_c模p_2的值与a、b模p_1是相互独立的,所以这个密文的构成是符合要求的。如果$T\in\mathbb{G}_{p_1}$,则该密文是正常的。因为$\mathcal{A}$能以ϵ的优势区分Exp_0和$\text{Exp}_{\text{Restricted}}$,如果$\mathcal{A}$认为$\mathcal{B}$模拟的是$\text{Exp}_0$,则$C^*$应是半功能的,$\mathcal{B}$则认为$T\in\mathbb{G}_{p_1p_2}$。如果$\mathcal{A}$认为$\mathcal{B}$模拟的是$\text{Exp}_{\text{Restricted}}$,则$C^*$应是正常的,$\mathcal{B}$则认为$T\in\mathbb{G}_{p_1}$。因此,$\mathcal{B}$可以根据$\mathcal{A}$的判断区分$T$的两种不同情况。

(引理4-4证毕)

引理4-5 假设存在一个攻击者$\mathcal{A}$,能以ϵ的优势区分Exp_k和Exp_{k-1},则存在敌手$\mathcal{B}$,

能以ϵ的优势攻破假设 2。

证明：已知 $D=(\Omega,g,X_1X_2,X_3,Y_2Y_3)$和 T,$\mathcal{B}$判断 T 是取自$\mathbb{G}$还是取自$\mathbb{G}_{p_1p_3}$。

$\mathcal{B}$模拟与$\mathcal{A}$之间的交互式游戏 Exp_k 或 Exp_{k-1}如下：随机选取 $\alpha,a,b\leftarrow_R\mathbb{Z}_N$,设定公开参数：$g=g,u=g^a,h=g^b,\hat{e}(g,g)^\alpha$,将其发送给$\mathcal{A}$。

$\mathcal{A}$对身份 ID_i 进行密钥提取询问。

当 $i<k$ 时,$\mathcal{B}$按照如下方式构造半功能密钥：选取随机元素 $r_i,t_i,z_i\leftarrow_R\mathbb{Z}_N$,计算

$$K_1=g^{r_i}(Y_2Y_3)^{t_i},\quad K_2=g^\alpha(u^{\mathrm{ID}_i}h)^{r_i}(Y_2Y_3)^{z_i}$$

该密钥是半功能的,其中 $g_2^\gamma=Y_2^{t_i}$。由中国剩余定理可知,t_i、z_i 模 p_2 与模 p_3 的值是相互独立的。

当 $i>k$ 时,$\mathcal{B}$按照如下方式构造正常密钥：随机选取 $r_i,t_i,w_i\leftarrow_R\mathbb{Z}_N$,计算

$$K_1=g^{r_i}X_3^{t_i},\quad K_2=g^\alpha(u^{\mathrm{ID}_i}h)^{r_i}X_3^{w_i}$$

当 $i=k$ 时,$\mathcal{B}$令 $z_k=a\mathrm{ID}_k+b$,随机选取 $w_k\leftarrow_R\mathbb{Z}_N$,计算

$$K_1=T,\quad K_2=g^\alpha T^{z_k}X_3^{w_k}$$

秘密钥询问结束后,$\mathcal{A}$向$\mathcal{B}$发送两个消息 M_0、M_1 和一个挑战身份 ID。$\mathcal{B}$随机选取 $\beta\leftarrow_R\{0,1\}$,生成如下密文：

$$(C_0=M_\beta\cdot\hat{e}(X_1X_2,g)^\alpha,C_1=(X_1X_2)^{a\mathrm{ID}+b},C_2=X_1X_2)$$

其中 $g^s=X_1,z_c=a\mathrm{ID}+b$。由于 $f(\mathrm{ID})=a\mathrm{ID}+b$ 在模 p_2 下关于 ID 是一个两两相互独立的函数。对$\mathcal{A}$来说,当 $\mathrm{ID}_k\neq\mathrm{ID}\bmod p_2$ 时,z_c 和 z_k 是相互独立并且随机分布的。如果 $\mathrm{ID}_k=\mathrm{ID}\bmod p_2$,则$\mathcal{A}$对 ID_k 所进行的秘密钥询问是不合理的。这也是对模数进行额外限制的原因。

尽管 z_c 和 z_k 对$\mathcal{A}$来说是隐藏的,但这两者之间的关系是非常重要的。如果$\mathcal{B}$打算判断密钥 k 是否为半功能的,它按照上述方法为 ID_k 生成半功能密文,并用密钥 k 解密该密文。但如果 $z_c=z_k$,解密会无条件成功。换句话说$\mathcal{B}$产生的 k 只能是名义上半功能的。

如果 $T\in\mathbb{G}_{p_1p_3}$,则$\mathcal{B}$模拟的是游戏 Exp_{k-1}。如果 $T\in\mathbb{G}$,则$\mathcal{B}$模拟的是游戏 Exp_k。因此,$\mathcal{B}$可以根据$\mathcal{A}$的判断($\mathcal{B}$模拟的是 Exp_k 还是 Exp_{k-1}),区分 T 的两种不同情况。

(引理 4-5 证毕)

引理 4-6 如果存在一个攻击者$\mathcal{A}$,能以ϵ的优势区分 $\mathrm{Exp}_{\mathrm{Final}}$ 和 Exp_q,则存在敌手$\mathcal{B}$,能以ϵ的优势攻破假设 3。

证明：$D=(\Omega,g,g^\alpha X_2,X_3,g^sY_2,Z_2)$和 T,$\mathcal{B}$判断 T 是等于$\hat{e}(g,g)^{\alpha s}$还是取自$\mathbb{G}_T$的随机数。$\mathcal{B}$模拟与$\mathcal{A}$之间的交互式游戏 Exp_q 或 $\mathrm{Exp}_{\mathrm{Final}}$如下：随机选取 $a,b\leftarrow_R\mathbb{Z}_N$,设定公开参数：$g=g,u=g^a,h=g^b,\hat{e}(g,g)^\alpha=\hat{e}(g^\alpha X_2,g)$将其发送给$\mathcal{A}$。当$\mathcal{A}$对身份 ID_i 进行密钥提取询问时,$\mathcal{B}$按照如下方式构造半功能密钥。选取随机指数 $c_i,r_i,t_i,w_i,\gamma_i\leftarrow_R\mathbb{Z}_N$,令

$$K_1=g^{r_i}Z_2^{\gamma_i}X_3^{t_i},\quad K_2=g^\alpha X_2(u^{\mathrm{ID}_i}h)^{r_i}Z_2^{c_i}X_3^{w_i}$$

秘密钥询问结束后,$\mathcal{A}$向$\mathcal{B}$发送两个消息 M_0、M_1 和一个挑战身份 ID。$\mathcal{B}$随机选取 $\beta\leftarrow_R\{0,1\}$,生成挑战密文：

$$(C_0=M_\beta\cdot T,C_1=(g^sY_2)^{a\mathrm{ID}+b},C_2=g^sY_2)$$

其中 $z_c=a\mathrm{ID}+b$。注意到,z_c 的值仅仅与其模 p_2 的值相关,而 $u=g^a,h=g^b$ 都是群$\mathbb{G}_{p_1}$

中的元素，所以当 a 和 b 都是在模 N 下随机选取的，则 $z_c=(a\mathrm{ID}+b)\bmod p_2$ 和 $a \bmod p_1$，$b \bmod p_1$ 是相互独立的。

如果 $T=\hat{e}(g,g)^{\alpha s}$，则该密文是对应于明文 M_β 的半功能密文，$\mathcal{B}$模拟的是 Exp_q。如果 T 是$\mathbb{G}_T$中的随机元素，则该密文是对应于某个随机消息的半功能密文，$\mathcal{B}$模拟的是 $\mathrm{Exp}_{\mathrm{Final}}$。因此，$\mathcal{B}$可以根据$\mathcal{A}$的输出值区分 T 的两种不同情况。

（引理 4-6 证毕）

由引理 4-3 至引理 4-6，$\mathrm{Exp}_{\mathrm{Real}}$ 与 $\mathrm{Exp}_{\mathrm{Final}}$ 是不可区分的，而在 $\mathrm{Exp}_{\mathrm{Final}}$ 中，β 对于$\mathcal{A}$来说是信息论隐藏的，所以$\mathcal{A}$攻击方案时，优势是可忽略的，由此得以下定理。

定理 4-10 如果假设 1、假设 2 和假设 3 成立，则基于对偶系统加密的 IBE 是 CPA 安全的。

4.6.4 基于对偶系统加密的 HIBE 方案

扩展 4.6.3 节的 IBE 方案，可以得到一个密文长度较短的 HIBE 方案。方案中不使用密文标签，有助于将密文压缩为固定个数的群元素，而且也可以在密钥委派过程中对密钥进行再随机化。构造中需要再次用到合数阶群，利用$\mathbb{G}_{p_3}$ 中的元素对密钥进行随机化。$\mathbb{G}_{p_2}$ 仍然是一个半功能空间，不在真实方案中使用。

设$\mathbb{G}$ 是阶为 $N=p_1p_2p_3$ 的双线性群，其中 p_1、p_2、p_3 是 3 个不同的素数，$\mathbb{G}_{p_1}$、$\mathbb{G}_{p_2}$ 和 $\mathbb{G}_{p_3}$表示群$\mathbb{G}$ 中阶分别为 p_1、p_2 和 p_3 的子群，ℓ 表示 HIBE 方案的最大分级深度。

(1) 初始化。

$\underline{\mathrm{Init}(\ell)}$：

$g,h,u_1,\cdots,u_\ell \leftarrow_R \mathbb{G}_{p_1}$；

$X_3 \leftarrow_R \mathbb{G}_{p_3}$；

$\alpha \leftarrow_R \mathbb{Z}_N$；

$\mathrm{params}=(N,g,h,u_1,\cdots,u_\ell,X_3,\hat{e}(g,g)^\alpha),\mathrm{msk}=\alpha.$

(2) 加密（用接收方的身份$\overrightarrow{\mathrm{ID}}=(\mathrm{ID}_1,\mathrm{ID}_2,\cdots,\mathrm{ID}_j)\in(\mathbb{Z}_N)^j$ 作为公开钥，其中 $M\in\mathbb{G}_T$）。

$\underline{\mathcal{E}_{\overrightarrow{\mathrm{ID}}}(M)}$：

$s \leftarrow_R \mathbb{Z}_N$；

$C_0=M\cdot\hat{e}(g,g)^{\alpha s},C_1=(u_1^{\mathrm{ID}_1}\cdots u_j^{\mathrm{ID}_j}h)^s,C_2=g^s$；

$\mathrm{CT}=(C_0,C_1,C_2).$

(3) 密钥产生（其中$\overrightarrow{\mathrm{ID}}=(\mathrm{ID}_1,\mathrm{ID}_2,\cdots,\mathrm{ID}_j)\in(\mathbb{Z}_N)^j$）。

$\mathrm{IBEGen}(\overrightarrow{\mathrm{ID}},\mathrm{msk})$：

$r \leftarrow_R \mathbb{Z}_N$；

$(R_3,R'_3,R_{j+1},\cdots,R_\ell) \leftarrow_R \mathbb{G}_{p_3}$；

$K_1=g^rR_3,K_2=g^\alpha(u_1^{\mathrm{ID}_1}\cdots u_j^{\mathrm{ID}_j}h)^rR'_3,E_{j+1}=u_{j+1}^rR_{j+1},\cdots,E_\ell=u_\ell^rR_\ell$；

$K=(K_1,K_2,E_{j+1},\cdots,E_\ell).$

(4) 委派。已知父节点 $\overrightarrow{\mathrm{ID}_{|j}}=(\mathrm{ID}_1,\mathrm{ID}_2,\cdots,\mathrm{ID}_j)\in(\mathbb{Z}_p^*)^j$ 对应的秘密钥 $K'=(K'_1,K'_2,E'_{j+1},\cdots,E'_\ell)$，生成 $\overrightarrow{\mathrm{ID}}=(\mathrm{ID}_1,\mathrm{ID}_2,\cdots,\mathrm{ID}_{j+1})$ 的秘密钥。

$$\underline{\mathrm{Delegate}(K',\overrightarrow{\mathrm{ID}})}:$$
$$r' \leftarrow_R \mathbb{Z}_N;$$
$$\widetilde{R}_3 \leftarrow_R \mathbb{G}_{p_3};$$
$$K_1 = K'_1 g^{r'} \widetilde{R}_3;$$
$$K_2 = K'_2 (u_1^{\mathrm{ID}_1}\cdots u_j^{\mathrm{ID}_j} h)^{r'} (E'_{j+1})^{\mathrm{ID}_{j+1}} u_{j+1}^{r'\mathrm{ID}_{j+1}} \widetilde{R}'_3;$$
$$E_{j+2} = E'_{j+2} u_{j+2}^{r'} \widetilde{R}_{j+2},\cdots,E_\ell = E'_\ell u_\ell^{r'} \widetilde{R}_\ell;$$
$$K = (K_1,K_2,E_{j+2},\cdots,E_\ell).$$

这个新密钥是完全随机的：它与父节点密钥仅通过 $\mathrm{ID}_1,\mathrm{ID}_2,\cdots,\mathrm{ID}_j$ 的值相联系。

(5) 解密(其中 $K=(K_1,K_2,E_{j+1},\cdots,E_\ell)$，$\mathrm{CT}=(C_0,C_1,C_2)$)。

$$\underline{\mathcal{D}_K(\mathrm{CT})}:$$
$$\text{返回}\frac{C_0}{\dfrac{\hat{e}(K_2,C_2)}{\hat{e}(K_1,C_1)}}.$$

这是因为

$$\frac{\hat{e}(K_2,C_2)}{\hat{e}(K_1,C_1)}=\frac{\hat{e}(g,g)^{\alpha s}\,\hat{e}(u_1^{\mathrm{ID}_1}\cdots u_j^{\mathrm{ID}_j}h,g)^{rs}}{\hat{e}(u_1^{\mathrm{ID}_1}\cdots u_j^{\mathrm{ID}_j}h,g)^{rs}}=\hat{e}(g,g)^{\alpha s}$$

证明 HIBE 方案的安全性，仍然需要利用 4.6.2 节中的 3 个静态假设。半功能密文和半功能密钥按如下方式产生，它们不在真实加密系统中出现，仅用来完成方案的安全性证明。

- 半功能密文。设 g_2 是子群 $\mathbb{G}_{p_2}$ 的生成元，利用加密算法生成正常的密文 (C'_0,C'_1,C'_2)。选取随机指数 $x,z_c\leftarrow_R\mathbb{Z}_N$，构造

$$C_0 = C'_0,\quad C_1 = C'_1 g_2^{xz_c},\quad C_2 = C'_2 g_2^{x}$$

  (C_0,C_1,C_2) 即为半功能密文。

- 半功能密钥。利用密钥产生算法生成正常的密钥 $(K'_1,K'_2,E'_{j+1},\cdots,E'_\ell)$。选取随机指数 $\gamma,z_k,z_{j+1},\cdots,z_\ell\leftarrow_R\mathbb{Z}_N$，构造

$$K_1 = K'_1 g_2^{\gamma},\ K_2 = K'_2 g_2^{\gamma z_k},\ E_{j+1} = E'_{j+1} g_2^{\gamma z_{j+1}},\ \cdots,\ E_\ell = E'_\ell g_2^{\gamma z_\ell}$$

  $(K_1,K_2,E_{j+1},\cdots,E_\ell)$ 即为半功能密钥。

注意，在使用半功能密钥解密半功能密文时，会产生额外的盲化因子 $\hat{e}(g_2,g_2)^{x\gamma(z_k-z_c)}$。如果 $z_k=z_c$，解密可以成功，称这样的半功能密钥是“名义上”半功能的。

下面利用一系列游戏的混合论证方式完成证明。称第一个游戏为 $\mathrm{Exp}_{\mathrm{Real}}$，它是真实的游戏。称第二个游戏为 $\mathrm{Exp}_{\mathrm{Real}'}$，它与真实游戏的区别在于攻击者所有的密钥询问都是由密钥产生算法计算并回答的。这就意味着，挑战者不会遇到密钥委派询问的情况。

称第三个游戏为 $\mathrm{Exp}_{\mathrm{Restricted}}$，它与 $\mathrm{Exp}_{\mathrm{Real}'}$ 的区别在于攻击者进行密钥询问的身份不能是挑战密文所对应身份的模 q_2 前缀。在后面的游戏中，将保留这个更加严格的限制。用 q 表示允许攻击者进行密钥提取询问的次数。对于 0 和 q 之间的 k，定义 Exp_k 如下：

Exp_k 与 $\mathrm{Exp}_{\mathrm{Restricted}}$类似，区别在于攻击者得到的挑战密文是半功能的，并且前 k 次密钥询问的返回结果都是半功能的。其余密钥询问的返回结果都是正常的。

在 Exp_0 中，所有密钥询问的返回结果都是正常的，只有挑战密文是半功能的。在 Exp_q 中，挑战密文和所有密钥询问的返回结果都是半功能的。

最后一个游戏是 $\mathrm{Exp}_{\mathrm{Final}}$，它与 Exp_q 类似，区别在于攻击者所得到的挑战密文是一个对随机消息的半功能加密结果，而不是由攻击者所选取的两个消息的加密。引理 4-7 至引理 4-11 证明各个相邻的游戏是不可区分的。整个证明过程与 4.6.3 节的 IBE 方案的证明类似。

引理 4-7　对于任意攻击者$\mathcal{A}$，$\mathrm{Exp}_{\mathrm{Real}}$ 和 $\mathrm{Exp}_{\mathrm{Real}'}$ 是不可区分的。

证明：两个游戏中，密钥的分布是相同的(不管是利用密钥委派算法生成密钥，还是利用密钥产生算法生成密钥)。因此，在攻击者看来，这两个游戏之间是没有任何区别的。

引理 4-8　如果存在敌手$\mathcal{A}$，能以ϵ的优势区分 $\mathrm{Exp}_{\mathrm{Real}'}$ 和 $\mathrm{Exp}_{\mathrm{Restricted}}$，则存在敌手$\mathcal{B}$，能以$\epsilon/2$ 的优势攻破假设 1 或假设 2。

证明：与引理 4-7 的证明相同。

引理 4-9　如果存在敌手$\mathcal{A}$，能以ϵ的优势区分 Exp_0 和 $\mathrm{Exp}_{\mathrm{Restricted}}$，则存在敌手$\mathcal{B}$，能以$\epsilon$的优势攻破假设 1。

证明：已知 $D=(\Omega,g,X_3)$和 T，$\mathcal{B}$判断 T 是取自$\mathbb{G}_{p_1p_2}$ 还是取自$\mathbb{G}_{p_1}$。

$\mathcal{B}$模拟与$\mathcal{A}$之间的交互式游戏 Exp_0 或 $\mathrm{Exp}_{\mathrm{Restricted}}$。$\mathcal{B}$按照如下方式设定公开参数，随机选取指数 $\alpha,a_1,\cdots,a_\ell,b\leftarrow_R\mathbb{Z}_N$，设 $g=g$，$u_i=g^{a_i}(1\leqslant i\leqslant\ell)$和 $h=g^b$，将$(N,g,u_1,\cdots,u_\ell,h,\hat{e}(g,g)^\alpha)$作为公开参数发送给攻击者$\mathcal{A}$。当$\mathcal{A}$进行$(\mathrm{ID}_1,\mathrm{ID}_2,\cdots,\mathrm{ID}_j)$的密钥提取询问时，$\mathcal{B}$随机选取指数 $r,t,\omega,\nu_{j+1},\cdots,\nu_\ell\leftarrow_R\mathbb{Z}_N$，计算并返回

$$K_1=g^rX_3^t,\quad K_2=g^\alpha(u_1^{\mathrm{ID}_1}\cdots u_j^{\mathrm{ID}_j}h)^rX_3^\omega,\quad E_{j+1}=u_{j+1}^rX_3^{\nu_{j+1}},\cdots,E_\ell=u_\ell^rX_3^{\nu_\ell}$$

$\mathcal{A}$向$\mathcal{B}$发送两个消息 M_0、M_1 和一个挑战身份$(\mathrm{ID}_1^*,\mathrm{ID}_2^*,\cdots,\mathrm{ID}_j^*)$时，$\mathcal{B}$随机选取$\beta\leftarrow_R\{0,1\}$，计算挑战密文：

$$(C_0=M_\beta\cdot\hat{e}(T,g)^\alpha,C_1=T^{a_1\mathrm{ID}_1^*+\cdots+a_j\mathrm{ID}_j^*+b},C_2=T)$$

这意味着已将 T 中的$\mathbb{G}_{p_1}$部分设置为 g^s。如果 $T\in\mathbb{G}_{p_1p_2}$，则以上挑战密文是半功能的，相应地 $z_c=a_1\mathrm{ID}_1^*+\cdots+a_j\mathrm{ID}_j^*+b$。如果 $T\in\mathbb{G}_{p_1}$，则以上挑战密文是正常的。因此，$\mathcal{B}$可以根据$\mathcal{A}$的输出区分 T 的两种不同情况。

(引理 4-9 证毕)

引理 4-10　假设存在一个攻击者$\mathcal{A}$，能以ϵ的优势区分 Exp_k 和 Exp_{k-1}，则存在敌手$\mathcal{B}$，能以ϵ的优势攻破假设 2。

证明：已知 $D=(\Omega,g,X_1X_2,X_3,Y_2Y_3)$和 T，$\mathcal{B}$判断 T 是取自$\mathbb{G}$ 还是取自$\mathbb{G}_{p_1p_3}$。

$\mathcal{B}$模拟与$\mathcal{A}$之间的交互式游戏 Exp_k 或 Exp_{k-1} 如下：随机选取指数 $\alpha,a_1,\cdots,a_\ell,b\leftarrow_R\mathbb{Z}_N$，设置公开参数：$g=g$，$u_i=g^{a_i}(1\leqslant i\leqslant\ell)$，$h=g^b$，$\hat{e}(g,g)^\alpha$，将其发送给$\mathcal{A}$。

$\mathcal{A}$对身份$(\mathrm{ID}_1,\mathrm{ID}_2,\cdots,\mathrm{ID}_j)$进行第 i 次密钥提取询问：

当 $i<k$ 时，$\mathcal{B}$按照如下方式构造半功能密钥：随机选取指数 $r,z,t,z_{j+1},\cdots,z_\ell\leftarrow_R\mathbb{Z}_N$，计算并返回

$$K_1 = g^r(Y_2Y_3)^t,\quad K_2 = g^\alpha(u_1^{ID_1}\cdots u_j^{ID_j}h)^r(Y_2Y_3)^z$$

$$E_{j+1} = u_{j+1}^r(Y_2Y_3)^{z_{j+1}},\cdots,E_\ell = u_\ell^r(Y_2Y_3)^{z_\ell}$$

这是一个正常分布的半功能密钥，其中 $g_2^\gamma = Y_2^t$。

当 $i>k$ 时，$\mathcal{B}$调用正常的密钥生成算法生成正常的密钥。

当 $i=k$ 时，$\mathcal{B}$设 $z_k = a_1 ID_1 + \cdots + a_j ID_j + b$，选取随机指数 $\omega_k,\omega_{j+1},\cdots,\omega_\ell \leftarrow_R \mathbb{Z}_N$，计算 $K_1 = T, K_2 = g^\alpha T^{z_k} X_3^{\omega_k}, E_{j+1} = T^{a_{j+1}} X_3^{\omega_{j+1}},\cdots,E_\ell = T^{a_\ell} X_3^{\omega_\ell}$。

如果 $T \in \mathbb{G}_{p_1p_3}$，则这是一个正常密钥，其中 g^r 等于 T 的$\mathbb{G}_{p_1}$部分。如果 $T \in \mathbb{G}$，则这是一个半功能密钥。

秘密钥询问结束后，$\mathcal{A}$选取两个明文 M_0 和 M_1，并对身份$(ID_1^*, ID_2^*,\cdots,ID_j^*)$进行挑战询问。$\mathcal{B}$随机选取 $\beta \leftarrow_R \{0,1\}$，计算挑战密文如下：

$$(C_0 = M_\beta \cdot \hat{e}(X_1X_2,g)^\alpha, C_1 = (X_1X_2)^{a_1 ID_1^* + \cdots + a_j ID_j^* + b}, C_2 = X_1X_2)$$

这意味着将 g^s 设置为 X_1，并且 $z_c = a_1 ID_1^* + \cdots + a_j ID_j^* + b$。由于第 k 次密钥提取询问的身份不能是挑战询问对应身份的模 p_2 前缀，对于攻击者$\mathcal{A}$而言，z_k 和 z_c 是随机分布的。尽管 z_k 和 z_c 之间的关系对于攻击者是隐藏的，但是其非常重要：如果$\mathcal{B}$尝试通过自己构造对应于相同身份的半功能密钥，并依据其对密文进行解密是否通过的方式来测试第 k 个密钥是否为半功能密钥时，由于 $z_k = z_c$，模拟者$\mathcal{B}$事实上只能生成名义上的半功能密钥。

如果 $T \in \mathbb{G}_{p_1p_3}$，则$\mathcal{B}$正确模拟了游戏 Exp_{k-1}。如果 $T \in \mathbb{G}$，则$\mathcal{B}$正确模拟了游戏 Exp_k。因此，$\mathcal{B}$可以根据攻击者$\mathcal{A}$的输出判断相应 T 的可能性。

（引理 4-10 证毕）

引理 4-11　如果存在一个攻击者$\mathcal{A}$，能以ϵ的优势区分 Exp_q 和 $\text{Exp}_{\text{Final}}$，则存在敌手$\mathcal{B}$，能以$\epsilon$的优势攻破假设 3。

证明：已知 $D = (\Omega, g, g^\alpha X_2, X_3, g^s Y_2, Z_2)$ 和 T，$\mathcal{B}$判断 T 是等于$\hat{e}(g,g)^{\alpha s}$还是取自$\mathbb{G}_T$的随机数。$\mathcal{B}$模拟与$\mathcal{A}$之间的交互式游戏 Exp_q 或 $\text{Exp}_{\text{Final}}$ 如下：随机选取指数 $a_1,\cdots,a_\ell,b \leftarrow_R \mathbb{Z}_N$，设置公开参数：$g=g, u_i = g^{a_i}, h = g^b, \hat{e}(g,g)^\alpha = \hat{e}(g^\alpha X_2, g)$，其中 $1 \leqslant i \leqslant \ell$，并将这些参数发送给攻击者$\mathcal{A}$。当$\mathcal{A}$对身份$(ID_1, ID_2,\cdots,ID_j)$做密钥提取询问时，$\mathcal{B}$按照如下方式构造一个半功能密钥：随机选取指数 $c,r,t,w,z,z_{j+1},\cdots,z_\ell,w_{j+1},\cdots,w_\ell \leftarrow_R \mathbb{Z}_N$，计算并返回

$$K_1 = g^r Z_2^z X_3^t,\quad K_2 = g^\alpha X_2 Z_2^c (u_1^{ID_1}\cdots u_j^{ID_j}h)^r X_3^w$$

$$E_{j+1} = u_{j+1}^r Z_2^{z_{j+1}} X_3^{w_{j+1}},\cdots,E_\ell = u_\ell^r Z_2^{z_\ell} X_3^{w_\ell}$$

当$\mathcal{A}$选取两个明文 M_0、M_1 和身份$(ID_1^*, ID_2^*,\cdots,ID_j^*)$进行挑战询问时，$\mathcal{B}$随机选取 $\beta \leftarrow_R \{0,1\}$，计算挑战密文如下：

$$(C_0 = M_\beta T, C_1 = (g^s Y_2)^{a_1 ID_1^* + \cdots + a_j ID_j^* + b}, C_2 = g^s Y_2)$$

此时设置 $z_c = a_1 ID_1^* + \cdots + a_j ID_j^* + b$。注意到 z_c 的值仅仅与其模 p_2 的值相关，$u_1 = g^{a_1},\cdots,u_\ell = g^{a_\ell}, h = g^b$ 都是群$\mathbb{G}_{p_1}$中的元素，所以当 $a_1,a_2,\cdots,a_\ell$ 和 b 都是模 N 下随机时，$z_c = a_1 ID_1^* + \cdots + a_j ID_j^* + b$ 模 p_2 和 $a_1,\cdots,a_\ell,b$ 模 p_1 是相互独立的。

如果 $T = \hat{e}(g,g)^{\alpha s}$，则该密文是对应于明文 M_β 的一个半功能密文。如果 T 是$\mathbb{G}_T$中

的随机元素，则该密文是对应于某个随机消息的一个半功能密文。因此，$\mathcal{B}$可以根据$\mathcal{A}$的输出值区分 T 的两种不同情况。

从引理 4-10 至引理 4-13，Exp_{Real} 与 $\text{Exp}_{\text{Final}}$ 是不可区分的，而在 $\text{Exp}_{\text{Final}}$ 中，β 对于$\mathcal{A}$来说是信息论隐藏的，所以$\mathcal{A}$攻击方案时，优势是可忽略的，由此得以下定理。

定理 4-11 如果假设 1、假设 2 和假设 3 成立，则基于对偶系统加密的 HIBE 是 CPA 安全的。

4.7 从选择明文安全到选择密文安全

4.7.1 选择明文安全到选择密文安全的方法介绍

抗适应性选择密文攻击(CCA2)的公钥密码体制是抗主动攻击的一个强而有用的安全性定义，它的构造通常是：先构造抗适应性选择明文攻击(CPA)的公钥密码体制，然后再将其转换为 CCA2 安全的公钥密码体制，如 4.2.4 节的 Fujisaki-Okamoto 转换。这种两阶段方法使得方案的安全性论证变得容易：它把密钥提取询问作为证明 CPA 安全的一部分来处理，把解密询问作为证明 CCA2 安全的一部分。然而 Fujisaki-Okamoto 转换是随机谕言机模型下的。

在标准模型下构造 CCA2 安全的公钥加密体制有以下方法：

(1) CPA 安全的 PKE 方案＋非交互式零知识(NIZK)证明系统，如 2.3 节介绍的 Naor-Yung 方案以及 Dolev、Dwork 和 Naor 给出的改进。因为采用了 NIZK 证明方法，这种方案效率非常低。

(2) Cramer 和 Shoup 使用平滑哈希证明系统给出的构造[9]。

(3) CCA 安全的 KEM＋CCA 安全的 DEM[10]。

(4) 从 CPA 安全的 IBE 转换到 CCA 安全的公钥加密体制[11,12]。

文献[11]利用 Water 的基于身份的加密体制[2]，其中密文只有 3 个元素，前两个元素 (C_0, C_1) 和 Water 的方案相同(与接收者的身份无关)，构造第三个元素时，由 (C_0, C_1) 经无碰撞的哈希函数 H 作用得到的 $w=H(C_0, C_1)$ 作为接收者的身份。因此文献[11]的方案不具有一般性。本节介绍文献[12]给出的从 CPA 安全的 IBE 转换到 CCA 安全的公钥加密体制的方法，称为 CHK 方法。

4.7.2 CHK 方法

CHK 方法是 Canetti、Halevi 和 Katz 提出的，是从 CPA 安全的 IBE 加密方案转换到 CCA 安全的公钥加密方案的方法，方案中要求 IBE 方案是选定身份安全的，即允许敌手在获得系统公开钥之前，适应性地选择一个意欲攻击的“目标身份”。转换后的方案是标准模型下 CCA2 安全的。

过程如下：新方案的系统参数简单地取为 IBE 方案的系统参数，主密钥取为 IBE 方案对应的主密钥。加密消息时，发送方首先生成一次性强签名方案的一对密钥(vk,sk)，其中 sk 是签名密钥，vk 是验证密钥。一次性强签名方案的性质是，已知一个签名，产生新的签名（即使是对以前已签过名的消息）是不可行的。发送方然后使用 vk 作为身份（即 IBE 的公开钥）对消息加密得密文 C。再用 sk 对 C 签名得到 σ，最终的密文由验证公开钥 vk、IBE 的密文 C 和签名 σ 组成。接收方对密文 (vk,C,σ) 解密时，首先使用 vk 验证密文 C 的签名 σ；如果验证失败则输出 $\perp$；否则，先由 IBE 方案的秘密钥产生算法生成身份 vk 对应的秘密钥 $\mathrm{SK_{vk}}$，然后根据 IBE 方案使用 $\mathrm{SK_{vk}}$ 对 C 解密。

如果 σ 是 C 的一个合法签名，我们就说密文 (vk,C,σ) 是合法的。方案的 CCA2 安全性可以如下理解：假设敌手得到挑战密文 $\mathrm{CT}^*=(\mathrm{vk}^*,C^*,\sigma^*)$，可以对任何满足条件 $\mathrm{vk}\neq\mathrm{vk}^*$ 的合法密文 $\mathrm{CT}=(\mathrm{vk},C,\sigma)$（$\mathrm{vk}\neq\mathrm{vk}^*$ 意味着 $\mathrm{CT}\neq\mathrm{CT}^*$）进行解密询问。安全性证明的关键在于 IBE 的选定身份的安全性，敌手事先选定 vk^* 后，对 C 的解密询问对于解密挑战密文 CT^* 没有任何帮助。

方案的具体构造：设 $\Pi=(\mathrm{Init},\mathrm{IBEGen},\mathcal{E},\mathcal{D})$ 是选定身份攻击下 CPA 安全的 IBE 方案，$\mathrm{Sig}=(\mathrm{SigGen},\mathrm{Sign},\mathrm{Vrfy})$ 是一次性签名方案，其中 $\mathrm{SigGen}(1^{\mathcal{K}})$ 输出的验证密钥长度为 $\ell_s(\mathcal{K})$。要求 Sig 具有强的不可伪造性（即敌手不能伪造签名，即使是对已经签过名的消息）。构造 CCA2 安全的公钥加密方案 $\Pi'=(\mathrm{IBEGen}',\mathcal{E}',\mathcal{D}')$ 如下：

(1) 密钥产生。

$\underline{\mathrm{IBEGen}'(1^{\mathcal{K}})}$：

$(\mathrm{params},\mathrm{msk})\leftarrow\mathrm{Init}(1^{\mathcal{K}},\ell_s(\mathcal{K}))$.

(2) 加密。

$\underline{\mathcal{E}'(M)}$：

$(\mathrm{vk},\mathrm{sk})\leftarrow\mathrm{SigGen}(1^{\mathcal{K}})(|\mathrm{vk}|=\ell_s(\mathcal{K}))$；

$C\leftarrow\mathcal{E}_{\mathrm{vk}}(\mathrm{params},M)$；

$\sigma\leftarrow\mathrm{Sign_{sk}}(C)$；

输出 $\mathrm{CT}=(\mathrm{vk},C,\sigma)$.

(3) 解密（其中 $\mathrm{CT}=(\mathrm{vk},C,\sigma)$）。

$\underline{\mathcal{D}'(\mathrm{vk},C,\sigma)}$：

如果 $\mathrm{Vrfy_{vk}}(C,\sigma)\neq 1$，返回 $\perp$；否则继续；

$\mathrm{SK_{vk}}\leftarrow\mathrm{IBEGen_{msk}}(\mathrm{vk})$；

返回 $\mathcal{D}_{\mathrm{SK_{vk}}}(C)$.

首先直观地说明为什么 Π' 是 CCA2 安全的。在安全性游戏中，设挑战密文为 $(\mathrm{vk}^*,C^*,\sigma^*)$，在没有解密询问时，比特 β 的值对敌手是隐藏的，这是因为 C^* 是由 CPA 安全的 Π 输出的，vk^* 独立于消息，而 σ^* 仅仅是对 C^* 签名后的结果。

敌手通过解密询问对猜测 β 的值也没有帮助。一方面，如果敌手提交了与挑战密文不同的密文 $(\mathrm{vk}',C',\sigma')$ 但 $\mathrm{vk}'=\mathrm{vk}^*$，那么解密谕言机将以 $\perp$ 应答，因为敌手无法伪造一个关于 vk^* 的新的有效签名。另一方面，如果 $\mathrm{vk}'\neq\mathrm{vk}^*$，解密询问对敌手也没有帮助，因为最终是对一个不同于 vk^* 的身份 vk' 使用 $\mathcal{D}'$（在方案 Π' 中）解密。

定理 4-12　如果 Π 是选定身份攻击下 CPA 安全的 IBE 方案，Sig 是强不可伪造的一次性签名方案，那么 Π' 是 CCA2 安全的 PKE 方案。

具体来说，假设有一个PPT敌手$\mathcal{A}$以$\epsilon_1(\mathcal{K})$的优势攻击Π'的CCA2安全性，以$\epsilon_2(\mathcal{K})$的优势攻击Sig的强不可伪造性，那么存在PPT敌手$\mathcal{B}$，以至少$\epsilon_1(\mathcal{K})(1-\epsilon_2(\mathcal{K}))$的优势在选定身份攻击下攻击$\Pi$的CPA安全性。

证明：设挑战者建立方案Π，公开params。假设有PPT敌手$\mathcal{A}$攻击Π'的CCA2安全性，那么能构造一个PPT敌手$\mathcal{B}$，以$\mathcal{A}$作为子程序，在选定身份下攻击Π的CPA安全性。

设(vk^*, C^*, σ^*)是$\mathcal{A}$接收到的挑战密文，Forge表示事件：$\mathcal{A}$输出密文(vk^*, C, σ)，其中$(C,\sigma)\neq(C^*,\sigma^*)$但是$Vrfy_{vk^*}(C,\sigma)=1$。Pr[Forge]等于$\mathcal{A}$攻破签名方案Sig的概率，因为Sig是强不可伪造的一次性签名方案，所以Pr[Forge]是可忽略的。

$\mathcal{B}$的构造如下：

(1) $\mathcal{B}(1^{\mathcal{K}}, \ell_s(\mathcal{K}))$运行$SigGen(1^{\mathcal{K}})$产生$(vk^*, sk^*)$，输出目标身份$ID^*=vk^*$。$\mathcal{B}$以$1^{\mathcal{K}}$和params运行$\mathcal{A}$。

(2) $\mathcal{A}$做(vk, C, σ)的解密询问时，$\mathcal{B}$如下应答：

- 若$Vrfy_{vk}(C,\sigma)\neq 1$，则$\mathcal{B}$以$\perp$应答。
- 若$Vrfy_{vk}(C,\sigma)=1$且$vk=vk^*$（即事件Forge发生），则$\mathcal{B}$终止并输出一个随机比特。
- 若$Vrfy_{vk}(C,\sigma)=1$且$vk\neq vk^*$，则$\mathcal{B}$向挑战者做密钥产生询问$IBEGen_{msk}(vk)$，获得SK_{vk}，然后计算$M\leftarrow\mathcal{D}_{SK_{vk}}(C)$并向$\mathcal{A}$返回$M$。

(3) $\mathcal{A}$输出两个等长的消息M_0、M_1，$\mathcal{B}$将M_0、M_1给挑战者，挑战者为$\mathcal{B}$产生挑战密文C^*，$\mathcal{B}$计算$\sigma^*=Sign_{vk^*}(C^*)$并将$(vk^*, C^*, \sigma^*)$作为挑战密文返回给$\mathcal{A}$。

(4) $\mathcal{A}$继续向$\mathcal{B}$做解密询问，$\mathcal{B}$应答如前（注意$\mathcal{A}$不能对挑战密文本身进行解密询问）。

(5) $\mathcal{A}$输出一个猜测β，$\mathcal{B}$也输出β'。

如果Forge不发生，则$\mathcal{B}$对$\mathcal{A}$做的解密询问的应答是有效的，所以有以下断言。

断言 4-8 在以上过程中，如果Forge不发生，则$\mathcal{B}$的模拟是完备的。

记$\mathcal{A}$成功（即$\beta'=\beta$）的概率为$Pr[\mathcal{A}]$，则$\mathcal{B}$成功（即$\beta'=\beta$）的概率为$Pr[\mathcal{B}]=Pr[\mathcal{A}|Forge]Pr[Forge]+Pr[\mathcal{A}|\overline{Forge}]Pr[\overline{Forge}]$。若Forge发生，$\mathcal{B}$在第(2)步终止游戏，$\mathcal{A}$只能随机猜测$\beta'$，所以$Pr[\mathcal{A}|Forge]=\frac{1}{2}$。因此

$$\begin{aligned}Pr[\mathcal{B}] &= Pr[\mathcal{A}|\ Forge]Pr[Forge]+Pr[\mathcal{A}|\ \overline{Forge}]Pr[\overline{Forge}]\\ &= \frac{1}{2}[1-Pr[\overline{Forge}]]+Pr[\mathcal{A}|\ \overline{Forge}]Pr[\overline{Forge}]\end{aligned}$$

所以$\mathcal{B}$的优势为

$$\begin{aligned}Adv_{\Pi,\mathcal{B}}(\mathcal{K}) &= \left|Pr[\mathcal{B}]-\frac{1}{2}\right| = \left|Pr[\mathcal{A}|\ \overline{Forge}]Pr[\overline{Forge}]-\frac{1}{2}Pr[\overline{Forge}]\right|\\ &= \left|\left[Pr[\mathcal{A}|\ \overline{Forge}]-\frac{1}{2}\right]Pr[\overline{Forge}]\right|\\ &= Adv_{\Pi',\mathcal{A}}(\mathcal{K})(1-Pr[Forge])\\ &= \epsilon_1(\mathcal{K})(1-\epsilon_2(\mathcal{K}))\end{aligned}$$

（定理 4-12 证毕）

简单地修改上述方案，能得到一个CCA1安全的方案：用一个随机选择的比特串

$r \leftarrow_R \{0,1\}^{\mathcal{K}}$代替 vk(不做签名),用 r 作为身份加密消息得到 C,密文是(r,C)。因为敌手无法提前猜测发送者使用的 r,所以用以上论证方法能证明该方案是 CCA1 安全的。

文献[13]通过使用 MAC 而不是一次性签名方案改进了上述方案的效率。但改进方案的缺点是接收方也需要知道 MAC 的验证密钥。

4.7.3 CCA 安全的二叉树加密

1. 二叉树加密

二叉树加密(Binary Tree Encryption,BTE)方案由 Canetti、Halevi 和 Katz 给出[14],可以看作是 HIBE 方案的变体:在 BTE 方案中,每个节点都有两个孩子节点(标记为"0"和"1"),而 HIBE 方案中,每个节点都有任意数量的孩子节点,且孩子节点可用任意的字符串标记。虽然 BTE 方案看似比 HIBE 方案弱,但如果 BTE 方案的树的深度是安全参数的多项式,那么就可以用它来构造 HIBE 方案(或者 IBE 方案)。

定义 4-6　BTE 方案由以下 4 个算法组成:

(1) 初始化 Init。为随机化算法,输入安全参数$\mathcal{K}$和树的最大深度 ℓ,输出系统参数 pk 和主密钥(也称为根密钥)sk_ϵ。

(2) 密钥产生 BTEGen。为随机化算法,输入系统参数 pk、节点 $w \in \{0,1\}^{<\ell}$及其对应的秘密钥 sk_w,输出 w 的两个孩子节点的秘密钥 sk_{w_0}、sk_{w_1}。

(3) 加密。为随机化算法,输入消息 M、系统参数 pk 以及节点 $w \in \{0,1\}^{<\ell}$,输出密文 CT,记作 $\mathrm{CT} \leftarrow \mathcal{E}_{pk}(w,M)$。

(4) 解密。为确定性算法,输入节点 $w \in \{0,1\}^{<\ell}$、w 对应的秘密钥 sk_w 以及 CT,输出消息 M 或者终止符$\perp$,记作 $M \leftarrow \mathcal{D}_{sk_w}(w,\mathrm{CT})$。

要求:对 Init 产生的任意(pk,sk_ϵ),任一 $w \in \{0,1\}^{<\ell}$及其对应的秘密钥 sk_w,消息 M,以及$\mathcal{E}_{pk}(w,M)$产生的密文 CT,有关系$\mathcal{D}_{sk_w}(w,\mathrm{CT})=M$。

下面是 BTE 机制安全游戏。

(1) 敌手$\mathcal{A}(1^{\mathcal{K}},\ell(\mathcal{K}))$声称意欲挑战的节点 $w^* \in \{0,1\}^{\leqslant \ell(k)}$。

(2) 初始化 $\mathrm{Init}(1^k,\ell(k))$。由挑战者运行,产生系统参数 pk 和主密钥 sk_ϵ,并将 pk 给敌手。另外,算法 BTEGen 产生由根节点到 w^* 的路径 P 上所有节点对应的秘密钥以及 w^*(如果$|w^*|<\ell$)的两个孩子节点的秘密钥,将以下形式的所有 w 对应的秘密钥$\{sk_w\}$发送给$\mathcal{A}$:

- $w=w'\bar{b}$,$w'b$ 是 w^* 的前缀,$b \in \{0,1\}$(即 w 是 P 上某个节点的兄弟节点)。
- $w=w^*0$ 或者 $w=w^*1$(即 w 是 w^* 的孩子节点,假设$|w^*|<\ell$)。

注意,按照这种方式,$\mathcal{A}$可得到 w^* 的任何非前缀节点 $w' \in \{0,1\}^{\leqslant \ell(k)}$ 对应的秘密钥 $sk_{w'}$。

(3) 挑战。$\mathcal{A}$提交两个长度相等的消息 M_0 和 M_1。挑战者选择随机数 $\beta \leftarrow_R \{0,1\}$,以 w^* 加密 M_β,将密文 $C^* \leftarrow \mathcal{E}_{pk}(w^*,M_\beta)$给$\mathcal{A}$。

(4) 猜测。$\mathcal{A}$输出猜测 $\beta' \in \{0,1\}$,如果 $\beta'=\beta$,则$\mathcal{A}$攻击成功。

$\mathcal{A}$的优势定义为安全参数$\mathcal{K}$的函数:

$$\mathrm{Adv}_{\Pi,\mathcal{A}}^{\mathrm{BTE}}(\mathcal{K}) = \left| Pr[\beta' = \beta] - \frac{1}{2} \right|$$

定义 4-7 如果对于所有多项式界的函数 $\ell(\cdot)$，任意 PPT 敌手$\mathcal{A}$赢得上述游戏的优势是可忽略的，则称 BTE 方案是选定节点攻击下 CPA 安全的，简称为 SN-CPA 安全的。

上述定义可以很自然地扩展到 CCA 安全的定义，称为选定节点攻击下 CCA 安全的，简称为 SN-CCA 安全的：在上述游戏中允许$\mathcal{A}$对解密谕言机$\hat{\mathcal{D}}$进行询问，$\hat{\mathcal{D}}$如下应答：输入(w,CT)，首先计算 w 对应的 sk_w（使用 sk_ε 并重复调用 BTEGen），然后输出 $M \leftarrow \mathcal{D}_{\mathrm{sk}_w}(w,\mathrm{CT})$。敌手在整个游戏中都能询问解密谕言机，但是在收到挑战密文 C^* 后，不能进行$\hat{\mathcal{D}}(w^*,C^*)$的询问。注意，只允许敌手对满足 $w \neq w^*$ 的 w 进行$\hat{\mathcal{D}}(w,C^*)$询问，对满足 $\mathrm{CT} \neq C^*$ 的 CT 进行$\hat{\mathcal{D}}(w^*,\mathrm{CT})$询问。

2. CCA 安全的 BTE 方案

使用 4.7.2 节的方法可以从任意一个 SN-CPA 安全的 BTE 方案构造一个 SN-CCA 安全的 BTE 方案：将每个节点的每个子树看作是一个(H)IBE 方案，对这些子树使用 4.7.2 节的方法。先看一个较简单的情况，其中只允许对固定深度 ℓ 的节点加密（在完全的 BTE 方案中允许对所有深度$\leqslant \ell$ 的节点加密）。为了使用 w 加密消息，发送者产生一次性签名方案的密钥对(vk,sk)，使用节点 $w|\mathrm{vk}$ 加密消息 M 获得密文 C，使用 sk 对 C 签名得到 σ，最终密文为(vk,C,σ)。接收者若拥有节点 w 对应的秘密钥 sk_w，在收到密文(vk,C,σ)后，首先使用 vk 验证签名是否正确。如果正确，重复应用 BTEGen 算法计算 $\mathrm{sk}_{w|\mathrm{vk}}$（接收者自己进行），然后使用该密钥解密 C 得到 M。与 4.7.2 节的方法一样，直观上看，即使敌手能够获得多个节点 $w'|\mathrm{vk}'$对应的秘密钥，只要$(w',\mathrm{vk}') \neq (w,\mathrm{vk})$，使用节点 $w|\mathrm{vk}$ 加密是安全的。因为前面假设加密是在固定深度 ℓ 进行的，所以 $w'|\mathrm{vk}'$不能是 $w|\mathrm{vk}$ 的前缀，敌手仅能获得由节点 $w'|\mathrm{vk}'$加密的密文，而不能获得关于节点 $w|\mathrm{vk}$ 的密文，除非它能伪造一个关于 vk 的新签名。

将固定深度的方案推广到一般形式，必须解决的关键问题是节点名称的编码，例如，要确保 $w|\mathrm{vk}$ 不能与另一节点 w'映射到同一个节点。一个简单的方法是将 $w = w_1 w_2 \cdots w_t$ 编码为 $1w_1 1w_2 \cdots 1w_t$，然后将 $w|\mathrm{vk}$ 编码为 $1w_1 1w_2 \cdots 1w_t 0|\mathrm{vk}$。下面详细描述完整的构造。

设 $\Pi = (\mathrm{Init}, \mathrm{BTEGen}, \mathcal{E}, \mathcal{D})$ 是 SN-CPA 安全的 BTE 方案，$\mathrm{Sig} = (\mathrm{SigGen}, \mathrm{Sign}, \mathrm{Vrfy})$是一次性签名方案，其中由 $\mathrm{SigGen}(1^{\mathcal{K}})$产生的验证密钥长度为 $\ell_s(\mathcal{K})$。定义 w 的编码函数 Encode 如下：

$$\mathrm{Encode}(w) = \begin{cases} \epsilon, & \text{如果 } w = \epsilon \\ 1w_1 1w_2 \cdots 1w_t, & \text{如果 } w = w_1 w_2 \cdots w_t (\text{其中 } w_i \in \{0,1\}) \end{cases}$$

$|\mathrm{Encode}(w)| = 2|w|$。

SN-CCA 安全的 BTE 方案 $\Pi' = (\mathrm{Init}', \mathrm{BTEGen}', \mathcal{E}', \mathcal{D}')$的构造过程如下：

(1) 初始化。

$$\underline{\mathrm{Init}'(1^{\mathcal{K}},\ell)}:$$
$$(\mathrm{pk},\mathrm{sk}_\epsilon) \leftarrow \mathrm{Init}(1^{\mathcal{K}}, 2\ell + \ell_s(\mathcal{K}) + 1).$$

(2) 密钥产生。

$$\underline{\text{BTEGen}'(w,\text{sk}_w)}:$$
$$w' = \text{Encode}(w);$$
$$\text{sk}'_{w'1} = \text{BTEGen}_{\text{sk}_w}(w');$$
$$(\text{sk}'_{w'10},\text{sk}'_{w'11}) \leftarrow \text{BTEGen}_{\text{sk}'_{w'1}}(w'1);$$
$$\text{sk}_{w0} = \text{sk}'_{w'10},\text{sk}_{w1} = \text{sk}'_{w'11};$$
$$\text{输出}(\text{sk}_{w0},\text{sk}_{w1}).$$

注意 $w'10=\text{Encode}(w0)$，$w'11=\text{Encode}(w1)$。

直观上，Π'中任何节点 w 对应 Π 中的节点 $w'=\text{Encode}(w)$，则 w（Π'中）的秘密钥 sk_w 对应 w'（Π 中）的秘密钥 $\text{sk}'_{w'}$。所以，为了生成Π'中 w 的孩子节点（即 $w0$ 和 $w1$）的秘密钥，必须生成 Π 中 w'的右孙子节点对应的秘密钥。

(3) 加密（其中节点 $w\in\{0,1\}^{\leqslant \ell}$）。

$$\underline{\mathcal{E}'(M)}:$$
$$(\text{vk},\text{sk}) = \text{SigGen}(1^{\mathcal{K}})(|\text{vk}| = \ell_s(\mathcal{K}));$$
$$w' = \text{Encode}(w);$$
$$C = \mathcal{E}_{\text{pk}}(w' \mid 0 \mid \text{vk},M);$$
$$\sigma = \text{Sign}_{\text{sk}}(C);$$
$$\text{输出 CT} = (\text{vk},C,\sigma).$$

其中 $C=\mathcal{E}_{\text{pk}}(w'|0|\text{vk},M)$表示在 Π 中使用节点 $w'|0|\text{vk}$ 加密消息 M。

(4) 解密（其中 $\text{CT}=(\text{vk},C,\sigma)$）。

$$\underline{\mathcal{D}'(\text{vk},C,\sigma)}:$$
$$\text{如果 Vrfy}_{\text{vk}}(C,\sigma) \neq 1,\text{返回} \perp;\text{否则继续};$$
$$w' = \text{Encode}(w);$$
$$\text{sk}'_{w'|0|\text{vk}} \leftarrow \text{BTEGen}_{\text{sk}_w}(w')$$
$$\text{返回}\mathcal{D}_{\text{sk}'_{w'|0|\text{vk}}}(w' \mid 0 \mid \text{vk},\text{CT}).$$

$\text{sk}'_{w'|0|\text{vk}}\leftarrow\text{BTEGen}_{\text{sk}_w}(w')$表示 $\text{sk}'_{w'|0|\text{vk}}$的产生需重复应用 BTEGen。

注：在 HIBE 方案中，将身份向量 $w=w_1|\cdots|w_t$ 编码为 $w'=1w_1|\cdots|1w_t$，将 $w|\text{vk}$ 编码成身份向量 $w'|0\text{vk}$，使用上述方法可以将 CPA 安全的 HIBE 方案转化成 CCA 安全的 HIBE 方案。

定理 4-13　如果 Π 是 SN-CPA 安全的 BTE 方案，Sig 是强不可伪造性的一次性签名方案，那么 Π'是一个 SN-CCA2 安全的 BTE 方案。

具体来说，假设有一个 PPT 敌手$\mathcal{A}$以$\epsilon_1(\mathcal{K})$的优势攻击 Π' 的 SN-CCA2 安全性，以$\epsilon_2(\mathcal{K})$的优势攻击 Sig 的强不可伪造性，那么存在 PPT 敌手$\mathcal{B}$，以至少$\epsilon_1(\mathcal{K})(1-\epsilon_2(\mathcal{K}))$的优势攻击 Π 的 SN-CPA 安全性。

证明：证明方法与定理 4-12 非常相似。设挑战者建立方案 Π，公开 pk。假设有 PPT 敌手$\mathcal{A}$攻击 Π'的 SN-CCA2 安全性，那么能构造一个 PPT 敌手$\mathcal{B}$，以$\mathcal{A}$作为子程序，在选定节点下攻击 Π 的 CPA 安全性。

设(vk^*, C^*, σ^*)是$\mathcal{A}$接收到的挑战密文，Forge 表示事件：$\mathcal{A}$在节点 w^* 下输出密文(vk^*, C, σ)，其中$(C,\sigma)\neq(C^*, \sigma^*)$但是 $\mathrm{Vrfy}_{vk^*}(C,\sigma)=1$。如果允许$\mathcal{A}$在接收到挑战密文前在节点 w^* 下输出密文(vk^*, C, σ)，则不要求$(C,\sigma)\neq(C^*, \sigma^*)$。Pr[Forge]等于$\mathcal{A}$攻破签名方案 Sig 的概率，因为 Sig 是强不可伪造的一次性签名方案，所以 Pr[Forge]是可忽略的。

$\mathcal{B}$的构造如下：

(1) $\mathcal{B}(1^{\mathcal{K}}, \ell')$设置 $\ell=(\ell'-\ell_s(\mathcal{K})-1)/2$ 并运行$\mathcal{A}(1^{\mathcal{K}}, \ell)$。$\mathcal{A}$输出节点 $w^*\in\{0,1\}^{\leqslant\ell}$；$\mathcal{B}$设置 $w'=\mathrm{Encode}(w^*)$，运行 $\mathrm{SigGen}(1^{\mathcal{K}})$产生$(vk^*, sk^*)$，输出节点 $w^{*\prime}=w'|0|vk^*$。

$\mathcal{B}$得到以下形式的所有节点 w 对应的秘密钥$\{sk'_w\}$：

- $w=v\bar{b}$，其中 vb 是 $w^{*\prime}$的前缀，$b\in\{0,1\}$。
- $w=w^{*\prime}0$ 或者 $w=w^{*\prime}1$(当时$|w^{*\prime}|<\ell'$时)。

使用这些秘密钥，$\mathcal{B}$能计算$\mathcal{A}$期望得到的所有秘密钥。

(2) $\mathcal{A}$做节点 w 下(vk, C, σ)的解密询问时，$\mathcal{B}$如下应答：

如果 $\mathrm{Vrfy}_{vk}(C,\sigma)\neq1$，那么$\mathcal{B}$以$\perp$应答。

如果 $w=w'$，$\mathrm{Vrfy}_{vk}(C,\sigma)=1$ 且 $vk=vk^*$(即事件 Forge 发生)，那么$\mathcal{B}$终止并输出一个随机比特。

否则，设 $\bar{w}=\mathrm{Encode}(w)$，因为 $\bar{w}|0|vk$ 不是 $w^{*\prime}$的前缀，$\mathcal{B}$能使用步骤(1)中获得的秘密钥生成节点 $\bar{w}|0|vk$ 对应的秘密钥。所以，$\mathcal{B}$能计算必要的秘密钥，解密 C 并将结果返回给$\mathcal{A}$。

(3) $\mathcal{A}$输出两个等长的消息 M_0、M_1，$\mathcal{B}$将 M_0、M_1 给挑战者，挑战者为$\mathcal{B}$产生挑战密文 C^*，$\mathcal{B}$计算 $\sigma^*=\mathrm{Sign}_{vk^*}(C^*)$并将$(vk^*, C^*, \sigma^*)$返回给$\mathcal{A}$。

(4) $\mathcal{A}$继续向$\mathcal{B}$做解密询问，$\mathcal{B}$应答如前(注意$\mathcal{A}$不能对挑战密文本身进行解密询问)。

(5) $\mathcal{A}$输出一个猜测 β'，$\mathcal{B}$也输出 β。

如果 Forge 不发生，则$\mathcal{B}$对$\mathcal{A}$做的解密询问的应答是有效的，类似于断言 4-8，$\mathcal{B}$的模拟是完备的。

$\mathcal{B}$的优势的求法与定理 4-12 一样。

(定理 4-13 证毕)

第 4 章参考文献

[1] D Boneh, M K Franklin. Identity-Based Encryption from the Weil Pairing. Advances in Cryptology—CRYPTO 2001, LNCS 2139, 2001: 213-229.

[2] D Boneh, X Boyen. Efficient Selective Identity-Based Encryption Without Random Oracles. Journal of Cryptology (JOC), 2011,24(4): 659-693. Extended Abstract in Proceedings of Eurocrypt 2004, LNCS 3027, 2004: 223-238.

[3] B R Waters. Efficient Identity-Based Encryption Without Random Oracles. Advances in Cryptology—EUROCRYPT 2005, LNCS 3494, 2005: 114-127.

[4] B Waters. Dual System Encryption: Realizing Fully Secure IBE and HIBE under Simple Assumptions. Advances in Cryptology—CRYPTO 2009. LNCS 5677，2009：619-636.

[5] A Lewko，B Waters. New Techniques for Dual System Encryption and Fully Secure HIBE with Short Ciphertexts. Theory of Cryptography 2010，LNCS 5978，2010：455-479.

[6] C Gentry，A Silverberg. Hierarchical ID-Based Cryptography. Advances in Cryptology—ASIACRYPT 2002，LNCS 2501，2002：548-566.

[7] D Boneh，E Goh，X Boyen. Hierarchical Identity Based Encryption with Constant Size Ciphertext. Advances in Cryptology—EUROCRYPT 2005，LNCS 3494，2005：440-456.

[8] E Fujisaki，T Okamoto. Secure Integration of Asymmetric and Symmetric Encryption Schemes. Advances in Cryptology—Crypto'99，LNCS 1666，1999：537-554.

[9] R Cramer，V Shoup. Universal Hash Proofs and a Paradigm for Adaptive Chosen Ciphertext Secure Public-Key Encryption. EUROCRYPT 2002,2002：45-64.

[10] R Cramer，V Shoup. Design and Analysis of Practical Public-Key Encryption Schemes Secure Against Adaptive Chosen Ciphertext Attack. SIAM J. Comput. 2003,33(1)：167-226.

[11] X Boyen，Q Mei，B Waters. Direct Chosen Ciphertext Security from Identity-Based Techniques. In：ACM Conference on Computer and Communications Security—CCS 2005. New York：ACM Press，2005：320-329.

[12] R Canetti，S Halevi，J Katz. Chosen-Ciphertext Security from Identity-Based Encryption. Advances in Cryptology— EUROCRYPT 2004，LNCS 3027，2004：207-222.

[13] D Boneh，J Katz. Improved Efficiency for CCA-Secure Cryptosystems Built Using Identity Based Encryption. In Proceedings of RSA-CT 2005. 2005.

[14] R Canetti，S Halevi，J Katz. A Forward-Secure Public-Key Encryption Scheme. Adv. in Cryptology—Eurocrypt 2003，LNCS 2656，2003：255-271.

第5章 基于属性的密码体制

5.1 基于属性的密码体制的一般概念

加密可被认为是加密者与接收者(用户或设备)共享数据的一种方法,但仅限于加密者明确知道他想要共享数据的用户。在许多应用中,加密者并不明确知道想要共享数据的用户。例如,加密者意欲在某个特定时间段与具有某个特定 IP 地址的用户共享数据,加密者就必须把自己的秘密钥给这些特定的用户。这种共享数据的方式只能实现"一对一"的加密,因而是粗粒度的,限制了加密者以细粒度方式和其他用户共享加密数据。基于属性的加密(Attribute-Based Encryption, ABE)机制是传统公钥加密的一种延伸,由 Sahai 和 Waters 在 2005 年欧密会上提出[1],其中加密者能够在加密算法中表达他想要如何分享数据,他可根据接收用户的凭证制定一些策略,并根据这些策略来共享数据。接收用户的凭证用属性集合描述,属性是描述用户的信息要素,通常指用户本身所拥有的特性或身份标识,如学生的属性可包括所在的院系、专业、类别、年级等。

基于属性的加密机制又分为基于密文策略的属性加密(Ciphertext-Policy Attribute-Based Encryption, CP-ABE)和基于密钥策略的属性加密(Key-Policy Attribute-Based Encryption, KP-ABE)。在 CP-ABE 中接收者的密钥与属性集合相关联,而密文则包含该属性集上的访问策略,只有当接收者密钥所关联的属性集满足密文所包含的访问策略时才能解密。KP-ABE 则相反,密文包含属性集合,而密钥则与该属性集合的访问策略相关联,只有当密文的属性集合满足密钥所关联的访问策略时才能解密。

IBE 方案可看作是一种特殊的 KP-ABE 方案,其中密文包含的属性为接收者的身份,密钥所关联的访问策略为:密钥的属主身份与密文包含的接收者身份一样时,可以解密。

CP-ABE 方案由以下 4 个算法组成:

(1) 初始化。为随机化算法,输入安全参数$\mathcal{K}$和属性总体的描述,输出系统参数 params 和主密钥 msk。表示为(params,msk)←Init($\mathcal{K}$)。

(2) 加密。为随机化算法,输入消息 M、系统参数 params 以及属性总体上的访问结构$\mathbb{A}$,输出密文 CT,CT 中隐含地包含访问结构$\mathbb{A}$。仅当接收方拥有满足访问结构的属性集合时才能解密该密文。表示为 $\mathrm{CT}=\mathcal{E}_{\mathbb{A}}(M)$。

(3) 密钥产生。为随机化算法,输入系统参数 params、主密钥 msk 以及用来描述密钥的属性集 γ,输出会话密钥 sk。表示为 sk←ABEGen(γ)。

(4) 解密。为确定性算法，输入系统参数 params、会话密钥 sk(属性集合 γ 对应的密钥)及密文 CT(包含访问结构 $\mathbb{A}$)，如果 γ 满足访问结构 $\mathbb{A}$（表示为 $\gamma\in\mathbb{A}$），解密算法将解密 CT 并返回消息 M。表示为 $M=\mathcal{D}_{sk}(CT)$。

CP-ABE 机制的安全模型与 IBE 机制类似，其中允许敌手对任意的密钥(除了用来解密挑战密文的)进行询问。敌手会选择挑战一个满足访问结构 $\mathbb{A}^*$ 的密文，并且能够对任何不满足访问结构 $\mathbb{A}^*$ 的属性集合 γ 进行密钥询问。记 CP-ABE 方案为 Π，Π 的 IND 游戏(称为 IND-CP-ABE-CPA 游戏)如下：

(1) 初始化。由挑战者运行，产生系统参数 params 并将其给敌手。

(2) 阶段 1(训练)。敌手发出对属性集合 γ 的秘密钥产生询问。挑战者运行秘密钥产生算法，产生与 γ 对应的秘密钥 d，并把它发送给敌手，这一过程可重复多项式有界次。

(3) 挑战。敌手提交两个长度相等的消息 M_0 和 M_1。此外，敌手选定一个意欲挑战的访问结构 $\mathbb{A}^*$，其中敌手在阶段 1 中询问过的属性集合均不能满足此访问结构。挑战者选择随机数 $\beta\leftarrow_R\{0,1\}$ 并以 $\mathbb{A}^*$ 加密 M_β，将密文 C^* 给敌手。

(4) 阶段 2(训练)。敌手发出对其余的属性集合 γ 的秘密钥产生询问，唯一的限制是这些 γ 均不满足挑战阶段的访问结构 $\mathbb{A}^*$。挑战者以阶段 1 中的方式进行回应，这一过程可重复多项式有界次。

(5) 猜测。敌手输出猜测 $\beta'\in\{0,1\}$，如果 $\beta'=\beta$，则敌手攻击成功。

敌手的优势定义为安全参数 $\mathcal{K}$ 的函数：

$$\mathrm{Adv}_{\Pi,\mathcal{A}}^{\text{CP-ABE}}(\mathcal{K})=\left|\Pr[\beta'=\beta]-\frac{1}{2}\right|$$

如果敌手在初始化阶段前声称一个意欲挑战的访问结构 $\mathbb{A}^*$，则称这个系统是选定访问结构安全的。

IND-CP-ABE-CPA 游戏的形式化描述如下：

$$\begin{array}{l}
\underline{\mathrm{Exp}_{\Pi,\mathcal{A}}^{\text{IND-CP-ABE-CPA}}(\mathcal{K})}\\
(\text{params},\text{msk})\leftarrow\mathrm{Init}(\mathcal{K});\\
(M_0,M_1,\mathbb{A}^*)\leftarrow\mathcal{A}^{\mathrm{ABEGen}(\cdot)}(\text{params});\\
\beta\leftarrow_R\{0,1\},C^*=\mathcal{E}_{\mathbb{A}^*}(M_\beta);\\
\beta'\leftarrow\mathcal{A}^{\mathrm{ABEGen}_{\neq\mathbb{A}^*}(\cdot)}(C^*);\\
\text{如果 }\beta'=\beta\text{，则返回 }1\text{；否则返回 }0.
\end{array}$$

其中 ABEGen(·)表示敌手 $\mathcal{A}$ 向挑战者做属性集合的秘密钥询问，$\mathrm{ABEGen}_{\neq\mathbb{A}^*}(\cdot)$ 表示敌手 $\mathcal{A}$ 向挑战者做不满足 $\mathbb{A}^*$ 的属性集合 γ 的秘密钥询问。

敌手的优势为

$$\mathrm{Adv}_{\Pi,\mathcal{A}}^{\text{CP-ABE}}(\mathcal{K})=\left|\Pr[\mathrm{Exp}_{\Pi,\mathcal{A}}^{\text{IND-CP-ABE-CPA}}(\mathcal{K})=1]-\frac{1}{2}\right|$$

定义 5-1　如果对任何多项式时间的敌手 $\mathcal{A}$ 在上述游戏中的优势是可忽略的，则称此 CP-ABE 加密机制是语义安全的。

KP-ABE 方案由以下 4 个算法组成：

(1) 初始化。为随机化算法，输入安全参数 $\mathcal{K}$ 和属性总体的描述，输出系统参数

params 和主密钥 msk。表示为(params,msk)←Init($\mathcal{K}$)。

(2) 加密。为随机化算法,输入消息 M、系统参数 params 以及属性集 γ,输出密文 CT。表示为 CT=$\mathcal{E}_\gamma(M)$。

(3) 密钥产生。为随机化算法,输入系统参数 params、主密钥 msk 以及访问结构$\mathbb{A}$,输出会话密钥 sk。表示为 sk←ABEGen($\mathbb{A}$)。

(4) 解密。为确定性算法,输入系统参数 params、会话密钥 sk(属性集合 γ 对应的密钥)及密文 CT(包含访问策略$\mathbb{A}$),如果 $\gamma\in\mathbb{A}$,解密算法将解密 CT 并返回消息 M。表示为 $M=\mathcal{D}_{sk}(CT)$。

仍将 KP-ABE 方案记为 Π,Π 的 IND 游戏(称为 IND-KP-ABE-CPA 游戏)如下:

(1) 初始化。由挑战者运行,产生系统参数 params 和主密钥 msk,将 params 给敌手。

(2) 阶段 1(训练)。敌手发出对访问结构$\mathbb{A}$的秘密钥产生询问。挑战者运行秘密钥产生算法,产生与$\mathbb{A}$对应的秘密钥 d,并把它发送给敌手,这一过程可重复多项式有界次。

(3) 挑战。敌手提交两个长度相等的消息 M_0、M_1 和一个意欲挑战的属性集合 γ^*,其中 γ^* 不满足阶段 1 中的每一个访问结构$\mathbb{A}$。挑战者选择随机数 $\beta\leftarrow_R\{0,1\}$,以 γ^* 加密 M_β,将密文 C^* 给敌手。

(4) 阶段 2(训练)。重复阶段 1 的过程,敌手发出对其余的访问结构$\mathbb{A}$的秘密钥产生询问。唯一的限制是挑战阶段产生的属性集合 γ^* 均不满足访问结构$\mathbb{A}$,表示为 $\gamma^*\notin\mathbb{A}$。挑战者以阶段 1 中的方式进行回应,这一过程可重复多项式有界次。

(5) 猜测。敌手输出猜测 $\beta'\in\{0,1\}$,如果 $\beta'=\beta$,则敌手攻击成功。

敌手的优势定义为安全参数$\mathcal{K}$的函数:

$$\mathrm{Adv}_{\Pi,\mathcal{A}}^{\text{KP-ABE}}(\mathcal{K})=\left|\Pr[\beta'=\beta]-\frac{1}{2}\right|$$

如果敌手在初始化阶段前声称一个意欲挑战的属性集合 γ^*,则称这个系统是选定属性安全的。

IND-KP-ABE-CPA 游戏的形式化描述如下:

$$\begin{aligned}
&\underline{\mathrm{Exp}_{\Pi,\mathcal{A}}^{\text{IND-KP-ABE-CPA}}(\mathcal{K}):}\\
&(\text{params},\text{msk})\leftarrow\mathrm{Init}(\mathcal{K});\\
&(M_0,M_1,\gamma^*)\leftarrow\mathcal{A}^{\mathrm{ABEGen}(\cdot)}(\text{params});\\
&\beta\leftarrow_R\{0,1\},C^*=\mathcal{E}_{\gamma^*}(M_\beta);\\
&\beta'\leftarrow\mathcal{A}^{\mathrm{ABEGen}_{\neq\gamma^*}(\cdot)}(C^*);\\
&\text{如果 }\beta'=\beta\text{,则返回 1;否则返回 0.}
\end{aligned}$$

其中 ABEGen(·)表示敌手$\mathcal{A}$向挑战者做访问结构的秘密钥询问,$\mathrm{ABEGen}_{\neq\gamma^*}(\cdot)$表示敌手$\mathcal{A}$向挑战者做访问结构$\mathbb{A}$的秘密钥询问,其中 $\gamma^*\notin\mathbb{A}$。

敌手的优势为

$$\mathrm{Adv}_{\Pi,\mathcal{A}}^{\text{KP-ABE}}(\mathcal{K})=\left|\Pr[\mathrm{Exp}_{\Pi,\mathcal{A}}^{\text{IND-KP-ABE-CPA}}(\mathcal{K})=1]-\frac{1}{2}\right|$$

定义 5-2 如果对任何多项式时间的敌手$\mathcal{A}$在上述游戏中的优势是可忽略的,则称此

KP-ABE 加密机制是语义安全的。

与 IBE 方案类似,ABE 方案的安全模型也分为分离策略安全的和基于对偶系统安全的。然而分离策略在 ABE 中不容易实现,这是因为 ABE 中秘密钥和密文的结构复杂得多,不同的密钥可能共享不同的属性,因而是相关联的。对偶加密系统可解决分离式策略带来的问题。

访问结构也称访问策略,表示为$\mathbb{A}$(见定义 1-18),它的引入实现了对数据的细粒度访问控制,使得一个密钥可能解密多个密文,而一个密文也可能被多个密钥解密。

本章分别介绍 Sahai 和 Waters 的模糊身份的 CP-ABE 加密方案[1],Goyal、Pandey、Sahai、Waters 的细粒度 KP-ABE 方案[2],Waters 的 CP-ABE 加密方案[3],Lewko 等的基于对偶系统加密的 ABE 方案[4],Ostrovsky、Sahai、Waters 的非单调访问结构的 ABE 方案[5],Boneh,Sahai,Waters 的函数加密方案[6]。文献[1]中的访问策略是门限策略,其中密文中需要有一定数量(门限)的特定属性才能解密。文献[2-4]中的访问策略是单调访问策略,其定义见定义 1-18,其中表达策略的谓词公式中只有与门(AND)、或门(OR)以及门限门结构,而没有非门(即否定词)。文献[5]的方案可处理否定词,因而是非单调的访问结构。

5.2　基于模糊身份的加密方案

基于模糊身份的加密方案,简称 Fuzzy IBE(Fuzzy Identity-Based Encryption),是 Sahai 和 Waters 于 2005 年提出的,是对使用生物特征数据作为身份信息的 IBE 方案的改进。该方案通过引入门限方案的思想,将用户的多个公开钥构建成具有逻辑关系的门限结构,且身份信息和公开钥具有一对多的对应关系。若用户拥有身份 ω 对应的秘密钥,就可解密公开钥 ω' 加密的消息,当且仅当在某种度量下,ω 和 ω' 在某个距离之内。作为身份信息的生物特征,其距离度量可取汉明距离、集合差、编辑距离。所以在 Fuzzy IBE 系统中,将用户的生物特征作为身份,可实现容错的基于身份的加密。此外若将身份 ω 取为属性集合,Fuzzy IBE 系统则可用于基于密钥策略的属性加密(KP-ABE)。

5.2.1　Fuzzy IBE 的安全模型及困难性假设

Fuzzy IBE 的选定身份(Fuzzy Selective-ID)模型与基于身份的标准模型类似,区别在于仅允许敌手询问与目标身份在某个距离范围外的身份的秘密钥,其中距离度量取集合差。设 ω 和 ω' 是两个集合,它们的对称差是集合 $\omega\Delta\omega'=\{x\in\omega\cup\omega' \mid x\notin\omega\cap\omega'\}$,$\omega$ 和 ω' 之间的集合差定义为 $|\omega\Delta\omega'|$。为使集合差大于某个门限值,$|\omega\cap\omega'|$ 必须小于某个定值,这样就可以把集合差转化为集合交来描述。

设$\mathcal{A}$表示一个攻击者,$\mathcal{A}$可以对任一身份做秘密钥产生询问,限制条件是该身份与要攻击的身份交集大小小于 d。

下面是 Fuzzy IBE 机制(记为 Π)安全游戏。

(1) 敌手声称意欲挑战的身份 α。

(2) 初始化。由挑战者运行,产生系统参数 params 和主密钥 msk,将 params 给敌手。

(3) 阶段 1(训练)。敌手对满足 $|\gamma_j \cap \alpha| < d$ 的身份 γ_j 进行秘密钥询问。

(4) 挑战。敌手提交两个长度相等的消息 M_0 和 M_1。挑战者选择随机数 $\beta \leftarrow_R \{0,1\}$,以 α 加密 M_β,将密文 C^* 给敌手。

(5) 阶段 2(训练)。重复阶段 1 的过程。

(6) 猜测。敌手输出猜测 $\beta' \in \{0,1\}$,如果 $\beta'=\beta$,则敌手攻击成功。

敌手的优势定义为安全参数$\mathcal{K}$的函数:

$$\mathrm{Adv}_{\Pi,\mathcal{A}}^{\mathrm{ABE}}(\mathcal{K}) = \left| \Pr[\beta' = \beta] - \frac{1}{2} \right|$$

定义 5-3 如果对任何多项式时间的敌手$\mathcal{A}$在上述游戏中的优势是可忽略的,则称此 Fuzzy IBE 加密机制是安全的。

下面的 Fuzzy IBE 方案其安全性基于判定性修改版的双线性 Diffie-Hellman (Modified Bilinear Diffie-Hellman)假设,记为判定性 MBDH 假设。回忆判定性双线性 Diffie-Hellman 假设,挑战者随机选择 $a,b,c \leftarrow_R \mathbb{Z}_p$,不存在多项式时间的敌手能以不可忽略的优势区分以下两个分布总体:

$$\{(A = g^a, B = g^b, C = g^c, Z = \hat{e}(g,g)^{abc})\}$$
$$\{(A = g^a, B = g^b, C = g^c, Z = \hat{e}(g,g)^{z})\}$$

判定性 MBDH 假设是指,挑战者随机选择 $a,b,c \leftarrow_R \mathbb{Z}_p$,不存在多项式时间的敌手能以不可忽略的优势区分

$$\mathcal{P}_{\mathrm{MBDH}} = \{(A = g^a, B = g^b, C = g^c, Z = \hat{e}(g,g)^{\frac{ab}{c}})\}$$

和

$$\mathcal{R}_{\mathrm{MBDH}} = \{(A = g^a, B = g^b, C = g^c, Z = \hat{e}(g,g)^{z})\}$$

5.2.2 基于模糊身份的加密方案

方案将身份看作属性集合,门限值 d 表示由身份 ω 产生的密文仅由满足 $|\omega \cap \omega'| \geqslant d$ 的 ω' 才能解密。其中,参数设置如下:g 是阶为素数 p 的群$\mathbb{G}_1$的生成元,双线性映射 $\hat{e}$: $\mathbb{G}_1 \times \mathbb{G}_1 \to \mathbb{G}_2$。$\mathcal{K}$为安全参数,代表群的大小。对 $i \in \mathbb{Z}_p$ 及$\mathbb{Z}_p$中元素的集合 S,定义拉格朗日系数为 $\Delta_{i,S}(x) = \prod_{j \in S, j \neq i} \frac{x-j}{i-j}$。属性总体记为$\mathcal{U}$,大小记为$|\mathcal{U}|$,其元素用$\mathbb{Z}_p^*$中的前$|\mathcal{U}|$个元素 $1,\cdots,|\mathcal{U}| \pmod p$表示。身份为$\mathcal{U}$的元素构成的子集。方案如下。

(1) 初始化。

Init($\mathcal{K}$):

$t_1,\cdots,t_{|\mathcal{U}|}, y \leftarrow_R \mathbb{Z}_p$;

params $= (T_1 = g^{t_1},\cdots,T_{|\mathcal{U}|} = g^{t_{|\mathcal{U}|}}, Y = \hat{e}(g,g)^y)$;

msk $= (t_1,\cdots,t_{|\mathcal{U}|}, y)$.

(2) 密钥产生(其中 $\omega \subseteq \mathcal{U}$)。

ABEGen(msk,ω):

随机选取一个 $d-1$ 次多项式 q，满足 $q(0)=y$；

$D_i = g^{\frac{q(i)}{t_i}}, i \in \omega$；

$d_\omega = \{D_i\}_{i\in\omega}$.

d_ω 作为对 ω 产生的秘密钥。

(3) 加密(用接收方的属性 ω' 作为公开钥，其中 $M\in\mathbb{G}_2$)。

$\underline{\mathcal{E}_{\omega'}(M)}$：

$s \leftarrow_R \mathbb{Z}_p$；

$\mathrm{CT} = (\omega', C' = M\cdot Y^s, \{C_i = T_i^s\}_{i\in\omega'})$.

注意，属性信息 ω' 出现在密文 CT 中。

(4) 解密(用 ω 解密 CT，其中 $|\omega\cap\omega'|\geqslant d$)。

$\underline{\mathcal{D}_{d_\omega}(\mathrm{CT})}$：

在 $\omega\cap\omega'$ 中选 d 个元素，构成集合 S；

返回 $C'\Big/\prod_{i\in S}(\hat{e}(D_i,C_i))^{\Delta_{i,S}(0)}$.

这是因为

$$\begin{aligned}C'\Big/\prod_{i\in S}(\hat{e}(D_i,C_i))^{\Delta_{i,S}(0)} &= M\cdot\hat{e}(g,g)^{sy}\Big/\prod_{i\in S}(\hat{e}(g^{\frac{q(i)}{t_i}},g^{st_i}))^{\Delta_{i,S}(0)}\\ &= M\cdot\hat{e}(g,g)^{sy}\Big/\prod_{i\in S}(\hat{e}(g,g)^{sq_i})^{\Delta_{i,S}(0)}\\ &= M\end{aligned}$$

最后一个等式由指数上的插值得到。

定理 5-1　在选定身份模型下，如果存在多项式时间的敌手 $\mathcal{A}$ 以 ϵ 的优势攻破该方案，则存在另一敌手 $\mathcal{B}$ 以 $\frac{\epsilon}{2}$ 的优势解决判定性 MBDH 问题。

证明：挑战者做如下设置：选取群 $\mathbb{G}_1$(包括其生成元 g)、$\mathbb{G}_2$ 及双线性映射 $\hat{e}$：$\mathbb{G}_1\times\mathbb{G}_1\to\mathbb{G}_2$，随机选取 $\mu\leftarrow_R\{0,1\}$，若 $\mu=0$，设置

$$T=(A,B,C,Z)=(g^a,g^b,g^c,\hat{e}(g,g)^{\frac{ab}{c}})$$

若 $\mu=1$，设置

$$T=(A,B,C,Z)=(g^a,g^b,g^c,\hat{e}(g,g)^z)$$

其中 a、b、c、z 均为随机数。$\mathcal{B}$ 收到 4 元组 T 后，通过与 $\mathcal{A}$ 进行以下游戏，以判断 $T\in\mathcal{P}_{\mathrm{MBDH}}$ 还是 $T\in\mathcal{R}_{\mathrm{MBDH}}$。假定属性总体 $\mathcal{U}$ 是公开的。

游戏开始前，$\mathcal{B}$ 首先获得 $\mathcal{A}$ 意欲挑战的身份 α。

(1) 初始化。$\mathcal{B}$ 产生系统参数：$Y=\hat{e}(g,A)=\hat{e}(g,g)^a$；对所有的 $i\in\alpha$，随机选择 $v_i\leftarrow_R\mathbb{Z}_p$，令 $T_i=C^{v_i}=g^{cv_i}$；对所有的 $i\in U-\alpha$，随机选择 $w_i\leftarrow_R\mathbb{Z}_p$，令 $T_i=g^{w_i}$。设系统参数 params$=(T_1,\cdots,T_{|U|},Y)$，将其发送给敌手 $\mathcal{A}$。在 $\mathcal{A}$ 看来所有参数均为随机的。

(2) 阶段 1。$\mathcal{A}$ 对身份 γ 做秘密钥产生询问，其中 γ 满足 $|\gamma\cap\alpha|<d$。$\mathcal{B}$ 按以下方式定义 3 个集合 Γ、Γ'、S：

- $\Gamma=\gamma\cap\alpha$。

- Γ'是满足$\Gamma \subseteq \Gamma' \subseteq \gamma$且$|\Gamma'|=d-1$的集合。
- $S=\Gamma' \cup \{0\}$。

Γ、Γ'与挑战身份α和γ之间的关系如图5-1所示。

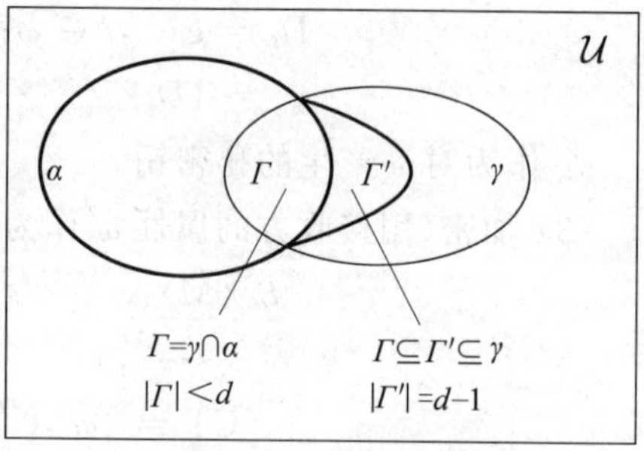

图5-1　4个集合之间的关系

然后按以下方式为γ产生秘密钥：

- 当$i \in \Gamma$时，随机选取$s_i \leftarrow_R \mathbb{Z}_p$，计算$D_i = g^{s_i}$。
- 当$i \in \Gamma' - \Gamma$时，随机选取$\lambda_i \leftarrow_R \mathbb{Z}_p$，计算$D_i = g^{\frac{\lambda_i}{w_i}}$。

按照上述方式，隐含地有一个$d-1$次多项式$q(x)$满足

$$q(i)=\begin{cases} a, & i=0 \\ cv_i s_i, & i \in \Gamma \\ \lambda_i, & i \in \Gamma' - \Gamma \end{cases}$$

而对于$i \notin \Gamma'$，由于对所有$i \notin \alpha$，$\mathcal{B}$知道T_i的离散对数w_i，因此可计算

$$D_i = \left(\prod_{j \in \Gamma} C^{\frac{v_j s_j \Delta_{j,S}(i)}{w_i}}\right)\left(\prod_{j \in \Gamma' - \Gamma} g^{\frac{\lambda_j \Delta_{j,S}(i)}{w_i}}\right) A^{\frac{\Delta_{0,S}(i)}{w_i}}$$

利用拉格朗日插值，D_i的表达式中，隐含地有一个由Γ'中的$d-1$个点和A构成的$d-1$次多项式$q(x)$，使得$D_i = g^{\frac{q(i)}{t_i}}$。在敌手$\mathcal{A}$看来，$\mathcal{B}$按以上方式为$\gamma$产生的秘密钥与真实方案中的秘密钥是同分布的。

(3) 挑战。$\mathcal{A}$向$\mathcal{B}$提交两个挑战消息M_0和M_1。$\mathcal{B}$随机选$\beta \leftarrow_R \{0,1\}$，计算$M_\beta$的密文：$C^* = (\alpha, C' = M_\beta \cdot Z, \{C_i = B^{v_i}\}_{i \in \alpha})$。如果$\mu=0$，则$Z = \hat{e}(g,g)^{\frac{ab}{c}}$，如果设$r' = \frac{b}{c}$，则有$C' = M_\beta \cdot Z = M_\beta \cdot \hat{e}(g,g)^{\frac{ab}{c}} = M_\beta \cdot \hat{e}(g,g)^{ar'} = M_\beta \cdot Y^{r'}$，$C_i = B^{v_i} = g^{bv_i} = g^{\frac{b}{c} cv_i} = g^{r' cv_i} = (T_i)^{r'}$。所以该密文是消息$M_\beta$在公钥$\alpha$下的加密结果。如果$\mu=1$，则$Z = g^z$，有$C' = M_\beta \cdot \hat{e}(g,g)^z$，由于$z$是随机的，所以在$\mathcal{A}$看来，$C'$是$\mathbb{G}_2$中的随机元素，不含有$M_\beta$的信息。

(4) 阶段2。与阶段1类似。

(5) 猜测。$\mathcal{A}$输出对β的猜测β'。如果$\beta'=\beta$，$\mathcal{B}$输出$\mu'=0$，表示$T \in \mathcal{P}_{\text{MBDH}}$；如果$\beta' \neq \beta$，$\mathcal{B}$输出$\mu'=1$，表示$T \in \mathcal{R}_{\text{MBDH}}$。

当$\mu=1$时，$\mathcal{A}$没有获得β的任何信息，因此$\Pr[\beta' \neq \beta | \mu=1] = \frac{1}{2}$。而当$\beta' \neq \beta$时，$\mathcal{B}$猜测$\mu'=1$，所以$\Pr[\mu'=\mu | \mu=1] = \frac{1}{2}$。

当$\mu=0$时，$\mathcal{A}$看到M_β的密文，由于$\mathcal{A}$的优势是ϵ，$\Pr[\beta'=\beta | \mu=0] = \frac{1}{2} + \epsilon$。而当$\beta'=\beta$时，$\mathcal{B}$猜测$\mu'=0$，所以$\Pr[\mu'=\mu | \mu=0] = \frac{1}{2} + \epsilon$。

综上，由(2.2)式，$\mathcal{B}$的优势为

$$\frac{1}{2}\Pr[\mu'=\mu | \mu=0] - \frac{1}{2}\Pr[\mu'=\mu | \mu=1] = \frac{1}{2}\left(\frac{1}{2}+\epsilon\right) - \frac{1}{2} \times \frac{1}{2} = \frac{\epsilon}{2}$$

（定理5-1证毕）

5.2.3 大属性集上的基于模糊身份的加密方案

在 5.2.2 节的方案中，公开参数随着属性集的大小 $|\mathcal{U}|$ 而线性增长。本方案取 $\mathbb{Z}_p^*$ 为属性总体，公开参数关于 n 线性增长，其中 n 为加密的最大的身份长度。通过大属性集上一个抗碰撞的哈希函数 $H:\{0,1\}^* \rightarrow \mathbb{Z}_p^*$，可以把任意串映射到 $\mathbb{Z}_p^*$ 上，在初始化阶段建立系统公开参数时，不用考虑属性。方案的安全性基于判定性 BDH 假设(见 4.3.1 节)。

参数设置与 5.2.2 节相同，加密身份固定为 n 长，即身份由 $\mathbb{Z}_p^*$ 中的 n 个元素构成。如果取一个将任意串映射到 $\mathbb{Z}_p^*$ 的抗碰撞的哈希函数 H，则身份可取为 n 个任意长的元素。方案的具体构造如下。

(1) 初始化。

$$
\begin{aligned}
&\underline{\text{Init}(\mathcal{K})}:\\
&\quad y \leftarrow_R \mathbb{Z}_p;\\
&\quad g_1 = g^y, g_2 \leftarrow_R \mathbb{G}_1;\\
&\quad t_1, \cdots, t_{n+1} \leftarrow_R \mathbb{G}_1;\\
&\quad N \triangleq \{1, \cdots, n+1\};\\
&\quad T(x) \triangleq g_2^{x^n} \prod_{i=1}^{n+1} t_i^{\Delta_{i,N}(x)};\\
&\quad \text{params} = (g_1, g_2, t_1, \cdots, t_{n+1});\\
&\quad \text{msk} = y.
\end{aligned}
$$

其中定义的函数 $T(x) \triangleq g_2^{x^n} \prod_{i=1}^{n+1} t_i^{\Delta_{i,N}(x)}$ 可看作是存在某个 n 次多项式 $h(x)$ 使得 $T(x) = g_2^{x^n} g^{h(x)}$。

(2) 密钥产生(其中 $\omega \subseteq \mathcal{U}$)。

$$
\begin{aligned}
&\underline{\text{ABEGen}(\text{msk}, \omega)}:\\
&\quad \text{随机选取一个 } d-1 \text{ 次多项式 } q, \text{满足 } q(0) = y;\\
&\quad \text{对每一 } i \in \omega\\
&\quad \{r_i \leftarrow_R \mathbb{Z}_p;\\
&\quad D_i = g_2^{q(i)} T(i)^{r_i}, d_i = g^{r_i}\};\\
&\quad d_\omega = \{D_i, d_i\}_{i \in \omega}.
\end{aligned}
$$

d_ω 作为对 ω 产生的秘密钥。

(3) 加密(用接收方的属性 ω' 作为公开钥，其中 $M \in \mathbb{G}_2$)。

$$
\begin{aligned}
&\underline{\mathcal{E}_{\omega'}(M)}:\\
&\quad s \leftarrow_R \mathbb{Z}_p;\\
&\quad \text{CT} = (\omega', C' = M \cdot \hat{e}(g_1, g_2)^s, C'' = g^s, \{C_i = T(i)^s\}_{i \in \omega'}).
\end{aligned}
$$

注意，属性信息 ω' 出现在密文 CT 中。

(4) 解密(用 ω 解密 CT,其中$|\omega \cap \omega'| \geq d$)。

$\underline{\mathcal{D}_{d_\omega}(\mathrm{CT})}$:

在 $\omega \cap \omega'$ 中选 d 个元素,构成集合 S;

返回 $C' \prod_{i \in S} \left(\frac{\hat{e}(d_i, C_i)}{\hat{e}(D_i, C'')} \right)^{\Delta_{i,S}(0)}$.

这是因为

$$\begin{aligned} C' \prod_{i \in S} \left(\frac{\hat{e}(d_i, C_i)}{\hat{e}(D_i, C'')} \right)^{\Delta_{i,S}(0)} &= M \cdot \hat{e}(g_1, g_2)^s \prod_{i \in S} \left(\frac{\hat{e}(g^{r_i}, T(i)^s)}{\hat{e}(g_2^{q(i)} T(i)^{r_i}, g^s)} \right)^{\Delta_{i,S}(0)} \\ &= M \cdot \hat{e}(g_1, g_2)^s \prod_{i \in S} \left(\frac{\hat{e}(g^{r_i}, T(i)^s)}{\hat{e}(g_2^{q(i)}, g^s) \hat{e}(T(i)^{r_i}, g^s)} \right)^{\Delta_{i,S}(0)} \\ &= M \cdot \hat{e}(g, g_2)^{ys} \prod_{i \in S} \frac{1}{\hat{e}(g, g_2)^{q(i)s\Delta_{i,S}(0)}} \\ &= M. \end{aligned}$$

定理 5-2 在选定身份模型下,如果存在多项式时间的敌手$\mathcal{A}$以ϵ的优势攻破该方案,则存在另一敌手$\mathcal{B}$以$\frac{\epsilon}{2}$的优势解决判定性 BDH 问题。

证明:挑战者做如下设置:选取群$\mathbb{G}_1$(包括其生成元 g)、$\mathbb{G}_2$及双线性映射 $\hat{e}$: $\mathbb{G}_1 \times \mathbb{G}_1 \rightarrow \mathbb{G}_2$,随机选取 $\mu \leftarrow_R \{0,1\}$,若 $\mu = 0$,设置

$$T = (A, B, C, Z) = (g^a, g^b, g^c, \hat{e}(g, g)^{abc})$$

若 $\mu = 1$,设置

$$T = (A, B, C, Z) = (g^a, g^b, g^c, \hat{e}(g, g)^z)$$

其中 a、b、c、z 均为随机数。$\mathcal{B}$收到 4 元组 T 后,通过与$\mathcal{A}$进行以下游戏,以判断 $T \in \mathcal{P}_{\mathrm{BDH}}$ 还是 $T \in \mathcal{R}_{\mathrm{BDH}}$。假定属性总体$\mathcal{U}$是公开的。

游戏开始前,$\mathcal{B}$首先获得$\mathcal{A}$意欲挑战的身份 α。

(1) 初始化。$\mathcal{B}$产生系统参数: $g_1 = A, g_2 = B$。随机选择一个 n 次多项式 $f(x)$,再定义一个 n 次多项式 $u(x)$ 满足 $u(x) = -x^n$ 当且仅当 $x \in \alpha$。令 $t_i = g_2^{u(i)} g^{f(i)}$ $(i = 1, 2, \cdots, n+1)$,则 $T(x) = g_2^{x^n + u(x)} g^{f(x)}$。当 $x \in \alpha$ 时,$T(x) = g^{f(x)}$。

(2) 阶段 1。$\mathcal{A}$对身份 γ 做秘密钥产生询问,其中 γ 满足$|\gamma \cap \alpha| < d$。$\mathcal{B}$按以下方式定义 3 个集合 Γ、Γ'、S:

- $\Gamma = \gamma \cap \alpha$。
- Γ'是满足$\Gamma \subseteq \Gamma' \subseteq \gamma$ 且$|\Gamma'| = d - 1$ 的集合。
- $S = \Gamma' \cup \{0\}$。

然后按以下方式为 γ 产生秘密钥:

- 当$i \in \Gamma'$时,随机选取 $r_i, \lambda_i \leftarrow_R \mathbb{Z}_p$,计算 $D_i = g_2^{\lambda_i} T(i)^{r_i}, d_i = g^{r_i}$。按照这种方式,隐含地有一个 $d-1$ 次多项式 $q(x)$满足

$$q(i) = \begin{cases} a, & i = 0 \\ \lambda_i, & i \in \Gamma \end{cases}$$

• 当 $i \in \gamma - \Gamma'$ 时，随机选取 $r_i' \leftarrow_R \mathbb{Z}_p$ 及 $\lambda_j \leftarrow_R \mathbb{Z}_p$（对所有 $j \in \Gamma'$），计算 D_i 和 d_i：

$$D_i = \left(\prod_{j \in \Gamma'} g_2^{\lambda_j \Delta_{j,S}(i)}\right)\left(g_1^{\frac{-f(i)}{i^n+u(i)}}\left(g_2^{i^n+u(i)} g^{f(i)}\right)^{r_i'}\right)^{\Delta_{0,S}(i)}, \quad d_i = \left(g_1^{\frac{-1}{i^n+u(i)}} g^{r_i'}\right)^{\Delta_{0,S}(i)}$$

从 $u(x)$ 的构造知，当 $i \notin \alpha$（包括 $i \in \gamma - \Gamma'$）时，$u(i) \neq -i^n$，即 $i^n + u(i) \neq 0$。如果设 $r_i = \left(r_i' - \frac{a}{i^n + u(i)}\right)\Delta_{0,S}(i)$，而 $q(x)$ 如上定义，则

$$\begin{aligned}
D_i &= \left(\prod_{j \subset \Gamma'} g_2^{\lambda_j \Delta_{j,S}(i)}\right)\left(\left(g_1^{\frac{-f(i)}{i^n+u(i)}}\right)\left(g_2^{i^n+u(i)} g^{f(i)}\right)^{r_i'}\right)^{\Delta_{0,S}(i)} \\
&= \left(\prod_{j \in \Gamma'} g_2^{\lambda_j \Delta_{j,S}(i)}\right)\left(\left(g_1^{\frac{-af(i)}{i^n+u(i)}}\right)\left(g_2^{i^n+u(i)} g^{f(i)}\right)^{r_i'}\right)^{\Delta_{0,S}(i)} \\
&= \left(\prod_{j \in \Gamma'} g_2^{\lambda_j \Delta_{j,S}(i)}\right)\left(g_2^a \left(g_2^{i^n+u(i)} g^{f(i)}\right)^{\frac{-a}{i^n+u(i)}}\left(g_2^{i^n+u(i)} g^{f(i)}\right)^{r_i'}\right)^{\Delta_{0,S}(i)} \\
&= \left(\prod_{j \in \Gamma'} g_2^{\lambda_j \Delta_{j,S}(i)}\right)\left(g_2^a \left(g_2^{i^n+u(i)} g^{f(i)}\right)^{r_i' - \frac{a}{i^n+u(i)}}\right)^{\Delta_{0,S}(i)} \\
&= \left(\prod_{j \in \Gamma'} g_2^{\lambda_j \Delta_{j,S}(i)}\right) g_2^{a\Delta_{0,S}(i)} \left(T(i)\right)^{r_i} \\
&= g_2^{q(i)} \left(T(i)\right)^{r_i}
\end{aligned}$$

$$d_i = \left(g_1^{\frac{-1}{i^n+u(i)}} g^{r_i'}\right)^{\Delta_{0,S}(i)} = \left(g^{r_i' - \frac{a}{i^n+u(i)}}\right)^{\Delta_{0,S}(i)} = g^{r_i}$$

综上，$\mathcal{B}$能够回答敌手对 γ 的秘密钥询问。

(3) 挑战。$\mathcal{A}$向$\mathcal{B}$提交两个挑战消息 M_0 和 M_1。$\mathcal{B}$随机选 $\beta \leftarrow_R \{0,1\}$，计算 M_β 的密文：

$$C^* = (\alpha, C' = M_\beta \cdot Z, C'' = C, \{C_i = C^{f(i)}\}_{i \in \alpha})$$

如果 $\mu = 0$，则 $Z = \hat{e}(g,g)^{abc}$，密文为

$$C^* = (\alpha, C' = M_\beta \cdot \hat{e}(g,g)^{abc}, C'' = g^c, \{C_i = (g^c)^{f(i)} = T(i)^c\}_{i \in \alpha})$$

是消息 M_β 在身份 α 下的有效密文。如果 $\mu = 1$，则 $Z = \hat{e}(g,g)^z$，$C' = M_\beta \cdot \hat{e}(g,g)^z$，由于 z 是随机选取的，所以 C' 是 $\mathbb{G}_2$ 中的随机元素，不含 M_β 的信息。

(4) 阶段 2。与阶段 1 类似。

(5) 猜测。$\mathcal{A}$输出对 β 的猜测 β'。如果 $\beta' = \beta$，$\mathcal{B}$输出 $\mu' = 0$，表示 $T \in \mathcal{P}_{\text{BDH}}$。如果 $\beta' \neq \beta$，$\mathcal{B}$输出 $\mu' = 1$，表示 $T \in \mathcal{R}_{\text{BDH}}$。求$\mathcal{B}$的优势与定理 5-1 相同。

（定理 5-2 证毕）

5.3　一种基于密钥策略的属性加密方案

本节介绍 Goyal、Pandey、Sahai、Waters 等提出的 KP-ABE 方案[2]，其中在密钥中指定访问结构，在密文中指定属性集合，只有当密文的属性集合满足密钥所指定的访问策略时才能解密。方案中的访问结构采用树结构，简称访问树。

5.3.1　访问树结构

访问树结构是 ABE 体制中用来表示访问控制策略的另一种常见结构，可以视为是对

(t,n)门限访问结构的进一步扩展。在 KP-ABE 方案中，用户密钥用访问树表示，具体做法是：用树的内部节点表示门限结构（“与门”或者“或门”），叶节点表示属性。这是非常富有表达力的，可以通过分别使用(2,2)门限门和(1,2)门限门得到“与门”或“或门”来描述一个访问树。

设$\mathcal{T}$是一个访问树。$\mathcal{T}$中每个内部节点 x 表示一个门限结构，用(k_x, num_x)描述，其中 num_x 表示 x 的孩子节点的个数，k_x 表示门限值，$0<k_x\leqslant \mathrm{num}_x$。$k_x=1$ 表示或门，$k_x=\mathrm{num}_x$ 表示与门。叶节点 x 用来描述属性，其门限值 $k_x=1$。

在访问树结构上定义 3 个函数：

- parent(x)：返回节点 x 的父节点。
- att(x)：仅当 x 是叶节点时，返回该节点描述的属性。
- index(x)：返回 x 在其兄弟节点中的编号。

设$\mathcal{T}$是以 r 为根节点的访问树，用$\mathcal{T}_x$表示以 x 为根的子树，$\mathcal{T}_r$就是$\mathcal{T}$。如果一个属性集合 γ 满足访问树$\mathcal{T}_x$，就表示为$\mathcal{T}_x(\gamma)=1$，可以通过如下递归的方式计算$\mathcal{T}_x(\gamma)$。

(1) 如果 x 是非叶节点，对 x 的所有孩子节点 x' 计算$\mathcal{T}_{x'}(\gamma)$。当且仅当至少有 k_x 个孩子节点 x' 返回$\mathcal{T}_{x'}(\gamma)=1$ 时，$\mathcal{T}_x(\gamma)=1$。

(2) 如果 x 是叶节点，当且仅当 x 表示的属性 att(x)是属性集合 γ 中的元素，即 $\mathrm{att}(x)\in\gamma$ 时，$\mathcal{T}_x(\gamma)=1$。

已知属性集合 γ 和访问树$\mathcal{T}$，可通过调用上述递归算法验证 γ 是否满足$\mathcal{T}$。如果满足，则 γ 是授权集合，否则 γ 是非授权集合。

图 5-2 访问结构树对应的逻辑表达式为

(属性 1 OR 属性 2) AND (属性 3 OR (属性 4 AND 属性 5))

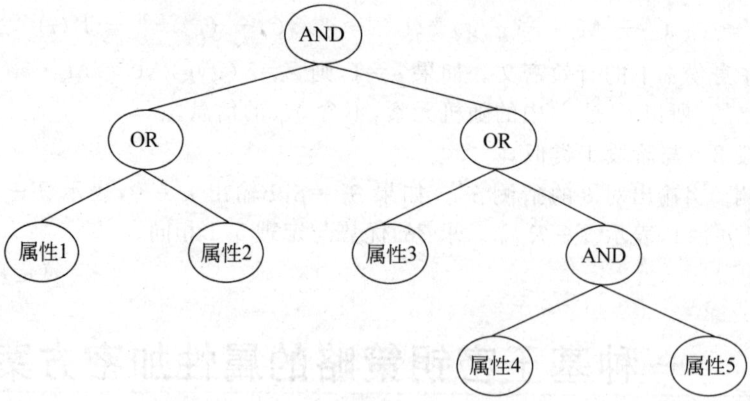

图 5-2 访问结构树示例

已知属性集：

A：{属性 1，属性 3}

B：{属性 1，属性 3，属性 4}

C：{属性 3，属性 5}

D：{属性 2，属性 3，属性 5}

满足该访问树的属性集有 A、B、D，所以 A、B、D 是授权集合，C 是非授权集合。

5.3.2 KP-ABE 方案构造

参数设置与 5.2.2 节相同。

(1) 初始化。

$$\underline{\mathrm{Init}(\mathcal{K})}:$$
$$t_1,\cdots,t_{|u|},y \leftarrow_R \mathbb{Z}_p;$$
$$\mathrm{params}=(T_1=g^{t_1},\cdots,T_{|u|}=g^{t_{|u|}},Y=\hat{e}(g,g)^y);$$
$$\mathrm{msk}=(t_1,\cdots,t_{|u|},y).$$

(2) 加密(用接收方的属性 γ 作为公开钥，其中 $M\in\mathbb{G}_2$)。

$$\underline{\mathcal{E}_\gamma(M)}:$$
$$s\leftarrow_R \mathbb{Z}_p;$$
$$\mathrm{CT}=(\gamma,C'=M\cdot Y^s,\{C_i=T_i^s\}_{i\in\gamma}).$$

注意，属性信息 γ 出现在密文 CT 中。

(3) 产生密钥。ABEGen($\mathcal{T}$,msk)算法输入访问树$\mathcal{T}$和主密钥 msk，输出解密密钥 D。使得当属性集合 γ 满足$\mathcal{T}(\gamma)=1$，D 能够解密由 γ 加密的密文。

算法首先从根节点 r 开始，自上而下地遍历$\mathcal{T}$。为每一节点 x(包括叶节点)建立一个随机多项式 q_x，多项式的次数取为 $d_x=k_x-1$，其中 k_x 为节点 x 的门限值，以 num_x 表示 x 的子节点数，则 $0<k_x\leqslant \mathrm{num}_x$。多项式的 d_x 个非常数项系数随机选择，而常数项如下选择：

- 若 $x=r$，令 $q_r(0)=y$。
- 若 $x\neq r$，令 $q_x(0)=q_{\mathrm{parent}(x)}(\mathrm{index}(x))$。

所有节点的多项式定义完成后，对于每一个叶节点 x，计算其上的秘密值：

$$D_x=g^{\frac{q_x(0)}{t_i}},\quad i\in \mathrm{att}(x)$$

解密密钥取为 $D=\{D_x\}$。

(4) 解密(用 D 解密 CT)。

设 D 中包含访问树$\mathcal{T}$，对$\mathcal{T}$的节点 x 定义以下两个集合：

S_x：x 的所有孩子节点的集合。

$S'_x=\{j\mid z\in S_x,j=\mathrm{index}(z)\}$，即 x 的所有孩子节点的编号集合。

定义一个递归算法 DecryptNode(CT,D,x)，表示输入为密文 $\mathrm{CT}=(\gamma,C',\{C_i\}_{i\in\gamma})$、解密密钥 $D=\{D_x\}$(访问树为$\mathcal{T}$)、$\mathcal{T}$的节点 x，输出为群$\mathbb{G}_2$上的元素或$\perp$。

令 $i=\mathrm{att}(x)$。

若 x 是叶节点，计算

$$F_x=\mathrm{DecryptNode}(\mathrm{CT},D,x)=\begin{cases}\hat{e}(D_x,C_i)=\hat{e}(g^{\frac{q_x(0)}{t_i}},g^{s\cdot t_i})=\hat{e}(g,g)^{s\cdot q_x(0)}, & i\in\gamma\\ \perp, & \text{否则}\end{cases}$$

若 x 是非叶节点，则对 $z\in S_x$ 的所有孩子节点 z，调用 $F_z=\mathrm{DecryptNode}(\mathrm{CT},D,z)$。

计算

$$F_x = \prod_{z\in S_x} F_z^{\Delta_{j,S'_x}(0)} = \prod_{z\in S_x} (\hat{e}(g,g)^{s\cdot q_z(0)})^{\Delta_{j,S'_x}(0)} = \prod_{z\in S_x} (\hat{e}(g,g)^{s\cdot q_{\text{parent}(z)}(\text{index}(z))})^{\Delta_{j,S'_x}(0)}$$

$$= \prod_{z\in S_x} \hat{e}(g,g)^{s\cdot q_x(j)\cdot \Delta_{j,S'_x}(0)} = \hat{e}(g,g)^{s\cdot q_x(0)}$$

其中最后一个等式由在指数上进行多项式插值得到。

由递归算法 DecryptNode(CT,D,x)得解密算法如下：

$$\underline{\mathcal{D}_D(\text{CT}):}$$
$$F_r = \text{DecryptNode}(\text{CT},D,r);$$
$$M = C'/F_r.$$

这是因为 $F_r = \text{DecryptNode}(\text{CT},D,r) = \hat{e}(g,g)^{s\cdot q_r(0)} = \hat{e}(g,g)^{s\cdot y} = Y^s$。

说明：

(1) 在此方案中，用户密钥由随机多项式和随机数建立，不同用户的密钥无法联合，从而能够防止共谋攻击。

(2) 方案的公开参数 params$=(T_1=g^{t_1},\cdots,T_{|U|}=g^{t_{|U|}},Y=\hat{e}(g,g)^y)$的大小随属性数量而线性增长，因而该方案仅适合小属性域。

在选定属性集合模型下，方案的安全性可归约到判定性双线性 BDH 假设上。

定理 5-3 在选定属性集合模型下，如果存在多项式时间的敌手$\mathcal{A}$以ϵ的优势攻破该方案，则存在另一敌手$\mathcal{B}$以$\frac{\epsilon}{2}$的优势解决判定性 BDH 问题。

证明：挑战者做如下设置。选取群$\mathbb{G}_1$(包括其生成元 g)、$\mathbb{G}_2$及双线性映射 $\hat{e}$：$\mathbb{G}_1\times\mathbb{G}_1\to\mathbb{G}_2$，随机选取 $\mu\leftarrow_R\{0,1\}$，若 $\mu=0$，设置

$$T=(A,B,C,Z)=(g^a,g^b,g^c,\hat{e}(g,g)^{abc})$$

若 $\mu=1$，设置

$$T=(A,B,C,Z)=(g^a,g^b,g^c,\hat{e}(g,g)^z)$$

其中 a、b、c、z 均为随机数。$\mathcal{B}$收到 4 元组 T 后，通过与$\mathcal{A}$进行以下游戏，以判断 $T\in\mathcal{P}_{\text{BDH}}$还是 $T\in\mathcal{R}_{\text{BDH}}$。假定属性总体$\mathcal{U}$是公开的。

游戏开始前，$\mathcal{B}$首先获得$\mathcal{A}$意欲挑战的属性集合 γ。

(1) 初始化　$\mathcal{B}$产生公开参数：$Y=\hat{e}(A,B)=\hat{e}(g,g)^{ab}$(即隐含地设置主密钥中的 $y=ab$)，对每一 $i\in\mathcal{U}$，如果 $i\in\gamma$，随机选择 $r_i\leftarrow_R\mathbb{Z}_p$，设置 $T_i=g^{r_i}$，因此 $t_i=r_i$。如果 $i\notin\gamma$，随机选择 $v_i\leftarrow\mathbb{Z}_p$，设置 $T_i=B^{v_i}=g^{bv_i}$，因此隐含地有 $t_i=bv_i$。

将公开参数发送给$\mathcal{A}$。

(2) 阶段 1。$\mathcal{A}$自适应地对使 γ 不能满足的访问结构$\mathcal{T}$(即$\mathcal{T}(\gamma)=0$)做秘密钥产生询问。$\mathcal{B}$需要为$\mathcal{T}$中的每一个节点 x 指定一个次数为 d_x 的多项式 Q_x。

为此首先定义以下两个过程：PolySat 和 PolyUnsat。

PolySat($\mathcal{T}_x,\gamma,\lambda_x$)用于为以 x 为根节点，且$\mathcal{T}_x(\gamma)=1$ 的访问子树$\mathcal{T}_x$的每一节点创建多项式，它的输入为$\mathcal{T}_x$、属性集合 γ 以及整数 $\lambda_x\in\mathbb{Z}_p$。

首先为根节点 x 定义次数为 d_x 的多项式 q_x，q_x 的常数项设置为 $q_x(0)=\lambda_x$，其他 d_x

个系数取为随机数。然后调用过程 PolySat($\mathcal{T}_{x'}, \gamma, q_x(\text{index}(x'))$)为 x 的每个子节点 x' 设置多项式,其中 $q_{x'}(0)=q_x(\text{index}(x'))$。

PolyUnsat($\mathcal{T}_x, \gamma, g^{\lambda_x}$)用于为以 x 为根节点,且$\mathcal{T}_x(\gamma)=0$ 的访问子树$\mathcal{T}_x$的每一节点创建多项式,它的输入为$\mathcal{T}_x$、属性集合 γ 以及群元素 $g^{\lambda_x}\in\mathbb{G}_1$(其中 $\lambda_x\in\mathbb{Z}_p$是未知的)。

首先为根节点 x 定义次数为 d_x 的多项式 q_x,通过按以下方式随机指定 d_x 个点并隐含地指定 $q_x(0)=\lambda_x$,从而隐含地定义节点 x 的多项式 q_x。设 x'是使得$\mathcal{T}_{x'}(\gamma)=1$ 的 x 的子节点,Γ是所有 x'构成的集合。因为$\mathcal{T}_r(\gamma)=0$,则有$|\Gamma|=h_x\leqslant d_x$。对于 Γ 中的每一个 x',随机选取 $\lambda_{x'}\leftarrow_R\mathbb{Z}_p$ 并令 $q_x(\text{index}(x'))=\lambda_{x'}$,设 Γ'为剩余的 d_x-h_x 个 x 的子节点集合,随机选取 $v_{x'}\leftarrow_R\mathbb{Z}_p$并令 $q_x(\text{index}(x'))=v_{x'}$。

然后为访问树中剩余的节点按以下方式递归地定义多项式,其中 x'是 x 的子节点:

- 如果$\mathcal{T}_{x'}(\gamma)=1$,则调用 PolySat($\mathcal{T}_{x'}, \gamma, q_x(\text{index}(x'))$),其中 $q_x(\text{index}(x'))$是已知的。
- 如果$\mathcal{T}_{x'}(\gamma)=0$,令 $i=\text{index}(x')$,求

$$g^{q_x(i)}=\prod_{x'\in\Gamma}(g^{\lambda_{x'}\Delta_{j,S}(i)})\prod_{x'\in\Gamma'}(g^{\beta_{x'}\Delta_{j,S}(i)})(g^{\lambda_x})^{\Delta_{0,S}(i)}$$

调用 PolyUnsat($\mathcal{T}_{x'}, \gamma, g^{q_x(i)}$)。同样在这个过程中,对于 x 的子节点 x',隐含地有 $q_{x'}(0)=q_x(\text{index}(x'))$。

PolySat 和 PolyUnsat 的终止条件是遍历完$\mathcal{T}$的每一个叶节点 x,此时为 x 建立的多项式为 0 次,即常数项。如果$\mathcal{T}_x(\gamma)=1$,由 PolySat 知,该常数项等于 $q_{\text{parent}(x)}(\text{index}(x))$;如果$\mathcal{T}_x(\gamma)=0$,由 PolyUnsat 知,该常数项等于 $g^{q_{\text{parent}(x)}(\text{index}(x))}$。

为了得到访问树$\mathcal{T}$的密钥,$\mathcal{B}$首先运行 PolyUnsat($\mathcal{T}, \gamma, g^a$),为$\mathcal{T}$的每个节点建立多项式,隐含地有 $q_r(0)=a$。

$\mathcal{B}$按以下方式继续为$\mathcal{T}$的每个节点定义多项式 $Q_x(\cdot)=bq_x(\cdot)$,有 $y=Q_r(0)=ab$。对叶节点 x,令 $i=\text{att}(x)$,定义 x 对应的密钥成分为

$$D_x=\begin{cases}B^{\frac{q_x(0)}{r_i}}, & \text{att}(x)\in\gamma\\(g^{q_x(0)})^{\frac{1}{v_i}}, & \text{att}(x)\notin\gamma\end{cases}$$

这是因为当 $\text{att}(x)\in\gamma$ 时,

$$D_x=B^{\frac{q_x(0)}{r_i}}=g^{\frac{bq_x(0)}{r_i}}=g^{\frac{Q_x(0)}{t_i}}$$

当 $\text{att}(x)\notin\gamma$ 时,

$$D_x=(g^{q_x(0)})^{\frac{1}{v_i}}=g^{\frac{q_x(0)}{v_i}}=g^{\frac{bq_x(0)}{bv_i}}=g^{\frac{Q_x(0)}{t_i}}$$

因此$\mathcal{B}$隐含地为$\mathcal{T}$的每个节点定义了多项式 $Q_x(\cdot)=bq_x(\cdot)$,满足 $Q_r(0)=ab=y$,这里 y 为主密钥中的成分。$\mathcal{B}$按如上方式为$\mathcal{T}$建立的秘密钥和原始方案中的密钥是同分布的。

(3) 挑战。$\mathcal{A}$向$\mathcal{B}$提交两个挑战消息 M_0 和 M_1。$\mathcal{B}$随机选 $\beta\leftarrow_R\{0,1\}$,计算 M_β 的密文:

$$C^*=(\gamma, C'=M_\beta\cdot Z, \{C_i=C^{r_i}\}_{i\in\gamma})$$

如果 $\mu=0$,则 $Z=\hat{e}(g,g)^{abc}$,$s=c$,$Y^s=(\hat{e}(g,g)^{ab})^c$,$C_i=T_i^s=(g^{r_i})^c=(g^c)^{r_i}=C^{r_i}$。所以 C^* 是 M_β 的有效密文。

如果 $\mu=1$,$Z=\hat{e}(g,g)^z$,$C'=M_\beta\cdot\hat{e}(g,g)^z$,因为 z 的随机性,在 $\mathcal{A}$ 看来 C' 是 $\mathbb{G}_2$ 中的随机元素,不包含 M_β 的信息。

(4) 阶段 2。与阶段 1 类似。

(5) 猜测。$\mathcal{A}$ 输出对 β 的猜测 β'。如果 $\beta'=\beta$,$\mathcal{B}$ 输出 $\mu'=0$,表示 $T\in\mathcal{P}_{\rm BDH}$。如果 $\beta'\neq\beta$,$\mathcal{B}$ 输出 $\mu'=1$,表示 $T\in\mathcal{R}_{\rm BDH}$。

求 $\mathcal{B}$ 的优势与定理 5-1 相同。

(定理 5-3 证毕)

5.3.3 大属性集的 KP-ABE 方案构造

在 5.3.2 节的方案构造中,公开参数随着属性集的大小 $|\mathcal{U}|$ 而线性增长。本方案与 5.2.3 节类似,取 $\mathbb{Z}_p^*$ 为属性总体,公开参数关于 n 线性增长,其中 n 为加密的最大的属性集的大小。通过一个大属性集上抗碰撞的哈希函数 $H:\{0,1\}^*\rightarrow\mathbb{Z}_p^*$,可以把任意串映射到 $\mathbb{Z}_p^*$ 上,在初始化阶段建立系统公开参数时,不用考虑属性。方案的安全性仍然基于判定性 BDH 假设(见 4.3.1 节)。

参数设置如下:g 是阶为素数 p 的群 $\mathbb{G}_1$ 的生成元,双线性映射 $\hat{e}:\mathbb{G}_1\times\mathbb{G}_1\rightarrow\mathbb{G}_2$。对 $i\in\mathbb{Z}_p$ 及 $\mathbb{Z}_p$ 中元素的集合 S,拉格朗日系数定义为

$$\Delta_{i,S}(x)=\prod_{j\in S,j\neq i}\frac{x-j}{i-j}$$

方案中属性集 γ 由 $\mathbb{Z}_p^*$ 中的 n 个元素构成。方案的具体构造如下。

(1) 初始化。

$$\begin{aligned}
&\underline{\mathrm{Init}(\mathcal{K}):}\\
&y\leftarrow_R\mathbb{Z}_p;\\
&g_1=g^y,g_2\leftarrow_R\mathbb{G}_1;\\
&t_1,\cdots,t_{n+1}\leftarrow_R\mathbb{G}_1;\\
&N\triangleq\{1,\cdots,n+1\};\\
&T(X)\triangleq g_2^{X^n}\prod_{i=1}^{n+1}t_i^{\Delta_{i,N}(X)};\\
&\mathrm{params}=(g_1,g_2,t_1,\cdots,t_{n+1});\\
&\mathrm{msk}=y.
\end{aligned}$$

其中定义的函数 $T(X)\triangleq g_2^{X^n}\prod_{i=1}^{n+1}t_i^{\Delta_{i,N}(X)}$ 可看作是存在某个 n 次多项式 $h(X)$ 使得 $T(X)=g_2^{X^n}g^{h(X)}$。

(2) 加密(用接收方的属性 γ 作为公开钥,其中 $M\in\mathbb{G}_2$)。

$$\begin{aligned}
&\underline{\mathcal{E}_\gamma(M):}\\
&s\leftarrow_R\mathbb{Z}_p;\\
&\mathrm{CT}=(\gamma,C'=M\cdot\hat{e}(g_1,g_2)^s,C''=g^s,\{C_i=T(i)^s\}_{i\in\gamma}).
\end{aligned}$$

注意，属性信息 γ 出现在密文 CT 中。

(3) 产生密钥。ABEGen($\mathcal{T}$,msk)算法输入访问树$\mathcal{T}$和主密钥 msk，输出解密密钥 D。使得当属性集合 γ 满足$\mathcal{T}(\gamma)=1$，D 能够解密由 γ 加密的密文。

算法首先从根节点 r 开始，自上而下地遍历$\mathcal{T}$。为每一节点 x(包括叶节点)选择一个随机多项式 q_x，多项式的次数取为 $d_x=k_x-1$，其中 k_x 为节点 x 的门限值，以 num_x 表示 x 的子节点数，则 $0<k_x\leqslant \text{num}_x$。多项式的 d_x 个非常数项系数随机选择，而常数项如下选择：

- 若 $x=r$，令 $q_r(0)=y$。
- 若 $x\neq r$，令 $q_x(0)=q_{\text{parent}(x)}(\text{index}(x))$。

所有节点的多项式定义完成后，对于每一个叶节点 x，随机选取 $r_x\leftarrow_R \mathbb{Z}_p$，计算

$$D_x = g_2^{q_x(0)}\cdot T(i)^{r_x},\quad R_x = g^{r_x}$$

其中 $i=\text{att}(x)$。解密密钥为 $D=\{D_x,R_x\}$。

(4) 解密(用 D 解密 CT)。

设 D 中包含访问树$\mathcal{T}$，对$\mathcal{T}$的节点 x 定义以下两个集合：

S_x：x 的所有孩子节点的集合。

$S'_x=\{j\mid z\in S_x, j=\text{index}(z)\}$，即 x 的所有孩子节点的编号集合。

定义一个递归算法 DecryptNode(CT,D,x)，表示输入为密文 $\text{CT}=(\gamma,C',C'',\{C_i\}_{i\in\gamma})$、解密密钥 $D=\{D_x\}$(访问树为$\mathcal{T}$)、$\mathcal{T}$的节点 x，输出为群$\mathbb{G}_2$上的元素或$\perp$。

若 x 是叶节点，计算

$$F_x=\text{DecryptNode}(\text{CT},D,x)=\begin{cases}\dfrac{\hat{e}(D_x,C'')}{\hat{e}(R_x,C_i)}=\dfrac{\hat{e}(g_2^{q_x(0)}\cdot T(i)^{r_x},g^s)}{\hat{e}(g^{r_x},T(i)^s)}=\dfrac{\hat{e}(g_2^{q_x(0)},g^s)\cdot\hat{e}(T(i)^{r_x},g^s)}{\hat{e}(g^{r_x},T(i)^s)} & \text{如果 } i\in\gamma\\ \quad=\hat{e}(g,g_2)^{s\cdot q_x(0)}, & \\ \perp, & \text{否则}\end{cases}$$

若 x 是非叶节点，则对 $z\in S_x$ 的所有孩子节点 z，调用 $F_z=\text{DecryptNode}(\text{CT},D,z)$。计算

$$\begin{aligned}F_x&=\prod_{z\in S_x}F_z^{\Delta_{i,S'_x}(0)}\\&=\prod_{z\in S_x}(\hat{e}(g,g_2)^{s\cdot q_z(0)})^{\Delta_{i,S'_x}(0)}\\&=\prod_{z\in S_x}(\hat{e}(g,g_2)^{s\cdot q_{\text{parent}(z)}(\text{index}(z))})^{\Delta_{i,S'_x}(0)}\\&=\prod_{z\in S_x}\hat{e}(g,g_2)^{s\cdot q_x(i)\cdot\Delta_{i,S'_x}(0)}\\&=\hat{e}(g,g)^{s\cdot q_x(0)}\end{aligned}$$

其中最后一个等式由在指数上进行多项式插值得到。

由递归算法 DecryptNode(CT,D,x)得解密算法如下：

$\underline{\mathcal{D}_D(\text{CT})}$：

$F_r=\text{DecryptNode}(\text{CT},D,r)$；

$$M = C'/F_r.$$

这是因为

$$F_r = \text{DecryptNode}(\text{CT}, D, r) = \hat{e}(g, g_2)^{s \cdot q_r(0)} = \hat{e}(g, g_2)^{s \cdot y} = \hat{e}(g_1, g_2)^s$$

在选定属性集合模型下，方案的安全性可归约到判定性 BDH。

定理 5-4 在选定属性集合模型下，如果存在多项式时间的敌手$\mathcal{A}$以ϵ的优势攻破该方案，则存在另一敌手$\mathcal{B}$以$\frac{\epsilon}{2}$的优势解决判定性 BDH 问题。

证明：挑战者做如下设置。选取群$\mathbb{G}_1$(包括其生成元 g)、$\mathbb{G}_2$及双线性映射 $\hat{e}$：$\mathbb{G}_1 \times \mathbb{G}_1 \to \mathbb{G}_2$，随机选取 $\mu \leftarrow_R \{0,1\}$，若 $\mu=0$，设置

$$T = (A, B, C, Z) = (g^a, g^b, g^c, \hat{e}(g, g)^{abc})$$

若 $\mu=1$，设置

$$T = (A, B, C, Z) = (g^a, g^b, g^c, \hat{e}(g, g)^z)$$

其中 a、b、c、z 均为随机数。$\mathcal{B}$收到 4 元组 T 后，通过与$\mathcal{A}$进行以下游戏，以判断 $T \in \mathcal{P}_{\text{BDH}}$还是 $T \in \mathcal{R}_{\text{BDH}}$。假定属性总体$\mathcal{U}$是公开的。

游戏开始前，$\mathcal{B}$首先获得$\mathcal{A}$意欲挑战的属性集合 γ，该集合由$\mathbb{Z}_p$中的 n 个元素构成。

(1) 初始化。$\mathcal{B}$取公开参数 $g_1 = A = g^a$，$g_2 = B = g^b$，然后随机选取一个 n 次多项式 $f(X)$，构造另一个次数为 n 的多项式 $u(X)$。当 $X \in \gamma$ 时，$u(X) = -X^n$；当 $X \notin \gamma$ 时，$u(X) \neq -X^n$。

因为$-X^n$ 和 $u(X)$是两个 n 次多项式，要么至多在 n 个点上取值相同，要么就是完全相同的。这个构造确保了$\forall X, u(X) = -X^n$，当且仅当 $X \in \gamma$。

$\mathcal{B}$设置 $t_i = g_2^{u(i)} g^{f(i)}$，$i = 1, 2, \cdots, n+1$，因为 $f(X)$是随机的 n 次多项式，所以 t_i 是独立随机的。隐含地有 $T(i) = g_2^{i^n + u(i)} g^{f(i)}$，这是因为算法中

$$\begin{aligned} T(X) &= g_2^{X^n} \prod_{i=1}^{n+1} t_i^{\Delta_{i,N}(X)} \\ &= g_2^{X^n} \prod_{i=1}^{n+1} g_2^{u(i)\Delta_{i,N}(X)} g^{f(i)\Delta_{i,N}(X)} \\ &= g_2^{X^n} g_2^{u(X)} g^{f(X)} \\ &= g_2^{X^n + u(X)} g^{f(X)} \end{aligned}$$

其中第 3 个等式由指数上的插值得到。

(2) 阶段 1。敌手$\mathcal{A}$自适应地对访问结构$\mathcal{T}$进行秘密钥产生询问，要求$\mathcal{T}(\gamma) = 0$。为此，$\mathcal{B}$需要为$\mathcal{T}$中的每一个非叶节点产生一个次数为 d_x 的多项式 q_x，使得 $q_r(0) = a$。

类似于 5.3.2 节小属性集合方案的证明，定义两个函数 PolySat 和 PolyUnsat。$\mathcal{B}$首先运行 PolyUnsat($\mathcal{T}, \gamma, A$)。PolySat 和 PolyUnsat 的终止条件是遍历完$\mathcal{T}$的每一个叶节点 x，此时为 x 建立的多项式为 0 次，即常数项。如果$\mathcal{T}_x(\gamma) = 1$，由 PolySat 知，该常数项等于 $q_{\text{parent}(x)}(\text{index}(x))$；如果$\mathcal{T}_x(\gamma) = 0$，由 PolyUnsat 知，该常数项等于 $g^{q_{\text{parent}(x)}(\text{index}(x))}$。

每个叶节点 x 对应的秘密钥如下设置：

设 $i = \text{att}(x)$。

• 如果 $i\in\gamma$，随机选择 $r_x \leftarrow_R \mathbb{Z}_p$，计算（$D_x = g_2^{q_x(0)} \cdot T(i)^{r_x}, R_x = g^{r_x}$）。

• 如果 $i\notin\gamma$，设 $g_3 = g^{q_x(0)}$，随机选择 $r'_x \leftarrow_R \mathbb{Z}_p$，计算

$$\left(D_x = g_3^{\frac{-f(i)}{i^n+u(i)}} \left(g_2^{i^n+u(i)} g^{f(i)}\right)^{r'_x}, R_x = g_3^{\frac{-1}{i^n+u(i)}} g^{r'_x}\right)$$

根据 $u(X)$ 的构造，对于所有 $i\notin\gamma$，$i^n+u(i)$ 值是非零的。

上面的秘密钥成分是合法的，因为如果设定 $r_x = r'_x - \frac{q_x(0)}{i^n+u(i)}$，则有

$$\begin{aligned}
D_x &= g_3^{\frac{-f(i)}{i^n+u(i)}} \left(g_2^{i^n+u(i)} g^{f(i)}\right)^{r'_x} \\
&= g^{\frac{-q_x(0)\cdot f(i)}{i^n+u(i)}} \left(g_2^{i^n+u(i)} g^{f(i)}\right)^{r'_x} \\
&= g_2^{q_x(0)} \left(g_2^{i^n+u(i)} g^{f(i)}\right)^{\frac{-q_x(0)}{i^n+u(i)}} \left(g_2^{i^n+u(i)} g^{f(i)}\right)^{r'_x} \\
&= g_2^{q_x(0)} \left(g_2^{i^n+u(i)} g^{f(i)}\right)^{r'_x - \frac{q_x(0)}{i^n+u(i)}} \\
&= g_2^{q_x(0)} (T(i))^{r_x}
\end{aligned}$$

$$R_x = g_3^{\frac{-1}{i^n+u(i)}} g^{r'_x} = g^{r'_x - \frac{q_x(0)}{i^n+u(i)}} = g^{r_x}$$

因此 $\mathcal{B}$ 能够为 $\mathcal{T}$ 构建秘密钥，而且秘密钥的分布和原始方案中的秘密钥分布是相同的。

(3) 挑战。$\mathcal{A}$ 向 $\mathcal{B}$ 提交两个挑战消息 M_0 和 M_1。$\mathcal{B}$ 随机选 $\beta \leftarrow_R \{0,1\}$，计算 M_β 的密文：$C^* = (\gamma, C' = M_\beta \cdot Z, C'' = C, \{C_i = C^{f(i)}\}_{i\in\gamma})$。

如果 $\mu=0$，则 $Z = \hat{e}(g,g)^{abc}$。有 $C'' = C = g^c, C_i = (g^c)^{f(i)} = (g^{r_i})^c = T(i)^c (i\in\gamma)$。所以 C^* 是 M_β 的有效密文。

$\mu=1, Z=\hat{e}(g,g)^z, C' = M_v \cdot \hat{e}(g,g)^z$，因为 z 的随机性，在 $\mathcal{A}$ 看来 C' 是 $\mathbb{G}_2$ 中的随机元素，不包含 M_β 的信息。

(4) 阶段 2。与阶段 1 类似。

(5) 猜测。$\mathcal{A}$ 输出对 β 的猜测 β'。如果 $\beta'=\beta$，$\mathcal{B}$ 输出 $\mu'=0$，表示 $T\in\mathcal{P}_{\mathrm{BDH}}$；如果 $\beta'\neq\beta$，$\mathcal{B}$ 输出 $\mu'=1$，表示 $T\in\mathcal{R}_{\mathrm{BDH}}$。$\mathcal{B}$ 的优势的计算与定理 5-1 相同。

（定理 5-4 证毕）

5.3.4 秘密钥的委托

在大属性集的构造中，一个拥有与访问树 $\mathcal{T}$ 相应的秘密钥的用户能够产生任意的与比 $\mathcal{T}$ 更加受限的访问树 $\mathcal{T}'$（即 $\mathcal{T}'\subseteq\mathcal{T}$）相应的新的秘密钥。因此，这个用户能够作为一个本地的密钥授权中心给其他用户产生和分配秘密钥。

对一个已有的秘密钥进行一系列基本操作，可以得到一个新的秘密钥。这些操作的目标是逐步将 $\mathcal{T}$ 的秘密钥转换成 $\mathcal{T}'$（给定 $\mathcal{T}'\subseteq\mathcal{T}$）的秘密钥。下面用 (t,n) 门表示门限数为 t、参与者数为 n 的门限门。

1. $\mathcal{T}$ 中增加新门

这个操作是在 $\mathcal{T}$ 中已有节点 x 之上增加一个新节点 y，使得 y 成为 x 的父节点，而 x 的父节点 z（如果 x 不是根节点）则变为 y 的父节点。新节点 y 表示一个 $(1,1)$ 门限

门,因为它的门限数为 1,只需为其分配一个次数为 0 的多项式 q_y,使得 $q_x(0)=q_y(\text{index}(x))$ 和 $q_y(0)=q_z(\text{index}(y))$。第二个条件本质上确定了 q_y,第一个条件自动满足,因为 z 是 x 原先的父节点。因而,在这个操作下不须对秘密钥做任何修改。

2. 处理$\mathcal{T}$中已有的(t,n)门

这个操作是处理一个门限门以使访问结构更加受限。有以下 3 种类型。

1) (t,n)门到$(t+1,n)$门的转换$(t+1\leqslant n)$

设节点 x 表示一个(t,n)门,显然需将多项式 q_x 的次数从 $t-1$ 增加到 t。定义如下一个新多项式:

$$q'_x(X)=(X+1)q_x(X)$$

然后相应地改变 x 对应的秘密钥,对于 x 的每一个子节点 y,计算常数 $C_x=\text{index}(y)+1$,对于子树$\mathcal{T}_y$的每一个叶节点 z,计算新的解密密钥:

$$D'_z=(D_z)^{C_x},\quad R'_z=(R_z)^{C_x}$$

上面的结果导致子树$\mathcal{T}_y$的所有节点对应的多项式都要乘以常数 C_x,因此 $q'_y(0)=(\text{index}(y)+1)q_y(0)$确实是新的多项式 q'_x的点,注意到由于 $q'_x(0)=q_x(0)$,子树$\mathcal{T}_x$之外其他节点不需要做任何变化。

2) (t,n)门到$(t+1,n+1)$门的转换

这个过程是在节点 x 下添加一棵新的子树(设以 z 为根),同时节点 x 的多项式次数增加 1。令 z 是 x 的第 j 个子节点,即 $\text{index}(z)=j$,按如下方式改变多项式:

$$q'_x(X)=(aX+1)q_x(X),\quad a=\frac{-1}{j}$$

按照(t,n)门到$(t+1,n)$门转换的操作,对于 x 的每个原有的子节点 y,子树$\mathcal{T}_y$中的多项式要乘以相应的常数 $C_x=a\cdot\text{index}(y)+1$,以确保 $q'_y(0)$是多项式 q'_x的点。进一步,设置 $q_z(0)=0(=q'_x(v))$,给定 $q_z(0)$,按最初的秘密钥生成算法产生子树$\mathcal{T}_z$的秘密钥。因此,所有以 x 的子节点(原有的和新加的)为根的子树的秘密钥符合新多项式 q'_x。

3) (t,n)门到$(t,n-1)$门的转换$(t\leqslant n-1)$

这个操作删除 x 的一个子节点 y,只要从原始解密密钥中删除子树$\mathcal{T}_y$所有叶节点的秘密钥即可。

3. 对秘密钥的重新随机化

在利用上述的门转换操作获得所要求的访问结构的秘密钥后,需要对其进行重新随机化操作,以使新秘密钥独立于产生它的原始秘密钥。用常数 C_x 对节点 x 的重新随机化操作如下进行:选择一个次数 d_x 的多项式 p_x,使得 $p_x(0)=C_x$,定义一个新多项式 $q'_x(X)=q_x(X)+p_x(X)$,改变秘密钥使得 q'_x成为节点 x 的新多项式。可以通过递归地用常数 $C_y=p_x(\text{index}(y))$对 x 的每一个子节点 y 重新随机化,如果 y 是叶节点,相应的解密密钥改为

$$D'_y=D_y\cdot g_2^{C_y}\cdot T(i)^{r_y},\quad R'_y=R_y\cdot g^{r_y}$$

其中 $i=\text{att}(y)$,$r_y\leftarrow_R\mathbb{Z}_p$。

最后,对根节点 r 用常数 $C_r=0$ 进行重新随机化。

可以证明上面的操作是完备的,即给定一个访问树$\mathcal{T}$ 对应的秘密钥,上述操作足以

能够计算任意比$\mathcal{T}$更加受限的访问树$\mathcal{T}'(\mathcal{T}'\subseteq\mathcal{T})$对应的新秘密钥，证明过程略。

5.3.5　KP-ABE 的应用

1. KP-ABE 在审计日志中的应用

KP-ABE 的一个重要应用是安全的电子取证分析，以及对系统或网络审计日志的保护。审计日志是指对需要保护的系统或网络，记录其上发生的所有的、详细的活动行为，因而审计日志会成为敌手攻击的有价值的目标。对审计日志的保护仅仅加密是不够的，因为需要为合法访问审计日志内容的分析者分配秘密钥，因此本质上给了他访问整个网络上秘密信息的权限，几乎每一个安全系统都存在这样的安全问题。

KP-ABE 系统对审计日志安全问题提供了极具吸引力的解决方法。审计日志的内容能够用诸如用户的名称、用户活动的日期和时间、用户修改数据的类型、用户存取数据的类型等属性标注，然后对取证分析者签发一个与特定结构相关联的秘密钥，从而允许他对特定类型的加密数据进行搜索。比如说，这个秘密钥仅能够打开标注属性满足条件的审计日志记录。并且系统能够保证即使多个恶意分析者共谋，也不能从审计日志中提取未授权的信息。

2. KP-ABE 在广播加密中的应用：定向广播

考虑如下场景：广播者广播一系列节目，每一个节目用不同的属性集合标记，例如属性包括节目名称、类型(指新闻、电视剧、戏剧等)、季节、节目号、年月日、当前的年月日、导演的姓名、制片公司名称。

每一个用户订阅不同的节目包。用户包描述一个访问策略，决定该用户能否访问这个内容。

定向广播的基本思想是享有广播通信所提供的规模效应，同时还能传送个人用户希望和需要的内容。

KP-ABE 加密方案自然地提供定向广播通信：选择一个对称密钥，用于加密要广播的每一个数据项，然后用 KP-ABE 方案及数据项的属性加密这个对称密钥。

5.4　一种基于密文策略的属性加密方案

本节介绍 Waters 提出的 CP-ABE 方案[3]，其中在密文中指定访问结构，在密钥中指定属性集合，只有当密钥的属性集合满足密文所指定的访问策略时才能解密。方案中的访问结构采用张成方案，用来实现指数上的秘密分割。具体来说，每次加密时，选取一个随机指数 s，根据张成方案$\mathbb{M}$将 s 分割为秘密份额，并将每个份额指定给一个属性。因为张成方案得到的秘密分割是线性的，下面将$\mathbb{M}$称为 LSSS(Linear Secret Sharing Scheme)结构。

以前的 ABE 方案都遵循“分割策略”来证明安全性，即归约算法在设置安全参数时知道它需要分发的所有秘密钥，但是不能提供解密挑战密文的秘密钥。在 KP-ABE 机制中，挑战密文与一个属性集合 S^* 相关联。建立归约时，对每个属性，根据其是否在 S^* 中，分两种情况求它对应的公共参数，因此很容易地将 S^* 嵌入归约。在 CP-ABE 中情况会复杂一些，因为密文可能会与一个很大的访问结构$\mathbb{M}^*$相关联，而且一个访问结构可能多次包含同一个属性。通常，$\mathbb{M}^*$的规模会比公共参数的规模大很多。因此，没有简单的方法将访问结构编程到参数中。

本方案的归约中，创建了一种直接将任何LSSS结构$\mathbb{M}^*$嵌入到公共参数的方法。模拟器能够对挑战密文的LSSS矩阵$\mathbb{M}^*$进行编排（在选定访问结构的模型下）。考虑一个大小为$\ell^* \times n^*$的LSSS结构$\mathbb{M}^*$，对于它的每一行i，模拟器将ℓ个信息片段（$\mathbb{M}^*_{i,1}, \mathbb{M}^*_{i,2}, \cdots, \mathbb{M}^*_{i,\ell}$）编排到该行的属性相关联的参数中，编排方法使用$d$-parallel BDHE假设。

5.4.1 判定性并行双线性 Diffie-Hellman 指数假设

定义判定性的并行双线性Diffie-Hellman指数（q-parallel Bilinear Diffie-Hellman Exponent，q-parallel BDHE）问题如下。设$\mathbb{G}_1$，$\mathbb{G}_2$是两个阶为素数p的乘法循环群，g是$\mathbb{G}_1$的生成元，双线性映射$\hat{e}$：$\mathbb{G}_1 \times \mathbb{G}_1 \to \mathbb{G}_2$。随机选择$a, s, b_1, \cdots, b_q \leftarrow \mathbb{Z}_p$，公开

$$\begin{aligned}\vec{y} = \{ & g, g^s, g^a, \cdots, g^{a^q}, , g^{a^{q+2}}, \cdots, g^{a^{2q}}, \\ & \forall_{1 \leqslant j \leqslant q} g^{s \cdot b_j}, g^{a/b_j}, \cdots, g^{a^q/b_j}, , g^{a^{q+2}/b_j}, \cdots, g^{a^{2q}/b_j} \\ & \forall_{1 \leqslant j,k \leqslant q, k \neq j} g^{a \cdot s \cdot b_k/b_j}, \cdots, g^{a^q \cdot s \cdot b_k/b_j} \}\end{aligned}$$

判定性q-parallel BDHE假设是指不存在多项式时间的算法以不可忽略的优势区分$\mathcal{P}_{q\text{-parallel BDHE}} = \{(\vec{y}, \hat{e}(g,g)^{a^{q+1}s})\}$和$\mathcal{R}_{q\text{-parallel BDHE}} = \{(\vec{y}, R)\}$的分布，其中$R$是$\mathbb{G}_2$中的随机元素。

5.4.2 基于密文策略的属性加密方案构造

参数设置如下：g是阶为素数p的群$\mathbb{G}_1$的生成元，双线性映射$\hat{e}$：$\mathbb{G}_1 \times \mathbb{G}_1 \to \mathbb{G}_2$。属性总体记为$\mathcal{U}$，大小记为$|\mathcal{U}|$。

方案构造中，输入一个LSSS的访问矩阵$\mathbb{M}$，然后根据$\mathbb{M}$分发一个随机指数$s \in \mathbb{Z}_p$。

（1）初始化。

$$\begin{aligned}& \underline{\mathrm{Init}(\mathcal{K})}: \\ & h_1, \cdots, h_{|\mathcal{U}|} \leftarrow_R \mathbb{G}_1; \\ & \alpha, a \leftarrow_R \mathbb{Z}_p; \\ & \mathrm{params} = (g, \hat{e}(g,g)^\alpha, g^a, h_1, \cdots, h_{|\mathcal{U}|}); \\ & \mathrm{msk} = g^\alpha.\end{aligned}$$

（2）加密。加密算法的输入除了params和待加密的消息$M \in \mathbb{G}_2$外，还输入用于LSSS的张成方案（$\mathbb{M}$，ρ），其中$\mathbb{M}$是一个$\ell \times n$矩阵，函数ρ为$\mathbb{M}$的行指定属性。

$$\begin{aligned}& \underline{\mathcal{E}((\mathbb{M}, \rho), \mathrm{params}, M)}: \\ & \vec{v} = (s, y_2, \cdots, y_n) \leftarrow_R \mathbb{Z}_p^n; \\ & \lambda_i = \vec{v} \cdot \mathbb{M}_i (i = 1, \cdots, \ell); \\ & r_1, \cdots, r_\ell \leftarrow_R \mathbb{Z}_p; \\ & \mathrm{CT} = (C = M \cdot \hat{e}(g,g)^{\alpha s}, C' = g^s, (C_1 = g^{a\lambda_1} h_{\rho(1)}^{-r_1}, D_1 = g^{r_1}), \cdots,\end{aligned}$$

$$(C_\ell = g^{a\lambda_\ell} h_{\rho(\ell)}^{-r_\ell}, D_\ell = g^{r_\ell})).$$

其中，$\vec{v}=(s,y_2,\cdots,y_n)\leftarrow_R \mathbb{Z}_p^n$用来分割加密指数 s，$\lambda_i=\vec{v}\cdot\mathbb{M}_i(i=1,2,\cdots,\ell)$是分割 s 得到的第 i 个份额，$C_i(i=1,2,\cdots,\ell)$将 λ_i 关联到第 $\rho(i)$个属性。

(3) 产生密钥。ABEGen(msk,S)算法的输入为主密钥 msk 和属性集合 S。

$$\underline{\text{ABEGen}(\text{msk},S)}:$$
$$t\leftarrow_R \mathbb{Z}_p;$$
$$K=g^\alpha g^{at}, L=g^t, K_x=h_x^t(\forall x\in S);$$
$$\text{SK}=(K,L,K_x(x\in S)).$$

(4) 解密。Decrypt(CT,SK)算法的输入为访问结构$(\mathbb{M},\rho)$对应的密文 CT、属性集合 S 对应的秘密钥 SK，假定 S 满足访问结构。定义 $I=\{i:\rho(i)\in S\}\subset\{1,2,\cdots,\ell\}$，令$\{\omega_i\in\mathbb{Z}_p | i\in I\}$，使得如果$\{\lambda_i\}$是秘密值 s 对应于$\mathbb{M}$的有效份额，则 $\sum_{i\in I}\omega_i\lambda_i=s$(注意 ω_i 的选择不唯一)。

$$\underline{\mathcal{D}_{\text{SK}}(\text{CT})}:$$
$$\text{返回 } C\cdot\frac{\prod_{i\in I}(\hat{e}(C_i,L)\cdot\hat{e}(D_i,K_{\rho(i)}))^{\omega_i}}{\hat{e}(C',K)}.$$

这是因为

$$\frac{\prod_{i\in I}(\hat{e}(C_i,L)\cdot\hat{e}(D_i,K_{\rho(i)}))^{\omega_i}}{\hat{e}(C',K)}=\frac{\prod_{i\in I}\hat{e}(g,g)^{ta\lambda_i\omega_i}}{\hat{e}(g,g)^{\alpha s}\cdot\hat{e}(g,g)^{ast}}=\frac{1}{\hat{e}(g,g)^{\alpha s}}$$

证明系统安全性的重要一步是在归约过程中将挑战密文编排到公共参数中，障碍是一个属性可能会与敌手意欲挑战的访问矩阵中的多行相关联(即函数 ρ 不是单射)。这种情况类似于一个属性出现在访问树上的多个叶节点上。

例如 $\rho^*(i)=x$，则归约时应基于$\mathbb{M}^*$的第 i 行编排 h_x。假如存在 $i\neq j$，使得 $x=\rho(i)=\rho(j)$，那么如何编排 h_x 而不使得第 i 行和第 j 行产生冲突是要解决的问题。通过使用 parallel BDHE 假设中的不同项可解决这个问题。

定理 5-5　在选定访问结构模型下，如果存在多项式时间的敌手$\mathcal{A}$以ϵ的优势攻破该方案，则存在另一敌手$\mathcal{B}$以$\frac{\epsilon}{2}$的优势解决判定性 q-parallel BDHE 假设。

证明：挑战者做如下设置：选取两个乘法循环群$\mathbb{G}_1$(包括其生成元 g)、$\mathbb{G}_2$及双线性映射 $\hat{e}:\mathbb{G}_1\times\mathbb{G}_1\rightarrow\mathbb{G}_2$，随机选择 $a,s,b_1,\cdots,b_q\leftarrow_R\mathbb{Z}_p$，公开

$$\vec{y}=\{g,g^s,g^a,\cdots,g^{a^q},,g^{a^{q+2}},\cdots,g^{a^{2q}},$$
$$\forall_{1\leqslant j\leqslant q}g^{s\cdot b_j},g^{a/b_j},\cdots,g^{a^q/b_j},,g^{a^{q+2}/b_j},\cdots,g^{a^{2q}/b_j}$$
$$\forall_{1\leqslant j,k\leqslant q,k\neq j}g^{a\cdot s\cdot b_k/b_j},\cdots,g^{a^q\cdot s\cdot b_k/b_j}\}$$

随机选取 $\mu\leftarrow_R\{0,1\}$，若 $\mu=0$，取 $Z=\hat{e}(g,g)^{a^{q+1}s}$，设置 $T=(\vec{y},Z)$；若 $\mu=1$，取 $Z\leftarrow\mathbb{G}_2$，设置 $T=(\vec{y},Z)$。

$\mathcal{B}$收到多元组 T 后，通过与$\mathcal{A}$进行以下游戏，以判断 $T\in\mathcal{P}_{q\text{-parallel BDHE}}$还是 $T\in\mathcal{R}_{q\text{-parallel BDHE}}$。

游戏开始前，$\mathcal{B}$首先获得$\mathcal{A}$意欲挑战的访问结构$(\mathbb{M}^*,\rho^*)$，其中$\mathbb{M}^*$有 n^* 列。

(1) 初始化。$\mathcal{B}$选择随机数 $\alpha' \leftarrow_R \mathbb{Z}_p$，计算 $\hat{e}(g^a, g^{a^q})\hat{e}(g,g)^{\alpha'}$，令其等于 $\hat{e}(g,g)^{\alpha}$，则隐含地设置了 $\alpha=\alpha'+a^{q+1}$。

$\mathcal{B}$按以下方式编排群元素 $h_1, h_2, \cdots, h_{|\mathcal{U}|}$。对于每一个 $x(1\leqslant x\leqslant|\mathcal{U}|)$都选择一个对应的随机数 z_x，令 X 是使得 $\rho^*(i)=x$ 的指标 i 的集合。求 h_x：

$$h_x = g^{z_x}\prod_{i\in X} g^{a\mathbb{M}^*_{i,1}/b_i}\cdot g^{a^2\mathbb{M}^*_{i,2}/b_i}\cdots g^{a^{n^*}\mathbb{M}^*_{i,n^*}/b_i}$$

由于 g^{z_x} 的随机性，h_x 是随机分布的。如果 $X=\varnothing$，则有 $h_x=g^{z_x}$。

(2) 阶段 1。$\mathcal{A}$对不满足矩阵$\mathbb{M}^*$的集合 S 做秘密钥提取询问。$\mathcal{B}$选择随机数 $r\leftarrow_R \mathbb{Z}_p$，求向量 $\vec{w}=(w_1, w_2, \cdots, w_{n^*})\in\mathbb{Z}_p^{n^*}$ 使得 $w_1=-1$ 且对所有满足 $\rho^*(i)\in S$ 的 i，$\vec{w}\cdot\mathbb{M}^*_i=0$。由 LSSS 的定义知这样的向量一定存在，否则向量$(1,0,0,\cdots,0)$在 S 的张成空间中。求 $L=g^r\prod_{i=1}^{n^*}(g^{a^{q+1-i}})^{w_i}$，令它等于 g^t，因而隐含地定义了 t 为

$$r+w_1a^q+w_2a^{q-1}+w_{n^*}a^{q-n^*+1}$$

通过这样定义 t，可以使得 g^{at}包含项 $g^{-a^{q+1}}$，这样在构造 K 时就可以消掉未知项 g^{α}。$\mathcal{B}$就能按照如下方式计算 K：

$$K = g^{\alpha'}g^{ar}\prod_{i=2}^{n^*}(g^{a^{q+2-i}})^{w_i}$$

现在对 $\forall x\in S$，计算 K_x。首先考虑对 $x\in S$，没有 i 使得 $\rho^*(i)=x$ 时的情况。这时可以简单地令 $K_x=L^{z_x}$。

当 $x\in S$，且有多个 i 使得 $\rho^*(i)=x$ 时。由于$\mathcal{B}$不能模拟 g^{a^{q+1}/b_i}，因此必须保证 K_x 的表达式中没有包含形如 g^{a^{q+1}/b_i} 的项。然而因为$\mathbb{M}^*_i\cdot\vec{w}=0$，所以这种形式的所有式子都能被消掉。

再次令 X 表示使得 $\rho^*(i)=x$ 的指标 i 的集合，$\mathcal{B}$可以按照下式构造 K_x：

$$K_x = L^{z_x}\prod_{i\in X}\prod_{j=1}^{n^*}\left(g^{(a^j/b_i)r}\prod_{\substack{k=1,\cdots,n^*\\k\neq j}}(g^{a^{q+1+j-k}/b_i})^{w_k}\right)^{\mathbb{M}^*_{i,j}}$$

(3) 挑战。$\mathcal{A}$向$\mathcal{B}$提交两个挑战消息 M_0 和 M_1。$\mathcal{B}$随机选 $\beta\leftarrow_R\{0,1\}$，计算 M_β 的密文的各分量：$C=M_\beta\cdot Z\cdot\hat{e}(g^s, g^{\alpha'})$和 $C'=g^s$。

在求$(C_i, D_i)(i=1,2,\cdots,\ell)$时，$\mathcal{B}$选择随机数 $y'_2, \cdots, y'_{n^*}$，使用下面的向量来对 s 进行秘密分割：

$$\vec{v} = (s, sa+y'_2, sa^2+y'_3, \cdots, sa^{n-1}+y'_{n^*})\in\mathbb{Z}_p^{n^*}$$

此外，$\mathcal{B}$选择随机数 $r'_1, r'_2, \cdots, r'_\ell$。对于 $i=1,2,\cdots,n^*$，定义 R_i 为满足 $k\neq i$ 而使得 $\rho^*(i)=\rho^*(k)$的所有 k 的集合，即与第 i 行具有相同属性的其他行的行指标集合。挑战密文中的(C_i, D_i)如下生成：

$$C_i = h^{r'_i}_{\rho^*(i)}\left(\prod_{j=2}^{n^*}(g^a)^{\mathbb{M}^*_{i,j}y'_j}\right)(g^{b_i\cdot s})^{-z_{\rho^*(i)}}\cdot\left(\prod_{k\in R_i}\prod_{j=1}^{n^*}(g^{a^j\cdot s\cdot(b_i/b_k)})^{\mathbb{M}^*_{k,j}}\right)$$

$$D_i = g^{r'_i}g^{-sb_i}$$

(4) 阶段 2。与阶段 1 类似。

(5) 猜测。$\mathcal{A}$输出对 β 的猜测 β'。如果 $\beta'=\beta$，$\mathcal{B}$输出 $\mu'=0$，表示 $T\in\mathcal{P}_{q\text{-parallel BDHE}}$；如果 $\beta'\neq\beta$，$\mathcal{B}$输出 $\mu'=1$，表示 $T\in\mathcal{R}_{q\text{-parallel BDHE}}$。

求$\mathcal{B}$的优势与定理 5-1 相同。　　　　(定理 5-5 证毕)

5.5 基于对偶系统加密的完全安全的属性加密

前面构造的 ABE 方案仅仅是选择性安全的，本节介绍 Lewko 等提出的利用对偶系统加密方法实现的 CP-ABE 的全安全方案[4]。利用对偶加密系统实现 ABE 方案的主要挑战是密钥和密文结构的丰富性。在 IBE 或 HIBE 系统中，密钥和密文与相同类型的简单对象(身份)相联系。而在 ABE 系统中，密钥和密文所联系的对象(属性和访问结构)要复杂得多。本节的方法用对偶系统加密方法解决分离式策略带来的问题，实现方式仍然是利用 3 个不同素数相乘的合数阶群，将密文和密钥取两种不可区分的形式：正常的和半功能的。安全性假设和证明方法与 4.6 节相同，安全性证明依赖于一个限制：每个属性用于标记访问矩阵的行时只能用一次，这是因为敌手不能对挑战密文进行解密密钥询问，在敌手看来名义上半功能密钥和普通半功能密钥是相同分布的。当属性多次使用时，从信息论的角度，名义上半功能密钥和普通半功能密钥是相同分布的结论不成立。

参数设置如下：设$\mathbb{G}$是阶为 $N=p_1p_2p_3$ 的双线性群，其中 p_1、p_2、p_3 是 3 个不同的素数，$\mathbb{G}_{p_1}$、$\mathbb{G}_{p_2}$和$\mathbb{G}_{p_3}$分别表示群$\mathbb{G}$中阶为 p_1、p_2 和 p_3 的子群。双线性映射 $\hat{e}$：$\mathbb{G}_1\times\mathbb{G}_1\to\mathbb{G}_2$。属性总体记为$\mathcal{U}$，大小记为$|\mathcal{U}|$。

方案构造中，输入一个 LSSS 的访问矩阵$\mathbb{M}$，然后根据$\mathbb{M}$分发一个随机指数 $s\in\mathbb{Z}_p$。

(1) 初始化。

$\underline{\text{Init}(\mathcal{K},U)}$：

$\alpha,a\leftarrow_R\mathbb{Z}_p$

$g\leftarrow_R\mathbb{G}_{p_1}$；

$s_i\leftarrow_R\mathbb{Z}_N\ (i\in\mathcal{U})$；

$\text{params}=(N,g,g^a,\hat{e}(g,g)^\alpha,T_i=g^{s_i}(\forall i\in\mathcal{U})),\text{msk}=\alpha.$

(2) 产生密钥(其中 $S\subseteq\mathcal{U}$为属性集)。

$\underline{\text{ABEGen}(S,\text{msk})}$：

$t\leftarrow_R\mathbb{Z}_N$；

$(R_0,R_0',R_i)\leftarrow_R\mathbb{G}_{p_3}$；

$\text{SK}=(S,K=g^\alpha g^{at}R_0,L=g^tR_0',K_i=T_i^tR_i(\forall i\in S)).$

(3) 加密。

加密算法的输入除了 params 和待加密的消息 $M\in\mathbb{G}_2$外，还输入用于 LSSS 的张成方案$(\mathbb{M},\rho)$，其中$\mathbb{M}$是一个$\ell\times n$矩阵，函数ρ为$\mathbb{M}$的行指定属性。

$\underline{\mathcal{E}((\mathbb{M},\rho),\text{params},M)}$：

$$\vec{v}=(s,v_2,\cdots,v_n)\leftarrow_R\mathbb{Z}_N^n;$$

$$\lambda_i=\vec{v}\cdot\mathbb{M}_i(i=1,2,\cdots,\ell);$$

$$r_1,r_2\cdots,r_\ell\leftarrow_R\mathbb{Z}_p;$$

$$\text{CT}=(C=M\cdot\hat{e}(g,g)^{\alpha s},C'=g^s,(C_1=g^{a\lambda_1}T_{\rho(1)}^{-r_1},D_1=g^{r_1}),\cdots,(C_\ell=g^{a\lambda_\ell}T_{\rho(\ell)}^{-r_\ell},D_\ell=g^{r_\ell})).$$

其中，$\vec{v}=(s,v_2,\cdots,v_n)\leftarrow_R\mathbb{Z}_N^n$用来分割加密指数$s$，$\lambda_i=\vec{v}\cdot\mathbb{M}_i(i=1,2,\cdots,\ell)$是分割$s$得到的第$i$个份额，$C_i(i=1,2,\cdots,\ell)$将$\lambda_i$关联到第$\rho(i)$个属性。

(4) 解密。Decrypt(CT,SK)算法的输入为访问结构$(\mathbb{M},\rho)$对应的密文CT、属性集合S对应的秘密钥SK，假定S满足访问结构。定义$I=\{i:\rho(i)\in S\}\subset\{1,2,\cdots,\ell\}$，令$\{\omega_i\in\mathbb{Z}_p|i\in I\}$，使得如果$\{\lambda_i\}$是秘密值$s$对应于$\mathbb{M}$的有效份额，则$\sum_{i\in I}\omega_i\lambda_i=s$(注意$\omega_i$的选择不唯一)。

$\underline{\mathcal{D}_{\text{SK}}(\text{CT})}$：

$$\text{返回 } C\cdot\frac{\prod_{i\in I}(\hat{e}(C_i,L)\cdot\hat{e}(D_i,K_{\rho(i)}))^{\omega_i}}{\hat{e}(C',K)}.$$

这是因为

$$\hat{e}(C_i,L)=\hat{e}(g^{a\lambda_i}T_{\rho(i)}^{-r_i},g^tR'_0)=\hat{e}(g^{a\lambda_i},g^t)\hat{e}(T_{\rho(i)}^{-r_i},g^t)=\hat{e}(g,g)^{a\lambda_i t-r_its_{\rho(i)}}$$

$$\hat{e}(D_i,K_{\rho(i)})=\hat{e}(g^{r_i},T_{\rho(i)}^tR_{\rho(i)})=\hat{e}(g^{r_i},T_{\rho(i)}^t)=\hat{e}(g,g)^{r_its_{\rho(i)}}$$

$$\prod_{i\in I}(\hat{e}(C_i,L)\cdot\hat{e}(D_i,K_{\rho(i)}))^{\omega_i}=\hat{e}(g,g)^{at\sum_{i\in I}\lambda_i\omega_i}=\hat{e}(g,g)^{ats}$$

$$\hat{e}(C',K)=\hat{e}(g^s,g^\alpha g^{at}R_0)=\hat{e}(g^s,g^\alpha g^{at})=\hat{e}(g,g)^{\alpha s}\cdot\hat{e}(g,g)^{ast}$$

所以

$$\frac{\prod_{i\in I}(\hat{e}(C_i,L)\cdot\hat{e}(D_i,K_{\rho(i)}))^{\omega_i}}{\hat{e}(C',K)}=\frac{\prod_{i\in I}\hat{e}(g,g)^{ta\lambda_i\omega_i}}{\hat{e}(g,g)^{\alpha s}\cdot\hat{e}(g,g)^{ast}}=\frac{1}{\hat{e}(g,g)^{\alpha s}}$$

子群$\mathbb{G}_{p_2}$在方案中的作用与4.6节一样。为了证明方案的安全性，首先给出半功能密钥和半功能密文的产生方式。

半功能密文可按如下方式构造：首先，利用加密算法生成正常的密文$(C'_0,C'_1,C'_i,D'_i(i=1,2,\cdots,\ell))$。设$g_2$是子群$\mathbb{G}_{p_2}$的生成元，$c$是模$N$的一个随机指数。选取随机值$z_i\leftarrow_R\mathbb{Z}_N$与第$i$个属性关联，随机值$\gamma_i\leftarrow_R\mathbb{Z}_N$与矩阵第$i$行关联，再选一个随机向量$\vec{u}\leftarrow_R\mathbb{Z}_N^n$。然后计算$\lambda'_i=\vec{u}\cdot\mathbb{M}_i(i=1,2,\cdots,\ell)$及

$$C_0=C'_0,\quad C_1=C'_1g_2^c,\quad C_i=C'_ig_2^{\lambda'_i+\gamma_iz_{\rho(i)}},\quad D_i=D'_ig_2^{-\gamma_i}\quad(i=1,2,\cdots,\ell)\tag{5.1}$$

$(C_0,C_1,(C_i,D_i)(i=1,2,\cdots,\ell))$即为半功能密文。

半功能密钥取两种类型。首先，利用密钥生成算法生成正常的密钥

$$(K',L',K'_i(\forall i\in S))$$

类型一的产生如下：选取随机指数 $d,b\leftarrow_R\mathbb{Z}_N$，计算

$$(K=K'g_2^d,L=L'g_2^b,K_i=K'_i g_2^{bz_i}(\forall i\in S))$$

即为第一类半功能密钥，其中 z_i 与半功能密文中的一样。

类型二的产生如下：选取随机指数 $d\leftarrow_R\mathbb{Z}_N$，计算

$$(K=K'g_2^d,L=L',K_i=K'_i(\forall i\in S))$$

即为第二类半功能密钥。可将第二类半功能密钥看作第一类半功能密钥中的 b 取 0。

设 $\vec{u}$ 的第一个元素为 u_1，有 $\sum_{i\in I}\omega_i\lambda'_i=u_1$。如果用半功能密钥解密半功能密文，则会产生额外的盲化因子 $e(g_2,g_2)^{bu_1-cd}$。在半功能密文和第一类半功能密钥中，z_i 的值是相同的，当半功能密钥和半功能密文配对时，z_i 项可被删除，因此它不妨碍解密。其作用是在半功能密文中隐藏对 u_1 秘密分割时的份额($\lambda'_i(i=1,2,\cdots,\ell)$)。这就是每个属性仅使用一次的原因所在，攻击者得到一个类型一的半功能密钥，不仅不能解密挑战密文，也不能获得 z_i 的太多信息。如果属性被使用多次，太多 z_i 的值会暴露给攻击者。所以在下面定义的游戏中，最多一个密钥是类型一的半功能密钥，其他都是类型二的。从而防止 z_i 值的信息泄露。

如果 $bu_1-cd=0$，则称类型一的半功能密钥是"名义上"半功能的。当"名义上"半功能的密钥解密相应的半功能密文时，解密成功。

下面用第 4 章的假设 1～3 通过一系列混合游戏证明方案的安全性。第一个游戏 $\mathrm{Exp}_{\mathrm{Real}}$ 是真实游戏(其中密文和所有的密钥是正常的)。下一个游戏 Exp_0 中，所有的密钥是正常的，但挑战密文是半功能的。用 q 表示攻击者的密钥询问次数。对 k 从 1 到 q，定义

- $\mathrm{Exp}_{k,1}$：其中挑战密文是半功能的，前 $k-1$ 个密钥是第二类半功能的，第 k 个密钥是第一类半功能的，其余密钥都是正常的。
- $\mathrm{Exp}_{k,2}$：其中挑战密文是半功能的，前 k 个密钥是第二类半功能的，其余密钥都是正常的。

注意到在 $\mathrm{Exp}_{q,2}$ 中所有的密钥都是第二类半功能的。

在最后一个游戏 $\mathrm{Exp}_{\mathrm{Final}}$ 中，所有密钥都是第二类半功能的，密文是一个随机消息的半功能加密，与攻击者提供的两个消息无关，所以在 $\mathrm{Exp}_{\mathrm{Final}}$ 中攻击者的优势为 0。下面 4 个引理将证明这些游戏是不可区分的。其中用 Exp_0 表示 $\mathrm{Exp}_{0,2}$。

引理 5-1 如果存在敌手 $\mathcal{A}$，能以 ϵ 的优势区分 Exp_0 和 $\mathrm{Exp}_{\mathrm{Real}}$，则存在敌手 $\mathcal{B}$，能以 ϵ 的优势攻破假设 1。

证明：已知 $D=(\Omega,g,X_3)$ 和 T，$\mathcal{B}$ 判断 T 是取自 $\mathbb{G}_{p_1p_2}$ 还是取自 $\mathbb{G}_{p_1}$。为此 $\mathcal{B}$ 模拟与 $\mathcal{A}$ 之间的游戏 $\mathrm{Exp}_{\mathrm{Real}}$ 或 Exp_0。$\mathcal{B}$ 随机选取指数 $a,\alpha\leftarrow_R\mathbb{Z}_N$，且对每个属性 i 选取随机指数 $s_i\leftarrow_R\mathbb{Z}_N$，构造如下的公共参数和主密钥，将公共参数发送给 $\mathcal{A}$。

$$\mathrm{params}=(N,g,g^a,\hat{e}(g,g)^\alpha,T_i=g^{s_i}(\forall i\in U)),\quad \mathrm{msk}=\alpha$$

$\mathcal{B}$ 可用自己生成的主密钥，通过密钥生成算法为 $\mathcal{A}$ 的密钥询问生成正常密钥。

$\mathcal{A}$ 给 $\mathcal{B}$ 两个消息 M_0、M_1 和一个访问矩阵($\mathbb{M}^*,\rho$)。为了产生挑战密文，$\mathcal{B}$ 隐含地设置 g^s 为 T 的 $\mathbb{G}_{p_1}$ 部分(意味着 T 等于 $g^s\in\mathbb{G}_{p_1}$，或者等于 $g^s\in\mathbb{G}_{p_1}$ 和 $\mathbb{G}_{p_2}$ 中某一元素的乘积)。选择一个随机数 $\beta\leftarrow_R\{0,1\}$，令

$$C = M_\beta \cdot \hat{e}(g^a, T), \quad C' = T$$

为了对$\mathbb{M}^*$的每一行 i 产生(C_i, D_i)，$\mathcal{B}$先随机选取 $v_2', \cdots, v_n' \leftarrow_R \mathbb{Z}_N$，构建向量 $\vec{v}' = (1, v_2', \cdots, v_n')$。选择一个随机数 $v_1' \leftarrow_R \mathbb{Z}_N$，令 $\lambda_i' = \vec{v}' \mathbb{M}_i^* (i = 1, 2, \cdots, \ell)$，$C_i = T^{a\lambda_i'} T^{-r_i' s_{\rho(i)}}$，$D_i = T^{r_i'}$。

(C_i, D_i)中隐含地有 $\vec{v} = (s, sv_2', \cdots, sv_n')$和 $r_i = r_i' s$。在对 $\vec{v}$ 和 r_i 做模 p_1 运算时，$\vec{v}$ 是随机向量(第一个元素为 s)，r_i 是一个随机值。因此如果 $T \in \mathbb{G}_{p_1}$，这是一个正常密文。

如果$T \in \mathbb{G}_{p_1 p_2}$，用 g_2^c 表示 T 的$\mathbb{G}_{p_2}$ 部分(即 $T = g^s g_2^c$)，则以上构造的是一个半功能密文，与式(5.1)比较，$\vec{u} = ca\vec{v}'$，$\gamma_i' = -cr_i'$，$z_{\rho(i)} = s_{\rho(i)}$。虽然再次使用了$\mathbb{G}_{p_1}$ 中的值，然而不会导致不必要的相关性，即 $a, v_2', \cdots, v_n', r_i', s_{\rho(i)}$ 在模 p_2 下与模 p_1 下是不相关的，因此这是一个正确的半功能密文。所以，$\mathcal{B}$可以根据$\mathcal{A}$的输出区分 T 的两种不同情况。

(引理 5-1 证毕)

引理 5-2 假设存在一个攻击者$\mathcal{A}$，能以ϵ的优势区分 $\text{Exp}_{k-1,2}$ 和 $\text{Exp}_{k,1}$，则存在敌手$\mathcal{B}$，能以接近ϵ的优势攻破假设 2。

证明：已知 $D = (\Omega, g, X_1X_2, X_3, Y_2Y_3)$和 T，$\mathcal{B}$判断 T 是取自$\mathbb{G}$ 还是取自$\mathbb{G}_{p_1 p_3}$。

$\mathcal{B}$模拟与$\mathcal{A}$之间的交互式游戏 $\text{Exp}_{k-1,2}$ 或 $\text{Exp}_{k,1}$ 如下：随机选取指数 $a, \alpha \leftarrow_R \mathbb{Z}_N$，为每个属性 i 选取随机指数 $s_i \leftarrow_R \mathbb{Z}_N$，构造如下的公共参数和主密钥，并将公共参数发送给$\mathcal{A}$。

$$\text{params} = (N, g, g^a, \hat{e}(g,g)^\alpha, T_i = g^{s_i} (\forall i \in \mathcal{U})), \quad \text{msk} = \alpha$$

为使前 $k-1$ 个密钥是第二类半功能密钥，$\mathcal{B}$在应答每个密钥询问时，首先选取一个随机值 $t \leftarrow_R \mathbb{Z}_N$、子群$\mathbb{G}_{p_3}$ 的随机元素 R_0', R_i，令

$$K = g^\alpha g^{at} (Y_2Y_3)^t, \quad L = g^t R_0', \quad K_i = T_i^t R_i (\forall i \in S)$$

因为 t 在模 p_2 下与模 p_1 下不相关，模 p_3 下与模 p_1 下也不相关，以上密钥是正确分布的半功能密钥。对 k 以后的密钥，$\mathcal{B}$可根据自己设定的主密钥，运行密钥生成算法，生成正常密钥。

对第 k 个密钥，$\mathcal{B}$随机选取$\mathbb{G}_{p_3}$ 的元素 R_0、R_0'、R_i，令

$$K = g^\alpha T^a R_0, \quad L = TR_0', \quad K_i = T^{s_i} R_i (\forall i \in S)$$

因此隐含地设置 g^t 等于 T 的$\mathbb{G}_{p_1}$ 部分。如果 $T \in \mathbb{G}_{p_1 p_3}$，这是一个正确分布的正常密钥。如果 $T \in \mathbb{G}$，这是一个类型一的半功能密钥，其中，隐含地设置了 $z_i = s_i$。如果用 g_2^b 表示 T 的$\mathbb{G}_{p_2}$ 部分，则在模 p_2 下有 $d = ba$(即 K 的$\mathbb{G}_{p_2}$ 部分是 g_2^{ba}，L 的$\mathbb{G}_{p_2}$ 部分是 g_2^b，K_i 的$\mathbb{G}_{p_2}$ 部分是 $g_2^{bz_i}$)。注意 $z_i \bmod p_2$ 与 $s_i \bmod p_1$ 是不相关的。

$\mathcal{A}$给$\mathcal{B}$两个消息 M_0、M_1 和一个访问矩阵$(\mathbb{M}^*, \rho)$。$\mathcal{B}$为了构造半功能的挑战密文，隐含地设置 $g^s = X_1$，$g_2^c = X_2$，随机选取 $u_2, \cdots, u_n \leftarrow_R \mathbb{Z}_N$，定义向量 $\vec{u}' = (a, u_2, \cdots, u_n)$，选取一个随机指数 $r_i' \leftarrow_R \mathbb{Z}_N$，计算 $\lambda_i' = \vec{u}' \cdot \mathbb{M}_i^* (i = 1, 2, \cdots, \ell)$及挑战密文如下：

$$C = M_\beta \cdot \hat{e}(g^\alpha, X_1X_2), \quad C' = X_1X_2,$$

$$(C_i = (X_1X_2)^{\lambda_i'} (X_1X_2)^{-r_i' s_{\rho(i)}}, D_i = (X_1X_2)^{r_i'})$$

与式(5.1)比较，密文的构造已隐含地设置了 $\vec{v} = sa^{-1}\vec{u}'$ 和 $\vec{u} = c\vec{u}'$，因此 s 在子群$\mathbb{G}_{p_1}$ 中被分割，ca 在子群$\mathbb{G}_{p_2}$ 中被分割。也隐含地设置了 $r_x = r_x' s$，$\gamma_x = -cr_x'$。如果第 k 个密钥是类型一的半功能密钥，则 $z_{\rho(x)} = s_{\rho(x)}$。

第 k 个密钥和密文是几乎正常分布的，除非 $\vec{u}$ 的第一个坐标 ac 与 $a \bmod p_2$ 相关，如果第 k 个密钥是半功能的，$a \bmod p_2$ 也出现在其中。事实上，如果第 k 个密钥可以解密挑战密文，则 $bu_1 - cd = bca - cba = 0 \bmod p_2$，因此密钥不是正常的就是名义上半功能的。这个结果对攻击者$\mathcal{A}$是隐藏的，攻击者不能询问可以解密挑战密文的密钥。

挑战密文中被分割的$\mathbb{G}_{p_2}$上的值是信息理论上隐藏的，为了论述这个结论，要求属性在标记矩阵的行时只能使用一次。因为第 k 个密钥不能解密挑战密文，由矩阵的行（对应的属性在密钥中）组成的行空间 R 不包括向量$(1,0,\cdots,0)$。意味着存在某个向量 $\vec{w}$ 与行空间 R 正交，与向量$(1,0,\cdots,0)$不正交。固定一个包括向量 $\vec{w}$ 的基，$\vec{u} = f\vec{w} + \vec{u}''$，其中 $f \in \mathbb{Z}_{p_2}$，$\vec{u}''$是不等于 $\vec{w}$ 的基元素上生成的（$\vec{u}''$是均匀随机分布的）。注意 $\vec{u}''$不会泄露 f 的信息，$u_1 = \vec{u} \cdot (1,0,\cdots,0)$不能单独地从 $\vec{u}''$确定，而是需要 f 的一些信息，因为向量 $\vec{w}$ 与$(1,0,\cdots,0)$不正交。然而相应于行（其属性在密钥中）的分割份额仅显示 $\vec{u}''$信息，因为向量 $\vec{w}$ 与 R 正交。

$f\vec{w}$只出现在表达式$\mathbb{M}_i^* \cdot \vec{u} + \gamma_i z_{\rho(i)}$中，其中 $\rho(i)$是不出现在第 k 个密钥中的唯一属性。只要每个 $\gamma_i \bmod p_2$ 不为 0，每个等式引入了一个在其他地方不会出现的新未知量 $z_{\rho(i)}$，所以攻击者得不到关于 f 的任何信息。更确切地说，对 u_1 的每个潜在值，该等式都有相等数量的解，因此每个值是等可能的。所以只要每个 $\gamma_i \bmod p_2$ 不为 0，在半功能密文中，在$\mathbb{G}_{p_2}$上被分割的值是信息论隐藏的。而 $\gamma_i \bmod p_2$ 为 0 的概率是可以忽略的。因此在攻击者看来密文和密钥 k 以接近 1 的概率是正常分布的。

因此如果 $T \in \mathbb{G}_{p_1 p_3}$，$\mathcal{B}$正确模拟了 $\mathrm{Exp}_{k-1,2}$。如果 $T \in \mathbb{G}$ 且所有 $\gamma_i \bmod p_2$ 非 0，$\mathcal{B}$正确模拟了 $\mathrm{Exp}_{k,1}$。因此$\mathcal{B}$可用$\mathcal{A}$的输出能以接近ϵ的优势攻破假设 2。

（引理 5-2 证毕）

引理 5-3　假设存在一个敌手$\mathcal{A}$，能以ϵ的优势区分 $\mathrm{Exp}_{k,2}$ 和 $\mathrm{Exp}_{k,1}$，则存在敌手$\mathcal{B}$，能以ϵ的优势攻破假设 2。

证明：已知 $D = (\Omega, g, X_1X_2, X_3, Y_2Y_3)$ 和 T，$\mathcal{B}$判断 T 是取自$\mathbb{G}$ 还是取自$\mathbb{G}_{p_1p_3}$。

$\mathcal{B}$模拟与$\mathcal{A}$之间的交互式游戏 $\mathrm{Exp}_{k,2}$ 或 $\mathrm{Exp}_{k,1}$ 如下：随机选取指数 $a, \alpha \leftarrow_R \mathbb{Z}_N$，为每个属性 i 选取随机指数 $s_i \leftarrow_R \mathbb{Z}_N$，构造如下的公共参数和主密钥，并将公共参数发送给$\mathcal{A}$。

$$\text{params} = (N, g, g^a, \hat{e}(g,g)^\alpha, T_i = g^{s_i} = (\forall i \in \mathcal{U})), \quad \text{msk} = \alpha$$

前 $k-1$ 个第二类半功能密钥、第 k 个以后的正常密钥以及挑战密文的构造与引理 5-2 相同。意味着在密文中分割$\mathbb{G}_{p_2}$上的值 ac。这时密文与密钥 k 不相关，因此 $ac \bmod p_2$ 是随机的（注意 $a \bmod p_1$ 和 $a \bmod p_2$ 不相关）。

第 k 个密钥的构造与引理 5-2 相同，但另外选取随机指数 $h \leftarrow_R \mathbb{Z}_N$，令

$$K = g^\alpha T^a R_0 (Y_2Y_3)^h, \quad L = TR_0', \quad K_i = T^{s_i} R_i (\forall i \in S)$$

即比引理 5-2 在 K 上多加了$(Y_2Y_3)^h$ 项，使得 K 的$\mathbb{G}_{p_2}$部分被随机化，因此密钥不再是名义上半功能的。如果用它解密半功能密文，则解密失败（不再有 $bu_1 - cd \equiv 0 \bmod p_2$ 的删除效果）。

如果 $T \in \mathbb{G}_{p_1p_3}$，这是一个正确分布的第二类半功能密钥。如果 $T \in \mathbb{G}$，这是一个正确分布的第一类半功能密钥。因此$\mathcal{B}$可用$\mathcal{A}$的输出能以ϵ的优势攻破假设 2。

（引理 5-3 证毕）

引理 5-4 如果存在一个攻击者$\mathcal{A}$，能以ϵ的优势区分 $\text{Exp}_{q,2}$ 和 $\text{Exp}_{\text{Final}}$，则存在敌手$\mathcal{B}$，能以$\epsilon$的优势攻破假设 3。

证明：已知 $D=(\Omega,g,g^{\alpha}X_2,X_3,g^{s}Y_2,Z_2)$ 和 T，$\mathcal{B}$判断 T 是等于 $\hat{e}(g,g)^{\alpha s}$ 还是取自$\mathbb{G}_T$的随机数。$\mathcal{B}$模拟与$\mathcal{A}$之间的交互式游戏 $\text{Exp}_{q,2}$ 或 $\text{Exp}_{\text{Final}}$ 如下：选择随机指数 $a\leftarrow_R\mathbb{Z}_N$，对每个属性 i 选取随机指数 $s_i\leftarrow_R\mathbb{Z}_N$，$\alpha$ 取自 D 中的 $g^{\alpha}X_2$，构造公共参数并发送给$\mathcal{A}$：

$$\text{params}=\{N,g,g^{a},\hat{e}(g,g)^{\alpha}=\hat{e}(g,g^{\alpha}X_2),T_i=g^{s_i}\ \forall i\in\mathcal{U}\}$$

$\mathcal{B}$如下构造第二类半功能密钥以应答$\mathcal{A}$的密钥询问：取 $t\leftarrow_R\mathbb{Z}_N$，$(R_0,R_0',R_i)\leftarrow_R\mathbb{G}_{p_3}$，令

$$K=g^{\alpha}g^{at}Z_2^{t}R_0,\quad L=g^{t}R_0',\quad K_i=T_i^{t}R_i(\forall i\in S)$$

$\mathcal{A}$发送给$\mathcal{B}$两个消息 M_0、M_1 和一个访问矩阵$(\mathbb{M}^*,\rho)$。$\mathcal{B}$如下构造半功能挑战密文：从 D 中的 $g^{s}Y_2$ 取 s，选取随机值 $u_2,\cdots,u_n\leftarrow_R\mathbb{Z}_N$，定义向量 $\vec{u}'=(a,u_2,\cdots,u_n)$，选取一个随机指数 $r_i'\leftarrow_R\mathbb{Z}_N$，计算 $\lambda_i'=\vec{u}'\cdot\mathbb{M}_i^*(i=1,2,\cdots,\ell)$及挑战密文如下：

$$C=M_{\beta}T,\quad C'=g^{s}Y_2,\quad (C_i=(g^{s}Y_2)^{\lambda_i'}(g^{s}Y_2)^{-\lambda_i' s_{\rho(i)}},D_i=(g^{s}Y_2)^{r_i'})$$

与式(5.1)比较，$\vec{v}=sa^{-1}\vec{u}=c\vec{u}'$，因此 s 在子群$\mathbb{G}_{p_1}$上被分割，ca 在子群$\mathbb{G}_{p_2}$上被分割。挑战密文中也隐含设置了 $r_x=r_x's$，$\gamma_x=-cr_x'$。

如果 $T=\hat{e}(g,g)^{\alpha s}$，则该密文是对应于明文 M_{β} 的一个半功能密文。如果 T 是$\mathbb{G}_T$中的随机元素，则该密文是对应于某个随机消息的一个半功能密文。因此，$\mathcal{B}$可以根据$\mathcal{A}$的输出区分 T 的两种不同情况。

（引理 5-4 证毕）

由引理 5-1 至引理 5-4，Exp_{Real} 与 $\text{Exp}_{\text{Final}}$ 是不可区分的，而在 $\text{Exp}_{\text{Final}}$ 中，β 对于$\mathcal{A}$来说是信息论隐藏的，所以$\mathcal{A}$攻击方案时，优势是可忽略的，由此得以下定理。

定理 5-6 如果假设 1、假设 2 和假设 3 成立，则基于对偶系统加密的 CP-ABE 方案是 CPA 安全的。

5.6 非单调访问结构的 ABE

在前几节介绍的 ABE 方案中，访问结构只能是门限结构或单调结构，对于有否定词的访问结构就不适用了。下面是一个例子，一个大学正在以同行评议方式进行专业评估，每个系都有一个由其他系的教授组成的专家小组进行评审。Bob 是来自生物系的评审小组成员，他需要去阅读评审小组对其他专业的评论，并给出自己的评审意见。在 ABE 系统中，评论将由一些属性来加密，比如说，一条对历史系的评论可能会用以下属性加密：历史、2016 年、同行评议。但是 Bob 不应该有阅读对他自己系（生物系）的评论的资格，因此，在给 Bob 分发密钥时，对应的访问策略应该是：2016 年、同行评议、非生物系。其中“非生物系”就是否定词。这种将否定词作为一个单独的属性的方法并不实用。原因有二：一是在应用中，密文会变得很大，因为属性中要包括所有否定词，比如历史系评论对应的属性集就包括“非生物”“非物理”等所有其他否定词；二是用户在加密一个消息时，并不一定知道所有的否定词属性，而且新的属性可能会在密文生成后加入系统里，比如新开

了“信息安全系”，之前加密的密文并不会加上“非信息安全系”这个属性。

上例表明，现有的 ABE 系统在表达否定时有很大局限性，而且这种局限是现有系统的一种基本特征。因为现有 ABE 系统都是基于秘密分割方案设计的，而秘密共享只能表达单调访问结构。

为了构造非单调访问策略的 ABE，先假设描述密文的属性个数固定，为 d。然后再给出去掉这个限制的方案。方案的关键在于如何构造包含否定词的单调访问结构。

5.6.1　从单调访问结构到非单调访问结构

下面考虑如何用包含否定词的单调访问结构来实现非单调访问结构。这里的挑战在于，如何不在密文中包含所有未出现属性的否定词，而实现非单调访问结构。下面先给出一些符号和标识。

对于每个单调访问结构集合$\mathcal{A}$，都有一族线性秘密共享方案$\{\Pi_{\mathbb{A}}\}_{\mathbb{A}\in\mathcal{A}}$。注意，$\mathcal{A}$中所有访问结构都是单调的，因为每一个都要对应一个线性秘密共享方案。设对于每个$\mathbb{A}\in\mathcal{A}$，访问结构中的参与方集合$\mathcal{P}$有如下性质：每一个$\mathcal{P}$中的参与方有两种类型：要么是正常的，用 x 表示；要么是带撇号的，用 x'表示，而且有 $x\in\mathcal{P}$当且仅当 $x'\in\mathcal{P}$。x'表示 x 的“否定词”，用 $\check{x}$ 表示参与方可能是正常的也可能是带撇号的。

下面定义非单调访问结构集合$\widetilde{\mathcal{A}}$。设$\mathcal{P}$是参与方集合，$\widetilde{\mathcal{P}}$是$\mathcal{P}$中所有正常参与方集合，$\widetilde{\mathcal{P}}'$是对$\widetilde{\mathcal{P}}$中所有参与方加上撇号，$\mathbb{A}\in\mathcal{A}$为$\mathcal{P}$上的访问结构。下面先定义$\widetilde{\mathcal{P}}$上的非单调访问结构 NM($\mathbb{A}$)，首先，对任意 $\widetilde{S}\subset\widetilde{\mathcal{P}}$，定义 $N(\widetilde{S})=\widetilde{S}\cup(\widetilde{\mathcal{P}}-\widetilde{S})'\subset\mathcal{P}$。然后定义 NM($\mathbb{A}$)如下：$\widetilde{S}$ 是 NM($\mathbb{A}$)的授权集合当且仅当 $N(\widetilde{S})$是$\mathbb{A}$ 的授权集合。这样定义的非单调访问结构 NM($\mathbb{A}$)中就只有正常参与方。$\widetilde{\mathcal{A}}$取为所有 NM($\mathbb{A}$)构成的集合。

建立了以上转化之后，就可以利用单调访问结构$\mathbb{A}$ 上的线性秘密分割方案 Π 来生成非单调访问结构 NM($\mathbb{A}$)的 ABE 密钥。这里要强调的是，共享份额的大小仅取决于 NM($\mathbb{A}$)的大小。

5.6.2　非单调访问结构 ABE 的实现方案

下面的实现方案中，安全性基于判定性的双线性 Diffie-Hellman 假设（见 4.3.1 节），其中群$\mathbb{G}_1$、$\mathbb{G}_2$及映射 $\hat{e}$：$\mathbb{G}_1\times\mathbb{G}_2\rightarrow\mathbb{G}_2$与 4.2.1 节相同，$d$ 表示每个密文拥有的属性数量。

(1) 初始化。

<u>Init(d)</u>：

$\alpha,\beta\leftarrow_R\mathbb{Z}_p$；

$g_1=g^{\alpha},g_2=g^{\beta}$；

选择两个随机的 d 次多项式 $h(x),q(x)$ 满足 $q(0)=\beta$；

params $=(g,g_1;g_2=g^{q(0)},g^{q(1)},\cdots,g^{q(d)};g^{h(0)},g^{h(1)},\cdots,g^{h(d)})$，　msk $=\alpha$.

由公开参数，可定义两个公开计算的函数 T,V：$\mathbb{Z}_p\rightarrow\mathbb{G}_1$，$T(x)=g_2^{x^d}g^{h(x)}$，$V(x)=g^{q(x)}$。其中 $g^{h(x)}$、$g^{q(x)}$可由公开参数通过指数上的插值得到。

(2) 加密(用属性 γ 对消息 $M\in\mathbb{G}_2$ 进行加密,其中 γ 由 d 个 $\mathbb{Z}_p^*$ 上的值构成)。

$\underline{\mathcal{E}_\gamma(M)}$:

$s\leftarrow_R\mathbb{Z}_p$;

$\mathrm{CT}=(\gamma,C^{(1)}=M\cdot\hat{e}(g_1,g_2)^s,C^{(2)}=g^s,\{C_x^{(3)}=T(x)^s\}_{x\in\gamma},\{C_x^{(4)}=V(x)^s\}_{x\in\gamma})$.

(3) 生成密钥。ABEGen($\widetilde{\mathbb{A}}$,msk)算法为用户生成秘密钥,使得当密文的属性满足用户的访问结构 $\widetilde{\mathbb{A}}$ 时用户才能解密。这里访问结构 $\widetilde{\mathbb{A}}$ 是属性集合 $\mathcal{P}$ 上的某个单调访问结构 $\mathbb{A}$ 对应的 NM($\mathbb{A}$),即 $\widetilde{\mathbb{A}}=\mathrm{NM}(\mathbb{A})$,$\mathbb{A}$ 关联一个线性秘密共享方案 Π。

首先利用线性秘密分割方案得到主密钥 α 的份额 $\{\lambda_i\}$,用 $\breve{x}_i\in\mathcal{P}$ 表示 λ_i 对应的属性,注意 $\breve{x}$ 可以是正常的也可以是带撇的。

$\underline{\mathrm{ABEGen}(\widetilde{\mathbb{A}},\mathrm{msk})}$:

对每一 i

{

$r_i\leftarrow_R\mathbb{Z}_p$;

如果 $\breve{x}_i$ 是正常的,则 $D_i=(D_i^{(1)}=g_2^{\lambda_i}\cdot T(x_i)^{r_i},D_i^{(2)}=g^{r_i})$;

如果 $\breve{x}_i$ 是加撇号的,则 $D_i=(D_i^{(3)}=g_2^{\lambda_i+r_i}\cdot D_i^{(4)}=V(x_i)^{r_i},D_i^{(5)}=g^{r_i})$

};

$D=\{D_i\}$.

(4) 解密(其中 $\mathrm{CT}=(\gamma,C^{(1)},C^{(2)},\{C_x^{(3)}\}_{x\in\gamma},\{C_x^{(4)}\}_{x\in\gamma})$)。

已知密文 CT 及秘密钥 D,解密过程如下:首先检查是否有 $\gamma\in\widetilde{\mathbb{A}}=\mathrm{NM}(\mathbb{A})$。如果不是,则输出⊥;如果是,设 $\gamma'=N(\gamma)\in\mathbb{A}$,$I=\{i:\breve{x}_i\in\gamma'\}$,因为 γ' 是授权集合,因此由秘密分割方案可以得到 $\Omega=\{\omega_i\}_{i\in I}$ 隐含地满足 $\sum_{i\in I}\omega_i\lambda_i=\alpha$("隐含地"意指 λ_i 和 α 对解密者都是未知的)。

对于正属性 $\breve{x}_i\in\gamma'$(即 $x_i\in\gamma$),计算

$$\begin{aligned}Z_i&=\hat{e}(D_i^{(1)},C^{(2)})/\hat{e}(D_i^{(2)},C_i^{(3)})\\&=\hat{e}(g_2^{\lambda_i}\cdot T(x_i)^{r_i},g^s)/\hat{e}(g^{\lambda_i},T(x_i)^s)\\&=\hat{e}(g_2,g)^{s\lambda_i}\end{aligned}$$

对于否定词属性 $\breve{x}_i\in\gamma'$(即 $x_i\notin\gamma$),考虑集合 $\gamma_i=\gamma\cup\{x_i\}$,$|\gamma_i|=d+1$,函数 V 中 $q(x)$ 的次数是 d,这样就可以利用 γ_i 中的点做指数上的插值,计算相应的拉格朗日系数 $\{\sigma_x\}_{x\in\gamma_i}$ 满足 $\sum_{x\in\gamma_i}\sigma_x q(x)=q(0)=\beta$,然后计算

$$\begin{aligned}Z_i&=\frac{\hat{e}(D_i^{(3)},C^{(2)})}{\hat{e}\left(D_i^{(5)},\prod_{x\in\gamma}(C_x^{(4)})^{\sigma_x}\right)\cdot\hat{e}(D_i^{(4)},C^{(2)})^{\sigma_x}}\\&=\frac{\hat{e}(g_2^{\lambda_i+r_i},g^s)}{\hat{e}\left(g^{r_i},\prod_{x\in\gamma}(V(x)^s)^{\sigma_x}\right)\cdot\hat{e}(V(x_i)^{r_i},g^s)^{\sigma_{x_i}}}\end{aligned}$$

$$=\frac{\hat{e}(g_2^{\lambda_i},g^s)\cdot\hat{e}(g_2^{\lambda_i},g^s)}{\hat{e}(g^{r_i},g^{s\sum_{x\in\gamma}\sigma_x q(x)})\cdot\hat{e}(g^{r_i\sigma_{x_i}q(x_i)},g^s)}$$

$$=\frac{\hat{e}(g_2,g)^{s\lambda_i}\cdot\hat{e}(g,g)^{r_i s\beta}}{\hat{e}(g,g)^{r_i s\sum_{x\in\gamma'}\sigma_x q(x)}}$$

$$=\hat{e}(g_2,g)^{s\lambda_i}$$

再计算

$$\frac{C^{(1)}}{\prod_{i\in l}Z_1^{\omega_i}}=\frac{M\cdot\ddot{e}(g_2,g)^{s\alpha}}{\hat{e}(g_2,g)^{s\alpha}}=M$$

注 1(效率)　加密过程只需要一次配对运算,可以预计算,与密文关联的属性的数量无关。解密时正属性需要两次配对运算,否定词属性需要 3 次配对运算。

注 2(d 的限制)　以上的构造有一个很大的缺点,就是要求所有的密文都必须关联 d 个属性,降低了使用时的效率。可用以下方法去掉这个限制: 密文关联的属性往往比 d 小,设为 s。一个简单的想法是产生 $d-s$ 个虚拟属性,这些虚拟属性没有什么实际含义。然而当总属性数量很大时,这个做法是很有问题的,因为对于关联属性数量较少的密文来说,需要填充的数量很大,密文增加了很多不必要的成分。要解决这个问题,可以使用 k 个加密方案并行组成一个加密系统,其中每个加密方案关联的属性数量分别为 $d_1,d_2,\cdots,d_k$。当要加密一个关联 s 个属性的密文时,可以使用满足 $d_i>s$ 的最小的 d_i 的方案来做。

注 3(实现任意访问策略表达式)　根据德・摩根定律,任意布尔表达式都可以转化为由与、或、非 3 种原子表达式的组合,而与、或、非 3 种表达方式都可以由以上方案实现,因此以上方案可以实现任意策略表达式。

在选定属性集的安全模型下,方案的安全性可以归约到 DBDH 假设。

定理 5-7　如果存在敌手$\mathcal{A}$,能以ϵ的优势攻击上述方案,则存在敌手$\mathcal{B}$,能以ϵ的优势攻破 DBDH 假设。

证明: 设敌手$\mathcal{B}$的输入为五元组 $T=(g,A=g^a,B=g^b,C=g^c,Z)$,$\mathcal{B}$通过与敌手$\mathcal{A}$进行下述游戏,判断 T 是 DBDH 五元组还是随机五元组。

游戏开始前,$\mathcal{A}$首先选定意欲挑战的属性集合 γ(由$\mathbb{Z}_p^*$中的 d 个元素组成)。

(1) 初始化。$\mathcal{B}$设 $g_1=A,g_2=B$,即隐含地设定了 $\alpha=a,\beta=b$。然后选择一个随机的 d 次多项式 $f(x)$,并固定另一个 d 次多项式 $u(x)$: 当 $x\in\gamma,u(x)=-x^d$;当 $x\notin\gamma$ 时,$u(x)\neq-x^d$。由于两个 d 次多项式至多只能有 d 个相同点,否则两个多项式完全一样,因此以上构造保证了 $u(x)=-x^d$ 当且仅当 $x\in\gamma$。

$\mathcal{B}$现在隐式地设定多项式 h 和 q(在指数上)。令 $h(x)=\beta u(x)+f(x)$。设 $\gamma=(x_1,x_2,\cdots,x_d)$,然后从$\mathbb{Z}_p$中随机选取 d 个值 $\theta_{x_1},\theta_{x_2},\cdots,\theta_{x_d}$,对于 $i=1,2,\cdots,d$,令 $q(x_i)=\theta_{x_i}$,加上限制条件 $q(0)=\beta$(隐含地),由这 $d+1$ 个点和 B,使用指数上的插值法可以求出所有的 $g^{q(i)}$。

对于 $i=1,2,\cdots,d$,令 $g^{h(i)}=g_2^{u(i)}g^{f(i)}$,隐含地有 $T(x)=g_2^{x^d+u(x)}g^{f(x)}$。由此定义的 $g^{q(i)}$、$g^{h(i)}(i=1,2,\cdots,d)$和真实方案中的值是同分布的。

(2) 阶段 1。$\mathcal{A}$适应性地对 γ 不满足的访问策略进行秘密钥询问。设$\mathcal{A}$正在询问的访问结构是$\widetilde{\mathbb{A}}$，$\widetilde{\mathbb{A}}(\gamma)=0$，其中$\widetilde{\mathbb{A}}$是属性集合$\mathcal{P}$上的某个单调访问结构$\mathbb{A}$对应的$\mathrm{NM}(\mathbb{A})$，$\mathbb{A}$与一个线性秘密共享方案$\Pi$关联，设$M$是$\Pi$的份额生成矩阵。

设$S\subset\mathcal{P}$是一个属性集合，M_S表示M中由S中属性标识的行构成的子矩阵。则当且仅当列向量$(1,0,\cdots,0)$在M_S张成的子空间中时，S中的属性可以恢复秘密。由于$\widetilde{\mathbb{A}}(\gamma)=0$，则有$\mathbb{A}(\gamma')=0$，这里$\gamma'=N(\gamma)$。因此$(1,0,\cdots,0)$和$M_{\gamma'}$的行线性无关。

在方案的密钥生成阶段，需要对$\alpha=a$进行秘密分割。而在模拟中，需用一个稍微不同的方法来产生份额。

根据1.5节命题1.1，存在向量$\vec{w}=(w_1,w_2,\cdots,w_{n+1})$，满足$M_{\gamma'}\vec{w}=\vec{0}$，$(1,0,\cdots,0)\cdot\vec{w}=w_1=1$。$\vec{w}$可以用高斯消元法有效地计算得出。再选择一个均匀随机的向量$\vec{v}=(v_1,v_2,\cdots,v_{n+1})$，定义向量$\vec{u}=\vec{v}+(a-v_1)\vec{w}$（注意$\vec{u}$在限制条件$u_1=a$下是均匀分布的）。下面隐含地使用份额$\vec{\lambda}=M\vec{u}$，则对任意$\breve{x}_i\in\gamma'$，$\lambda_i=M_i\vec{u}=M_i\vec{v}$与$a$无关。

以上是对所有属性分配份额的过程，下面考虑如何产生密钥。

先考虑为否定词属性$\breve{x}_i=x_i'$生成解密密钥成分，由定义$\breve{x}_i\in\gamma'$当且仅当$x_i\notin\gamma$。

- 如果$x_i\in\gamma$，则由于$\breve{x}_i\notin\gamma'$，λ_i可能与α有线性关系。$\mathcal{B}$随机选择$r_i'\leftarrow_R\mathbb{Z}_p$，结合初始化阶段设定的$q(x_i)=\theta_{x_i}$，隐含地设定$r_i=-\lambda_i+r_i'$，输出如下密钥成分：
$$D_i=(D_i^{(3)}=g_2^{r_i'},\quad D_i^{(4)}=g^{\theta_{x_i}(-\lambda_i+r_i')},\quad D_i^{(5)}=g^{-\lambda_i+r_i'})$$
后两个元素可以用A求得。
- 如果$x_i\notin\gamma$，则由于$\breve{x}_i\in\gamma'$，λ_i与秘密值无关，$\mathcal{B}$完全知道这个值。这时$\mathcal{B}$随机选择$r_i\leftarrow_R\mathbb{Z}_p$，输出如下密钥成分：
$$D_i=(D_i^{(3)}=g_2^{\lambda_i+r_i},\quad D_i^{(4)}=V(x_i)^{r_i},\quad D_i^{(5)}=g^{r_i})$$
其中第二个元素可以用B得到（$V(x)$是由公开参数可公开计算的）。

下面为非否定词属性生成密钥成分。

- 如果$x_i\in\gamma$，λ_i与秘密值无关，$\mathcal{B}$随机选择$r_i\leftarrow_R\mathbb{Z}_p$并输出
$$D_i=(D_i^{(1)}=g_2^{\lambda_i}\cdot T(x_i)^{r_i},\quad D_i^{(2)}=g^{r_i})$$
- 如果$x_i\notin\gamma$，令$g_3=g^{\lambda_i}$，$\mathcal{B}$可以用A和g计算g_3。$\mathcal{B}$随机选择$r_i'\leftarrow_R\mathbb{Z}_p$，计算
$$D_i^{(1)}=g_3^{\frac{-f(x_i)}{x_i^d+u(x_i)}}(g_2^{x_i^d+u(x_i)}g^{f(x_i)})^{r_1},\quad D_i^{(2)}=g_3^{\frac{-1}{x_i^d+u(x_i)}}g^{r_1}$$

断言5-1　以上模拟产生的密钥是有效的，而且和真实环境下用同样公开参数产生的密钥分布相同。

证明：先看否定词属性$\breve{x}$。

- 如果$x_i\in\gamma$，令$r_i=-\lambda_i+r_i'$，r_i在$\mathbb{Z}_p$上均匀分布且和r_i'之外的变量都独立。观察可知$D_i^{(3)}=g_2^{r_i'}=g_2^{\lambda_i+r_i}$，$D_i^{(4)}=g^{\theta_{x_i}\cdot(-\lambda_i+r_i')}=V(x_i)^{r_i}$，$D_i^{(5)}=g^{-\lambda_i+r_i'}=g^{r_i}$，因此密钥成分是有效而且正确分布的。
- 如果$x_i\notin\gamma$，$\mathcal{B}$使用和真实方案同样的方法产生密钥成分。

再看非否定词属性x_i。

- 如果$x_i\in\gamma$，$\mathcal{B}$使用和真实方案同样的方法产生密钥成分。

- 如果 $x_i \notin \gamma$，由于 $u(x)$ 的构造，$x_i^d + u(x_i)$ 非 0。令 $r_i = r_i' - \frac{\lambda_i}{x_i^d + u(x_i)}$，则 r_i 在 $\mathbb{Z}_p$ 上均匀分布且独立于除 r_i' 外的所有变量。

$$\begin{aligned} D_i^{(1)} &= g_3^{\frac{-f(x_i)}{x_i^d + u(x_i)}} \left(g_2^{x_i^d + u(x_i)} g^{f(x_i)}\right)^{r_i'} \\ &= g^{\frac{-\lambda_i f(x_i)}{x_i^d + u(x_i)}} \left(g_2^{x_i^d + u(x_i)} g^{f(x_i)}\right)^{r_i'} \\ &= g_2^{\lambda_i} \left(g_2^{x_i^d + u(x_i)} g^{f(x_i)}\right)^{\frac{-\lambda_i}{x_i^d + u(x_i)}} \left(g_2^{x_i^d + u(x_i)} g^{f(x_i)}\right)^{r_i'} \\ &= g_2^{\lambda_i} \left(g_2^{x_i^d + u(x_i)} g^{f(x_i)}\right)^{r_i' - \frac{\lambda_i}{x_i^d + u(x_i)}} \\ &= g_2^{\lambda_i} T(x_i)^{r_i} \end{aligned}$$

$$D_i^{(2)} = g_3^{\frac{-1}{x_i^d + u(x_i)}} g^{r_i'} = g^{r_i' - \frac{\lambda_1}{x_i^d + u(x_i)}} = g^r$$

密钥成分有效且与真实分布相同。

（断言 5-1 证毕）

(3) 挑战阶段。当 $\mathcal{A}$ 决定结束阶段 1 时，它输出两个希望挑战的等长明文 $M_0, M_1 \in \mathbb{G}_2$。$\mathcal{B}$ 选取随机比特 $\beta \leftarrow_R \{0,1\}$，返回 M_β 的密文：

$$C^* = (\gamma, C^{(1)} = M_\beta Z, E^{(2)} = C, \{C_x^{(3)} = C^{f(x)}\}_{x \in \gamma}, \{C_x^{(4)} = C^{\theta_x}\}_{x \in \gamma})$$

如果 $Z = \hat{e}(g,g)^{abc}$，则密文为有效密文；否则，如果 $Z = \hat{e}(g,g)^z$，则密文是一个随机密文，不包含 M_β 的任何信息。

(4) 阶段 2。$\mathcal{A}$ 继续发出如阶段 1 中的询问，$\mathcal{B}$ 以阶段 1 中的方式进行回应。

(5) 猜测。$\mathcal{A}$ 输出猜测 $\beta' \in \{0,1\}$。$\mathcal{B}$ 按照如下规则判断自己的游戏输出：如果 $\beta' = \beta$，$\mathcal{B}$ 输出 1，表示 $T = \hat{e}(g,g)^{abc}$；否则 $\mathcal{B}$ 输出 0，表示 $T \neq \hat{e}(g,g)^{abc}$。

$\mathcal{B}$ 的优势计算与定理 4-6 相同。

5.7　函数加密

5.7.1　函数加密简介

对于加密人们一直以来有一个根深蒂固的观点：①加密是一种给持有秘密钥的单一实体发送消息或者数据的方法；②对于密文的访问是“全有或者全无”的，即要么解密得到全部明文，要么得不到除了明文长度之外的任何其他信息。然而对于诸如“云服务”等新兴应用，公钥加密已经无法满足其应用需求。例如，系统只给解密者一个授权，使其只得到某个明文的一个函数值。一个具体的例子是，将加密图像存储在云服务器，执法部门要进行特定目标的搜索。云服务器需要秘密钥来解密包含特定目标的图像，这个秘密钥是受限的，意指它只能解密包含特定目标的图像，而不能得到其他图像的任何信息。这个秘密钥也许只能得到明文图像的一个函数，例如除了目标人脸以外的其他任何地方都是模糊的，传统的公钥加密是做不到的。

在函数加密系统中，用户解密可得到加密数据的一个函数值。具体地，在对于函数 $F(\cdot,\cdot)$（模型为图灵机）的函数加密系统中，权威机构由主密钥为用户生成秘密钥 sk_k，用户利用 sk_k 可由 x 的密文得到 $F(k,x)$。系统的安全性要求解密者得不到关于 x 的更多信息。

例如在访问控制中，令 $x=(\mathrm{Ind},m)$ 是对消息 m 和访问控制程序 Ind 的编码，函数 F 输入 k 和 $x=(\mathrm{Ind},m)$，当且仅当 F 根据 k 接受 Ind 时，输出消息 m，其中程序 Ind 应该被隐藏。本节介绍 Boneh、Sahai 和 Waters 给出的函数加密的定义和安全性[6]。

5.7.2 函数加密的定义

首先给出函数加密中函数的定义。

定义 5-4 函数加密中的函数 $F: K\times X\rightarrow\{0,1\}^*$ 定义在 (K,X) 上（描述为一个（确定性的）图灵机），其中集合 K 为密钥空间，X 为明文空间。K 包含一个特殊的密钥，称为空密钥，记为 ϵ。

定义 5-5 对于函数 F 的函数加密（Functional Encryption，FE）方案是定义在 (K,X) 上的 4 个 PPT 算法的元组（Init，KeyGen，Enc，Dec），其中 $k\in K$ 和 $x\in X$：

$(\mathrm{pp},\mathrm{mk})\leftarrow\mathrm{Init}(1^{\mathcal{K}})$	（输入安全参数 $\mathcal{K}$，输出公开参数 pp 和主密钥 mk）
$\mathrm{sk}\leftarrow\mathrm{KeyGen}(\mathrm{mk},k)$	（生成关于 k 的秘密钥 sk）
$\mathrm{CT}=\mathrm{Enc}(\mathrm{pp},x)$	（加密消息 x 得密文 CT）
$y=\mathrm{Dec}(\mathrm{sk},\mathrm{CT})$	（用 sk 从 CT 中计算 $F(k,x)$，这个过程称为解密）

要求 $y=F(k,x)$ 以概率 1 成立。

按照定义 5-4，标准的公钥加密是函数加密的一个简单实例：令 $K=\{1,\epsilon\}$，明文空间 X，F 是按如下方式定义在 (K,X) 上的函数：

$$F(k,x)=\begin{cases}x, & \text{如果 } k=1\\ \mathrm{Len}(x), & \text{如果 } k=\epsilon\end{cases}$$

$k=1$ 的秘密钥可以对有效密文完全解密，$K=\epsilon$ 则简单地返回明文长度。因此，这个函数就是标准的公钥加密方案。

K 中的特殊密钥——空密钥 ϵ 刻画了由密文泄露的关于明文的信息，例如被加密的明文的长度。由 $k=\epsilon$ 生成的秘密钥 sk 也是空，也记为 ϵ。任何人可以在密文 $\mathrm{CT}\leftarrow\mathrm{Enc}(\mathrm{pp},x)$ 上运行 $\mathrm{Dec}(\epsilon,\mathrm{CT})$，得到 CT 泄露的关于 x 的信息。

在许多应用中，明文 $x\in X$ 是二元组 $(\mathrm{Ind},M)\in I\times\mathbb{M}$，其中 Ind 称为索引，$M$ 是消息主体。例如，在电子邮件系统中，索引可以是发件人的名称，消息主体就是邮件的内容。

在这个场景下，FE 方案根据多项式时间可计算的谓词 $P: K\times I\rightarrow\{0,1\}$ 来定义，其中 K 是密钥空间。具体地，$(K\cup\{\epsilon\},(I\times\mathbb{M}))$ 上的函数加密定义为

$$F(k\in K,(\mathrm{Ind},M)\in X)=\begin{cases}M, & \text{如果 } P(k,\mathrm{Ind})=1\\ \perp, & \text{如果 } P(k,\mathrm{Ind})=0\end{cases}$$

设 CT 表示 (Ind,M) 的密文，sk_k 表示 $k\in K$ 生成的一个秘密钥。则当 $P(k,\mathrm{Ind})=1$ 时，$\mathrm{Dec}(sk_k,\mathrm{CT})$ 得到 CT 中的消息主体，当 $P(k,\mathrm{Ind})=0$ 时得不到关于 M 的任何信息。

这种加密称为谓词加密，可看作是函数加密的子类，其中明文空间 X 有附加的结构。

在谓词加密中，如果函数 F 满足 $F(\epsilon,(\mathrm{Ind},M))=(\mathrm{Ind},\mathrm{Len}(M))$，即 $\mathrm{Dec}(\epsilon,\mathrm{CT})$ 给出明文的索引及长度，则称这种谓词加密为具有公开索引的谓词加密。

5.7.3　函数加密的分类

许多加密方案都可以看作是函数加密的特例，本节给出几个实例说明如何用函数加密来刻画这些加密方案。

1. 具有公开索引的谓词加密系统

这类系统包括 IBE 系统和 ABE 系统。

1）基于身份的加密

在 IBE 系统中，密文和秘密钥分别与一个串（也就是身份）相关联，如果两个串相等，则该秘密钥可以解密该密文。

IBE 方案可由下面的谓词加密形式化地描述：

- 密钥空间 $K=\{0,1\}^*\cup\{\epsilon\}$。
- 明文是二元组(Ind,M)，其中索引空间为 $I=\{0,1\}^*$。
- 在 $K\times I$ 上的谓词 P 定义为

$$P(k\in K\backslash\{\epsilon\},\mathrm{Ind}\in I)=\begin{cases}1, & \text{如果 } k=\mathrm{Ind}\\ 0, & \text{否则}\end{cases}$$

对于可以支持空密钥ϵ函数的系统，密文中必须包含 Ind 和明文消息的长度。

2）基于属性的加密

基于属性的加密又分为 KP-ABE 和 CP-ABE。

(1) KP-ABE。n 变量密钥策略 ABE(KP-ABE)系统可以描述为一个对于谓词 P_n：$K\times I\rightarrow\{0,1\}$的谓词加密方案（具有公开索引的），其中：

- 密钥空间 K 是多项式规模的 n 变量 $\vec{z}=(z_1,z_2,\cdots,z_n)\in\{0,1\}^n$ 布尔公式 ϕ 的集合。用 $\phi(\vec{z})$表示公式 ϕ 在 $\vec{z}$ 的值。
- 明文是二元组$(\mathrm{Ind}=\vec{z},M)$，其中索引空间为 $I=\{0,1\}^n$，这里将 $\vec{z}$ 表示为 $z_1,z_2,\cdots,z_n$ 的比特向量。
- 在 $K\times I$ 上的谓词 P_n 定义为

$$P_n(\phi\in K\backslash\{\epsilon\},\mathrm{Ind}=\vec{z}\in I)=\begin{cases}1, & \text{如果 } \phi(\vec{z})=1\\ 0, & \text{否则}\end{cases}$$

系统中，密钥提供了一个访问公式，访问公式为真才能解密并恢复消息 m。

(2) CP-ABE。密文策略 ABE(CP-ABE)中密钥和密文的角色与其在密钥策略 ABE (KP-ABE)中是相反的。n 变量密文策略 ABE 系统可以描述为一个对于谓词 P_n：$K\times I\rightarrow\{0,1\}$的谓词加密方案（具有公开索引的），其中：

- 密钥空间 $K=\{0,1\}^n$ 是表示 n 个布尔变量 $\vec{z}=(z_1,z_2,\cdots,z_n)\in\{0,1\}^n$ 的 n 比特串的集合。
- 明文是二元组$(\mathrm{Ind}=\phi,M)$，其中索引空间 I 是 n 个变量上的所有多项式规模的布

尔公式 ϕ 的集合。

- 在 $K\times I$ 上的谓词 P_n 定义为

$$P_n(\vec{z}\in K\backslash\{\epsilon\},\text{Ind}=\phi\in I)=\begin{cases}1, & \text{如果 } \phi(\vec{z})=1\\0, & \text{否则}\end{cases}$$

2. 谓词加密系统

具有公开索引的谓词加密系统允许表达多种访问控制形式，但有两个局限。首先，策略 Ind 以明文形式作为空函数的一部分给出，而 Ind 通常被认为是敏感信息。其次，不允许在密文数据上计算，不便于密文检索类的应用。下面描述不泄露索引 Ind 的谓词加密系统。

1）匿名的 IBE

匿名的基于身份加密由 Boneh 等人首先提出[7]，后来由 Abdalla 等人[8]给出形式化定义，其他的构造包括文献[9-12]。匿名 IBE 中的函数与 IBE 中的函数类似，但表示密文身份的串被隐藏起来，只有具有相应秘密钥的人才可以确定它。因此，可以用与上述完全相同的方式描述匿名 IBE，除了令 $F(\epsilon,(\text{Ind},M))=\text{Len}(M)$。空函数仅暴露消息长度，但是 Ind 是保密的。

2）隐藏向量加密

隐藏向量加密系统由 Boneh 和 Waters 提出[13]，其中密文是由 n 个 $\{0,1\}^*$ 上的元素构成的向量，秘密钥是由 n 个 $\{*\}\cup\{0,1\}^*$ 上的元素构成的向量，其中 $*$ 是通配符。更准确地说：

- 密钥空间 K 由所有向量 $(v_1,v_2,\cdots,v_n)$ 构成，其中每个 $v_i\in\{*\}\cup\{0,1\}^*$。
- 明文是二元组 $(\text{Ind}=(w_1,w_2,\cdots,w_n),M)$，其中每个 $w_i\in\{0,1\}^*$。索引空间 $I=(\{0,1\}^*)^n$。
- 在 $K\times I$ 上的谓词 P_n 定义为

$$P_n((v_1,v_2,\cdots,v_n)\in K\backslash\{\epsilon\},\text{Ind}=(w_1,w_2,\cdots,w_n))=\begin{cases}1, & \text{如果 } v_i=w_i\neq *\text{（对所有 } i\text{）}\\0, & \text{否则}\end{cases}$$

谓词的应用包括谓词的合取和范围搜索。注意到 $F(\epsilon,(\text{Ind},M))=\text{Len}(M)$，所以密文不暴露 Ind。

3）内积谓词

Katz、Sahai 和 Waters 提出了一个系统[14]，其中可以检查环 $\mathbb{Z}_N$ 上的点积是否等于 0，N 是由初始化算法随机选择的 3 个素数的乘积。方案可实现析取、多项式、合取范式(CNF)及析取范式(DNF)等更复杂的运算。以后 Okamoto 和 Takashima[15] 以及 Lewko 等人[4]给出了域 $\mathbb{F}_p$ 上的构造。n 长向量的内积谓词描述如下：

- 初始化算法定义了一个随机选取的 $\mathcal{K}$ 长素数 p，其中 $\mathcal{K}$ 是安全参数。
- 密钥空间 K 由所有向量 $\vec{v}=(v_1,v_2,\cdots,v_n)$ 构成，其中每个 $v_i\in\mathbb{F}_p$。
- 明文是二元组 $(\text{Ind}=(w_1,w_2,\cdots,w_n),M)$，其中每个 $w_i\in\mathbb{F}_p$。索引空间 $I=(\mathbb{F}_p)^n$。
- $K\times I$ 上的谓词 $P_{n,p}$ 定义为

$$P_{n,p}((v_1,v_2,\cdots,v_n)\in K\backslash\{\epsilon\},\text{Ind}=(w_1,w_2,\cdots,w_n))=\begin{cases}1, & \text{如果}\sum_{i=1}^{n}v_i\cdot w_i=0\\0, & \text{否则}\end{cases}$$

3. 其他系统和组合

上述核心系统的不同的组合包括属性加密和广播加密的组合[16]、基于身份的广播加密系统[17-20]、广播 HIBE 系统[21]以及内积加密和 ABE 的组合[22]。所有这些都可以看作是函数加密的特殊情况。

5.7.4　基于游戏的安全性定义

1. 定义

设 Π 是定义在 (K,X) 上关于函数 F 的 FE 方案。安全性定义的目标是定义抵御适应性敌手，敌手可以重复地询问关于 $k\in K$ 的秘密钥 sk_k，之后输出两个挑战消息 M_0，$M_1\in X$ 并从挑战者那里得到 M_0 或 M_1 的密文 CT。显然，如果敌手有关于密钥 $k\in K$ 的秘密钥 sk_k，而 k 满足 $F(k,M_0)\neq F(k,M_1)$，敌手比较 $\text{Dec}(\text{sk}_k,\text{CT})=F(k,M_0)$ 是否成立，若成立则知 CT 是对 M_0 的加密，否则是对 M_1 的加密。因此敌手赢得 IND 游戏。

所以为了满足语义安全的定义，必须严格限制敌手对 M_0 和 M_1 的选择，限制条件为：如果敌手拥有关于 $k\in K$ 的秘密钥 sk_k，则

$$F(k,M_0)=F(k,M_1) \tag{5.2}$$

因为空密钥 ϵ 暴露明文长度，条件式(5.2)保证了 $|M_0|=|M_1|$。

函数加密方案在 CPA 下的 IND 游戏如下：

(1) 初始化。挑战者运行 $(\text{pk},\text{sk})\leftarrow\text{Init}(1^{\mathcal{K}})$，敌手 $\mathcal{A}$ 获得系统的公开钥 pk。

(2) 询问阶段 1。$\mathcal{A}$ 适应地提交询问 $k_i\in K\ (i=1,2,\cdots)$，然后得到 $\text{sk}_i\leftarrow\text{KeyGen}(\text{sk},k_i)$。

(3) 挑战。$\mathcal{A}$ 提交两个消息 $M_0,M_1\in X$，满足条件式(5.2)，然后得到 $\text{Enc}(\text{pk},M_\beta)$。

(4) 猜测。$\mathcal{A}$ 继续像阶段 1 一样提交密钥询问。询问结束后 $\mathcal{A}$ 输出 β'，如果 $\beta'=\beta$，则 $\mathcal{A}$ 攻击成功。

敌手的优势可定义为参数 $\mathcal{K}$ 的函数：

$$\text{Adv}_{\Pi,\mathcal{A}}^{\text{FE-CPA}}(\mathcal{K})=\left|\Pr[\beta'=\beta]-\frac{1}{2}\right| \tag{5.3}$$

定义 5-6　一个 FE 方案 Π 是语义安全的，如果对于所有 PPT 敌手 $\mathcal{A}$，函数 $\text{Adv}_{\Pi,\mathcal{A}}^{\text{FE-CPA}}(\mathcal{K})$ 是可忽略的。

2. 一个“穷举法”构造的 FE 方案

设密钥空间 K 是多项式规模，记 $s=|K|-1$，$K=\{\epsilon,k_1,\cdots k_s\}$。在下面的穷举法构造中，公共参数、秘密钥和密文的规模都与 s 成比例。

设 (G,E,D) 是 CPA 安全的公钥加密方案，FE 方案的穷举法构造如下，其中实现的函数是 F。

初始化过程：

$\underline{\text{Init}(\mathcal{K})}$:

for $i=1$ to s do$(\text{pp}_i, \text{mk}_i) \leftarrow G(1^K)$;

$\text{pp}=(\text{pp}_1,\cdots,\text{pp}_s), \text{mk}=(\text{mk}_1,\cdots,\text{mk}_s)$.

密钥产生过程:

$\underline{\text{KeyGen}(\text{mk},k_i)}$:

$\text{sk}_i=\text{mk}_i$

加密过程:

$\underline{\mathcal{E}_{\text{pp}}(x)}$:

$$\begin{aligned}\text{CT}&=(C_0,C_1,\cdots,C_s)\\&=(F(\epsilon,x),E(\text{pp}_1,F(k_1,x)),\cdots,E(\text{pp}_s,F(k_s,x)))\end{aligned}$$

解密过程:

$\underline{\mathcal{D}_{\text{sk}_i}(\text{CT})}$:

如果 $\text{sk}_i=\epsilon$输出 C_0,否则输出 $D(\text{sk}_i,C_i)$.

显然,密文 CT 暴露了 $F(k_i,x)(i=1,2,\cdots,s)$的比特长度。因此方案的安全性不能要求这个信息被保密,可假定$|F(k_i,x)|(i=1,2,\cdots,s)$包含在空函数 $F(\epsilon,x)$中。

定理 5-8 设 F 为函数比特长度公开的函数,如果(G,E,D)是一个 CPA 安全的公钥加密方案,则以上穷举法构造的实现 F 的 FE 系统是 CPA 安全的。

证明:通过对挑战密文的 s 个成分做标准的混合论证来完成。

3. 基于游戏的安全性定义的不充分性

对于某些复杂函数来说,定义 5-6 太弱了,即系统满足定义 5-6,但实际上并不安全。

下面是一个简单的例子,设 π 是一个单向置换,F 是仅接受平凡密钥ϵ的函数,定义如下:

$$F(\epsilon,x)=\pi(x)$$

显然,实现 F 的函数加密为 $\text{Enc}(pk,x)=\pi(x)$,它满足定义 5-6。

若 π 为恒等置换,则 $\text{Enc}(\text{pk},x)=x$,即密文完全暴露了明文。然而,容易验证这个构造满足定义 5-6。这是因为对于任意两个 x 和 y,$F(\epsilon,x)=F(\epsilon,y)$当且仅当 $x=y$。因此攻击者可以仅发出挑战消息 M_0 和 M_1,其中 $M_0=M_1$。

然而,这个例子不能满足 5.7.5 节给出的基于模拟的安全性定义,因为如果 x 是被随机选取的,真实的敌手总可以恢复 x,而模拟者如果不攻破置换 π 的单向性,则无法模拟 x。

这个例子说明,如果函数的输出具有某种计算隐藏性,即方案的安全性不仅基于函数的信息论性质,而且还基于函数的计算性质,这时基于游戏的安全性定义不足以刻画方案的安全性,因为这种安全性定义没有考虑函数所具有的计算隐藏性。

5.7.5 基于模拟的安全性定义

本节介绍基于模拟的函数加密的安全性定义,这个定义更有用处,尤其是在与安全计算协议有关的场景中。本节使用的随机谕言机模型有两种:一种是强随机谕言机模型,也称为可编程的随机谕言机模型,"强"意指在理想模型中随机谕言机也可以被模拟;另一种是不可编程的随机谕言机模型，其中，模拟器仅能访问区分器所能访问的同一个随机谕言机。

安全性定义使用强随机谕言机模型，否则在不可编程的随机谕言机模型中模拟安全的函数加密是不可能获得的。

定义中符号含义如下：$A^{B(\cdot)[[x]]}$表示算法 A 可以向它的谕言机发起一个询问 q，谕言机执行 $B(q,x)$输出一个二元组(y,x')，将 y 发给 A 作为对其询问的应答，将 x 更新为 x' 且被返回给 B，在下次 B 作为谕言机被询问时，作为询问算法的输入。$A^{\dot{B}(\cdot)}$表示 A 可以向它的谕言机发起一个询问 q，此时 $\dot{B}(q)$被执行，任何由 B 发起的谕言机询问都由 A 回答。

定义 5-7　一个 FE 方案 Π 是模拟安全的，如果存在一个 PPT 算法（谕言机）Sim＝$(\mathrm{Sim}_1,\mathrm{Sim}_O,\mathrm{Sim}_2)$，使得对于任意 PPT 算法 Message 和 Adv（两个谕言机），以下两个实验的输出分布（在安全参数$\mathcal{K}$上）是计算不可区分的。

$\underline{\mathrm{Exp}_{\mathrm{Real}}}$：

$(\mathrm{pp},\mathrm{mk}) \leftarrow \mathrm{Init}(1^{\mathcal{K}})$；

$(\vec{x},\tau) \leftarrow (\mathrm{Message}^{\mathrm{KeyGen}(\mathrm{mk},\cdot)}(\mathrm{pp})$；

$\mathrm{CT} = \mathrm{Enc}(\mathrm{pp},\vec{x})$；

$\alpha \leftarrow \mathrm{Adv}^{\mathrm{KeyGen}(\mathrm{mk},\cdot)}(\mathrm{pp},\mathrm{CT},\tau)$；

设 $y_1,\cdots,y_\ell$ 是前面步骤中 Message 和 Adv 向 KeyGen 所做的询问；

输出$(\mathrm{pp},\vec{x},\tau,\alpha,y_1,\cdots,y_\ell)$。

$\underline{\mathrm{Exp}_{\mathrm{Ideal}}}$：

$(\mathrm{pp},\sigma) \leftarrow \mathrm{Sim}_1(1^{\mathcal{K}})$；

$(\vec{x},\tau) \leftarrow \mathrm{Message}^{\mathrm{Sim}_O(\cdot)[[\sigma]]}(\mathrm{pp})$；

$\alpha \leftarrow \mathrm{Sim}_2^{F(\cdot,\vec{x}),\dot{\mathrm{Adv}}(\mathrm{pp},\cdot,\tau)}(\sigma,F(\epsilon,\vec{x}))$；

设 $y_1,\cdots,y_\ell$ 是前面步骤中 Sim 向 F 所做的询问；

输出$(\mathrm{pp},\vec{x},\tau,\alpha,y_1,\cdots,y_\ell)$。

定义可以被进一步扩展，以允许敌手适应性地接收挑战密文（而不是一个单一向量）。

1. 弱安全性定义下模拟安全的函数加密的不可能性

下面说明在不可编程的随机谕言机模型下，模拟安全的函数加密是不可能获得的，即使对于一类非常简单的函数（对应于 IBE 的函数）也是不能获得的。

安全性的一个弱定义如下。

定义 5-8　一个 FE 方案 Π 是弱模拟安全的，如果对于任意 PPT 算法 Message 和 Adv，存在一个 PPT 算法 Sim，使得以下两个实验的输出分布（在安全参数$\mathcal{K}$上）是计算不可区分的：

$\underline{\mathrm{Exp}_{\mathrm{Real}}}$：

$(\mathrm{pp},\mathrm{mk}) \leftarrow \mathrm{Init}(1^{\mathcal{K}})$；

$(\vec{x},\tau) \leftarrow \mathrm{Message}(1^{\mathcal{K}})$；

$\mathrm{CT} = \mathrm{Enc}(\mathrm{pp},\vec{x})$；

$\alpha \leftarrow \mathrm{Adv}^{\mathrm{KeyGen}(\mathrm{mk},\cdot)}(\mathrm{pp},\mathrm{CT},\ell)$；

设 $y_1,\cdots,y_\ell$ 是前面步骤中 Message 和 Adv 向 KeyGen 所做的询问；

输出$(\vec{x},\tau,\alpha,y_1,\cdots,y_\ell)$。

<u>$\text{Exp}_{\text{Ideal}}$</u>：

$(\vec{x},\tau) \leftarrow \text{Message}(1^{\mathcal{K}})$；

$\alpha \leftarrow \text{Sim}^{F(\cdot,\vec{x})}(1^{\mathcal{K}},\tau,F(\epsilon,\vec{x}))$；

设 $y_1,\cdots,y_\ell$ 是前面步骤中 Sim 向 F 所做的询问；

输出$(\vec{x},\tau,\alpha,y_1,\cdots,y_\ell)$。

若将询问的输出 $y_1,\cdots y_\ell$ 改为无序的，得到更弱的安全性。

定理 5-9 设 F 是关于 IBE 的函数，在不可编程随机谕言机模型下，不存在关于 F 的任何弱模拟安全的函数加密方案。

证明：设 H 是随机谕言机。构造如下具体的敌手。

$\text{Message}(1^{\mathcal{K}})$：令 Len_{sk} 是 KeyGen 对于安全参数$\mathcal{K}$和密钥 0 输出的最大比特长度，输出$(\vec{x},\tau)$如下：对于 $i=1,2,\cdots,\text{Len}_{\text{sk}}+\mathcal{K}$，$x_i$ 取为$(r_i,0)$，其中 r_i 是随机独立选取的一个比特，τ 取为空。

$\text{Adv}^{\text{KeyGen}(\text{mk},\cdot)}(\text{pp},\text{GT},\tau)$：调用随机谕言机 H，向 H 输入(pp,CT)，得到一个长为$\mathcal{K}$的串 w。向 KeyGen 询问身份 w 的秘密钥，再询问身份 0 的秘密钥。使用身份 0 的秘密钥解密 CT。输出 Adv 得到的整个文本，包括对 H 的所有调用和与 H 的所有交互。

现在考虑 Sim 必须做什么才能输出一个与真实交互不可区分的分布。因为 Adv 只对形如 w 的身份做单次密钥询问，Sim 也必须向 F 做一次这种形式的询问(它的第一次询问)。又由于区分器可以检查这个 w 是否为H 作用于某个形如(pp,CT)的串而产生的输出，因此 Sim 必须在向 F 做任何询问之前也向 H 执行这个询问。但此时 Sim 没有关于明文 r_i 的任何信息(仅当模拟器在以后向 F 发起身份 0 的询问时才会得到这个信息)，因此在仅收到 Len_{sk}比特信息后，Sim 无法确定 $z=(\text{pp},\text{CT})$，所以 Sim 无法输出一个与真实交互不可区分的分布。

(定理 5-9 证毕)

上述证明中，Sim 对 F 的询问是被顺序记录的。然而，当询问是无序集合时，定理 5-9 也成立，只是构造的敌手和消息分布要稍微复杂一点，其中的身份取$(i,0)$和$(i,1)$的形式$(i=1,2,\cdots,\mathcal{K})$，且对于每个身份被加密的消息将是随机的长消息。敌手调用随机谕言机 H，向 H 输入(pp,CT)，得到一个长为$\mathcal{K}$的串 w。向 KeyGen 询问身份 w 的秘密钥，得到$(i,w_i)(i=1,2,\cdots,\mathcal{K})$。Sim 无法确定 $z=(\text{pp},\text{CT})$，所以 Sim 无法输出一个与真实交互不可区分的分布。

2. 一个基于模拟的穷举法方案

以下模拟安全的 FE 方案是在强随机谕言机模型下，它是 5.7.4 节穷举法方案的简单修改，其中用随机谕言机对函数的输出值进行盲化。

方案中使用的随机谕言机为 $H:\{0,1\}^* \rightarrow \{0,1\}$，$H(x)$也用来输出任意长度的串，意指 $H(x)$是 ℓ 个比特 $H(x,1,),\cdots,H(x,\ell)$的级联。

记 $s=|K|-1$，$K=\{\epsilon,k_1,\cdots,k_s\}$，$(G,E,D)$是一个 CPA 安全的公钥加密方案，下面

的 FE 方案实现函数 F。

初始化过程：

$$\underline{\mathrm{Init}(\mathcal{K})}：$$

$$\text{for } i=1 \text{ to } s \text{ do } (\mathrm{pp}_i,\mathrm{mk}_i) \leftarrow G(1^{\mathcal{K}})；$$

$$\mathrm{pp}=(\mathrm{pp}_1,\cdots,\mathrm{pp}_s),\mathrm{mk}=(\mathrm{mk}_1,\cdots,\mathrm{mk}_s).$$

密钥产生过程：

$$\underline{\mathrm{KeyGen}(\mathrm{mk},k_i)}：$$

$$\mathrm{sk}_i=\mathrm{mk}_i$$

加密过程：

$\underline{\mathcal{E}_{\mathrm{pp}}(x)}$：

$r_1,r_2,\cdots,r_s \leftarrow_R \{0,1\}^{\lambda}$；

$\mathrm{CT}=(C_0,C_1,\cdots,C_{2s+1})$

$\quad=(F(\epsilon,x),E(\mathrm{pp}_1,r_1),H(r_1)\oplus F(k_1,x),\cdots,E(\mathrm{pp}_s,r_s),H(r_s)\oplus F(k_s,x)).$

解密过程：

$$\underline{\mathcal{D}_{\mathrm{sk}_i}(\mathrm{CT})}：$$

如果 $\mathrm{sk}_i=\epsilon$ 输出 C_0，否则输出 $H(D(\mathrm{sk}_i,C_{2i-1}))\oplus C_{2i}$.

定理 5-10　设 F 是一个只暴露函数比特长度的函数，(G,E,D) 是一个 CPA 安全的公钥加密方案，则上述实现 F 的穷举法 FE 方案在随机谕言机模型下是模拟安全的。

证明：首先构造定义 5-7 所需要的通用模拟器 Sim_1、Sim_O 和 Sim_2。

(1) $\mathrm{Sim}_1(1^{\mathcal{K}})$ 运行 $\mathrm{Init}(\mathcal{K})$ 得到 pp 和 mk，输出 pp 以及 $\sigma=(\mathrm{mk},O^{\mathrm{list}},K^{\mathrm{list}})$，其中 O^{list} 和 K^{list} 是两个列表，O^{list} 用于记录被模拟的随机谕言机（初始为空），K^{list} 用于记录密钥询问（初始为空）。

(2) $\mathrm{Sim}_O(\cdot)[[\sigma]]$ 工作如下。

应答敌手 Message 的随机谕言机询问和 KeyGen 询问如下：

- 随机谕言机询问。对于询问 q，检查 (q,y) 是否已经在 O^{list} 中。如果在，则将 y 作为应答。否则，随机选择一个新的 y 作为应答，并将 (q,y) 加入 O^{list}，更新 σ 中的 O^{list}。
- 密钥询问。如果 Message 询问关于 k_i 的密钥，则向其发送秘密钥 mk_i，将 k_i 加入列表 K^{list}，更新 σ 中的 K^{list}。

(3) $\mathrm{Sim}_2^{F(\vec{x},\cdot),\mathrm{Adv}(\mathrm{pp},\cdot,\tau)}(\sigma,F(\vec{x},\epsilon))$ 工作如下。

① 准备一个“假的”明文向量。设 m 为 $\vec{x}$ 中的元素个数（这个数可从提供给 Sim_2 的输入 $F(\vec{x},\epsilon)$ 得到）。对于 $i=1,2,\cdots,m$，选择随机串 $r_{i,1},r_{i,2},\cdots,r_{i,s}$ 和 $R_{i,1},R_{i,2},\cdots,R_{i,s}$。对于 $j=1,2,\cdots,s$，构造 $c_{i,2j-1}=E(\mathrm{pp}_j,r_{i,j})$ 和 $c_{i,2j}=R_{i,j}$。如果列表 O^{list} 已经包含如上选择的某个 $r_{i,j}$ 的谕言机询问，则中断。

② 对于 K^{list} 中的所有被询问过的密钥 k_i，调用 F 得到 $F(k_i,\vec{x})=(z_1,z_2,\cdots,z_m)$，将 $(r_{i,1},R_{i,1}\oplus z_1),\cdots,(r_{i,m},R_{i,m}\oplus z_m)$ 加入 O^{list}，如果某个 $r_{i,j}$ 已经出现在 O^{list} 中，则中断。

③ 用第①步构造的“假的”密文 CT 调用 $\mathrm{Adv}(\mathrm{pp},\mathrm{CT},\tau)$。

④ 根据敌手 Adv 所做的随机谕言机询问和 KeyGen 询问，做如下应答：

- 随机谕言机询问。对于询问 q，检查 (q,y) 是否已经在 O^{list} 中。如果在，将 y 作为应答；如果不在，检查 q 是否等于前面选择的某个随机值 $r_{i,j}$，如果相等则退出（稍后将看到这个概率是可忽略的）。如果上述条件都不满足，则随机选择一个新的 y 作为应答，并将 (q,y) 加入列表 O^{list}。
- 密钥询问。如果 Adv 询问密钥 k_i，调用 F 得到 $F(k_i,\vec{x})=(z_1,z_2,\cdots,z_m)$，将 $(r_{i,1},R_{i,1}\oplus z_1),\cdots,(r_{i,m},R_{i,m}\oplus z_m)$ 加入 O^{list}，发送秘密钥 mk_i 给 Adv。

⑤ 当 Adv 终止并输出 α 时，模拟器也输出这个 α 完成模拟。

如果上述模拟过程仅以可忽略的概率中断，则理想分布与真实分布就是统计接近的，因为（除了中断情况）上述模拟的行为与真实执行完全相同。

现在证明模拟器中断的概率是可忽略的。否则意味着敌手 Adv 以显著的概率 δ，在请求密钥 k_i 之前已向 Sim_2 询问了关于 $r_{i,j}$ 的值。下面将利用 Adv 构造另一敌手 $\mathcal{B}$ 攻击公钥加密方案 (G,E,D) 的单向性。

假定 $\mathcal{B}$ 已知 (G,E,D) 的公开钥 pk 和一个密文 $\text{CT}=E(\text{pk},r)$，其中 $r\in\{0,1\}^\kappa$ 是随机值。下面证明 $\mathcal{B}$ 可以以至少 δ/sL^2 的概率输出 r，其中 L 是以 m 和 Adv 询问随机谕言机的次数为上界的多项式。$\mathcal{B}$ 运行上述的模拟，其中它提前随机地选取 $i\in[1,s]$ 和 $j\in[1,L]$，用 pk 代替 pp_i，用 CT 代替 $C_{1,2j-1}$（如果 $j>m$，则退出）。当 Adv 询问到秘密钥 k_i 时，$\mathcal{B}$ 在 Adv 询问过的 q 次询问中随机选择一个，作为它对于 r 的猜测，$\mathcal{B}$ 以至少 δ/sL^2 的概率成功。

（定理 5-10 证毕）

3. 两个安全性定义对于公开索引加密方案是等价的

下面证明满足定义 5-6（即在基于游戏的定义下是安全的）的具有公开索引的谓词加密系统，在随机谕言机模型下也满足定义 5-7（即在基于模拟的定义下也是安全的）。这个结果说明，对于包括各种形式的 ABE 在内的公开索引加密方案，两个安全性定义在随机谕言机模型下是等价的。

设 $\Pi=(\text{Init},\text{KeyGen},\text{Enc},\text{Dec})$ 是对于谓词 $P: K\times I\rightarrow\{0,1\}$ 的一个具有公开索引的 FE 谓词加密系统，将 Π 按如下方式转换成 $\Pi_H=(\text{Init},\text{KeyGen},\text{Enc}_H,\text{Dec}_H)$，其中 H 是一个随机谕言机。

- $\text{Enc}_H(\text{pp},(\text{Ind},M))$：选择一个随机值 $r\leftarrow_R\{0,1\}^\kappa$，输出
$$\text{CT}=(\text{Enc}(\text{pp},(\text{Ind},r)),H(r)\oplus M)$$
- $\text{Dec}_H(\text{sk},(C_1,C_2))$：如果 $\text{Dec}(\text{sk},C_1)=\perp$，则输出 $\perp$，否则输出 $H(\text{Dec}(\text{sk},C_1))\oplus C_2$。

定理 5-11 证明这个构造是模拟安全的。

定理 5-11 如果系统 Π 是基于游戏安全的（满足定义 5-6），则在随机谕言机模型下，Π_H 是基于模拟安全的（满足定义 5-7）。

证明：按如下方式构造定义 5-7 所需要的通用模拟器 Sim_1、Sim_O 和 Sim_2。

(1) $\text{Sim}_1(1^\kappa)$：运行 $\text{Init}(1^\kappa)$ 得到 pp 和 mk，输出 pp 以及 $\sigma=(\text{mk},O^{\text{list}},K^{\text{list}})$，其中 O^{list} 和 K^{list} 是两个列表，O^{list} 用于记录被模拟的随机谕言机（初始为空），K^{list} 用于记录密钥

询问(初始为空)。

(2) $\text{Sim}_O(\cdot)[[\sigma]]$工作如下。

应答敌手 Message 的随机谕言机询问和 KeyGen 询问如下:

- 随机谕言机询问。对于询问 q,检查(q,y)是否已经在 O^{list} 中。如果在,则将 y 作为应答。否则,随机选择一个新的 y 作为应答,并将(q,y)加入 O^{list},更新 σ 中的 O^{list}。
- 密钥询问。如果询问的是关于 k 的密钥,则发送秘密钥 sk←KeyGen(mk,k)给它,将 k 加入列表 K^{list},更新 σ 中的 K^{list}。

(3) $\text{Sim}_2^{F(\vec{x},\cdot)\text{Adv}^{\circ}(\text{pp},\cdot,\tau)}(\sigma,F(\vec{x},\epsilon))$工作如下:

① 准备一个"假的"明文向量:设 n 为 $\vec{x}$ 中的元素个数,$\text{Ind}_1,\text{Ind}_2,\cdots,\text{Ind}_n$ 为 $\vec{x}$ 中的索引(Sim_2 可用$(\epsilon,\vec{x})$询问 F 得到 n 和这些索引)。对于 $i=1,2,\cdots,n$,选择随机串 $r_1,r_2,\cdots,r_n$ 和 $R_1,R_2,\cdots,R_n$,构造 $C_{i,1}=\text{Enc}(\text{pp},(\text{Ind}_i,r_i))$和 $C_{i,2}=R_i(i=1,2,\cdots,n)$,令 $\text{CT}=(C_{i,1},C_{i,2})_{i=1,2,\cdots,n}$。

② 对于 K^{list} 中的所有被询问过的密钥 k,调用 F 得到 $F(k,\vec{x})=(z_1,z_2,\cdots,z_n)$。对于 $i=1,2,\cdots,n$,如果 $z_i\neq\perp$,将$(r_i,R_i\oplus z_i)$加入 O^{list},如果某个 r_i 已经出现在 O^{list} 中,则中断。

③ 用第①步构造的那个"假的"密文 CT 调用 Adv(pp,CT,τ)。

④ 根据敌手 Adv 所做的随机谕言机询问和 KeyGen 询问,做如下应答:

- 随机谕言机询问。对于询问 q,检查(q,y)是否已经在 O^{list} 中。如果在,将 y 作为应答。如果不在,随机选择一个新的 y 作为应答,并将(q,y)加入列表 O^{list}。
- 密钥询问。如果询问的是密钥 k,调用 F 得到 $F(k,\vec{x})=(z_1,z_2,\cdots,z_n)$。对于 $i=1,2,\cdots,n$,如果 $z_i\neq\perp$,则将$(r_i,R_i\oplus z_i)$加入列表 O^{list}。如果某个 r_i 已经出现在 O^{list},但它对应的 $R\neq R_i\oplus z_i$,则中断。最后它给 Adv 发送秘密钥 sk←KeyGen(mk,k)。

⑤ 当 Adv 终止并输出 α 时,模拟器也输出这个 α 完成模拟。

类似于定理 5-10,可证明模拟器中断的概率是可忽略的,而且模拟器产生的分布与真实分布是统计上接近的。中断概率从 Π 的基于游戏的安全性得出,因为基于游戏的安全性意味着对于加密随机值的单向安全性,而这又意味着敌手在得到能解密第 i 个密文的秘密钥之前,是不可能就 r_i 的值去询问随机谕言机的。

(定理 5-11 证毕)

第5章参考文献

[1] A Sahai, B Waters. Fuzzy Identity Based Encryption. Advances in Cryptology—EUROCRYPT 2005, LNCS 3494, 2005: 457-473.

[2] V Goyal, O Pandey, A Sahai, et al. Attribute-Based Encryption for Fine-Grained Access Control of Encrypted Data. Proceedings of the 13th ACM Conference on Computer and Communications Security, 2006: 89-98.

[3] B Waters. Ciphertext-Policy Attribute-Based Encryption: An Expressive, Efficient, and Provably Secure Realization. Public Key Cryptography—PKC 2011, LNCS 6571, 2011: 53-70.

[4] A Lewko, T Okamoto, A Sahai, et al. Fully Secure Functional Encryption: Attribute—Based Encryption and (Hierarchical) Inner Product Encryption. Advances in Cryptology—EUROCRYPT 2010, LNCS 6110, 2010: 62-91.

[5] R Ostrovsky, A Sahai, B Waters. Attribute-Based Encryption with Nonmonotonic Access Structures. In ACM Conference on Computer and Communications Security, 2007: 195-203.

[6] D Boneh, A Sahai, B Waters. Functional Encryption: Definitions and Challenges. Theory of Cryptography, LNCS 6597, 2011: 253-273.

[7] D Boneh, G D Crescenzo, R Ostrovsky, et al. Public Key Encryption with Keyword Search. In EUROCRYPT, 2004: 506-522.

[8] M Abdalla, M Bellare, D Catalano, et al. Searchable Encryption Re-Visited: Consistency Properties, Relation to Anonymous IBE, and Extensions. J. Cryptology, 2008: 21(3): 350-391.

[9] X Boyen, B Waters. Anonymous Hierarchical Identity-Based Encryption (without Random Oracles). In CRYPTO, 2006: 290-307.

[10] C Gentry. Practical Identity-Based Encryption without Random Oracles. In EUROCRYPT, 2006: 445-464.

[11] D Cash, D Hofheinz, E Kiltz, et al. Bonsaitrees, or How to Delegate a Lattice Basis. In EUROCRYPT, 2010: 523-552.

[12] S Agrawal, D Boneh, X Boyen. Efficient Iattice (H)IDE in the Standard Model. In EUROCRYPT, 2010: 553-572.

[13] D Boneh, B Waters. Conjunctive, Subset, and Range Queries on Encrypted Data. In TCC, 2007: 535-554.

[14] J Katz, A Sahai, B Waters. Predicate Encryption Supporting Disjunctions, Polynomial Equations, and Inner Products. In EUROCRYPT, 2008: 146-162.

[15] T Okamoto, K Takashima. Hierarchical Predicate Encryption for Inner-Products. In ASIACRYPT, 2009: 214-231.

[16] N Attrapadung, H Imai. Conjunctive Broadcast and Attribute-Based Encryption. In Pairing, 2009: 248-265.

[17] Cécile Delerablée. Identity-Based Broadcast Encryption with Constant Size Ciphertexts and Private Keys. In ASIACRYPT, 2007: 200-215.

[18] Cécile Delerablée, P Paillier, D Pointcheval. Fully Collusion Secure Dynamic Broadcast Encryption with Constant-Size Ciphertexts or Decryption Keys. In Pairing, 2007: 39-59.

[19] R Sakai, J Furukawa. Identity-Based Broadcast Encryption. Cryptology ePrint Archive, Report 2007/217, 2007. http://eprint. iacr. org/.

[20] C Gentry, B Waters. Adaptive Security in Broadcast Encryption Systems (with Short Ciphertexts). In EUROCRYPT, 2009: 171-188.

[21] D Boneh, M Hamburg. Generalized Identity-Based and Broadcast Encryption Schemes. In Proc. of Asiacrypt, 2008: 455-470.

[22] T Okamoto, K Takashima. Fully Secure Functional Encryption with General Relations from the Decisional Linear Assumption. In CRYPTO, 2010: 191-208.